Mathematik–Abitur
Leistungskurs 1988 – 1993

Die in Baden-Württemberg zentral gestellten Abituraufgaben mit ihren Lösungen

Bearbeitet von
Kurt Arzt, Tübingen
Jörg Stark, Tübingen

Katja Schuler

Ernst Klett Schulbuchverlag
Stuttgart Düsseldorf Berlin Leipzig

Gedruckt auf Eural PRO
hergestellt von Papeterie dú Boúrray
aus 100 % Altpapier.

1. Auflage 1 5 4 3 2 1 | 1997 96 95 94 93

Alle Drucke dieser Auflage können im Unterricht nebeneinander benutzt werden, sie sind untereinander unverändert. Die letzte Zahl bezeichnet das Jahr dieses Druckes.

Redaktion: Verlagsredaktion Mathematik

Zeichnungen: Rolf Digel, Mössingen.
Filmsatz: Fotosatz & Agentur Sepat, Becheln.
Druck: Gutmann & Co. GmbH, Heilbronn.

ISBN 3-12-725320-6

Vorwort

Die neue Oberstufe mit der Einführung von Grund- und Leistungskursen sowie die neuerliche Forderung, daß in Baden-Württemberg auch im Abitur die Mathematik zumindest als Grundkurs für alle verpflichtend ist, haben bewirkt, die bisherige Aufgabensammlung in einen Grundkurs- und einen Leistungskursband zu teilen.

Der vorliegende Leistungskursband besteht aus den Abschnitten Analysis, Analytische Geometrie sowie Wahrscheinlichkeitsrechnung und Statistik (Stochastik). Der Prüfling ist seit Beginn der Jahrgangsstufe 12 in Analysis und Analytischer Geometrie oder in Analysis und Stochastik unterrichtet worden. Er hat in der Abiturprüfung aus seinen beiden Gebieten je eine der Aufgaben zu bearbeiten. Die Auswahl trifft der Lehrer; die Bearbeitungszeit beträgt 240 Minuten.

Der schon immer bestehende Grundsatz, daß die Sammlung den Lehrer vom „Aufgabendrill" entlasten möge, daß sie aber auch die Prüflinge zur selbständigen Bearbeitung von Aufgaben aktivieren solle, hat eine Veränderung in der Darstellung der einzelnen Aufgaben und ihrer Lösungen veranlaßt. So folgt dem Aufgabentext jetzt unmittelbar (allerdings erst nach Umblättern!) die Lösung. Diese wird aber durch einen Abschnitt „Lösungshinweise" vorbereitet. Diese Hinweise sollen zum Überlegen anregen, wie man einen Zugang zur Lösung der jeweiligen Teilfrage finden kann. Oft sind diese Impulse als Fragesätze formuliert, die zum entsprechenden Nachdenken herausfordern. Die anschließende Lösung selbst ist durch Überschriften gegliedert. Dadurch soll eine Möglichkeit gegeben werden, die zeigt, wie man die schriftliche Ausarbeitung einer Lösung darstellen kann. Bekanntlich fällt es vielen Lernenden schwer, die Bearbeitung einer Mathematikaufgabe mit Text zu erläutern.

Für gezielte Vorbereitungsarbeit sind als Hilfsmittel noch ein Inhaltsverzeichnis und ein Register beigefügt. Das Inhaltsverzeichnis läßt den Typ der Aufgabe und die Fragen der Teilaufgaben in Stichworten erkennen. Im Register kann in alphabetischer Anordnung aufgesucht werden, in welcher Aufgabe besondere Fragestellungen behandelt werden.

Wir hoffen, daß diese Neuerungen allen denen, die mit der Sammlung arbeiten, eine nützliche Hilfe sind.

Bemerkungen

Bei den Lösungen und Hinweisen zu den Aufgaben aus der Analysis werden wie früher folgende Abkürzungen verwendet:

Abkürzung	Bedeutung
K: $y=f(x)$	Die Funktion f hat das Schaubild (den Funktionsgraphen) mit der Gleichung $y = f(x)$. Fehlt dabei die Angabe der Definitionsmenge, dann gilt die maximale reelle Definitionsmenge des Terms $f(x)$.
$N\left(4 \,\middle\vert\, 0; -\frac{4}{3}\right)$	In $N(4\mid 0)$ hat K: $y=f(x)$ einen gemeinsamen Punkt mit der x-Achse und K hat in N die Steigung $-\frac{4}{3}$. Oder: In $x=4$ hat f eine Nullstelle mit $f'(4)=-\frac{4}{3}$.
$M(0\mid 2; \sqrt{3})$	In $M(0\mid 2)$ hat K: $y=f(x)$ einen Schnittpunkt mit der y-Achse. Die Tangente in M hat die Steigung $\sqrt{3}$. Oder: An der Stelle $x=0$ gilt $f(0)=4$ und $f'(0)=\sqrt{3}$.
$H\left(\frac{1}{2} \,\middle\vert\, \frac{64}{27}\right)$	Im Punkt H hat K: $y=f(x)$ einen Hochpunkt. Oder: f: $x \mapsto f(x)$ nimmt an der Stelle $\frac{1}{2}$ das Maximum $\frac{64}{27}$ an.
$T(-3\mid -\sqrt{2})$	In gleicher Weise für Tiefpunkt und Minimum.
$W(2\mid 3; -4)$	K: $y=f(x)$ hat in $W(2\mid 3)$ einen Wendepunkt. Die Steigung der Wendetangente ist -4. Oder: f hat in $x=2$ eine Wendestelle mit $f(2)=3$, $f'(2)=-4$.
As($y=4$; $x=2$; $y=x+1$)	K: $y=f(x)$ hat die Asymptoten $y=4$, $x=2$, $y=x+1$.
$A(x) \Leftrightarrow B(x)$	Die Aussageformen $A(x)$ und $B(x)$ haben über derselben Grundmenge dieselbe Lösungsmenge. Dies wird vor allem bei Äquivalenzumformungen von (Un-)Gleichungen verwendet.

Abkürzung	Bedeutung
$A(x) \Rightarrow B(x)$	Über einer gewissen Grundmenge ist die Lösungsmenge von A(x) in der von B(x) enthalten. Die Lösungsmenge von B(x) kann also umfangreicher sein als die von A(x). So gilt über $\mathbb{R}$: $x=2 \Rightarrow x^2=4$. Oder: A(x) ist „hinreichend“ für B(x). „Aus A(x) folgt B(x)“.

Analysis

Analysis

a) Lehrplanänderungen

Der in Baden-Württemberg am 1. 8. 1984 in Kraft getretene „Bildungsplan für das Gymnasium" hat als Auswirkung auf die Gestaltung der Leistungskursaufgaben, daß ab dem Abitur 1986 keine Aufgaben gestellt werden können, welche die Beweismethode der vollständigen Induktion verlangen.

Bis zur Abiturprüfung 1984 gab es gemeinsame Analysisaufgaben für den mathematisch-naturwissenschaftlichen Zug und für den Leistungskurs, die sich nur in einzelnen Aufgabenteilen unterschieden.
Die eingerahmten Aufgabenteile sind nur für den mathematisch-naturwissenschaftlichen Zug.
Die mit Raster unterlegten Aufgabenteile sind nur im Leistungskurs zu bearbeiten.
Beide Aufgabenteile sind in der Sammlung für Übungszwecke in eine Aufgabe eingeordnet.

b) Symbolik

1) Das Zeichen $\Leftrightarrow$ für „ist äquivalent zu" wird nur bei Umformungen von Gleichungen (Ungleichungen) verwendet.

2) Das logische Zeichen $\wedge$ bzw. $\vee$ wurde durch das Wort „und" bzw. „oder" ersetzt.

3) Die ihrem Inhalt nach klare Aussage „die Gerade $y = ax + b$" steht für „die Gerade mit der Gleichung $y = ax + b$" oder auch für „die Gerade g: $y = ax + b$".

4) Im nebenstehenden Inhaltsverzeichnis der Analysis benutzen wir zur Charakterisierung der Aufgaben folgende Abkürzungen:

As:	Asymptote
H:	Hochpunkt
T:	Tiefpunkt
W:	Wendepunkt
K, K_1 … :	Schaubild, Kurve

Inhaltsverzeichnis

Aufgabe	Funktion	Inhalt der Aufgabe
89/1	$f_a(x)=2\cdot\frac{x^2-2a}{x^2-a}$; $x^2\neq a$ Schaubild K_a $g(x)=2\cdot\frac{x-3}{x-2}$; $x\neq 2$	a) Kurvenuntersuchung K_a; Symmetrie; As, H, T, W; Schaubild K_4 b) Tangente, Normale; Kegelinhalte vergleichen c) Extremaler Inhalt eines Dreiecks, dessen Ecken auf K_a liegen d) Abschätzung $f_4(x)>g(x)$ für $x\geqq 3$; Abschätzung eines Integrals nach unten und nach oben
89/2	$f_t(x)=\left(\frac{x}{t}+1\right)\cdot e^{t-x}$; $x\in\mathbb{R}$; $t>0$; Schaubild K_t	a) Untersuchung von K_t; As, H, T, W; Zeichnung K_1 und K_1' von f_1' b) Zeige: K_t und K_t' haben genau einen Schnittpunkt. Für welches t ist $f_t(1)-f_t'(1)$ minimal? c) Flächeninhalt mit Produktintegration; $u\to\infty$. d) Nachweis: Ein Dreieck ist gleichschenklig, wann gleichschenklig-rechtwinklig? Existenznachweis von Lösungen einer transzendenten Gleichung
89/3	$f_a(x)=ax-\ln x$; $x>0$; $a>0$; Schaubild K_a	a) Untersuchung von K_a; As, H, T, W; Schaubild K_1; Ort der Extrempunkte; wann T auf x-Achse? b) Inhalt für $K_{\frac{1}{e}}$; Grenzwert $u\to 0$ c) Tangente von $A(0\|1)$ an K_a; Ort der Berührpunkte. Zeige: Tangenten in $P(z\|f_a(z))$ gehen für alle $a>0$ durch einen Punkt. d) Nullstellensatz: Anzahl der Schnittpunkte von K_a mit der x-Achse e) Durch welche Punkte mit $x>0$ verläuft keine Kurve K_a?

Aufgabe	Funktion	Inhalt der Aufgabe
90/1	$f_t(x)=\frac{t^3x^3-8}{4tx^2}$, $x \neq 0$; Schaubild K_t $g(x)=\ln(x-1)$, $x>1$; Schaubild G	a) Kurvenuntersuchung und Asymptoten, Schaubild K_1 b) K_1 soll ein Trapez halbieren c) Extremwertaufgabe für den Abstand zweier Punkte d) Existenznachweis, daß G und h: $y=\frac{1}{4}x$ genau zwei Schnittpunkte haben. Angabe des Intervalls, in dem der zweite Schnittpunkt liegt.
90/2	$f(x)=\frac{x}{3}\sqrt{9-x}$; $x \in D$; Schaubild K	a) Maximale Definitionsmenge; gemeinsame Punkte mit der x-Achse; Schaubild K; Inhalt eines Drehkörpers b) Nachweis: Eine Tangente und zwei Geraden bilden ein gleichschenkliges Dreieck. In welchem Verhältnis teilt K dieses Dreieck? c) Schnittpunkt einer Kurvennormalen mit der x-Achse. Grenzlage dieses Punktes für $x \to 9$. d) Zeige: Durch Abschleifen einer Kugel entsteht der Drehkörper aus a).
90/3	$f_t(x)=x \cdot \ln x - tx$, $x>0$, $t \in \mathbb{R}$; Schaubild K_t	a) Kurvenuntersuchung; Grenzwerte von f_t und f_t' für $x \to 0$; Schaubild K_1 b) Flächeninhalt mit Produktintegration c) Extremwertaufgabe mit einem Dreieck aus Tangente und den Koordinatenachsen. Art des Extremums d) Normale von K_1 schneidet die y-Achse in einem Punkt $S(0 \mid y_s)$. Zeige: $y_s>1$ für alle Punkte des Schaubildes mit $x>1$.

Aufgabe	Funktion	Inhalt der Aufgabe
91/1	$f_t(x)=\frac{1}{t}x+\frac{t}{x-t}$; $x\neq t,\ t>0$; Schaubild K_t $v=\frac{u}{t}+\frac{t}{u}$; Schaubild C_t	a) Kurvenuntersuchung von K_t; Achsenschnittpunkte; H, T, W; As; Schaubild K_2 b) $K_1 \cap K_2$; Berührung von K_1 und K_2; gesucht $P_t(u\|0)$, so daß $\overline{P_tH}=\overline{P_tT}$ ist. c) Bedingung für k, so daß $y=0{,}5x$ die Fläche von K_2 über $[k;4]$ halbiert. Lösen der Gleichung mit vorgegebener Lösung einer analogen Gleichung. d) Verschieben des xy-Systems in ein uv-System; Gerade g_t durch O soll C_t orthogonal schneiden; bestimme Steigung von g_t; Angeben von Symmetrieachsen der Kurve C_t.
91/2	$f(x)=\frac{4x}{\sqrt{1+x^2}}$; $x\in\mathbb{R}$; Schaubild K $y=\frac{x}{\sqrt{16-x^2}}$; $x\in\,]-4;4[$; Schaubild C	a) Symmetrie; As; W; Schaubild K b) Umkehrfunktion $\bar{f}$ von f; Schaubild $\bar{K}$; Flächeninhalt zwischen K und $\bar{K}$ c) C rotiert um die x-Achse: $V=?$ Für die Bestimmung der Stammfunktion ist die Partialbruchzerlegung vorgegeben, so daß nur noch durch Vergleich die Koeffizienten zu berechnen sind. d) Im Integral $\int_{x=a}^{b}\frac{h'(x)}{\sqrt{h(x)}}\,dx=4$ ist $h(a)=9$ gegeben, gesucht ist h(b). Warum muß $h'(x)>0$ vorgegeben sein?
91/3	$f_t(x)=\ln(2-te^{-x})$; $x\in D_t$; $t\neq0$	a) $D_2=?$ von K_2; As; Schnittpunkte mit der x-Achse; H, T, W; Zeichnung b) $D_{t\,max}$ von f_t; gemeinsame Punkte von K_t mit den Koordinatenachsen; As von K_t c) Umkehrfunktion $\bar{f}_t$; D_t und W_t von $\bar{f}_t$ d) Abschätzung von $\int_u^{\frac{1}{e}} f_2(x)\,dx$ mit Hilfe von $2-2e^{-x}\geqq x$ für $0\leqq x\leqq\frac{1}{e}$; die zu betrachtende Fläche liegt im 4. Quadranten, Vorzeichen beachten! Grenzwert für $u\to0$.

Aufgabe	Funktion	Inhalt der Aufgabe
92/1	$f(x)=\frac{x^3}{3(x-1)^2}$; $x \neq 1$ Schaubild K; g: $y=\frac{1}{3}x+\frac{2}{3}$; $H(x)=\int_0^x \frac{f(-t)+f(t)}{t^2+1}\,dt$ für $-1<x<1$.	a) Kurvenuntersuchung; Achsenschnittpunkte; H, T, W; Asymptoten; Schaubild K b) Flächeninhalt zwischen K und g; Grenzwert c) Tangente an K soll durch $S(0\mid 1{,}5)$ gehen. Zeige: In $]4;5[$ gibt es einen Kurvenpunkt, dessen Tangente dies leistet. d) Monotonieuntersuchung. Zeige: H ist in $-1<x<1$ monoton; H ist sogar streng monoton in diesem Intervall.
92/2	$f(x)=x^3\cdot e^{-0{,}5x^2}$; $x\in\mathbb{R}$ Schaubild K; W_1, W_2, W_3 gegeben; P: $y=ax^3$	a) Kurvenuntersuchung auf Symmetrie, Schnittpunkte mit x-Achse; H, T; Asymptoten; Schaubild K b) Tangenten von O an K, Berührpunkte? g: $y=mx$ schneidet K; bestimme Zahl der gemeinsamen Punkte von g mit K in Abhängigkeit von m. c) $K\cap P=S(x_s\mid y_s)$, $a=?$, damit $x_s>0$; Grenzwert von a für $x_s\to 0$ d) Flächeninhalt über der x-Achse bis $x=c$; Grenzwert für $c\to\infty$.
92/3	$f_t(x)=\ln(x^2+t)$; $x\in\mathbb{R}$ Schaubild K_t; $t>0$	a) Kurvenuntersuchung von K_t auf Symmetrie, Punkte mit der x-Achse; H_t, T_t, W_t; Zeichne K_4; für welche t liegen W_t unterhalb der x-Achse? b) Dreieck rotiert um y-Achse; $t=?$, damit Kegel maximalen Inhalt erhält. c) Rotation von K_4 um y-Achse, Rauminhalt des Drehkörpers berechnen. d) Nachweis, der Ungleichungskette $4x\leqq x^2+4\leqq(x+1)^2$ für $x\geqq 1{,}5$; Schranken für Flächeninhalt von K_4 über der x-Achse zwischen $x=2$ und $x=3$ mit Hilfe dieser Ungleichungskette.

A

Aufgabe	Funktion	Inhalt der Aufgabe
93/1	$f(x)=\frac{x^3+3x^2}{3(x-1)}$; $x \neq 1$; Schaubild K; $g(x)=\ln\left\|\frac{e^x-1}{e^x+4}\right\|$; $x \in D$	a) Gemeinsame Punkte mit der x-Achse; H, T; As; Näherungskurve P für $\|x\| \to \infty$; zeichne P b) Nachweis von $W(x_W \mid y_W)$ für $x_W \in [-1; 0]$; Berechnung von x_W mit Newton-Verfahren c) Flächeninhalt im 3. Feld d) D_{max} von g; g(x) für $x \to 0$ und $\|x\| \to \infty$, Umkehrfunktion $\bar{g}$ von g für $x < 0$
93/2	$f_t(x)=\frac{3t}{t+e^x}$; $x \in \mathbb{R}$, $t > 0$; Schaubild K	a) Achsenschnittpunkte; H, T; W; As; Ortslinie der W b) Nachweis: K_4 verläuft oberhalb von K_1; Extremwert von $f_4(x)-f_1(x)$ c) Inhalt zwischen K_4 und K_1 für $\|x\| \to \infty$ d) Umkehrfunktion von f_t; Schnittpunktsuntersuchung von K_t mit $\overline{K}_t$; für welches t ist der Schnittpunkt Wendepunkt?
93/3	$g(t)=a \cdot e^{kt}$; $f(x)=\frac{18x}{\sqrt{x^2+18^2}}+18$; $x \in \mathbb{R}$, Zeit in Jahren; f(x) Zahl der Pkw in Millionen; Schaubild K	a) Aufstellen einer exponentiellen Wachstumsfunktion für die Zunahme des Pkw-Bestandes in Abhängigkeit von der Zeit. Abweichung der Modellwerte von den Tabellenwerten in Prozent b) Untersuchung von K auf Achsenschnittpunkte; H, T; W; As; Figur (LE 0,2 cm) c) f als mathematisches Modell. Vergleich von statistischen Werten und Prognosen mit dem mathematischen Modell; Prognose des maximalen Pkw-Bestandes d) Bedeutung von f'(x) für die Wirklichkeit; für welche x ist $f'(x) < 0{,}05$? Schadstoffausstoß von 1970 bis 1990 als Flächeninhalt von f(x) über der Zeitachse; Mittelwert des jährlichen Pkw-Bestandes

Für jedes $a \neq 0$ ist eine Funktion f_a gegeben durch

$$f_a(x) = \frac{x}{a} + a + \frac{a}{x-a}; \quad x \neq a.$$

Ihr Schaubild sei K_a.

a) Untersuche K_a auf Asymptoten, Hoch-, Tief- und Wendepunkte.
Zeige, daß K_a punktsymmetrisch zum Schnittpunkt S der beiden Asymptoten ist.
Zeichne K_2 im Bereich $-6 \leqq x \leqq 6$.

b) Die Gerade g_a geht durch die Extrempunkte der Kurve K_a.
Welche Beziehung muß zwischen a_1 und a_2 bestehen, damit sich die Geraden g_{a_1} und g_{a_2} rechtwinklig schneiden?
Berechne für diesen Fall die Koordinaten des Schnittpunktes der beiden Geraden.

c) Bestimme die Anzahl der Tangenten, die man von $P(0|2)$ aus an die Kurve K_2 legen kann.
Die y-Achse, die Gerade $y = -\frac{3}{2}x + 2$ und die Kurve K_2 umschließen eine Fläche.
Berechne ihren Inhalt.

d) An K_a sollen zwei zueinander parallele Tangenten gelegt werden.
Für welche Tangentensteigungen m ist dies möglich?
Die Berührpunkte dieser Tangenten sind Endpunkte einer Strecke.
Untersuche, ob es Werte von m gibt, für die der Mittelpunkt dieser Strecke auf der Geraden $y = mx$ liegt.

Lösungshinweise:

a) Bereitstellen der Ableitungen. Quotientenregel notwendig, bei der 2. Ableitung die Kettenregel. Es gibt eine Polgerade. Wieso ist sie leicht erkennbar? Die Asymptote für $x \to +\infty$ oder $x \to -\infty$ wird bei solchen Funktionen durch Polynomdivision erhalten. Warum ist es hier einfacher?
Bei den Extremstellen ist die quadratische Gleichung $(x-a)^2 = a^2$ zu lösen. Beachte die Regel $\sqrt{c^2} = |c|$. Bei der Wendestellenberechnung muß ein Bruchterm null gesetzt werden, der im Zähler die Variable x nicht enthält. Was folgt daraus? Die Bedingung für die Punktsymmetrie zu einem Punkt $P(x_0|y_0)$ läßt sich an einer Figur ablesen. Was ergibt sich für die Summe $f(x_0+h)+f(x_0-h)$ für beliebige h innerhalb von D_f?

b) An der Geradengleichung durch die Extrempunkte läßt sich die Steigung ablesen. Welche Bedingung muß für zwei Kurven mit den Scharparametern a_1 und a_2 gelten, damit diese Geraden orthogonal sind? Bei der Schnittpunktsbestimmung ist diese Beziehung zwischen a_1 und a_2 zu verwenden, so daß nur noch ein Parameter a_1 auftritt. Er ist dann auch Formvariable in den Schnittpunktskoordinaten.

c) Man kann das Problem auf 2 Arten lösen. Einmal, indem man eine Geradenschar g_m durch $P(0|2)$ mit dem Parameter m formuliert. Wenn g_m die Kurve K_2 berührt, darf die Schnittbedingung von g_m mit K_2 nur eine Lösung haben. Diese Schnittbedingung ist eine quadratische Gleichung. Wie ergibt sich die Gleichung für m? Zum anderen nimmt man auf K_2 einen Berührpunkt an. Die Tangente in ihm muß durch den Punkt $P(0|2)$ verlaufen. Die Punktprobe für P gibt dann eine Gleichung für die Berührpunktsabszisse.
Bei der Inhaltsberechnung zwischen zwei Kurven ist es zweckmäßig (um Beträge zu vermeiden) die oberhalb verlaufende Kurve, das ist die Gerade, zuerst im Integralansatz anzuschreiben.

d) Es gibt verschiedene Lösungsmöglichkeiten.
1. Weg: Was kann man mit Hilfe der Punktsymmetrie von K_a über die Menge der parallelen Tangentenpaare aussagen? Nur welche Steigungen scheiden aus? Man muß $a>0$ und $a<0$ unterscheiden. Eine Skizze von K_{-2} ist nützlich. Wie läßt sich das anschauliche Ergebnis aus $f_a'(x)$ ablesen?
2. Weg: In $B_1(x_1|f_a(x_1))$ und $B_2(x_2|f_a(x_2))$ sind die Steigungen gleich. Welche Bedingung besteht für x_1 und x_2? Welche Beziehung besteht für die Ordinaten? Welcher anschauliche Sachverhalt ist damit bestätigt? $f_a'(x)$ ist eine Summe. Was kann man über die Wertemenge aussagen, wenn man den 2. Summanden näher betrachtet? Welche Werte sind nicht möglich?

3. Weg: Wie geht man vor, wenn die Ableitungsfunktion vorliegt, und man Stellen mit vorgegebener Ableitung bestimmen soll? Welche Gleichung muß man also untersuchen, wenn die vorgegebene Ableitung durch den Wert m gegeben ist?
Die Lösungsmenge enthält dann die beiden Formvariablen a und m. Welche Bedingung muß von a und m erfüllt werden, damit die Forderung nach 2 Lösungen erfüllt wird? Beachte, a und m können positiv oder negativ sein.

Die Mitte aller Strecken ist leicht zu erkennen. Mit der Punktprobe ergibt sich der Wert von m, der noch von a abhängt. Es ist wieder eine Fallunterscheidung für $a>0$ und $a<0$ erforderlich, denn die zuvor bestimmten Intervalle für m müssen beim Ergebnis beachtet werden.

Lösung:

a) **Kurvenuntersuchung**

1. Ableitungen

$$f_a(x)=\frac{x}{a}+a+\frac{a}{x-a}=\frac{x^2-ax+a^2x-a^3+a^2}{a(x-a)}=\frac{x^2+(a^2-a)x+a^2-a^3}{a(x-a)}$$

$$f_a'(x)=\frac{1}{a}-\frac{a}{(x-a)^2};\quad f_a''(x)=\frac{2a}{(x-a)^3};\quad x\neq a.$$

2. Asymptoten

Asymptoten parallel zur y-Achse (Polgeraden):
Es gilt $f(x)\to+\infty$ für $x\to a$, wenn $x>a$
und $f(x)\to-\infty$ für $x\to a$, wenn $x<a$.
Somit ist $x=a$ Polgerade mit Zeichenwechsel.

Asymptote für $x\to+\infty$ oder $x\to-\infty$:
$y=p(x)$ ist Gleichung der Asymptote, wenn gilt $\lim\limits_{x\to\infty}(f_a(x)-p(x))=0$.

Dies wird erfüllt durch $p(x)=\frac{x}{a}+a$; denn

$$\lim_{x\to\infty}\left(\left(\frac{x}{a}+a+\frac{a}{x-a}\right)-\left(\frac{x}{a}+a\right)\right)=\lim_{x\to\infty}\frac{a}{x-a}=0.$$ Dies gilt auch für $x\to-\infty$.

Die Kurve K_a hat die beiden Asymptoten $x=a$ und $y=\frac{x}{a}+a$.

Für K_2 sind dies $x=2$ und $y=\frac{x}{2}+2$.

3. Extrempunkte von K_a

$$f'_a(x)=0 \Leftrightarrow \frac{1}{a}-\frac{a}{(x-a)^2}=0 \Leftrightarrow \frac{a}{(x-a)^2}=\frac{1}{a} \Leftrightarrow (x-a)^2=a^2$$
$$\Leftrightarrow |x-a|=|a| \Leftrightarrow x=0 \text{ oder } x=2a.$$

Mit $f_a(0)=a-1$; $f_a(2a)=3+a$, sowie $f''_a(0)<0$, $f''_a(2a)=\frac{2}{a^2}>0$ erhält man den Hochpunkt $H(0|a-1)$ und den Tiefpunkt $T(2a|3+a)$

4. Wendepunkte von K_a

$f''_a(x)\neq 0$ für alle $x\in D_{f_a}$. Es gibt keine Wendepunkte.
$f''_a(x)$ wechselt zwar beim Übergang von $x<a$ zu $x>a$ das Vorzeichen. Auf der einen Seite der Polgeraden ist K_a eine Linkskurve, auf der anderen eine Rechtskurve.

5. Punktsymmetrie zum Asymptotenschnittpunkt

Der Schnittpunkt der beiden Asymptoten ist $S(a|a+1)$.
Ein Schaubild K: $y=f(x)$ ist punktsymmetrisch zum Punkt $P(x_0|y_0)$, wenn gilt (vgl. nebenstehende Figur):

$$\frac{1}{2}(f(x_0+h)+f(x_0-h))=y_0$$

für alle $x_0+h\in D_f$ und $x_0-h\in D_f$.

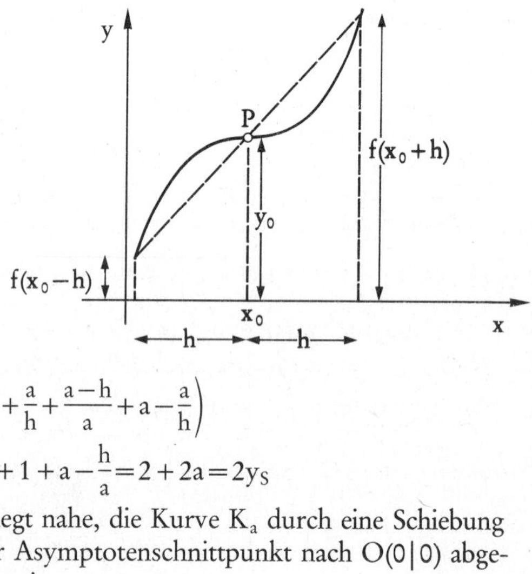

Für K_a: $y=f_a(x)$ erhält man

$$f_a(x_0+h)+f_a(x_0-h)=\left(\frac{a+h}{a}+a+\frac{a}{h}+\frac{a-h}{a}+a-\frac{a}{h}\right)$$
$$=1+\frac{h}{a}+a+1+a-\frac{h}{a}=2+2a=2y_S$$

Bemerkung: Diese Symmetrie legt nahe, die Kurve K_a durch eine Schiebung nach $\overline{K}_a$ zu bewegen, so daß der Asymptotenschnittpunkt nach $O(0|0)$ abgebildet wird. Die Transformation mit

$x=\overline{x}+a$; $y=\overline{y}+a+1$ gibt $\overline{K}$: $\overline{y}=\frac{\overline{x}}{a}+\frac{a}{\overline{x}}$ für $\overline{x}\neq 0$, $a\neq 0$.

6. Schaubild von K_2

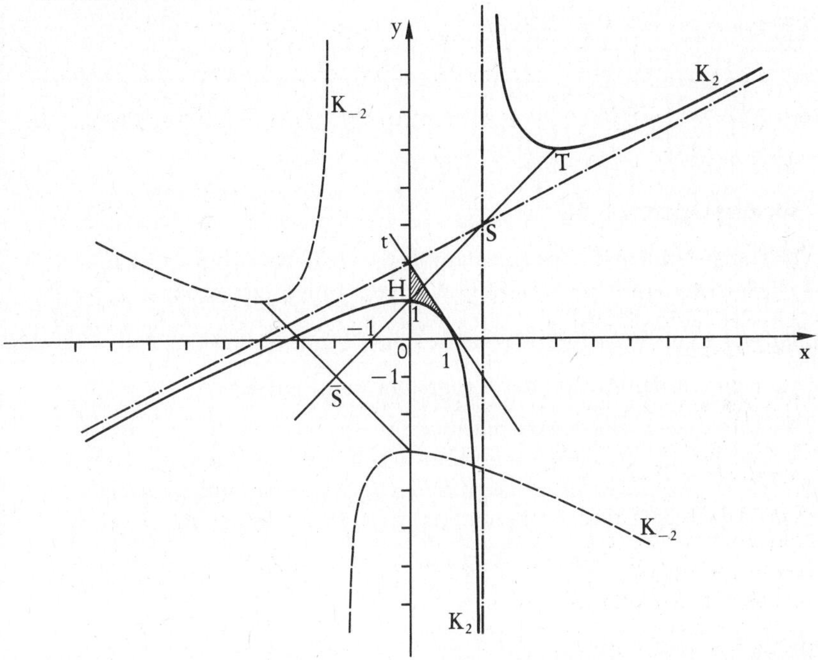

b) Orthogonale Verbindungsgeraden der Extrempunkte zweier Schaubilder

1. Orthogonalitätsbedingung

Die beiden Extrempunkte sind $E_1(0|a-1)$ und $E_2(2a|a+3)$.

Die Steigung der Geraden $(E_1 E_2)$ ist $m=\frac{2}{a}$. Zwei Geraden mit den Parametern a_1 und a_2 sind orthogonal, wenn gilt

$\frac{2}{a_1}\cdot\frac{2}{a_2}=-1$ bzw. $a_1\cdot a_2=-4$.

2. Bestimmung des Schnittpunktes der beiden Geraden

Mit der Punktsteigungsform $y=m(x-x_1)+y_1$ und den Steigungen

$m_1=\frac{2}{a_1}$ und $m_2=\frac{-a_2}{2}$ erhält man die Geraden

g_{a_1}: $y=\frac{2}{a_1}x+a_1-1$ und g_{a_2}: $y=-\frac{a_1}{2}x-\frac{4}{a_1}-1$.

Für die Schnittpunktsabszisse x_S gilt die Bedingungsgleichung

$$\frac{2}{a_1}x_S+a_1-1=-\frac{a_1}{2}x_S-\frac{4}{a_1}-1$$

$$x_S\left(\frac{2}{a_1}+\frac{a_1}{2}\right)=-\frac{4}{a_1}-a_1$$

$$x_S=\frac{2(-4-a_1^2)\,a_1}{a_1(4+a_1^2)}=-2.$$

Damit wird $y_S=-\frac{4}{a_1}+a_1-1.$

Für die Figur mit $a=2$ ergibt sich $a_1=2$, $a_2=-2$, $m_2=1$, $m_{-2}=-1$.
Der Schnittpunkt ist $\overline{S}(-2|-1)$. In der Figur ist K_{-2} gestrichelt.

c) Tangente t von P an K_2. Fläche zwischen t und K_2

1. Bestimmen der Anzahl der Tangenten von P an K_2

1. Weg (mit der Diskriminantenmethode):
Alle Geraden g_m durch $P(0|2)$ sind für $m \in \mathbb{R}$ gegeben durch
g_m: $y=mx+2$. Gesucht ist das $m \in \mathbb{R}$, für das die Schnittbedingung $g_m(x)=f_2(x)$ (aufgrund der Berührung) genau eine Lösung hat. Es gilt:

$$mx+2=\frac{x}{2}+2+\frac{2}{x-2}$$

$$2mx^2-4mx-x^2+2x-4=0$$

$$(2m-1)\,x^2-2(2m-1)\,x-4=0$$

$$x^2-2x-\frac{4}{2m-1}=0; \quad m \neq \frac{1}{2}$$

$$x_{1|2}=1\pm\sqrt{\frac{2m+3}{2m-1}}.$$

Die quadratische Gleichung hat genau eine Lösung für $m=-\frac{3}{2}$.

Der Berührpunkt hat die Abszisse $x_B=1$. Die Gleichung der Tangente ist $y=-\frac{3}{2}x+2$ im Punkt $B(1|0{,}5)$.

2. Weg (Aufsuschen der Berührpunktsabszisse):
Annahme Berührpunkt $B(u|f(u))$ $(u \neq 2$ wegen der Polgeraden!).
Die Gleichung der Tangente in B ist bestimmt durch
t: $y=f_2'(u)\,(x-u)+f_2(u)$.
$P(0|2)$ liegt auf t, wenn gilt (Punktprobe für B):
$2=-f_2'(u)\,u+f_2(u)$.
Mit den Funktionstermen für $f_2(u)$ und $f_2'(u)$ erhält man die Bedingungsgleichung für u

$$\frac{2}{(u-2)^2}u-\frac{1}{2}u+\frac{u}{2}+2+\frac{2}{u-2}=2$$

$$\frac{2u}{(u-2)^2}+\frac{2}{u-2}=0$$

$$u+u-2=0$$

$$u=1.$$

Damit ergibt sich $f_2'(u)=\frac{1}{2}-\frac{2}{1}=-\frac{3}{2}$. Es gibt genau eine Tangente mit der Gleichung t: $y=-\frac{3}{2}x+2$.

2. Flächeninhalt

Die Tangente t verläuft über der Kurve K_2. Für die Grenzen $x=0$ und $x=1$ gilt der Ansatz für den Inhalt A mit

$$A=\int_{x=0}^{1}\left(-\frac{3}{2}x+2-\frac{x}{2}-2-\frac{2}{x-2}\right)dx=\int_{0}^{1}\left(-2x-\frac{2}{x-2}\right)dx$$

$$=[-x^2-2\ln|x-2|]_0^1=[-1-2\ln 1]-[0-2\ln 2]$$

$$=-1+2\ln 2=2\ln 2-1\approx 0{,}39.$$

d) Parallele Tangenten

1. Bedingungen für parallele Tangenten in Abhängigkeit von a

1. Lösungsweg: Geometrisch anschauliche Lösung
Aufgrund der in Teilaufgabe a) nachgewiesenen Punktsymmetrie zu $S(a\,|\,a+1)$ gibt es zu jedem Punkt der Kurve K_a einen zweiten Punkt mit derselben Tangentensteigung. Aus

$f_a'(x)=\frac{1}{a}-\frac{a}{(x-a)^2}$ mit $x\neq a$ und $a\neq 0$

erkennt man, daß $f_a'(x)$ alle reellen Zahlen annimmt mit Ausnahme der Asymptotensteigung $\frac{1}{a}$, denn der zweite Summand von $f_a'(x)$ kann für kein $a\neq 0$ zu null werden, sonst aber jede reelle Zahl annehmen. Damit gilt für die Tangentensteigung m von K_a:

Für alle $m\in\mathbb{R}\setminus\left\{\frac{1}{a}\right\}$ gibt es parallele Tangenten an K_a.

Angeregt durch die Figur (siehe 6. Schaubild von K_2) mit K_2 und K_{-2} folgt aber auch der Unterschied für $a>0$ und $a<0$:

Für $a>0$ gilt $m \in \left]-\infty; \frac{1}{a}\right[= \left\{m \mid -\infty < m < \frac{1}{a}\right\}$

für $a<0$ gilt $m \in \left]\frac{1}{a}; +\infty\right[= \left\{m \,\middle|\, \frac{1}{a} < m < +\infty\right\}$.

2. Lösungsweg: Rechnerische Beziehung zwischen

$B_1(x_1 \mid f_a(x_1))$ und $B_2(x_2 \mid f_a(x_2))$

Ohne Zuhilfenahme der Figur mit der Annahme, daß die Stellen x_1 sowie x_2 zwei verschiedene Stellen von f_a mit der gleichen Ableitung sind, gilt die Bedingung $f'_a(x_1) = f'_a(x_2)$ und damit

$$\frac{1}{a} - \frac{a}{(x_1-a)^2} = \frac{1}{a} - \frac{a}{(x_2-a)^2} \quad \text{für } a \neq 0; \; x_1, x_2 \neq a.$$

Daraus folgt $x_1 - a = \pm(x_2 - a)$

mit $x_1 = x_2$ (entfällt wegen $x_1 \neq x_2$)

und $x_2 = 2a - x_1$ bzw. $\frac{x_1 + x_2}{2} = a$,

sowie $f'_a(x_2) = \frac{1}{a} - \frac{a}{(a-x_1)^2}$.

Für die Ordinaten erhält man

$f_a(x_1) = \frac{x_1}{a} + a + \frac{a}{x_1 - a}$ und mit $x_2 = 2a - x_1$ wird

$$f_a(x_2) = \frac{2a - x_1}{a} + a + \frac{a}{2a - x_1 - a} = 2 - \left(\frac{x_1}{a} - a + \frac{a}{x_1 - a}\right)$$

$$= 2 - \left(\frac{x_1}{a} + a + \frac{a}{x_1 - a}\right) + 2a = 2(1+a) + f_a(x_1). \qquad (*)$$

Aus (*) folgt $\frac{f_a(x_1) + f_a(x_2)}{2} = 1 + a$.

Der Mittelpunkt der Strecke $\overline{B_1 B_2}$ ist immer der Punkt $S(a \mid 1+a)$.

Die Wertemenge der Tangentensteigungen

Aus $f'_a(x_1) = \frac{1}{a} - \frac{a}{(x_1-a)^2}$ und $f'_a(x_2) = \frac{1}{a} - \frac{a}{(a-x_1)^2}$ erkennt man die Übereinstimmung der Tangentensteigungen für alle $a \neq 0$.

Außerdem ist

$f'_a(x_1) = f'_a(x_2) < \frac{1}{a}$ für $a>0$, denn der 2. Summand ist für $a>0$ immer negativ,

$f'_a(x_1) = f'_a(x_2) > \frac{1}{a}$ für $a<0$, denn der 2. Summand ist für $a<0$ immer positiv.

Damit gilt für die Menge der Tangentensteigungen m von K_a, daß $m \in \mathbb{R} \setminus \left\{\frac{1}{a}\right\}$.

Unterscheidung für $a>0$ und $a<0$ ergibt:

Für $a>0$ gilt $m \in \left]-\infty; \frac{1}{a}\right[$;

für $a<0$ gilt $m \in \left]\frac{1}{a}; +\infty\right[$.

3. Lösungsweg: Rechnerische Bestimmung der Menge der Tangentensteigungen m

Wenn die Ableitung von f_a an Stellen $x \in D_{f_a}$ den Wert m annehmen soll, muß man die Gleichung $f_a'(x)=m$ nach x auflösen, und die Lösungsmenge ist die Menge der Stellen mit der Steigung m. Sie enthält die beiden Formvariablen a und m.

Es muß untersucht werden, unter welchen Bedingungen für a und m es genau zwei verschiedene Lösungen gibt:

Mit $f_a'(x)=\frac{1}{a}-\frac{a}{(x-a)^2}$, wobei $a \neq 0$ ist, erhält man folgende Umformungen:

$$f_a'(x)=m \quad \text{immer mit } x \neq a;$$

$$\frac{1}{a}-\frac{a}{(x-a)^2}=m$$

$$ma(x-a)^2-(x-a)^2+a^2=0 \qquad (*)$$

$$x^2-2a^2mx+a^2m-x^2+2ax=0$$

$$(am-1)x^2-2a(am-1)x+a^3m=0$$

$$x_{1|2}=\frac{a(am-1)\pm\sqrt{a^2(am-1)^2-(am-1)a^3m}}{am-1}$$

$$=a\pm\frac{1}{am-1}\cdot\sqrt{(am-1)(a^3m-a^2-a^3m)}$$

$$=a\pm\frac{1}{am-1}\cdot\sqrt{a^2(1-am)}$$

$$=a\mp\frac{|a|}{\sqrt{1-am}}$$

Untersuchung der Lösungsmenge:

Es gibt keine reellen Lösungen für $am>1$. Der Fall, daß es nur eine Lösung gibt, ist nicht möglich.

Es gibt aber **genau zwei** verschiedene reelle Lösungen für $am<1$.

Diese liegen symmetrisch zu $x=a$ auf der Zahlengeraden.

Aus $am<1$ folgt mit den Regeln über Ungleichungen

$$m<\frac{1}{a} \text{ für } a>0 \text{ und } m>\frac{1}{a} \text{ für } a<0.$$

Somit: Für $a>0$ gilt $m \in \left]-\infty; \frac{1}{a}\right[= \left\{m \mid -\infty < m < \frac{1}{a}\right\}$ (1)

für $a<0$ gilt $m \in \left]\frac{1}{a}; +\infty\right[= \left\{m \,\middle|\, \frac{1}{a} < m < +\infty\right\}$. (2)

Bemerkung:
Gleichung (*) kann man durch Ausklammern umformen in
$(am-1)(x-a)^2 = a^2$
Aus dieser Gleichung erhält man schneller wie oben
$x - a = \frac{|a|}{\mp\sqrt{1-am}}$ mit $am<1$.

2. Mitte der Berührpunkte liegt auf der Geraden $y = mx$

Aufgrund der Punktsymmetrie jeder Kurve K_a liegen die beiden Berührpunkte punktsymmetrisch bezüglich des Zentrums $S(a \mid a+1)$.
Damit ist S der Mittelpunkt aller Verbindungsstrecken.
S liegt auf der Ursprungsgeraden $y = mx$, wenn gilt:
$a + 1 = m \cdot a$, also $m = 1 + \frac{1}{a}$.
m unterliegt aber den zusätzlichen Bedingungen (1) und (2).

Für $a>0$ gilt $m \in \left]-\infty; \frac{1}{a}\right[$.
$m = 1 + \frac{1}{a}$ liegt für kein a in diesem Intervall.

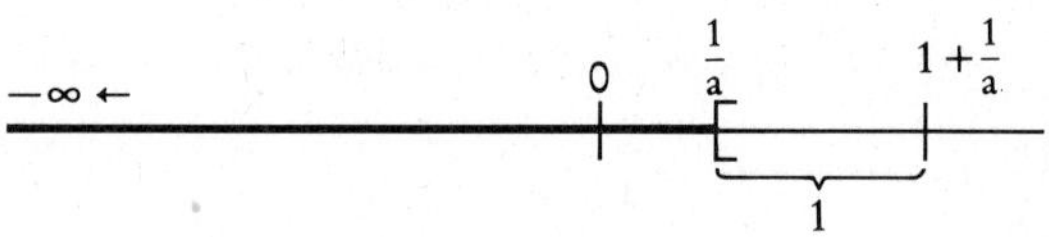

Für $a<0$ gilt $m \in \left]\frac{1}{a}; +\infty\right[$.
$m = 1 + \frac{1}{a}$ liegt für alle $a<0$ in diesem Intervall.

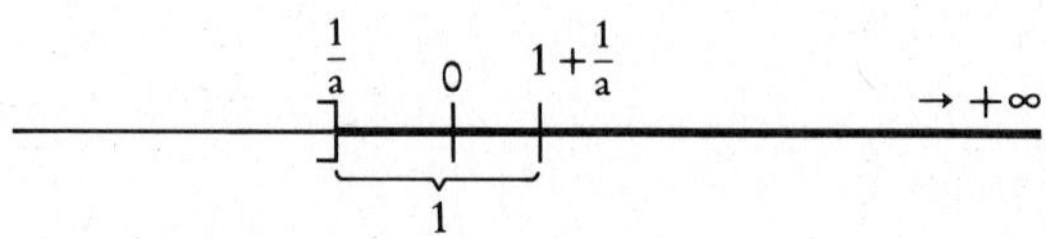

Zahlenbeispiele:

$a=2$ gibt $m = 1 + \frac{1}{2} = \frac{3}{2}$. $m = \frac{3}{2}$ liegt nicht in $\left]-\infty; \frac{1}{2}\right[$.

$a=-2$ gibt $m = 1 - \frac{1}{2} = \frac{1}{2}$, $m = \frac{1}{2}$ gehört zum Intervall $\left]-\frac{1}{2}; \infty\right[$.

Für jedes $k \neq 0$ und jedes $a > 0$ ist eine Funktion f gegeben durch
$f(t) = a \cdot e^{kt}$; $t \in \mathbb{R}$.

a) f beschreibe den Kernzerfall bei einem radioaktiven Präparat.
Dabei gibt f(t) die Zerfallsgeschwindigkeit (Anzahl der Zerfälle pro Sekunde) zum Zeitpunkt t Sekunden nach Beobachtungsbeginn an. Zu Beginn der Beobachtung werden 1 000 Zerfälle pro Sekunde, 30 Sekunden später noch 741 Zerfälle pro Sekunde gemessen.
Berechne a und k (auf zwei Dezimalen gerundet).
Innerhalb welcher Zeit nimmt f(t) auf die Hälfte ab?
Für welche lineare Funktion h gilt $h(0) = f(0)$ und $h(100) = f(100)$?
Zeichne das Schaubild C von f und das Schaubild von h für $0 \leqq t \leqq 150$ in ein gemeinsames Achsenkreuz ein.
(20 Sekunden ≙ 1 cm, 100 Zerfälle pro Sekunde ≙ 1 cm)
Für welches t mit $0 \leqq t \leqq 100$ ist die Differenz $h(t) - f(t)$ maximal?

b) Die Funktion F beschreibe für $t \geqq 0$ die Zahl der seit Beobachtungsbeginn zerfallenen Kerne zum Zeitpunkt t Sekunden. Dabei ist $F(0) = 0$ und $F'(t) = f(t)$ mit der Funktion f aus Teilaufgabe a).
Berechne F(t).
Bestimme den Wertebereich von F.
Wie groß ist demnach die Anzahl der unzerfallenen Kerne bei Beobachtungsbeginn?
Zeige: F ist Lösung der Gleichung $F' = 0{,}01 \cdot (10^5 - F)$.

c) Das Schaubild C aus Teilaufgabe a) wird nun durch eine Gerade g angenähert. Diese Gerade hat die Steigung $m < 0$; sie schneidet C im Punkt $P(0 \mid 1\,000)$ und in einem weiteren Punkt im ersten Feld. C und g begrenzen eine Fläche mit dem Inhalt A_1. Die Kurve C, die t-Achse, die Gerade g sowie die Gerade $t = u$ mit $u > \frac{1\,000}{-m}$ begrenzen eine Fläche mit dem Inhalt $A_2(u)$.
Für welchen Wert von m gilt: $\lim\limits_{u \to \infty} A_2(u) = A_1$?

d) Gegeben sind für $a > 0$, $k \neq 0$ und $x \in \mathbb{R}$ die beiden Funktionen f und f* durch
$f(x) = a \cdot e^{kx}$ und $f^*(x) = \frac{1}{ak^2} \cdot e^{-kx}$.
Ihre Schaubilder seien K und K*.
Zeige, daß an jeder Stelle x_0 die Tangente von K senkrecht auf der Tangente von K* steht.
Zeige weiter: K* entsteht aus K durch eine Spiegelung an der Parallelen zur y-Achse durch den Schnittpunkt von K und K*.

Lösungshinweise:

a) Die zwei Formvariablen a und k der Funktion f lassen sich durch Einsetzen der Zeiten $t=0$ und $t=30$ und den zugeordneten Werten f(t) aus zwei Gleichungen berechnen. Die Zahl a zuerst bestimmen!
Beachte: Die Halbwertszeit t_H hängt nur von k, aber nicht von a ab.
Durch die beiden gegebenen Wertepaare läßt sich die lineare Vergleichsfunktion g angeben, d(t) ist eine Ordinatendifferenz. Wie erhält man die Maximalstelle?
Beachte: Am Schaubild kann man wegen der verschiedenen Längeneinheiten die Steigungen nicht wie üblich ablesen.

b) F(t) ist ein Stammfunktionsterm von f(t). Wie läßt sich die Stammfunktionskonstante c bestimmen? Der Wertebereich von F ist ein Intervall $[0; z]$, dabei ist z die Zahl der Kerne, die maximal zerfallen kann. Welche Bedeutung hat z für die zu Beginn vorhandene Kernzahl?
Bei der „Probe“ durch Einsetzen von F(t) und F′(t) müssen linke und rechte Seite für alle $t \geqq 0$ übereinstimmen.

c) Angeben der Gleichung für g durch P mit der zu berechnenden Steigung m. Um zur Gleichung für m zu kommen, lesen wir an der Figur ab:
$A_1(m)=A_2(m)$ bzw. $A_1(m)=J_1(m)+J_2(m)$. Für die Rechnung ist zweckmäßig, die Beziehung $A_1(m)-J_1(m)=J_2(m)$ zu betrachten. Beachte, J_2 ist ein uneigentliches Integral, das für $u \to \infty$ existiert. A_1-J_1 ergibt sich bei einander schneidenden Kurven ohne Verwendung des Schnittpunktes als Integrationsergebnis. Das gesuchte m kommt in den Grenzen vor.
Will man die Teilung von A_2 vermeiden, kann man auch eine abschnittsweise definierte Funktion $\hat{h}$ verwenden, die g bis zur Nullstelle und dann die t-Achse darstellt. Der Flächeninhalt zwischen den Randfunktionen f und $\hat{h}$ muß dann $A=0$ ergeben. Beim Integrieren ist die Intervalladditivität bei $\hat{h}$ zu beachten.

d) Welche Bedingung muß für $f'(x_0)$ und $f^{*\prime}(x_0)$ bei Orthogonalität bestehen? Bei der Berechnung der Schnittpunktsabszisse x_s ist zu beachten, daß k auch negative Werte annehmen kann. Es ist $\sqrt{k^2}=|k|$.
Die Symmetrie an der Geraden $x=x_s$ mache man sich an einer Figur klar. Welche Beziehung muß zwischen $f(x_s+h)$ und $f^*(x_s-h)$ bestehen?
Beachte bei dem Nachweis: $e^{\ln a}=a$, auch $e^{\ln a+\ln|k|}=a\cdot|k|$.

Lösung:

a) Kernzerfall: Gesetz für die Zerfallsgeschwindigkeit

1. Aufstellen des exponentiellen Zerfallsgesetzes

Das Gesetz für die Anzahl der Zerfälle je Sekunde hat die Form
$f(t) = a \cdot e^{kt}$; $t \geqq 0$.
Die beiden Formvariablen a und k ergeben sich aus den beiden Bedingungen
$f(0) = 1\,000$ und $f(30) = 741$.
Für a erhält man die Gleichung $a \cdot e^0 = 1\,000$, daraus $a = 1\,000$.
Mit diesem a ergibt sich für k die Gleichung

$$1\,000 \cdot e^{k \cdot 30} = 741$$
$$e^{k \cdot 30} = 0{,}741$$
$$30 \cdot k = \ln 0{,}741$$
$$k = \frac{\ln 0{,}741}{30} \approx -0{,}01.$$

Somit lautet das Gesetz für die Anzahl der Zerfälle je Sekunde
$f(t) = 1\,000 \cdot e^{-0{,}01\,t}$. (1)

2. Halbwertszeit t_H

Mit (1) gilt für t_H: $1\,000 \cdot e^{-0{,}01 \cdot t_H} = 500$

$$e^{-0{,}01 \cdot t_H} = \frac{1}{2}$$
$$-0{,}01 \cdot t_H = -\ln 2$$
$$t_H = 100 \cdot \ln 2 \approx 69{,}31 \text{ Sek.}$$

3. Aufstellen der linearen Vergleichsfunktion h

Man macht den Ansatz $h(t) = mt + c$.

$h(0) = f(0) = 1\,000$ gibt $c = 1\,000$.

$h(100) = f(100) = 1\,000 \cdot \frac{1}{e}$ ergibt

für m die Gleichung $\frac{1\,000}{e} = 100 \cdot m + 1\,000$;

daraus: $m = 10\left(\frac{1}{e} - 1\right) \approx -6{,}321.$

Somit: $h(t) = 10\left(\frac{1}{e} - 1\right) \cdot t + 1\,000 \approx -6{,}321t + 1\,000.$

4. Schaubilder der Funktionen f und h

h ist die Gerade durch die beiden Punkte (0 | 1 000) und (158 | 0),
g ist die Gerade aus Teilaufgabe c) durch (0 | 1 000) mit $m = -5$.

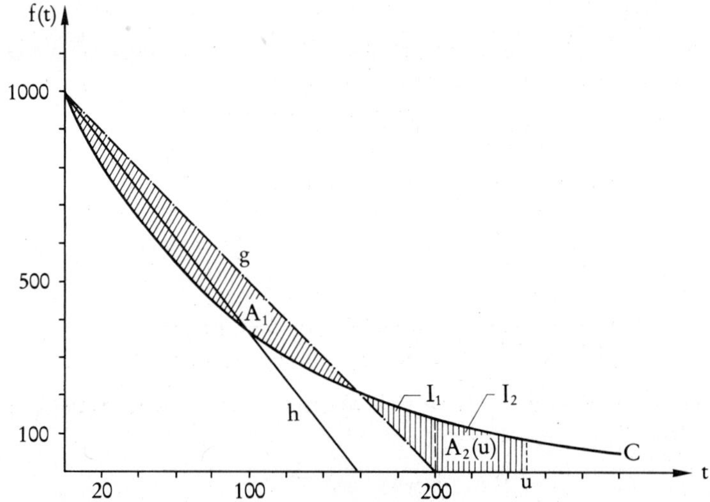

5. Maximumstelle von d(t) = h(t) − f(t)

Die Differenzfunktion d ist bestimmt durch

$d(t) = -6{,}32t + 1\,000 - 1\,000 \cdot e^{-0{,}01 \cdot t}$ für $0 \leqq t \leqq 100$ mit

$d'(t) = -6{,}32 + 10 \cdot e^{-0{,}01 \cdot t}$ und

$d''(t) = -0{,}1 \cdot e^{-0{,}01 \cdot t} < 0$ für alle $t \in \mathbb{R}$.

$d'(t) = 0$ gibt für die Extremwertzeit t_e die Gleichung

$e^{-0{,}01 \cdot t_e} = \frac{6{,}32}{10} = 0{,}632$ bzw. $-0{,}01 \cdot t_e = \ln 0{,}632$. Daraus

$t_e = -100 \cdot \ln 0{,}632 \approx -100 \cdot (-0{,}459) = \mathbf{+45{,}9}$

t_e ist eine Maximumstelle. Da $d''(t_e) < 0$ ist, und die Randwerte $d(0) = 0$ und $d(100) = 0$ sind, ist t_e im Intervall [0; 100] eine globale (absolute) Maximumstelle. Die größte Differenz in diesem Zeitintervall beträgt
$d(45{,}9) = 709{,}9 - 631{,}9 = 78$ Zerfallseinheiten je Sekunde.

b) Gesetz für die Gesamtzahl der bis zur Zeit t zerfallenen Kerne

1. Herleitung des Gesetzes

Die Fragestellung erfordert eine Summierung der zerfallenen Kerne. Dies legt nahe, daß es sich um ein Problem der Integralrechnung handelt.
Für die gesuchte Funktion $t \mapsto F(t)$ beginnt der Zerfallsvorgang zur Zeit $t=0$, so daß $F(0)=0$ ist.
Für den weiteren Zerfall gilt $F'(t)=f(t)$, dabei ist $f(t)$ die Zerfallsgeschwindigkeit. $F(t)$ ist somit ein Stammfunktionsterm von $f(t)$.
Aus $f(t)=1\,000 \cdot e^{-0{,}01 \cdot t}$ ergibt sich als Stammfunktionsterm

$$F(t)=-10^5 \cdot e^{-0{,}01 \cdot t}+c.$$

Die Konstante c ergibt sich aus $F(0)=0$. Man erhält
$0=-10^5+c$ und daraus $c=10^5$.
Damit ist $F(t)=10^5 \cdot (1-e^{-0{,}01 \cdot t})$ für $t \geqq 0$.

2. Wertebereich von $t \mapsto F(t)$

Die Funktion F ist streng monoton zunehmend, denn es gilt
$F'(t)=f(t)>0$ für alle $t \geqq 0$. Es ist $F(0)=0$ und $\lim\limits_{t \to \infty} F(t)=10^5$.
Wegen der Stetigkeit (F ist Stammfunktion) werden alle Zwischenwerte angenommen, so daß der Wertebereich $W_F=[0;10^5[$ ist.

3. Anzahl der Kerne bei Beobachtungsbeginn

Zur Zeit $t=0$ ist noch kein Kern zerfallen. Für $t \to \infty$ sind alle Kerne zerfallen, also 10^5 Kerne. Somit waren zur Zeit $t=0$ diese 10^5 Kerne vorhanden.

4. F ist Lösung der Differentialgleichung $F'(t)=\frac{1}{100}(10^5-F(t))$.

Der Nachweis wird durch Einsetzen der Terme für $F'(t)$ und für $F(t)$ geführt. Beide Seiten müssen dann für alle t identisch sein.

Die linke Seite gibt: $F'(t)=1\,000 \cdot e^{-0{,}01 \cdot t}$.

Die rechte Seite gibt: $\frac{1}{100}(10^5-F(t))=1\,000-1\,000(1-e^{-0{,}01 \cdot t})$
$=1\,000 \cdot e^{-0{,}01 \cdot t}$.

Beide Seiten stimmen für alle $t \geqq 0$ überein.

c) Annäherung der Kurve C durch die Gerade g

1. Schargleichung der Geraden durch P

Die Gerade g durch $P(0|1\,000)$ hat die Gleichung
$y=1\,000+m \cdot t$ mit $m<0$; $t \geqq 0$, $y \geqq 0$.

Aus dieser Geradenschar ist m so zu bestimmen, daß die beiden Inhalte A_1 und A_2 übereinstimmen, dabei reicht die Fläche mit dem Inhalt A_2 ins Unendliche (vgl. Figur). Daß diese Fläche einen Inhalt hat, wird in der Aufgabe vorausgesetzt durch die Aufgabenformulierung. Der Rechenablauf bestätigt diese Annahme.

Die Gerade g schneidet die t-Achse für $t=-\frac{1000}{m}$.

Der Definitionsbereich von g ist also $0 \leqq t \leqq -\frac{1000}{m}$.

2. Aufstellen der Gleichung für das gesuchte m

Es werden zwei Überlegungen angestellt, die zum Ziele führen.

1. Weg:

Die Figur legt nahe, die Fläche mit dem Inhalt A_2 an der Stelle $t=\frac{1000}{-m}$ in zwei Teilflächen mit den Inhalten J_1 und J_2 zu teilen. Damit gilt für die Bestimmung von m die Gleichung

$A_1(m)=J_1(m)+J_2(m)$. (1)

Dabei ist $J_2(m)$ der Inhalt der ins Unendliche reichenden Teilfläche. $J_2(m)$ ergibt sich durch eine Grenzwertbestimmung.

Gleichung (1) schreiben wir zweckmäßig in der Form

$A_1(m)-J_1(m)=J_2(m)$ (2)

Berechnung des Inhalts $J_2(m)$

Wir berechnen den Inhalt über dem Intervall $\left[\frac{1000}{-m}; u\right]$ und bezeichnen ihn mit $\bar{J}(u)$. Es ist

$$\bar{J}(u) = \int_{-\frac{1000}{m}}^{u} 1000 \cdot e^{-0{,}01 \cdot t} \cdot dt = \left[-10^5 \cdot e^{-0{,}01 \cdot t}\right]_{-\frac{1000}{m}}^{u}$$

$$= \left[-10^5 \cdot e^{-0{,}01 \cdot u}\right] - \left[-10^5 \cdot e^{\frac{10}{m}}\right]$$

$$J_2(m) = \lim_{u \to \infty} \bar{J}(u) = 10^5 \cdot e^{\frac{10}{m}}.$$

Berechnung von $A_1(m)-J_1(m)$

Der Inhalt $A_1(m)-J_1(m)$ ist der Flächeninhalt zwischen zwei sich überkreuzenden Schaubildern. Über dem Intervall $\left[0; \frac{1000}{-m}\right]$, in dem der Schnittpunkt der beiden Kurven liegt, ergibt das Integral mit den Intervallenden als Grenzen die Differenz der beiden Inhalte. Die Gerade g verläuft anfangs über C.

A

Wir berechnen also

$$A_1(m)-J_1(m)=\int_0^{-\frac{1000}{m}}(1000+mt-1000\cdot e^{-0{,}01\cdot t})\,dt$$

$$=\left[1000\,t+\frac{m}{2}t^2+10^5\cdot e^{-0{,}01\cdot t}\right]_0^{-\frac{1000}{m}}$$

$$=\left[-10^6\cdot\frac{1}{m}+\frac{1}{2}\cdot 10^6\cdot\frac{1}{m}+10^5\cdot e^{\frac{10}{m}}\right]-[10^5]$$

$$=-\frac{1}{2}\cdot\frac{10^6}{m}+10^5\cdot e^{\frac{10}{m}}-10^5$$

Gleichung für m

Wir setzen $A_1(m)-J_1(m)=J_2(m)$ und erhalten

$$-\frac{1}{2}\cdot\frac{10^6}{m}+10^5\cdot e^{\frac{10}{m}}-10^5=10^5\cdot e^{\frac{10}{m}}.$$

Hieraus $\quad \frac{1}{2}\cdot\frac{10^6}{m}=-10^5$

$$m=-5.$$

Die Gerade mit der Gleichung $\mathbf{y=1000-5\cdot t}$ ist die gesuchte Approximationsgerade.

2. Weg:

Theoretische Vorüberlegung: Legen wir die Rechenregel über die Bestimmung des Flächeninhalts A zwischen zwei Schaubildern der Funktionen $\hat{h}$ und f über dem Intervall $[0;u]$ zugrunde, dann gilt

$$A=\int_0^u(\hat{h}(t)-f(t))\,dt.$$

Bei sich im Intervall $[0;u]$ überkreuzenden Kurven ergibt sich die Differenz der Inhalte A_1 und A_2, die vor und nach dem Schnittpunkt der Schaubilder sich ergeben. Gleichheit beider Inhalte besteht, wenn sich $A=0$ ergibt.

Aufstellen der Funktionen $\hat{h}$ und f

$\hat{h}$ läßt sich abschnittsweise darstellen durch

$$\hat{h}(t)=\begin{cases}1000+mt & \text{für } 0\leqq t\leqq\frac{1000}{-m},\ m<0\\ 0 & \text{für } \frac{1000}{-m}<t\leqq u\end{cases}$$

. Außerdem ist gegeben

$f(t)=1000\cdot e^{-0{,}01\cdot t}$ für $t>0$.

Berechnung der Fläche A(u)

$\hat{h}$ und f sind stetig. Damit ergibt sich zwischen $t=0$ und $t=u$ der Inhalt A(u), wenn man die Intervalladditivität an der Nahtstelle von $\hat{h}$ beachtet zu

$$A(u)=\int_0^{\frac{1\,000}{-m}}(1\,000+mt-1\,000\cdot e^{-0{,}01\cdot t})\,dt+\int_{\frac{1\,000}{-m}}^{u}(0-1\,000\cdot e^{-0{,}01\cdot t})\,dt$$

$$=\left[1\,000\,t+m\frac{t^2}{2}+10^5\cdot e^{-0{,}01\cdot t}\right]_0^{\frac{1\,000}{-m}}+\left[10^5\cdot e^{-0{,}01\cdot t}\right]_{\frac{1\,000}{-m}}^{u}$$

$$=\left[-\frac{10^6}{m}+\frac{1}{2}\cdot\frac{10^6}{m}+10^5\cdot e^{\frac{10}{m}}\right]-[10^5]+[10^5\cdot e^{-0{,}01\cdot u}]-[10^5\cdot e^{\frac{10}{m}}]$$

$$A(u)=-\frac{1}{2}\cdot\frac{10^6}{m}-10^5+10^5\cdot e^{-0{,}01\cdot u}.$$

Für $u\to\infty$ wird $\lim\limits_{u\to\infty}A(u)=A=A_1-A_2$. Da $\lim\limits_{u\to\infty}e^{-0{,}01\cdot u}=0$ ist, ergibt sich

$$A_1-A_2=-\frac{1}{2}\cdot 10^6\cdot\frac{1}{m}-10^5.$$

Die Forderung $A=A_1-A_2=0$ gibt die Gleichung für m:

$-\frac{5}{m}=1$ und daraus ergibt sich $\mathbf{m=-5}$.

Der 2. Weg erspart keine Rechnung. Er wendet die Integralrechnung auf die stetige abschnittsweise definierte Funktion $\hat{h}$ an.

d) **1. Orthogonalität der Tangente von K zu der von K***

Es ist nachzuweisen, daß gilt $f'(x_0)\cdot f^{*\prime}(x_0)=-1$ für alle $x_0\in\mathbb{R}$.

Mit $f'(x_0)=k\cdot ae^{kx_0}$ und $f^{*\prime}(x_0)=-\frac{1}{ak}e^{-kx_0}$ wird

$f'(x_0)\cdot f^{*\prime}(x_0)=-1\cdot e^{k(x_0-x_0)}=-e^0=-1$, was zu zeigen war.

2. Schnittpunktsabszisse von K mit K*

Die Schnittpunktsabszisse sei x_s. Für x_s gilt $f(x_s)=f^*(x_s)$.

Gleichung für x_s ist somit $ae^{kx_s}=\frac{1}{ak^2}e^{-kx_s}$;

$$(e^{kx_s})^2=\frac{1}{a^2k^2};$$

mit $\sqrt{k^2}=|k|$ wird $\quad e^{kx_s}=\frac{1}{a|k|}$.

Daraus folgt $\quad kx_s=-(\ln a+\ln|k|)$,

und damit ist $\quad x_s=-\frac{1}{k}(\ln a+\ln|k|)$.

Beachte dabei „Betrag von k", weil für k gilt $k \in \mathbb{R} \setminus \{0\}$; es sind also auch negative Werte zugelassen.
Die Parallele, an der gespiegelt wird, hat die Gleichung $x = x_s$.

3. Symmetrie von K und K* bezüglich $x = x_s$

Wenn Symmetrie zwischen K und K* besteht, muß für alle $h \in D_f = D_{f^*}$ gelten $f(x_s + h) = f^*(x_s - h)$.
Dies wird bestätigt durch das Einsetzen von $x_s + h$ bzw. $x_s - h$ in die Funktionsterme von f(x) und f*(x).

$$f(x_s + h) = a \cdot e^{k\left(-\frac{1}{k}(\ln a + \ln|k|) + h\right)} \qquad = a \cdot e^{-\ln a - \ln|k| + kh}$$

$$= a \cdot e^{\ln\frac{1}{a}} \cdot e^{-\ln|k|} \cdot e^{kh} \qquad = \frac{1}{|k|} \cdot e^{kh}$$

$$f^*(x_s - h) = \frac{1}{ak^2} \cdot e^{-k\left(-\frac{1}{k}(\ln a + \ln|k|) - h\right)} \qquad = \frac{1}{ak^2} \cdot e^{\ln a + \ln|k| + kh}$$

$$= \frac{1}{ak^2} \cdot a \cdot |k| \cdot e^{kh} = \frac{1}{|k|} \cdot e^{kh} = f(x_s + h) \text{ für alle } h \in D_f.$$

Damit ist die Symmetrie zur Geraden $x = x_s$ nachgewiesen.

Zu jedem $t>0$ ist eine Funktion f_t gegeben durch

$$f_t(x)=\ln\left(t\cdot\frac{1+x}{1-x}\right);\quad x\in D_t.$$

Ihr Schaubild sei K_t.

a) Bestimme den maximalen Definitionsbereich D_t von f_t.
Untersuche K_t auf Schnittpunkte mit den Koordinatenachsen, Asymptoten und Wendepunkten.
Zeichne K_1.

b) Wie entsteht K_t aus K_1?
Zeige, daß f_t streng monoton wächst.
Welche Werte können die Tangentensteigungen von K_t annehmen?
Für welchen Wert von t berührt K_t die Gerade $y=2x-3$?
Gib die Ortslinie der Wendepunkte aller K_t an.

c) $\overline{K}_t$ sei das Schaubild der Umkehrfunktion $\overline{f}_t$ zu f_t.
Gib einen Funktionsterm $\overline{f}_t(x)$ an.
Wie geht $\overline{K}_t$ aus $\overline{K}_1$ hervor?
Welche Werte können die Tangentensteigungen von $\overline{K}_t$ annehmen?

d) Zeige, daß für $a\neq b$, $x+a>0$, $x+b>0$ eine Funktion G mit
$G(x)=\frac{1}{b-a}\ln\frac{x+a}{x+b}$ eine Stammfunktion von g mit $g(x)=\frac{1}{(x+a)(x+b)}$ ist.
Die durch Teilaufgabe c) definierten Schaubilder $\overline{K}_1$ und $\overline{K}_2$ und die Geraden $x=1$ und $x=z$ mit $z>1$ umschließen eine Fläche.
Berechne deren Inhalt $A(z)$ und bestimme $\lim\limits_{z\to\infty} A(z)$.

Lösungshinweise:

a) Für die Ableitungen den Funktionsterm mit den Logarithmensätzen in eine Summendarstellung bringen. Bei der Bestimmung von D_t ist die Ungleichung $t \cdot \frac{1+x}{1-x} > 0$ auf Lösungen zu untersuchen. Warum spielt der Parameter dabei keine Rolle? Fallunterscheidung beachten. Hilfreich ist es, an einer Skizze festzustellen, wo die Kurve $y = \frac{1+x}{1-x}$ über der x-Achse verläuft. Für welche x-Werte wird $\ln u(x) = 0$? Bestimme damit die Nullstellen von f_t. Warum gibt es keine Asymptoten für $x \to \pm\infty$? Wie erhält man Polgeraden bei $x \mapsto \ln x$?

b) Wie erkennt man an der Summendarstellung des Terms $f_t(x)$ die Verwandtschaft der Kurven K_t? Wie kann man aus der Ableitung auf die Monotonie einer Funktion schließen? Die Wertemenge der Ableitungsfunktion ist aus den Steigungen des Schaubildes zu entnehmen. Rechnerisch muß man f_t' auf Extremwerte untersuchen. Welche zwei Bedingungen müssen bei der Berührung zweier Kurven erfüllt sein? Beide ergeben Gleichungen für die Berührpunktsabszisse und den gesuchten Scharparameter. Vorsicht bei der Frage nach dem Ort der Wendepunkte. Man unterscheidet: „Auf welcher Kurve liegen die Wendepunkte?" von „Welches ist der Ort der Wendepunkte?" Der Ort kann evtl. nur eine Teilmenge der Kurve sein.

c) Zur Umkehrfunktion: Wann existiert eine Umkehrfunktion? Wie erhält man eine Termdarstellung? $y = f(x)$ muß nach y aufgelöst werden, D_f und W_f werden vertauscht. In der Mathematik ist es üblich, x und y zu vertauschen (in den Anwendungsgebieten nicht). Zwischen f und $\bar{f}$ besteht die Beziehung $\bar{f}'(x) = \frac{1}{f'(y)}$ mit $y = f(x)$ und Nenner ungleich null. Damit erhält man aus dem Definitionsbereich von f' den für $\bar{f}'$.

d) Es muß $G'(x) = g(x)$ überprüft werden. Wie wird man $G(x)$ vorher umformen? Die Inhaltsberechnung benötigt eine Substitution, damit die vorhandene Stammfunktion ausgenutzt werden kann. Bei der Substitution kann man die alten Grenzen belassen und sie nach dem Rüchgängigmachen der Substitution einsetzen, oder man transformiert auch die Grenzen, die dann unmittelbar in die Stammfunktion eingesetzt werden.
Bei Grenzwertuntersuchungen für $z \to \infty$ ist es wesentlich, Teilterme, die gegen ∞ gehen, in den Nenner zu bringen, damit sich nachher bei Anwendung der Grenzwertsätze der Grenzwert 0 ergibt. Mit welchem Term muß man also kürzen?

A

Lösung:

a) Kurvenuntersuchung

1. Ableitungen

$f_t(x) = \ln t + \ln(1+x) - \ln(1-x);\ t>0,\ x \in D_t$

$f_t'(x) = \frac{1}{1+x} + \frac{1}{1-x} = \frac{2}{1-x^2};\ t>0,\ x \in D_t$

$f_t''(x) = \frac{4x}{(1-x^2)^2};\ t>0,\ x \in D_t.$

2. Maximaler Definitionsbereich

Da $t>0$ ist, genügt es, die Lösungsmenge von $\frac{1+x}{1-x}>0$ zu bestimmen.

Beim äquivalenten Umformen sind 2 Fälle zu unterscheiden:

I) Aus $1-x>0$ folgt $x<1$.

Aus $\frac{1+x}{1-x}>0$ folgt also $1+x>0$ bzw. $x>-1$; $L_1=\{x|-1<x<1\}$.

II) Aus $1-x<0$ folgt $x>1$.

Aus $\frac{1+x}{1-x}>0$ folgt also $1+x<0$ bzw. $x<-1$; $L_2=\{\ \}$. Nur L_1 ist Lösungsmenge.

Die maximale Definitionsmenge ist das Intervall $D_t =]-1;1[$ für alle $t>0$.

3. Achsenschnittpunkte

x-Achse: $y=0$ gibt $t\cdot\frac{1+x}{1-x}=1;\ x \in]-1;1[,\ t>0$

$xt+x=1-x,$

daraus $x=\frac{1-t}{1+t}$. Somit $N_t\left(\frac{1-t}{1+t}\middle|0;\ \frac{(1+t)^2}{2t}\right);\ t>0.$

y-Achse: $x=0$ gibt $M_t(0|\ln t;\ 2)$

4. Wendepunkte

$f_t''(x)=0$ gibt $x=0$ mit Änderung des Vorzeichens von $f_t''(x)$, wenn x von positiven Werten zu negativen übergeht. Somit $W_t=M_t(0|\ln t;\ 2)$.
Der x-Wert aller Wendepunkte ist unabhängig vom Parameter t und hat den Wert 0 für $t>0$.

5. Asymptoten

Polgeraden (Asymptoten parallel der y-Achse): $x=1$; $x=-1$;

denn: Für $x \to 1$ strebt $f(x) \to +\infty$,

für $x \to -1$ strebt $f(x) \to -\infty$.

Asymptoten für $x \to \pm\infty$ gibt es keine;

denn: $\lim\limits_{x \to \pm\infty} \left(\ln t \cdot \frac{1+x}{1-x} \right) = \ln(-t)$ ist für $t>0$ nicht definiert.

6. Symmetrie

Punktsymmetrie zu O; denn $f_t(x) = -f_t(-x)$ für $x \in D_t$.

7. Schaubild K_1

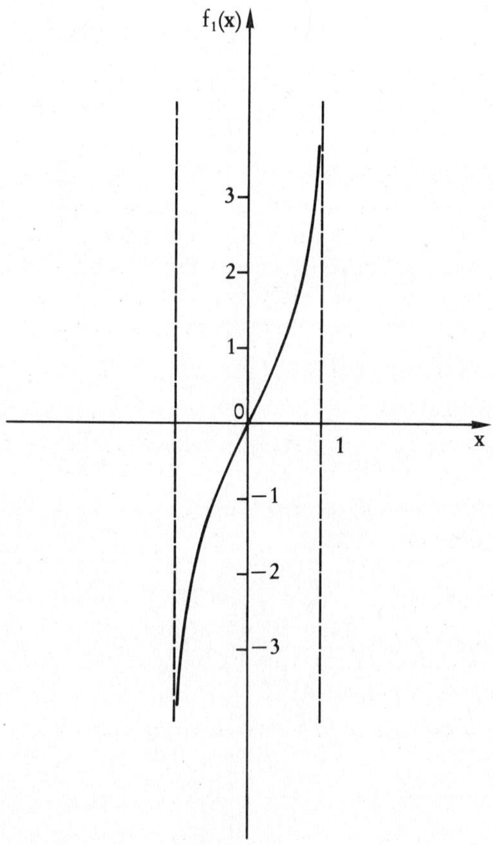

A

b) Eigenschaften der Kurve K_t

1. Verwandtschaft der Kurven K_t für $t>0$

Aus der Darstellung $f_t(x)=\ln t+\ln\frac{1+x}{1-x}$

erkennt man, daß K_t aus K_1 durch eine Verschiebung um $\ln t$ in y-Richtung entsteht. Alle K_t sind kongruent.

2. Monotonie der Funktion f_t

Es ist $f_t'(x)=\frac{2}{1-x^2}>0$ für alle $x \in D_t$, also für $-1<x<+1$.

f_t nimmt somit streng monoton zu.

3. Wertemenge der Funktion f_t'

$f_t'(x)=\frac{2}{1-x^2}$ nimmt für $x \in\,]-1;1[$ den kleinsten Wert an für den größten Nenner, also für $x=0$ und damit $f_t'(0)=2$.
Da sowohl für $x\to-1$ wie für $x\to+1$ die Ableitung $f_t'(x)\to\infty$ strebt und f_t' für $x \in\,]-1;1[$ stetig ist, nimmt $f_t'(x)$ alle Werte an zwischen 2 und ∞, somit ist die Wertemenge von f_t' das Intervall $2\leqq x<\infty$.

Bemerkung: Man kann das Problem auch als Extremwertaufgabe lösen: $f_t'(x)$ hat ein Extremum für $f_t''(x)=0$, das ist für $x=0$, und weil dabei $f_t''(x)$ von negativen Werten zu positiven Werten übergeht, wenn x von negativen zu positiven Werten verläuft, ist $f_t'(0)=2$ ein Minimum. Und zwar ein globales Minimum, weil die Randwerte für $x\to\pm1$ unbeschränkt zunehmen. Somit $W_{f_t'}=[2;\infty[$.

4. K_t berührt für $t=t^*$ die Gerade g: $y=2x-3$

Es sei $B(u|v)$ der Berührpunkt auf K_{t^*}. Berührung von g mit K_{t^*} liegt vor, wenn gilt:
In $B(u|v)$ Übereinstimmung der Ableitungen. (1)
In $B(u|v)$ Übereinstimmung der Funktionswerte. (2)

(1) gibt $\frac{2}{1-u^2}=2$ und daraus $u=0$.

(2) gibt $2u-3=\ln t^*\frac{1+u}{1-u}$; mit $u=0$ erhält man

$$-3=\ln t^*, \text{ und damit } t^*=e^{-3}\approx 0{,}050.$$

K_{t^*} entsteht aus K_t durch Verschiebung um 3 Einheiten in Richtung der negativen y-Achse.

5. Ort der Wendepunkte

Aus $W_t(0|\ln t)$ folgt, daß alle Wendepunkte auf der y-Achse liegen. Der Ort der Wendepunkte könnte eine Teilmenge davon sein. Für $t>0$ ist die Wertemenge von $\ln t$ die Menge $\mathbb{R}$, so daß die ganze y-Achse der Ort aller Wendepunkte ist.

c) Die Umkehrfunktion $\bar{f}_t$ mit Schaubild $\bar{K}_t$

1. Aufstellen der Umkehrfunktion $\bar{f}_t$

Die Existenz von $\bar{f}_t$ ist gesichert durch den Nachweis der strengen Monotonie der Funktion f_t.

Eine Termdarstellung der Funktion $\bar{f}_t$ erhält man in 2 Schritten

(1) $f_t\colon\ x \mapsto y$ mit $y=f_t(x)$ wird nach x aufgelöst für $x \in\,]-1;1[$:
Folgende Kette von Äquivalenzumformungen ist dazu notwendig

$$y=\ln\left(t\cdot\frac{1+x}{1-x}\right) \Leftrightarrow e^y=t\cdot\frac{1+x}{1-x} \Leftrightarrow e^y-x\cdot e^y=t+t\cdot x \Leftrightarrow$$

$$x(e^y+t)=e^y-t \quad \Leftrightarrow \quad x=\frac{e^y-t}{e^y+t}.$$

Damit ergibt sich $\bar{f}_t\colon\ y \mapsto \frac{e^y-t}{e^y+t}$ mit $y \in W_{f_t}=\mathbb{R}$.

(2) In der Mathematik ist es üblich, nach der Herstellung des Funktionstermes $\bar{f}_t(y)$ die Variable y mit x zu tauschen, damit wie herkömmlich, x die Argumentvariable wird. Dies ergibt

$$\bar{f}_t\colon\ x \mapsto y=\frac{e^x-t}{e^x+t} \text{ mit } D_{\bar{f}_t}=W_{f_t}=\mathbb{R} \text{ und } W_{\bar{f}_t}=]-1;1[.$$

Das Schaubild $\bar{K}_t$ entsteht durch Spiegelung von K_t an $y=x$.

2. Erzeugung von $\bar{K}_t$ aus $\bar{K}_1$

(1) Aus geometrischen Gründen: Weil $\bar{K}_t$ durch Spiegelung von $\bar{K}_1$ an $y=x$ hervorgeht, wird die in Teilaufgabe b) gefundene Verschiebung um $\ln t$ jetzt in Richtung der x-Achse vorgenommen.

(2) Durch Abbildung (Verschiebung):
Ersetzt man in der Gleichung des Schaubildes von $\bar{K}_1$ die Variable x durch $x-\ln t$, dann ergibt sich

$$y=\frac{e^{x-\ln t}-1}{e^{x-\ln t}+1}=\frac{\frac{1}{t}\cdot e^x-1}{\frac{1}{t}\cdot e^x+1}=\frac{e^x-t}{e^x+t}.$$

$y=\frac{e^x-t}{e^x+t}$ ist die Gleichung des Schaubildes von $\bar{K}_t$.

A

3. Werte der Tangentensteigungen von $\overline{K}_t$

Zwei Möglichkeiten zur Bestimmung dieser Wertemenge:

(1) Geometrisch folgt aus der Erzeugung von $\overline{K}_t$ aus K_t durch Spiegelung an der Winkelhalbierenden: Aus der Steigung 2 wird die Steigung $\frac{1}{2}$; aus der Vertikalen wird die Horizontale mit der Steigung 0. Damit gilt

$0 < \overline{f}_t'(x) \leqq \frac{1}{2}$.

(2) Verwendet man den rechnerischen Zusammenhang zwischen den Ableitungen von $x \mapsto f_t(x)$ und $y \mapsto \overline{f}_t(y)$, dann gilt:

$\overline{f}_t'(y) = \frac{1}{f_t'(x)} = \frac{1}{f_t'(\overline{f}_t(y))}$. Vertauscht man x mit y, wird

$\overline{f}_t'(x) = \frac{1}{f_t'(\overline{f}_t(x))}$.

Für f_t' gilt $2 \leqq f_t'(x) < \infty$, damit gilt für $\overline{f}_t'(x)$ der Bereich

$$0 < \overline{f}_t'(x) \leqq \frac{1}{2}.$$

d) Flächenproblem

1. Nachweis: G ist Stammfunktion von g

Es muß gelten: $G'(x) = g(x)$ für alle $x \in D_g$.

$$G(x) = \frac{1}{b-a} \ln \frac{x+a}{x+b}; \quad a \neq b; \quad x > -a, \quad x > -b$$

$$= \frac{1}{b-a} (\ln(x+a) - \ln(x+b)).$$

$$G'(x) = \frac{1}{b-a} \left(\frac{1}{x+a} - \frac{1}{x+b} \right) = \frac{1}{b-a} \cdot \frac{b-a}{(x+a)(x+b)} = \frac{1}{(x+a)(x+b)}$$

2. Flächeninhalt zwischen $\overline{K}_1$ und $\overline{K}_2$

Es ist $\overline{K}_1$: $y = \overline{f}_1(x)$ mit $\overline{f}_1(x) = \frac{e^x - 1}{e^x + 1}$ und

$\overline{K}_2$: $y = \overline{f}_2(x)$ mit $\overline{f}_2(x) = \frac{e^x - 2}{e^x + 2}$.

Am kleineren Zähler und größerem Nenner erkennt man, daß $\overline{f}_2(x) < \overline{f}_1(x)$. Es gibt also zwischen $x = 1$ und $x = z$ mit $z > 1$ keine gemeinsamen Punkte.

Damit ist

$$A(z)=\int_1^z\left(\frac{e^x-1}{e^x+1}-\frac{e^x-2}{e^x+2}\right)dx=\int_1^z\frac{2e^x}{(e^x+1)(e^x+2)}dx.$$

Die Form des Integranden erinnert an $G'(x)$. Wir substituieren $e^x=u$, dann ist $du=e^x\,dx$.

Ohne Transformation der Grenzen erhält man

$$A(z)=\int_{x=1}^{x=z}\frac{2du}{(u+1)(u+2)}=\left[2\cdot\ln\frac{u+1}{u+2}\right]_{x=1}^{x=z}=\left[2\cdot\ln\frac{e^x+1}{e^x+2}\right]_{x=1}^{x=z}$$

$$=2\cdot\ln\frac{e^z+1}{e^z+2}-2\cdot\ln\frac{e+1}{e+2}.$$

Transformiert man die Grenzen, dann wird $x=1$ zu $u=e$ und $x=z$ zu $u=e^z$. Damit wird

$$A(z)=\int_{u=e}^{e^z}\frac{2du}{(u+1)(u+2)}=\left[2\cdot\ln\frac{u+1}{u+2}\right]_e^{e^z}=2\cdot\ln\frac{e^z+1}{e^z+2}-2\cdot\ln\frac{e+1}{e+2}.$$

3. Grenzwert von A(z) für $z\to\infty$

Terme, die gegen ∞ streben, werden durch Kürzen in den Nenner gebracht. Dadurch erhält man

$$A(z)=2\cdot\ln\frac{1+\frac{1}{e^z}}{1+\frac{2}{e^z}}-2\cdot\ln\frac{e+1}{e+2};\quad \lim_{z\to\infty}A(z)=2\cdot\ln 1-2\cdot\ln\frac{e+1}{e+2}.$$

Somit ist $\lim\limits_{z\to\infty}A(z)=-2\cdot\ln\frac{e+1}{e+2}\approx 0{,}476.$

Die Maßzahl für den Inhalt dieser ins Unendliche reichenden Fläche ergibt sich positiv.

Zu jedem $a>0$ ist eine Funktion f_a gegeben durch

$$f_a(x)=2\cdot\frac{x^2-2a}{x^2-a};\quad x^2 \neq a.$$

Ihr Schaubild sei K_a, ihre zweite Ableitung ist $f_a''(x)=-4a\cdot\frac{3x^2+a}{(x^2-a)^3}$.

a) Untersuchen Sie K_a auf Symmetrie, Asymptoten, Schnittpunkte mit der x-Achse, Hoch-, Tief- und Wendepunkte.
Zeichnen Sie K_4 im Bereich $-6\leqq x\leqq 6$. (LE 1 cm)

b) Bestimmen Sie die Gleichungen der Tangenten und der Normalen von K_a in den Schnittpunkten N_1 und N_2 mit der x-Achse. Die Tangenten schneiden sich im Punkt P, die Normalen schneiden sich in Q.
Bei Rotation des Dreiecks N_1N_2P um die y-Achse entsteht ein Kegel mit Volumen $V_P(a)$. Bei Rotation des Dreiecks N_2N_1Q um die y-Achse entsteht ein Kegel mit dem Volumen $V_Q(a)$.
Bestimmen Sie a so, daß $V_P(a)$ doppelt so groß ist wie $V_Q(a)$.

c) Die Gerade $y=b$ mit $b<2$ schneidet die Kurve K_4 in den Punkten S_1 und S_2. Diese Punkte und der Schnittpunkt von K_4 mit der y-Achse sind Eckpunkte eines Dreiecks.
Bestimmen Sie b so, daß der Flächeninhalt dieses Dreiecks extremal wird. Um welche Art von Extremum handelt es sich dann?

d) Eine Funktion g ist gegeben durch $g(x)=2\cdot\frac{x-3}{x-2};\ x\neq 2$.
Zeigen Sie, daß für jedes $x\geqq 3$ gilt:
$f_4(x)-g(x)>0$.
Die Kurve K_4, die x-Achse und die Geraden $x=3$ und $x=z$ mit $z>3$ schließen eine Fläche mit dem Inhalt $A(z)$ ein.
Schätzen Sie $A(z)$ ohne Integration von f_4 nach oben und mit Hilfe von g nach unten ab.
Zeigen Sie: Für $z=10$ gilt: $9{,}8<A(10)<14$.

Lösungshinweise:

a) Beim Ableiten die Quotientenregel verwenden, dabei den Faktor 2 nicht übersehen. Die Variable x tritt nur quadratisch auf. Was bedeutet dies für die Symmetrie? Es gibt zwei Arten von Asymptoten: Polgeraden und solche mit der Gleichung $y = mx + c$. Bei den gebrochenrationalen Funktionen gibt es Hinweise. Man denke an die Nullstellen des Nennerpolynoms und an den Unterschied vom Grad des Nenners zum Grad des Zählers. Beim Bestimmen von Nullstellen, Extrem- und Wendestellen gilt der Satz: Ein Bruch wird null, wenn der Zähler null und der Nenner ungleich null ist. Bei den Nullstellen lohnt es sich die Ableitungen mit anzugeben. Das ist nützlich für das Schaubild und für Teilaufgabe b).

b) Verwende für Tangente und Normale den Ansatz $y = m(x - x_0) + y_0$.
Das Absolutglied der Tangentengleichung enthält kein a. Was bedeutet dies? Das Verhältnis der beiden Kegelvolumen vereinfacht sich, wenn man verwendet, daß sich beide nur in der Kegelhöhe unterscheiden. Welche Größen benötigt man dadurch nur? Wenn a doppelt so groß ist wie b, welche Gleichung gilt dann?

c) Nicht übersehen: Es handelt sich um den Spezialfall K_4. Betrachte die Figur. In welchem Bereich des 1. Feldes spielt sich das Problem ab? Welche Größen braucht man für die Berechnung eines Dreiecksinhaltes? Die Bestimmung der Grundseite führt auf $b = f_4(x)$ und gibt eine Wurzelfunktion. Was ergibt sich als Dreieckshöhe? Die zu untersuchende Funktion ist auch eine Wurzelfunktion. Wie läßt sich in einem solchen Fall die Extremwertuntersuchung mit einer Ersatzfunktion vereinfachen? Die Art des Extremums wird man nicht mit der 2. Ableitung feststellen, warum? Wie geht es einfacher? Die Randwerte nicht vergessen!

d) Es liegt nahe, $f_4(x) - g(x)$ auf einen Bruchstrich zu bringen und dann durch äquivalente Umformungen einen leicht zu beurteilenden Term zu gewinnen, der für $x > 3$ immer positiv ist.
Zur Abschätzung von Integralen hilft hier die Monotonieeigenschaft des Integrals. Gib sie für zwei Funktionen mit f(x) und g(x) an. Die Abschätzung nach unten heißt, man braucht eine Funktion g(x), für die $f_4(x) > g(x)$ ist. Diese ist verfügbar. Für die Abschätzung nach oben braucht man eine Funktion h mit $f_4(x) < h(x)$. Führe wie bei der Asymptotenbestimmung eine Polynomdivision durch. Wie erhält man so eine einfache Funktion h? Man kann die Abschätzung noch verbessern, wenn man das 2. Glied so ändert, daß es sich auch problemlos integrieren läßt. Durch welche Änderung des Nenners ist das zu erreichen?

A

Lösung:

a) Kurvenuntersuchung

1. Ableitungen

$$f_a(x)=2\cdot\frac{x^2-2a}{x^2-a};\quad x^2\neq a;\quad a>0$$

$$f_a'(x)=2\cdot\frac{2x(x^2-a)-2x(x^2-2a)}{(x^2-a)^2}=\frac{4ax}{(x^2-a)^2}$$

$$f_a''(x)=-4a\cdot\frac{3x^2+a}{(x^2-a)^3}$$

2. Symmetrie. Asymptoten von K_a

Symmetrie: Da $f_a(-x)=f_a(x)$ ist, besteht Symmetrie zur y-Achse. f_a ist eine gerade Funktion.

Asymptoten: Polgeraden: An den Nullstellen $x=\sqrt{a}$ und $x=-\sqrt{a}$ gilt $f_a(x)\to\infty$ für $x\to\sqrt{a}$ und für $x\to-\sqrt{a}$.

Asymptoten parallel zur y-Achse sind die Geraden mit den Gleichungen $x=\sqrt{a}$ und $x=-\sqrt{a}$.

Andere Asymptoten: Da Zähler und Nenner von $f_a(x)$ den gleichen Grad 2 haben, gibt es eine Asymptote parallel zur x-Achse.

Wegen $f_a(x)=\frac{2x^2-4a}{x^2-a}=\frac{2-\frac{4a}{x^2}}{1-\frac{a}{x^2}}$ wird $\lim\limits_{x\to\infty} f_a(x)=\frac{2}{1}=2.$

Statt dieser Umformung kann man auch die Polynomdivision durchführen und erhält $\frac{2x^2-4a}{x^2-a}=2-\frac{2a}{x^2-a}$.

Damit wird ebenfalls $\lim\limits_{x\to\infty} f_a(x)=2.$

Die Asymptote parallel zur x-Achse hat die Gleichung $y=2$.

3. Achsenschnittpunkte

Mit der y-Achse:

Es ist $y=f_a(0)=4;\ f_a'(0)=0;\ f_a''(0)=\frac{4}{a}>0.$

Der Schnittpunkt mit der y-Achse $M(0\,|\,4;0)$ ist ein Tiefpunkt.
Die Koordinaten von M sind unabhängig von a, also ist $M=T$ ein gemeinsamer Punkt aller Kurven K_a.

Mit der x-Achse: Die Abszissen folgen aus $f_a(x)=0$. Ein Bruch wird null, wenn der Zähler null und der Nenner nicht null ist.

$\frac{x^2-2a}{x^2-a}=0$ gibt $x=\sqrt{2a}$ oder $x=-\sqrt{2a}$. Mit $f_a'(\pm\sqrt{2a})=\pm\frac{4}{a}\sqrt{2a}$ erhält man als Schnittpunkte mit der x-Achse die beiden Punkte

$N_{a_1}\left(\sqrt{2a}\,|\,0;\ \frac{4}{a}\sqrt{2a}\right)$ und $N_{a_2}\left(-\sqrt{2a}\,|\,0;\ -\frac{4}{a}\sqrt{2a}\right)$.

4. Extrempunkte. Wendepunkte

Extrempunkte: Aus $f_a'(x)=0$, d. h., $\frac{4ax}{(x^2-a)^2}=0$, ergibt sich $x=0$.

Wegen $f_a''(0)=\frac{4}{a}>0$ ergibt sich der Tiefpunkt $T(0\,|\,4)$ für alle K_a.

Wendepunkte: $f_a''(x)=0$ führt auf $-4a\cdot\frac{3x^2+a}{(x^2-a)^3}=0$, d. h., $3x^2+a=0$.

Hieraus wird $x=\pm\sqrt{\frac{-a}{3}}$. Für $a>0$ gibt es keinen reellen Wert x.

Keine Kurve K_a hat somit einen Wendepunkt.

5. Schaubild von K_4

K_4: $y=\frac{2x^2-16}{x^2-4}$ mit $M(0\,|\,4)=T$; As: $x=2$, $x=-2$; $y=2$.

$N_1(2\sqrt{2}\,|\,0;\ 2\sqrt{2})$ und $N_2(-2\sqrt{2}\,|\,0;\ -2\sqrt{2})$.

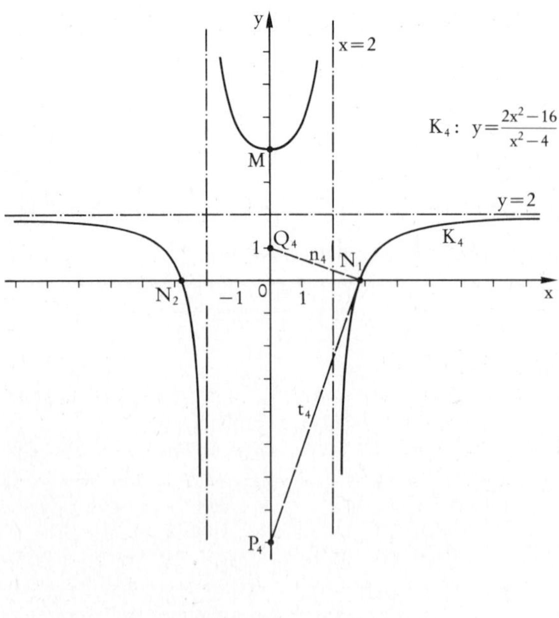

b) Verhältnis zweier Kegelinhalte

1. Koordinaten von P

P ist der Schnittpunkt der Tangente in N_{a_1} mit der y-Achse.

Gleichung dieser Tangente t_a: $y=\frac{4}{a}\sqrt{2a}\,(x-\sqrt{2a})+0=\frac{4}{a}\sqrt{2a}\,x-8$.

Schnitt mit $x=0$ gibt $P(0|-8)$. Unter Ausnutzung der Achsensymmetrie kann auf die Tangentengleichung im Punkt N_{a_2} verzichtet werden.

2. Koordinaten von Q

Q ist der Schnittpunkt der Normalen in N_{a_1} mit der y-Achse. Ihre Steigung beträgt $m_n=\frac{-1}{\frac{4}{a}\sqrt{2a}}=\frac{-a\sqrt{2a}}{8a}=-\frac{\sqrt{2a}}{8}$. Damit wird

n_a: $y=-\frac{\sqrt{2a}}{8}(x-\sqrt{2a})+0=-\frac{\sqrt{2a}}{8}x+\frac{a}{4}$. Somit $Q\left(0\left|\frac{a}{4}\right.\right)$.

Während P unabhängig vom Wert des Parameters a ist, ist dies bei Q nicht der Fall.

3. Verhältnis der Rauminhalte $V_P(a) : V_Q(a)$

Ein Kegel mit Grundkreisradius r und Höhe h hat den Inhalt $V=\frac{1}{3}\pi r^2\cdot h$.

Für beide Kegel, die durch Rotation um die y-Achse entstehen, ist der Wert für r derselbe, nur die Höhen sind verschieden, nur h_Q hängt von a ab.

Es ist $V_P(a)=\frac{1}{3}\pi r^2\cdot h_P$ und $V_Q(a)=\frac{1}{3}\pi r^2\cdot h_Q$. Damit wird

$\frac{V_P(a)}{V_Q(a)}=\frac{h_P}{h_Q}$. Mit $h_P=8$ und $h_Q=\frac{a}{4}$ ist $\frac{V_P(a)}{V_Q(a)}=\frac{8}{\frac{a}{4}}=\frac{32}{a}$.

Die Bestimmung von a für $V_P(a)=2V_Q(a)$ führt auf $\frac{2V_Q(a)}{V_Q(a)}=\frac{32}{a}$, also auf $2=\frac{32}{a}$ und schließlich auf $\mathbf{a=16}$.

c) Extremwertaufgabe für K_4

1. Inhalt des Dreiecks S_1MS_2

Dabei ist $S_1(x_1|b)$, $M(0|4)$, $S_2(-x_1|b)$. Der Inhalt beträgt $A=\frac{1}{2}gh$, wobei (s. nachfolgende Figur) $g=2x_1$ und $h=4-b$ ist.

Die Bestimmung von x_1 folgt aus der Schnittbedingung $f_4(x)=b$, also aus $2\cdot\frac{x^2-8}{x^2-4}=b$.

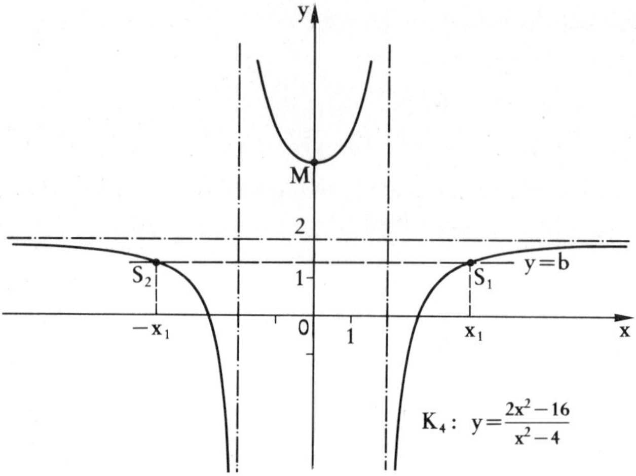

Für $|x| \neq 2$ folgt daraus

$$2x^2-16=bx^2-4b$$

$$(2-b)\cdot x^2=16-4b$$

Somit ist $x_1=\sqrt{\frac{4(4-b)}{2-b}}=2\cdot\sqrt{\frac{4-b}{2-b}}=\frac{1}{2}g.$

Damit wird der Dreiecksinhalt in Abhängigkeit von b $(b<2)$

$A(b)=2\cdot\sqrt{\frac{4-b}{2-b}}\cdot(4-b)=2\cdot\sqrt{\frac{(4-b)^3}{2-b}}$; $b<2$.

2. Berechnung des Extremums

$A(b)=2\cdot\sqrt{\frac{(4-b)^3}{2-b}}$ hat an der gleichen Stelle ein Extremum wie der Ersatzterm

$Q(b)=2\cdot\frac{(4-b)^3}{2-b}$.

(Denn: Aus $A(b)=2\sqrt{Q(b)}$ folgt $A'(b)=\frac{Q'(b)}{\sqrt{Q(b)}}$; $Q(b)\neq 0$. Wenn $Q'(b)=0$ ist, dann ist auch $A'(b)=0$. Ebenfalls auf Q(b) anwenden, läßt sich das Vorzeichenkriterium.)

Es ist $Q'(b)=\frac{3(4-b)^2(-1)(2-b)+(4-b)^3}{(2-b)^2}=\frac{(4-b)^2}{(2-b)^2}\cdot(2b-2)$.

Für $b<2$ ergibt $Q'(b)=0$ als Extremstelle nur $b=1$.

In $Q'(b)$ wird der Faktor $(2b-2)$ für $b<1$ negativ und für $b>1$ positiv. Der andere Faktor ist quadratisch, also immer positiv für $b<2$.

$Q'(b)$ wechselt also beim „Durchgang durch $b=1$" von Minus auf Plus, d. h., $b=1$ ist eine Minimumstelle von $Q(b)$, also auch von $A(b)$.

Der minimale Inhalt beträgt $A(1)=2\sqrt{27}=6\sqrt{3}$.

Da $A(b)\to\infty$ strebt für $b\to 2$ wie auch für $b\to-\infty$, handelt es sich um ein globales Minimum.
Das kann man auch am Schaubild ablesen, denn für $b\to-\infty$ wird der Inhalt des Dreiecks unbeschränkt größer, weil die Grundseite nicht kleiner als 4 werden kann, aber die Dreieckshöhe beliebig wächst. Für $b\to 2$ strebt $g\to\infty$ und die Höhe gegen 2, somit gibt es auch in diesem Falle keinen endlichen Inhalt.

d) Abschätzungen

1. Nachweis von $f_4(x)-g(x)>0$ für $x\geqq 3$

Es liegt nahe, den Term $f_4(x)-g(x)$ durch äquivalente Umformungen so zu vereinfachen, daß die Positivität festgestellt werden kann.

$$f_4(x)-g(x)=\frac{2(x^2-8)}{(x-2)(x+2)}-\frac{2(x-3)}{x-2}$$
$$=2\cdot\frac{x^2-8-(x-3)(x+2)}{(x-2)(x+2)}=2\cdot\frac{x^2-8-x^2+x+6}{(x-2)(x+2)}$$
$$=2\cdot\frac{x-2}{(x-2)(x+2)}=\frac{2}{x+2}.$$

Für $x\geqq 3$ ist $\frac{2}{x+2}>0$ und damit auch $f_4(x)>g(x)$.

2. Abschätzung von $A(z)=2\int_3^z \frac{x^2-8}{x^2-4}\,dx$

Wir verwenden die **Monotonieeigenschaft** des Integrals:
Gilt für die stetigen Funktionen f und g für alle $x\in[a;b]$ die Beziehung $g(x)\leqq f(x)$, so gilt auch $\int_a^b g(x)\,dx\leqq\int_a^b f(x)\,dx$.

Abschätzung nach unten: Wir verwenden den Nachweis von **1.** und den Monotoniesatz. Wir setzen $g(x)=2\cdot\frac{x-3}{x-2}$ und $f(x)=2\cdot\frac{x^2-8}{x^2-4}$, dann gilt

$$A(z)>2\int_3^z\frac{x-3}{x-2}\,dx=2\int_3^z\frac{x-2-1}{x-2}\,dx=2\cdot\int_3^z\left(1-\frac{1}{x-2}\right)dx$$
$$=2[x-\ln(x-2)]_3^z=2z-2\ln(z-2)-6.$$

Für $z=10$ wird damit $A(10)>14-2\ln 8=14-6\ln 2\approx 9{,}841$.

Abschätzung nach oben: Um wieder den Monotoniesatz anwenden zu können, wird eine Funktion h gesucht, die einfacher zu integrieren ist als f_4 mit der Eigenschaft $f_4(x) < h(x)$.

Die Polynomdivision $\frac{2(x^2-8)}{x^2-4} = 2 - \frac{8}{x^2-4}$ läßt erkennen, daß $\frac{2(x^2-8)}{x^2-4} < 2$ ist für $x \geqq 3$. Damit ist eine Funktion h gefunden mit $h(x) = 2$ und es gilt

$A(z) < \int_3^z 2\,dx = [2x]_3^z = 2z - 6$. Damit wird $A(10) < 14$.

Es gilt also $9{,}8 < A(10) < 14$. Mittelwert wäre $A(10) \approx 11{,}90$.

Bemerkung: Die Funktion h entspricht der Asymptote. Das Integral

$\int_2^z h(x)\,dx$ kann man auch als Rechtecksinhalt an der Figur ablesen.

Ergänzung: Verbesserung der Abschätzung nach oben:

In $f_4(x) = 2 - \frac{8}{x^2-4}$ wird der 2. Summand rechts kleiner, wenn man den Nenner vergrößert. Es ist also auch $f_4(x) < 2 - \frac{8}{x^2}$, weil von 2 weniger als $\frac{8}{x^2-4}$ subtrahiert wird. Damit wird

$$A(z) < \int_3^z \left(2 - \frac{8}{x^2}\right) dx = \left[2x + \frac{8}{x}\right]_3^z = \left[2z + \frac{8}{z}\right] - \left[6 + \frac{8}{3}\right] = 2z + \frac{8}{z} - \frac{26}{3}.$$

Für $z = 10$ ergibt sich $A(10) < 20 + 0{,}8 - 8{,}67 = 12{,}13$.

Die verbesserte Abschätzung wäre damit $9{,}8 < A(10) < 12{,}13$.

Zur Bestätigung:

Exakt läßt sich das Integral mit der Methode der Partialbruchzerlegung berechnen. Es ergibt sich

$$A_3(z) = 2 \int_3^z \frac{x^2-8}{x^2-4}\,dx = \left[2x + 2 \cdot \ln \frac{x+2}{x-2}\right]_3^z \text{ mit}$$

$A_3(10) = 14 + 2 \cdot \ln 0{,}3 \approx 11{,}592.$

Für jedes $t>0$ ist eine Funktion f_t gegeben durch

$$f_t(x)=\left(\frac{x}{t}+1\right)\cdot e^{t-x};\quad x\in\mathbb{R}.$$

Ihr Schaubild sei K_t.

a) Untersuchen Sie K_t auf Asymptoten, Schnittpunkte mit der x-Achse, Extrem- und Wendepunkte. (Bei der Untersuchung auf Wendepunkte kann hier auf Überprüfung einer hinreichenden Bedingung verzichtet werden.)
Zeichnen Sie die Schaubilder der Funktion f_1 und der Ableitungsfunktion f_1' im Bereich $-1\leqq x\leqq 4$ in ein gemeinsames Achsenkreuz ein. (LE 1 cm)

b) Zeigen Sie, daß für jedes $t>0$ das Schaubild von f_t mit dem Schaubild von f_t' genau einen Punkt gemeinsam hat.
Die Schaubilder von f_t und f_t' schneiden aus der Geraden $x=1$ eine Strecke aus.
Für welchen Wert von t ist die Länge dieser Strecke am kleinsten?

c) Das Schaubild K_1, die x-Achse und die Gerade $x=u$ mit $u>-1$ schließen eine Fläche ein.
Berechnen Sie deren Inhalt $A(u)$ und $\lim\limits_{u\to\infty} A(u)$.

d) Das Schaubild K_t schneidet die x-Achse im Punkt N_t. Die Tangente an K_t im Punkt $P_t\left(2-t\,\middle|\,\frac{2}{t}\cdot e^{2t-2}\right)$ schneidet die x-Achse im Punkt R_t.
Zeigen Sie, daß das Dreieck $N_tR_tP_t$ gleichschenklig ist.
Welche Beziehung muß t erfüllen, damit das Dreieck $N_tR_tP_t$ rechtwinklig ist?
Zeigen Sie, daß für $t=1$ diese Bedingung erfüllt ist.
Weisen Sie nach, daß es im Intervall $[0{,}1;\ 0{,}5]$ einen weiteren Wert von t gibt, für den das Dreieck rechtwinklig ist.

Lösungshinweise:

a) Die Ableitungen mit der Produktregel! Beim Faktor e^{t-x} an die Kettenregel denken und das Minus nicht übersehen. Vielleicht ist es auch manchmal vorteilhafter, für $e^{t-x}=e^t \cdot e^{-x}$ zu schreiben. Die Untersuchung auf Asymptoten bedeutet, $f_t(x)$ für $x \to \infty$ zu betrachten. Dabei ist so umzuformen, daß der bekannte Grenzwert $\lim\limits_{x \to \infty} x \cdot e^{-x}=0$ zum Ergebnis führt. Bei der Untersuchung auf Achsenschnittpunkte, Extrem- und Wendepunkte von K_t ist zu beachten, daß $e^{t-x} \neq 0$ ist für alle $t>0$, $x \in \mathbb{R}$. Es darf mit diesem Term durchdividiert werden.

b) Die Schnittbedingung $f_t(x)=f_t'(x)$ läßt sich so umformen, daß die Schnittpunktsabszisse aus einer linearen Gleichung folgt. Welchen Schluß kann man daraus über die Anzahl der Lösungen ziehen? Bei der Extremalaufgabe soll t gefunden werden, daß $f_t(1)-f_t'(1)$ ein Minimum wird. Aufpassen: Extremwertvariable ist t. Vorteilhaft eine neue Funktion h mit h(t) einführen und h(t) auf Minimum untersuchen. Man erhält eine quadratische Gleichung. Warum ist nur eine Lösung brauchbar? Wie kann man mit den Randwerten zeigen, daß es sich sogar um ein globales (absolutes) Minimum handelt?

c) Inhalt für den Sonderfall $t=1$! Welche Integrationsregel legt der Integralansatz nahe? Vielleicht lohnt sich, $e^{1-x}=e \cdot e^{-x}$ zu schreiben. Bei der Grenzwertbetrachtung für $u \to \infty$ die Grenzwertsätze verwenden und den als bekannt vorausgesetzten Grenzwert $\lim\limits_{u \to \infty} u \cdot e^{-u}=0$. Es gilt allgemein: Die Exponentialfunktion wächst „schneller" („langsamer") als jede Potenzfunktion.

d) Man nehme die Figur für K_1 zu Hilfe, beachte aber, daß für $t \neq 1$ der Hochpunkt und der Schnittpunkt N_t mit der x-Achse nach links verschoben sind. Man sollte sehen, daß P_t der Wendepunkt W_t aus Teilaufgabe a) ist. Hat man dort schon die Steigung ermittelt, so kann man die Wendetangente jetzt mit der nützlichen Punktsteigungsform als Gleichung $y=f_t'(x_W)(x-x_W)+f(x_W)$ anschreiben. Damit hat man die Dreieckseckpunkte N_t, R_t, P_t. Die Gleichschenkligkeit läßt sich auf mehrere Arten nachweisen. Welche kommen in Frage? Nicht gut ist der Ansatz der gleichen Schenkellängen. Aber, welche Winkel sind gleich? Oder auch, welche besondere Lage hat P_t?
Rechtwinkligkeit bedeutet eine Besonderheit für die Basiswinkel oder auch für die Steigung der Tangente in P_t. Gib die Bedingung an und weise ihre Richtigkeit für $t=1$ nach. Schreibt man die Bedingung als Gleichung, dann ist die Frage nach der Existenz einer Nullstelle vorgelegt. Welcher Satz für stetige Funktionen ist anzuwenden?

A

Lösung:

a) Kurvenuntersuchung

1. Ableitungen

$$f_t(x)=\left(\frac{x}{t}+1\right)\cdot e^{t-x}=\left(\frac{x}{t}+1\right)\cdot e^t\cdot e^{-x}=e^t\cdot e^{-x}\left(\frac{x}{t}+1\right) \quad \text{für } t>0;\ x\in\mathbb{R}$$

$$f_t'(x)=\frac{1}{t}\cdot e^{t-x}\cdot(1-t-x)=\frac{1}{t}\cdot e^t\cdot e^{-x}(1-t-x)$$

$$f_t''(x)=-\frac{1}{t}\cdot e^{t-x}\cdot(2-t-x)=\frac{-1}{t}\cdot e^t\cdot e^{-x}\cdot(2-t-x)$$

$$f_t'''(x)=\frac{1}{t}\cdot e^{t-x}\cdot(3-t-x)$$ (Nicht verlangt in der Prüfung)

2. Asymptote. Achsenschnittpunkte

Asymptoten: Keine Polgeraden.

Andere Asymptoten: Es ist $f_t(x)$ für $x\to\infty$ zu untersuchen.

Man schreibt $f_t(x)=\frac{1}{t}e^t xe^{-x}+e^t e^{-x}$.

Mit den bekannten Grenzwerten $\lim\limits_{x\to\infty} xe^{-x}=0$ und $\lim\limits_{x\to\infty} e^{-x}=0$ und der Anwendung der Grenzwertsätze gilt $\lim\limits_{x\to\infty} f_t(x)=0$.

Somit ist die x-Achse für $x>0$ Asymptote an alle K_t.

Achsenschnittpunkte:

Mit der y-Achse: $y=f_t(0)$ gibt $y=e^t$; da $f_t'(0)=\frac{1}{t}e^t(1-t)$ ist, erhält man $M_t\left(0 \mid e^t; \frac{1}{t}e^t\right)$.

Mit der x-Achse: $f_t(x)=0$ gibt $x=-t$; da $f_t'(-t)=\frac{1}{t}\cdot e^{2t}$ ist, erhält man $N_t\left(-t \mid 0; \frac{1}{t}e^{2t}\right)$.

3. Extrem- und Wendepunkte

Extrema: $f_t'(x)=0$ gibt $\frac{1}{t}e^{t-x}(1-t-x)=0$. Daraus $x=1-t$.

Mit $f_t(1-t)=\frac{1}{t}e^{2t-x}$ und $f_t''(1-t)=-\frac{1}{t}e^{2t-1}<0$ erhält man für alle $t>0$ als Hochpunkt $H_t\left(1-t\,\middle|\,\frac{1}{t}e^{2t-1}\right)$.

Nur für $t=1$ liegt er auf der y-Achse, und es ist $H_1=M_1(0\mid e)$.

Wendepunkte:

$f_t''(x)=0$ gibt $\frac{1}{t}e^{-x}(2-t-x)=0$. Daraus $x=2-t$.

Es ist $f_t(2-t)=\frac{2}{t}e^{2t-2}$ und $f_t'(2-t)=-\frac{1}{t}e^{2t-2}$. Da beim „Durchgang" durch $x=2-t$ bei $f_t'(x)$ ein Vorzeichenwechsel eintritt oder weil $f_t'''(2-t)=\frac{1}{t}e^{2t-2}\neq 0$ ist, existiert für jedes $t>0$ der Wendepunkt $W_t\left(2-t\,\middle|\,\frac{2}{t}e^{2t-2};\ -\frac{1}{t}e^{2t-2}\right)$.

4. Schaubilder von K_1 und $K_{f_1'}$

K_1: $y=(x+1)\cdot e^{1-x}$ mit $N_1(-1\,|\,0;7{,}39)$; $H_1(0\,|\,e)=M_1$; $W_1(1\,|\,2;-1)$.

$K_{f_1'}$: $y=-x\,e^{1-x}$ mit $N(0\,|\,0;e)$; $T(1\,|\,-1)$; $W\left(2\,\middle|\,-\frac{2}{e};-\frac{1}{e}\right)$.

Schnittpunkt der Schaubilder ist $S\left(-\frac{1}{2}\,\middle|\,2{,}24\right)$.

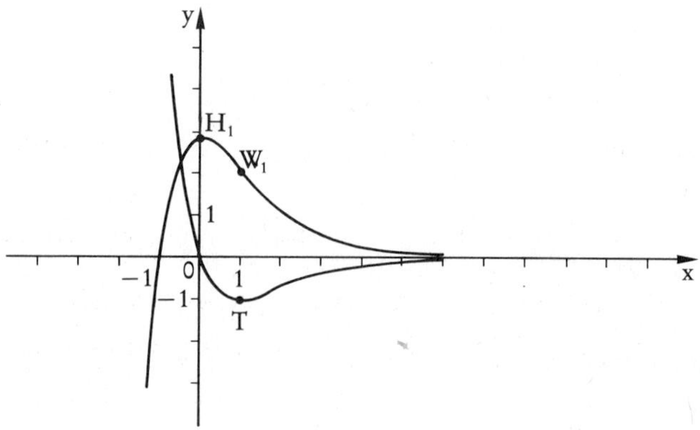

b) Extremwertaufgabe

1. Schnitt von K_f mit $K_{f'}$

Schnittbedingung für die Abszisse des Schnittpunktes S_t ist

$f_t(x)=f_t'(x)$, d. h., $e^{t-x}\cdot\left(\frac{x}{t}+1\right)=\frac{1}{t}\cdot e^{t-x}\cdot(1-t-x)$ bzw.

$$e^{t-x}\cdot\left(\frac{x}{t}+1-\frac{1}{t}+1+\frac{x}{t}\right)=0$$

$$\frac{1}{t}\cdot e^{t-x}\cdot(x+2t-1+x)=0$$

$$\frac{1}{t}\cdot e^{t-x}\cdot(2x+2t-1)=0 \qquad (*)$$

Da $e^{t-x}\neq 0$, gilt $2x+2t-1=0$. Daraus erhält man

$$x=\frac{1}{2}-t.$$

Damit ist der Schnittpunkt $S_t\left(\frac{1}{2}-t \,\middle|\, \frac{1}{2t}\cdot e^{2t-\frac{1}{2}}\right)$.

Die Schnittbedingung in der Form (*) läßt erkennen: Der 1. Faktor kann nie null werden, der 2. Faktor ist vom 1. Grad und hat genau eine Lösung.

2. Extremwertbestimmung

Die Ordinatendifferenz $d_t(1)=f_t(1)-f_t'(1)$ ist auf ein Maximum zu untersuchen. Es liegt eine Funktion von t vor. Wir setzen für $x=1$:

$$h(t)=e^{t-1}\left(\frac{1}{t}+1\right)-(-e^{t-1})=e^{t-1}\cdot\left(\frac{1}{t}+2\right)$$

mit $\quad h'(t)=\frac{1}{t^2}\cdot e^{t-1}(2t^2+t-1)$

und $\quad h''(t)=e^{t-1}\left(2+\frac{1}{t}-\frac{2}{t^2}+\frac{2}{t^3}\right)$.

Die notwendige Bedingung $h'(t)=0$ führt auf $2t^2+t-1=0$ mit den Lösungen $t_1=\frac{1}{2}$ und $t_2=-1$. Da $t>0$ vorausgesetzt ist, ist t_2 keine brauchbare Lösung.

Es ist $h''\left(\frac{1}{2}\right)=e^{-0,5}(2+2-8+16)>0$, somit existiert für $t_1=\frac{1}{2}$ ein Minimum.

Dieses ist $h\left(\frac{1}{2}\right)=\frac{4}{\sqrt{e}}\approx 2{,}43$. Es handelt sich um ein globales Minimum, denn h ist eine stetige Funktion für $t>0$. Sowohl für $t\to 0$ wie auch für $t\to\infty$ strebt h(t) gegen $+\infty$.

c) **Flächenberechnung**

Für $u>-1$ ist $A(u)=\int_{-1}^{u}(x+1)\cdot e^{1-x}\,dx=\int_{-1}^{u}e(x+1)\cdot e^{-x}\,dx$.

Man bestimmt eine Stammfunktion H zur Integrandenfunktion h mit $h(x)=e(x+1)\cdot e^{-x}$ durch Produktintegration:

Substitution: $\quad u(x)=e(x+1);\ v'(x)=e^{-x}$

$\quad u'(x)=e \quad ;\ v(x)=-e^{-x}$

Somit $\quad H(x)=-e(x+1)\cdot e^{-x}+e\int_{-1}^{u}e^{-x}\,dx$

$$=-e(x+1)\cdot e^{-x}-e\cdot e^{-x}=-e\cdot e^{-x}(x+2).$$

Damit wird $\quad A(u)=\left[-e\cdot e^{-x}(x+2)\right]_{-1}^{u}=\left[-e\cdot e^{-u}(u+2)\right]-\left[-e^2\right]$

$$=e^2-e\cdot ue^{-u}-2e\cdot e^{-u}.$$

Für $u\to\infty$ streben das zweite und dritte Glied gegen null, also ist $\lim\limits_{u\to\infty}A(u)=e^2$.

d) Bestimmung eines gleichschenkligen Dreiecks

1. Koordinaten des Punktes R_t

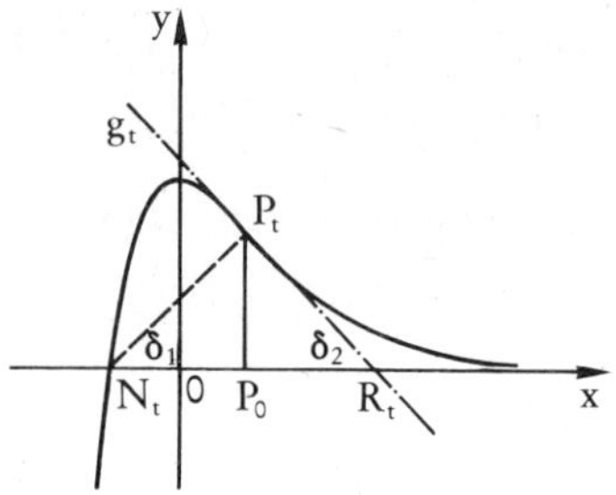

Betrachte eine Kurvenskizze. Dabei ist zu erkennen, daß P_t der Wendepunkt von Teilaufgabe a) ist. Für ihn gilt

$$f_t'(2-t)=-\frac{1}{t}\cdot e^{2t-2}.$$

Die Wendetangente von K_t im Punkt P_t hat die Gleichung

$$g_t:\; y=-\frac{1}{t}\cdot e^{2t-2}(x-2+t)+\frac{2}{t}\cdot e^{2t-2}.$$

g_t schneidet die x-Achse in R_t für $y=0$. Dies führt auf die Gleichung

$$-\frac{1}{t}\cdot e^{2t-2}(x+t-4)=0.$$

Damit ist die Abszisse von R_t bestimmt mit $x=4-t$; also $R_t(4-t\,|\,0)$.
Die Ecken des Dreiecks $N_tR_tP_t$ sind

$$N_t(-t\,|\,0),\; R_t(4-t\,|\,0),\; P_t\left(2-t\,\middle|\,\frac{2}{t}\cdot e^{2t-2}\right).$$

2. Nachweis der Gleichschenkligkeit

1. Möglichkeit: Es sei $\sphericalangle P_tN_tR_t=\delta_1$ und $\sphericalangle P_tR_tN_t=\delta_2$.
Man zeigt $\delta_1=\delta_2$. Wenn diese Winkel gleich sind, dann sind es auch ihre Tangenswerte. Es ist

$$\tan\delta_1=\frac{P_tP_0}{P_0N_t}=\frac{\frac{2}{t}\cdot e^{2t-2}}{2-t+t}=\frac{e^{2t-2}}{t};\quad \tan\delta_2=\frac{P_tP_0}{R_tP_0}=\frac{\frac{2}{t}\cdot e^{2t-2}}{4-t-2+t}=\frac{e^{2t-2}}{t}.$$

Die Tangenswerte stimmen überein, also auch die Basiswinkel des Dreiecks.

2. Möglichkeit: N_tR_t ist die Grundseite des Dreiecks $N_tR_tP_t$. Der Mittelpunkt der Strecke N_tR_t ist $P_0\left(\frac{4-2t}{2}\,\middle|\,0\right)=P_0(2-t\,|\,0)$. P_0 hat damit die Abszisse der Dreiecksecke P_t. Das Dreieck ist also gleichschenklig.

3. Rechtwinklig-gleichschenkliges Dreieck $N_tR_tP_t$

1. Möglichkeit: Das Dreieck ist bei P_t rechtwinklig, wenn R_tP_t (das ist eine Strecke auf der Wendetangente) die Steigung -1 hat. Zur Bestimmung von t gilt also die Bedingung

$$-\frac{1}{t}\cdot e^{2t-2}=-1 \quad\text{bzw.}\quad e^{2t-2}=t. \qquad (*)$$

2. Möglichkeit zum Aufstellen einer Bedingung.

Die Steigung der Geraden N_tP_t ist $m_1 = \frac{1}{t} \cdot e^{2t-2}$.

Die Steigung der Geraden P_tR_t ist $m_2 = -\frac{1}{t} \cdot e^{2t-2}$.

Orthogonalität besteht für $m_1 \cdot m_2 = -1$. Dies führt mit m_1 und m_2 auf $\frac{1}{t^2}(e^{2t-2})^2 = 1$. Daraus $\frac{1}{t} \cdot e^{2t-2} = \pm 1$ (-1 scheidet aus, weil e^{2t-2} nie negativ oder null sein kann) und wie oben $e^{2t-2} = t$.

Nachweis der Lösungen der Bedingung (*):

Die Gleichung (*) wird von $t=1$ erfüllt: $e^{2-2} = e^0 = 1$.
Der Nachweis, daß die Funktion h mit $h(t) = e^{2t-2} - t = 0$ auch im Intervall $[0{,}1; 0{,}5]$ eine Nullstelle hat, läßt sich mit dem Nullstellensatz von Bolzano führen. Danach muß, wenn h stetig ist, h(t) im Intervall $[0{,}1; 0{,}5]$ einen Vorzeichenwechsel haben.
h ist eine stetige Funktion, denn die Glieder e^{2t-2} und t sind stetig. Außerdem ist $h(0{,}1) = 0{,}065 > 0$ und $h(0{,}5) = -0{,}132 < 0$.

Ergänzung (nicht in der Prüfung verlangt):

Die 2. Lösung läßt sich mit dem Newtonschen Iterationsverfahren näherungsweise beliebig genau bestimmen.

Es gilt $t_{n+1} = t_n - \frac{e^{2t-2} - t}{e^{2t-2} - 1}$. Man erhält die Folge $t_1 = 0{,}1$; $t_2 = 0{,}198$; $t_3 = 0{,}20317$; $t_4 = 0{,}203188$; $t_5 = 0{,}203188$. Von t_5 ab keine Änderung der ersten 6 Dezimalen, somit $x^* \approx 0{,}203188$.

Zu jedem $a>0$ ist eine Funktion f_a gegeben durch
$f_a(x)=ax-\ln x;\; x>0$.
Ihr Schaubild sei K_a.

a) Untersuchen Sie K_a auf Asymptoten, Hoch-, Tief- und Wendepunkte.
Zeichnen Sie K_1 für $0<x\leqq 6$. (LE 1 cm)
Bestimmen Sie die Gleichung der Ortslinie aller Extrempunkte.
Für welchen Wert von a liegt der Extrempunkt auf der x-Achse?

b) Für $a=\frac{1}{e}$ schließen das Schaubild K_a, die x-Achse und die Gerade $x=u$ mit $0<u<e$ eine Fläche mit dem Inhalt $A(u)$ ein.
Bestimmen Sie $\lim\limits_{u\to 0} A(u)$.

c) Von $A(0|1)$ aus wird an jede Kurve K_a die Tangente gelegt.
Berechnen Sie die Koordinaten des Berührpunktes B_a dieser Tangente.
Geben Sie die Ortslinie aller Berührpunkte B_a an.
Die Gerade $x=z$ mit $z>0$ schneidet die Kurve K_a im Punkt $P(z|f_a(z))$.
In P wird die Tangente t_a an die Kurve K_a gelegt.
Zeigen Sie, daß für alle $a>0$ diese Tangenten t_a durch einen gemeinsamen Punkt Q_z gehen.
Geben Sie die Koordinaten von Q_z an.
Für welches z ist Q_z der Punkt $A(0|1)$?

d) Bestimmen Sie die Anzahl der gemeinsamen Punkte von K_a mit der x-Achse in Abhängigkeit von a.

e) Bestimmen Sie den Teil der Halbebene $x>0$, in dem kein Punkt einer Kurve K_a (für alle $a>0$) liegt.

Lösungshinweise:

a) Beim Anschreiben der Funktion und ihrer Ableitungen sollte man sofort feststellen und sich merken, daß alle Schaubilder K_a durch Ordinatenaddition aus der an der x-Achse gespiegelten ln-Kurve und einer Ursprungsgeraden mit der Steigung a erzeugt werden können, auch daß die 2. Ableitung immer positiv ist. Was folgt daraus für den Kurvenverlauf? Weil $\ln x$ „langsamer" wächst als jede Potenzfunktion von x, hat $ax - \ln x$ für $x \to \infty$ keinen Grenzwert, somit hat K_a außer der durch ln bedingten Polgeraden keine Asymptote. Was bewirkt die Rechtskurveneigenschaft hinsichtlich Extrempunkten und Wendepunkten? Wie erhält man aus den Koordinaten von T_a – dem Tiefpunkt – die Gleichung der Kurve, auf der alle T_a liegen? Durch welche zwei Bedingungen wird die Berührung von K_a mit der x-Achse bestimmt? Aus beiden kann man sowohl den x-Wert des Berührungspunktes wie das zugehörige a berechnen.

b) Eine Skizze zeigt, um welches Flächenstück es sich handelt. Mit was für einer Integrationsmethode erhält man eine Stammfunktion von $\ln x$? Man denke daran, daß man $\ln x$ auch $\ln x \cdot 1$ schreiben kann. Bei der anschließenden Grenzwertuntersuchung ist an den bekannten Grenzwert $\lim\limits_{x \to 0} x \cdot \ln x = 0$ zu denken.

c) Für das Aufstellen der Tangentengleichung verwende man den Ansatz $y = m(x-u) + v$. Dabei ist $B(u|v)$ der Berührpunkt, $m = f'_a(u)$ und $v = f_a(u)$. Das gesuchte u folgt durch Punktprobe für $A(0|1)$. Wie erhält man v? Der gleichartige Ansatz für die Tangente in $P(z|f_a(z))$ enthält den Parameter a. Das Auffinden des gemeinsamen Punktes dieser Geradenschar geht am elegantesten, wenn man den Abschnitt auf der y-Achse betrachtet und feststellt, daß er die Variable a nicht enthält. Was folgt daraus? Da die Existenz des gemeinsamen Punktes vorgegeben ist, kann man auch zwei beliebige Geraden der Schar (etwa für $a = 1$ und $a = 2$) zum Schnitt bringen und so den x-Wert des Punktes Q_z bestimmen.

d) Eine allgemeine exakte Lösung der Gleichung $ax - \ln x = 0$ für $a \in \mathbb{R}^+$ kann man nicht angeben. Wie erhält man geometrisch eine Übersicht über die Lösungen einer Gleichung der Form $f(x) = g(x)$ mit Hilfe von Kurven? Welche Geradenschar und welche Kurve geben in unserem Fall den Zusammenhang zwischen a und der Zahl der Lösungen? Wann liegt Berührung vor?
Eine rechnerische Lösung verwendet nur Eigenschaften der Funktion f_a und sucht die Voraussetzungen des Nullstellensatzes zu erfüllen. Formuliere diesen Satz und seine Voraussetzungen. Wann folgt aus f' oder f'', daß es genau eine Lösung gibt? Überlege, daß aus der Existenz des globalen Minimums von f_a und aus $f''_a(x) > 0$ folgt, daß es rechts und links vom Minimum je ein Intervall gibt, in dem eine Nullstelle liegen kann. Wie muß das Minimum

beschaffen sein, damit zwei solche Nullstellen existieren? Wann kann es keine Nullstellen geben? Wann nur eine?

e) Die Darstellung $y=-\ln x+ax$ läßt erkennen, daß es nie y-Werte geben kann, die kleiner oder gleich $(-\ln x)$ sind, denn es wird immer eine positive Zahl zum Wert vom $(-\ln x)$ addiert. Welche Punkte der rechten Halbebene können somit auf keiner Kurve K_a liegen?
Ein anderer Weg: Bei einer Funktionenschar mit dem Parameter a kann man auch zu einem Paar $(x;y)$ den Parameter a bestimmen. Wie muß man dazu die Funktionsgleichung anschreiben? Für welche $(x;y)$ ergibt sich dann ein positiver Wert für a?

Lösung:

a) **Kurvenuntersuchung**

1. Ableitungen

$f_a(x)=ax-\ln x;\quad x>0;\quad a>0$ (Ordinatenaddition!)

$f_a'(x)=a-\frac{1}{x};\quad x>0;\quad a>0$

$f_a''(x)=\frac{1}{x^2}$ (Immer positiv; K_a ist Linkskurve)

2. Kurvenuntersuchung von K_a

Asymptoten: Polgeraden: Da $f_a(x)\to+\infty$ für $x\to 0$ strebt, ist $x=0$, also die y-Achse, Asymptote für alle K_a.

Andere Asymptoten: Es liegt nahe zu untersuchen, ob es auch eine Asymptote der Form $y=mx+c$ gibt. Für die Bestimmung von m und c müssen zwei Bedingungen erfüllt sein:

I. Für $x\to\infty$ muß $\lim\limits_{x\to\infty}\frac{f(x)}{x}$ existieren. Dieser Quotientengrenzwert bringt die Steigung m der Asymptote, sofern auch (II) existiert.

II. Für $x\to\infty$ muß die Ordinatendifferenz $h(x)=f(x)-mx-c$ den Grenzwert null haben. Damit erhält man c.

Nur wenn beide Grenzwerte existieren, gibt es eine Asymptote der Form $y=mx+c$.
Für $f_a(x)=ax-\ln x$ ist $\lim\limits_{x\to\infty}\frac{ax-\ln x}{x}=\lim\limits_{x\to\infty}\left(a-\frac{\ln x}{x}\right)=a$, somit ist $m=a$ und damit wird $h(x)=ax-\ln x-ax-c=-\ln x-c$. Für $x\to\infty$ kann diese Ordinatendifferenz für kein $c\in\mathbb{R}$ den Grenzwert 0 haben.
Es gibt keine Asymptote der Form $y=mx+c$.

3. Extrem- und Wendepunkte

Extrempunkte: $f'_a(x)=0$ bzw. $a-\frac{1}{x}=0$ gibt $x=\frac{1}{a}$, da $f''_a\left(\frac{1}{a}\right)=a^2>0$ ist, existiert als einziger Extrempunkt der **Tiefpunkt** $T_a\left(\frac{1}{a}\middle|\ln a+1\right)$.

Wendepunkte: Da $f''_a(x)\neq 0$ ist für $x\in\mathbb{R}^+$, gibt es keinen Wendepunkt.

4. Ort der Tiefpunkte

Aus $T_a\left(\frac{1}{a}\middle|\ln a+1\right)$ kann man eine Parameterdarstellung für den Ort der Tiefpunkte ablesen:

$$\left.\begin{aligned} x(a)&=\frac{1}{a}\\ y(a)&=\ln a+1\end{aligned}\right\}$$ für $a>0$. Elimination von a gibt die Kurve, auf der die Tiefpunkte liegen. Ihre Gleichung ist $y=1-\ln x,\ x>0$. Alle Punkte dieser Kurve können Tiefpunkte der gegebenen Funktionenschar sein.

5. Tiefpunkte auf der x-Achse

T_a liegt dann auf der x-Achse, wenn seine Ordinate den Wert 0 hat.

Aus $1+\ln a=0$ folgt $a=\frac{1}{e}$. Damit $T_{\frac{1}{e}}(e|0)$.

6. Schaubild von K_1

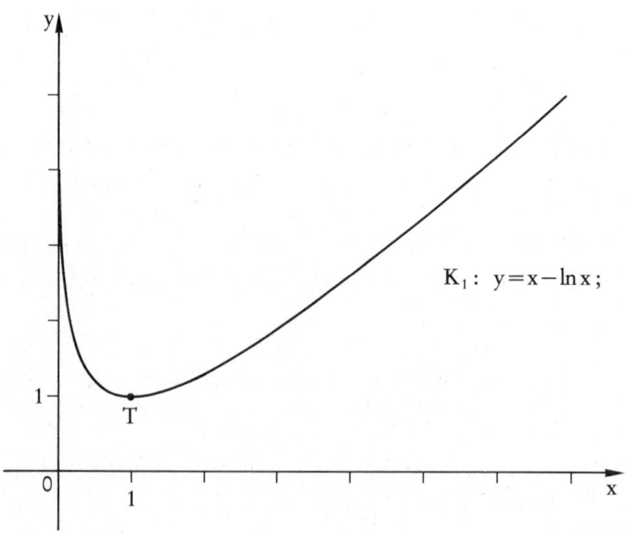

b) Flächenberechnung

Das Schaubild $K_{\frac{1}{e}}$: $y=\frac{1}{e}x-\ln x$ berührt die x-Achse in $T_{\frac{1}{e}}(e|0)$.

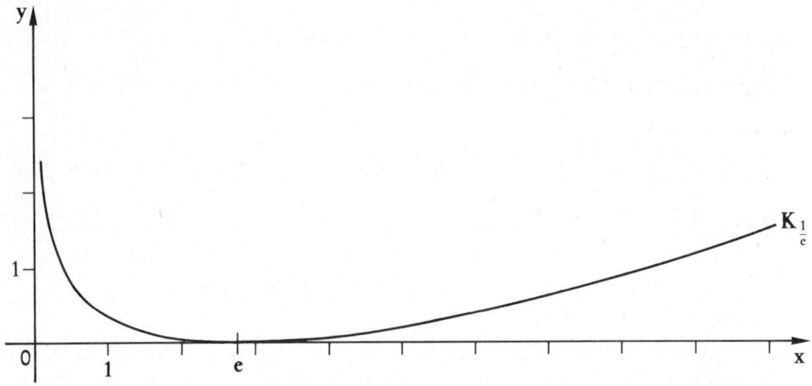

Flächeninhalt zwischen $K_{\frac{1}{e}}$ der x-Achse sowie $x=u$ und $x=e$ ist

$$A(u)=\int_u^e\left(\frac{1}{e}x-\ln x\right)dx=\left[\frac{1}{2e}x^2-(x\cdot\ln x-x)\right]_u^e$$

$$=\left[\frac{e}{2}-e+e\right]-\left[\frac{u^2}{2e}-u\cdot\ln u+u\right];$$

$$A(u)=\frac{e}{2}-\frac{u^2}{2e}+u\cdot\ln u-u.$$

Daraus folgt $\lim\limits_{u\to 0}A(u)=\frac{e}{2}+\lim\limits_{u\to 0}u\cdot\ln u.$

Mit dem bekannten Grenzwert $\lim\limits_{u\to 0}u\cdot\ln u=0$ ergibt sich somit $\lim\limits_{u\to 0}A(u)=\frac{e}{2}$.

c) Zwei Tangentenprobleme

1. Tangente von $A(0|1)$ an K_a

Berührpunkt sei $B_a(u|v)$. Dann ist die Gleichung der Tangente g in B_a

$$y=\left(a-\frac{1}{u}\right)(x-u)+v=\left(a-\frac{1}{u}\right)x+1-\ln u.$$

g verläuft durch $A(0|1)$. Die Punktprobe für A gibt als Bedingung für u die Gleichung $1=1-\ln u$, d.h., $\ln u=0$, also $\mathbf{u=1}$.
Mit der Gleichung von K_a wird $\mathbf{v=a}$ und es ist $B_a(1|a)$.
Alle Berührpunkte B_a liegen auf der Parallelen zur y-Achse mit der Gleichung $x=1$. Wegen $a>0$ ist die Ortslinie nur die Halbgerade mit der Gleichung $x=1$ für $y>0$.

2. Tangente in $P(z|f_a(z))$

Gleichung der Tangente in P ist

$$y = f'_a(z)(x-z) + f_a(z)$$

$$y = \left(a - \frac{1}{z}\right)(x-z) + az - \ln z = \left(a - \frac{1}{z}\right)x - (az-1) + az - \ln z$$

$$y = \left(a - \frac{1}{z}\right)x + 1 - \ln z. \qquad (*)$$

Die Koordinaten des gemeinsamen Punktes aller Geraden dieser Schar müssen von a unabhängig sein. Man erkennt an der Gleichung (*), daß dies zutrifft für den Schnittpunkt mit der y-Achse. Dieser ist der gesuchte Punkt $Q_z(0|1-\ln z)$.

Für $1-\ln z = 1$, d. h., für $z=1$ wird $Q_1 = A$.

Andere Möglichkeit der Bestimmung von Q_z:

Wer den Achsenschnittpunkt nicht als Q_z erkennt, kann für zwei Werte von a, etwa $a=1$ und $a=2$, die Gleichungen angeben und daraus den x-Wert von Q_z bestimmen. Da die Existenz des Punktes Q_z vorgegeben ist, ist dies möglich.

$$a=1: \quad \left(1-\frac{1}{z}\right)x - y = 1 + \ln z$$

$$a=2: \quad \left(2-\frac{1}{z}\right)x - y = 1 + \ln z$$

$$1 \cdot x \qquad = 0, \text{ also } x=0.$$ Mit (*) ergibt sich dazu $y = 1 - \ln z$.

Für Q_z ergibt sich auch $Q_z(0|1-\ln z)$.

d) Gemeinsame Punkte von K_a mit der x-Achse

Die Gleichung $ax - \ln x = 0$ ist für $a>0$ auf die Anzahl der möglichen Lösungen zu untersuchen.

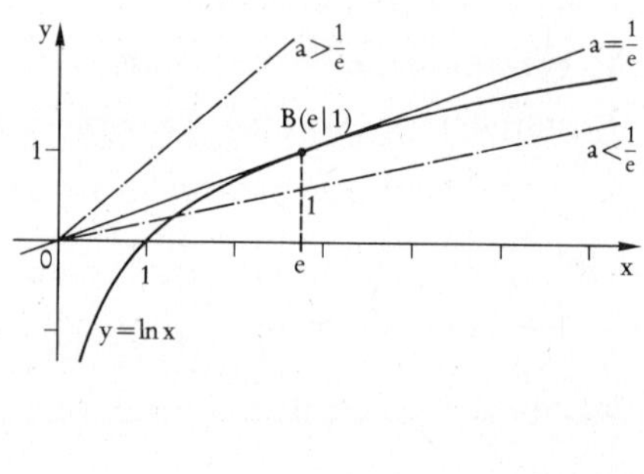

Anschauliche geometrische Überlegungen

Schreibt man $ax = \ln x$, dann sind Lösungen unserer Gleichung die x-Werte der Schnittpunkte, welche die Kurve $y = \ln x$ mit den Ursprungsgeraden $y = ax$ für $a>0$ hat.

1. **Einen** gemeinsamen Punkt gibt es, wenn $y=ax$ Tangente an $y=\ln x$ ist. Der Berührpunkt ist $B(e|1)$ für $a=\frac{1}{e}$.
2. **Keinen** gemeinsamen Punkt gibt es für $a>\frac{1}{e}$.
3. **Zwei** gemeinsame Punkte gibt es für $a<\frac{1}{e}$.

Analytische Überlegung

Die Funktion f_a ist auf Nullstellen zu untersuchen. Dazu verwendet man zwei bemerkenswerte Eigenschaften dieser Funktion:

1. f_a hat in $x=\frac{1}{a}$ das globale Minimum $f\left(\frac{1}{a}\right)=1+\ln a$.
2. Es ist $f_a''(x)>0$, also ist f_a konvex, das Schaubild K_a somit linksgekrümmt. $f_a(x)$ nimmt sowohl für $x<\frac{1}{a}$ wie für $x>\frac{1}{a}$ vom Minimum $1+\ln a$ unbeschränkt gegen $+\infty$ zu.

Daraus folgt: Ist $1+\ln a<0$, also $a<\frac{1}{e}$, dann wechselt $f_a(x)$ sowohl im Intervall $\left]0;\frac{1}{e}\right[$ wie auch im Intervall $\left]\frac{1}{e};+\infty\right[$ das Vorzeichen von Minus auf Plus. f_a ist stetig, also gilt der Nullstellensatz. Wegen der Eigenschaft 2. gibt es in jedem Intervall genau eine Nullstelle. Ist $1+\ln a>0$, sind alle Funktionswerte von $f_a(x)>0$, also sind keine Nullstellen möglich.
Für $1+\ln a=0$ liegt das globale Minimum auf der x-Achse. Für $a=\frac{1}{e}$ gibt es genau eine Nullstelle in $x=e$.

e) **Punktmenge mit $x>0$, durch die kein K_a verläuft**

1. Lösung: Schreibt man die Kurvengleichung K_a in der Form $y=-\ln x+ax$ mit $a>0$ und $x>0$, dann ist y immer größer als $-\ln x$.
Durch alle Punkte der rechten Halbebene mit $y\leqq-\ln x$ können als keine Kurven K_a verlaufen, sondern nur durch Punkte mit $y>-\ln x$.

2. Lösung: In der Gleichung K_a: $y=ax-\ln x$ mit $x>0$, $a>0$ gibt es zu jedem $a>0$ und $x>0$ einen y-Wert. Zu welchen x und y gibt es ein $a>0$? Dies wird beantwortet, wenn man $y=ax-\ln x$ nach a auflöst. Es ist

$$a=\frac{y+\ln x}{x}.$$

a ist dann größer als null, wenn der Quotient rechts positiv ist. Da der Nenner immer größer null ist, muß dies auch der Zähler sein. Es gilt also $y+\ln x>0$ oder $y>-\ln x$. Es ergibt sich Übereinstimmung mit der 1. Lösung.

Für jedes $t>0$ ist die Funktion f_t gegeben durch

$$f_t(x)=\frac{t^3x^3-8}{4tx^2};\quad x\neq 0.$$

Ihr Schaubild sei K_t.

a) Untersuchen Sie K_t auf Schnittpunkte mit der x-Achse, Hoch-, Tief- und Wendepunkte sowie auf Asymptoten.
Zeichnen Sie K_1 im Bereich $-4\leqq x\leqq 4$.

b) Die Gerade h mit der Gleichung $y=\frac{1}{4}x$, die Geraden $x=2$ und $x=u$ mit $u>2$ sowie die x-Achse bilden ein Trapez.
Bestimmen Sie u so, daß K_1 dieses Trapez in zwei inhaltsgleiche Teile zerlegt.

c) Die Tangente an K_t im Punkt $B\left(\frac{2}{t}\middle|0\right)$ schneidet die y-Achse in P und die Gerade $y=\frac{1}{4}t^2x$ in Q.
Für welchen Wert von t ist der Abstand der beiden Punkte P und Q minimal?
Bestimmen Sie diesen minimalen Abstand.

d) Gegeben ist die Funktion g durch $g(x)=\ln(x-1);\ x>1$.
Zeigen Sie, daß ihr Schaubild G mit der Geraden h mit der Gleichung $y=\frac{1}{4}x$ im Intervall $3<x<4$ genau einen Punkt gemeinsam hat.
Zeigen Sie, daß G mit der Geraden h für $x>5$ genau einen weiteren Punkt gemeinsam hat.
Geben Sie ein Intervall der Länge 1 an, in dem die Abszisse dieses Punktes liegt.

Lösungshinweise:

a) f_t ist eine gebrochenrationale Funktion mit einem eingliedrigen Nenner. Für die Ableitungen benötigt man die Quotientenregel. Man kann die Ableitungsrechnung aber vereinfachen, wenn man $f_t(x)$ durch gliedweises Dividieren in zwei einfache Terme zerlegt. Wie erkennt man an der 2. Ableitung sofort, daß die 3. Ableitung nicht nötig ist?

b) Zum Verständnis der Aufgabenforderung ist eine Skizze hilfreich. Mit der bekannten Elementarformel für den Inhalt eines Trapezes kann man den von u abhängigen Inhalt A_T über dem Intervall $[2; u]$ angeben. Wie groß muß dann der Inhalt A_1 zwischen Kurve K und der x-Achse sein? Bei der Integration wird man den in zwei Summanden zerlegten Funktionsterm verwenden. Für u erhält man eine Gleichung 3. Grades. Welche Möglichkeit eine solche Gleichung zu lösen, wird man zuerst versuchen? Eine der Lösungszahlen läßt sich als Faktor des Absolutgliedes finden. Wie läßt sich dann die Gleichung auf eine 2. Grades reduzieren? Von den drei Lösungen ist nur die mit $u > 2$ gefragt.

c) Für die Tangente im Punkt $P(u \mid v)$ ist es vorteilhaft, den Ansatz $y = f'(u) \cdot (x - u) + v$ zu verwenden. Punkt P sollte man als identisch mit dem Punkt N auf der x-Achse erkennen, dann hat man $f'(u)$, u, v und kann damit die Gleichung der Tangente g angeben. Die Koordinaten der Schnittpunkte P und Q sind dadurch aus einfachen Schnittbedingungen berechenbar. Der Abstand $\overline{PQ}$ hängt von t ab. Er ist eine Wurzelfunktion. Mit welcher Ersatzfunktion kann man in solch einem Fall die Extremwertberechnung vereinfachen? Kann man mit der Ersatzfunktion auch den Nachweis für Maximum oder Minimum erbringen? Wie läßt sich feststellen, ob ein lokales oder sogar ein globales Extremum vorliegt?

d) Die Bedingungsgleichung für die Schnittpunktsabszissen ist transzendent, und es gibt kein exaktes Lösungsverfahren wie bei einer quadratischen Gleichung. Durch welchen Existenzsatz ist das Vorhandensein von Nullstellen einer stetigen Funktion in einem Intervall gesichert? Sind die Voraussetzungen dieses Satzes erfüllt? Damit es in dem Intervall genau eine Nullstelle gibt, muß über die Steigung der Funktion eine Aussage gemacht werden. Wie heißt diese Aussage?
Weise nach, daß beide Sätze in den angegebenen Intervallen $[3; 4]$ und $[5; \infty[$ erfüllt werden.

A

Lösung:

a) **Kurvenuntersuchung von K_t**

1. Ableitungen

$f_t(x)=\frac{t^3x^3-8}{4tx^2}=\frac{t^2x}{4}-\frac{2}{tx^2}$; $x\neq 0, t>0$

$f_t'(x)=\frac{t^2}{4}+\frac{4}{tx^3}=\frac{t^3x^3+16}{4tx^3}$; $f_t''(x)=-\frac{12}{tx^4}$.

Da $f_t''(x)<0$ für alle $t>0$, kann im Blick auf die Bestimmung von Wendepunkten auf $f_t'''(x)$ verzichtet werden.

2. Schnittpunkte mit der x-Achse

Schnittbedingung ist $f_t(x)=0$ mit $t>0$, $x\neq 0$. Wir verwenden den vorgegebenen Funktionsterm und verwenden den Satz: Ein Bruch ist für den Wert x null, wenn der Zähler null und der Nenner nicht null wird. Somit erhält man die Schnittpunktsabzisse x aus

$t^3x^3-8=0$, d.h., $x=\frac{2}{t}$.

Mit $f_t'\left(\frac{2}{t}\right)=\frac{3}{4}t^2$ wird der gemeinsame Punkt von K_t mit der x-Achse der Achsenschnittpunkt $N_t\left(\frac{2}{t}\middle|0;\frac{3}{4}t^2\right)$.

3. Extrempunkte

Die notwendige Bedingung dafür, daß x_e eine Extremwertstelle der Funktion f_t ist, lautet $f_t'(x_e)=0$. Damit folgt x_e aus

$t^3x_e^3+16=0$ mit $x_e=-\sqrt[3]{\frac{16}{t^3}}=-\frac{2}{t}\sqrt[3]{2}$.

Wegen $f_t''(x_e)<0$ ist $x_e=x_H$ Abszisse eines Hochpunktes.

Mit $f_t(x_H)=-\frac{3}{4}\sqrt[3]{2}\cdot t$ ist $H_t\left(-\frac{2}{t}\sqrt[3]{2}\middle|-\frac{3}{4}\sqrt[3]{2}\cdot t\right)\approx H_t\left(-\frac{2{,}52}{t}\middle|-0{,}94t\right)$ für jedes $t>0$ einziger Hochpunkt des Schaubildes K_t.

H_t ist ein lokaler Hochpunkt bzw. ist $f_t(x_H)$ ein lokales Maximum der Funktion f_t, da $f_t(x)\to+\infty$ für $x\to+\infty$.

4. Wendepunkte

Notwendige Bedingung für eine Wendepunktsabszisse x_w ist $f_t''(x_w)=0$. $f_t''(x)$ ist für alle $t>0$ immer negativ, kann also nicht null werden. Es gibt für kein $t>0$ einen Wendepunkt. K_t ist für $x\in\mathbb{R}\setminus\{0\}$ stets rechtsgekrümmt, die Funktion somit konkav.

5. Asymptoten

Man unterscheidet zweierlei Arten von Asymptoten. Einmal gibt es **Polgeraden**, sie sind Parallelen zur y-Achse durch $(x_0|0)$ mit der Gleichung $x=x_0$. Für sie gilt $f_t(x)\to\infty$ für $x\to x_0$. Zum anderen gibt es Asymptoten mit der Gleichung $y=ax+c$ $(a, c\in\mathbb{R})$, wenn gilt $\lim\limits_{x\to\infty}(f_t(x)-ax-c)=0$.

Polgerade ist für K_t die y-Achse mit der Gleichung $x=0$, da $\left(\frac{t^2x}{4}-\frac{2}{tx^2}\right)\to-\infty$ sowohl für $x\to0$ mit $x>0$ wie für $x\to0$ mit $x<0$.

Die y-Achse ist für $y<0$ somit Polgerade ohne Zeichenwechsel.

Asymptote von K_t ist die Gerade g_t mit $y=\frac{t^2}{4}\cdot x$, denn es ist

$\lim\limits_{x\to\infty}\left(\frac{t^2}{4}\cdot x-\frac{2}{t^2x^2}-\frac{t^2}{4}\cdot x\right)=\lim\limits_{x\to\infty}\left(-\frac{2}{t^2x^2}\right)=0.$

K_t hat also die beiden Asymptoten $x=0$ und $y=\frac{t^2}{4}\cdot x$ für $t>0$.

6. Schaubild von K_1

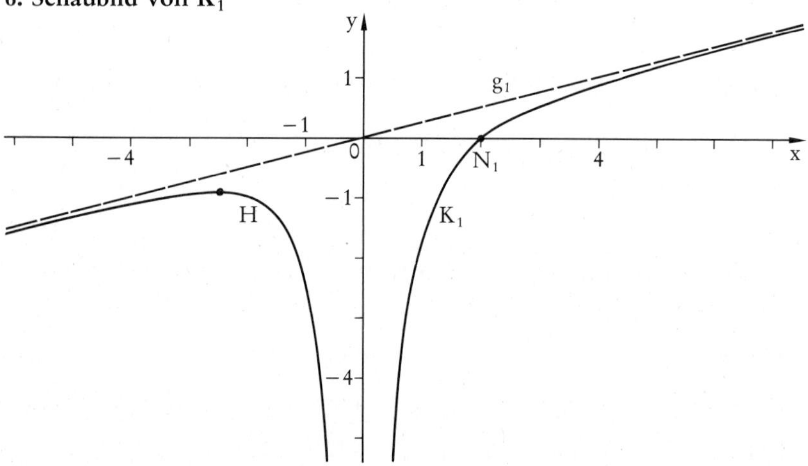

b) Halbierung eines Trapezes durch K_1

1. Inhalt A_T des Trapezes NBCD

(s. Figur)

Das Trapez hat die Ecken

$N_1(2|0)$, $B(u|0)$, $C\left(u\middle|\frac{u}{4}\right)$, $D\left(2\middle|\frac{1}{2}\right)$.

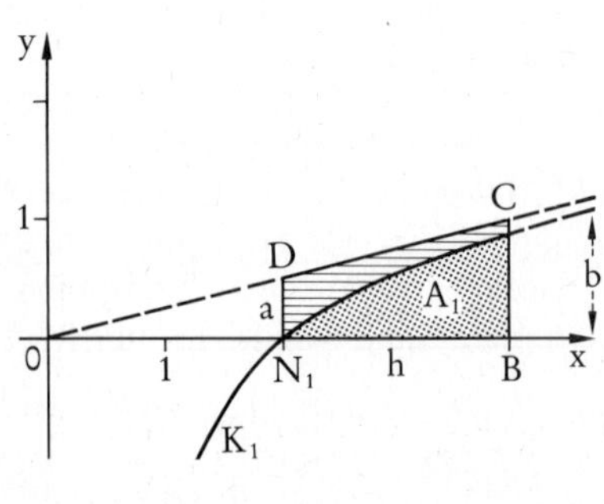

Die Höhe des Trapezes ist $h=u-2$, die parallelen Seiten haben die Längen $a=\frac{1}{2}$, $b=\frac{u}{4}$. Mit der Formel für den Trapezinhalt

$$A_T=\frac{1}{2}(a+b)\cdot h$$

wird somit der von u abhängige Inhalt des Trapezes NBCD

$$A_T(u)=\frac{1}{2}\left(\frac{1}{2}+\frac{u}{4}\right)\cdot(u-2)=\frac{u^2}{8}-\frac{1}{2} \quad \text{für} \quad u>2.$$

2. Flächeninhalt von K_1 über der x-Achse zwischen $x=2$ und $x=u$

f_1 ist für $x\in[2;u]$ stetig, also integrierbar. Es wird

$$A_1(u)=\int_2^u\left(\frac{x}{4}-\frac{2}{x^2}\right)dx=\left[\frac{x^2}{8}+\frac{2}{x}\right]_2^u=\left[\frac{u^2}{8}+\frac{2}{u}\right]-\left[\frac{1}{2}+1\right]$$

$$=\frac{u^2}{8}+\frac{2}{u}-\frac{3}{2} \quad \text{für} \quad u\geqq 2.$$

3. Bestimmung von u, so daß $2A_1=A_T$

Für u ergibt sich die Bedingungsgleichung

$$\frac{u^2}{4}+\frac{4}{u}-3=\frac{u^2}{8}-\frac{1}{2}$$

bzw. $\frac{u^2}{8}+\frac{4}{u}-\frac{5}{2}=0$; da $u\neq 0$ ist, wird daraus

$$u^3-20u+32=0. \qquad (*)$$

Die Gleichung (*) ist vom 3. Grad. Hat sie eine ganzzahlige Lösung, dann muß diese eine Teiler der Zahl 32 sein. $u=2$ ist Lösung der Gleichung (*). Damit kann man mit Polynomdivision durch $(u-2)$ das Polynom 3. Grades auf eines vom 2. Grad reduzieren. Es ergibt sich

$$u^3-20u+32=(u-2)\cdot(u^2+2u-16).$$

Dieses Produkt ist null, wenn der erste oder der 2. Faktor null ist. Wegen $u>2$ scheidet die Lösung $u_1=2$ aus.

Setzt man den 2. Faktor $u^2+2u-16=0$, erhält man

$u_2=\sqrt{17}-1\approx 3{,}1213$, $u_3=-\sqrt{17}-1<0$.

Nur u_2 ist eine ganze Lösung des gestellten Problems. Man hat damit

$$A_T=\frac{1}{4}(7-\sqrt{17})\approx 0{,}719 \quad \text{und} \quad A_1=\frac{1}{2}A_T\approx 0{,}360.$$

c) **Extremwertbestimmung**

1. Bestimmung der Punkte P und Q

Die Tangente in $B\left(\frac{2}{t}\middle|0\right)$, d.h., im Schnittpunkt N_t mit der x-Achse (s. oben in a) 2), hat in N_t die Steigung $m_t = \frac{3}{4}t^2$. Damit ist ihre Gleichung $y = \frac{3t^2}{4}\left(x - \frac{2}{t}\right) + 0 = \frac{3t^2}{4}x - \frac{3t}{2}$.

Schnitt der Tangente mit der y-Achse $x=0$ gibt den Punkt $\mathbf{P}\left(0\middle|-\frac{3}{2}\mathbf{t}\right)$.

Schnitt der Tangente mit der Asymptote $y = \frac{1}{4}t^2x$ gibt für die Abszisse x_Q des Schnittpunktes Q die Bedingung

$\frac{3}{4}t^2x_Q - \frac{3}{2}t = \frac{1}{4}t^2x_Q$, d.h., $\frac{1}{2}t^2x_Q = \frac{3}{2}t$ mit $x_Q = \frac{3}{t}$.

Dazu erhält man $y_Q = \frac{3}{4}t$, also ist $\mathbf{Q}\left(\frac{3}{t}\middle|\frac{3}{4}\mathbf{t}\right)$.

2. Abstand der Punkte P und Q

Mit der Abstandsformel wird der Abstand d(t) in Abhängigkeit von $t>0$ zu

$d(t) = \sqrt{\frac{9}{t^2} + \frac{81}{16}t^2}$.

3. Berechnung des minimalen Abstandes

Vorbemerkung:

Für die Untersuchung der Funktion $t \mapsto d(t)$ auf Extremwerte verwenden wir die Ersatzfunktion q mit $q(t) = (d(t))^2$. Dies ist möglich, denn, wenn $d'(t)=0$ ist, ist auch $q'(t)=0$ und umgekehrt. Dies folgt aus $q'(t) = 2d(t)\cdot d'(t)$ für $d(t)>0$.

Aus $q''(t) \gtreqless 0$ folgt auch $d''(t) \gtreqless 0$. Denn aus

$q''(t) = 2(d'(t))^2 + 2d(t)\cdot d''(t)$ wird mit $d'(t)=0$

$q''(t) = 2d(t)\cdot d''(t)$.

Wegen $d(t)>0$ folgt also unsere Behauptung.

Bestimmung des Minimums mit $q(t) = d(t)^2$

Es ist $q(t) = \frac{9}{t^2} + \frac{81}{16}t^2$; $(t>0)$

$q'(t) = -\frac{18}{t^3} + \frac{81}{8}t$;

$q''(t) = \frac{54}{t^4} + \frac{81}{8}$; $q''(t)>0$, also Linkskrümmung.

Minimalstelle t: Aus $q'(t)=0$ folgt $\frac{18}{t^3}=\frac{81}{8}t$; $81\cdot t^4=8\cdot 18$; $t^2=\frac{4}{3}$.

Daraus $t_m=\frac{2}{3}\sqrt{3}$ (Der Wert $-\frac{2}{3}\sqrt{3}$ entfällt, da $t>0$ für K_t.)

Es ist $q''\left(\frac{2}{3}\sqrt{3}\right)>0$, somit ergibt sich für $t_m=\frac{2}{3}\sqrt{3}$ ein Minimum.

Dieses ist $d\left(\frac{2}{3}\sqrt{3}\right)=\sqrt{\frac{27}{4}+\frac{27}{4}}=\mathbf{\frac{3}{2}\sqrt{6}\approx 3{,}67}$.

Die Funktion $t\mapsto d(t)$ ist für $t>0$ stetig und linksgekrümmt.
Für $t\to 0$ wie auch für $t\to+\infty$ ergeben sich die Randwerte $+\infty$, also ist bei t_m der Funktionswert $d(t_m)$ ein **globales** Minimum.

d) Nachweis der Existenz von Schnittpunkten zweier Schaubilder

Die Schnittbedingung von G: $y=\ln(x-1)$ mit h: $y=\frac{1}{4}x$ lautet
$k(x)=\ln(x-1)-\frac{1}{4}x=0$.

Es ist zu beweisen, daß die Funktion k in den Intervallen $[3;4]$ und $[5;\infty[$ je genau eine Nullstelle hat. Die Funktion k ist für $x>1$ stetig und differenzierbar.

Eine Figur mit den Schaubildern G und h bestätigt anschaulich die zu beweisende Behauptung.

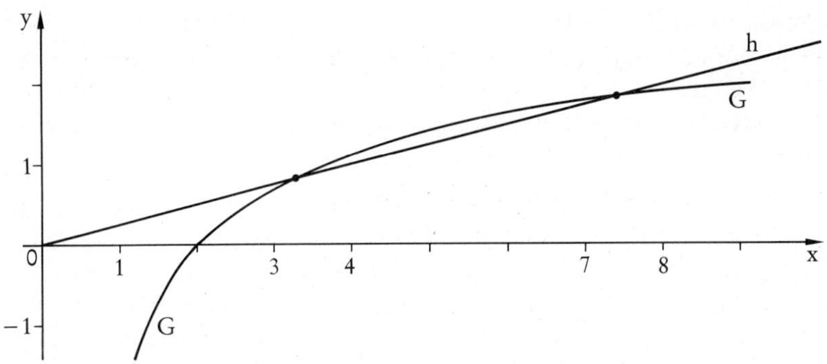

1. Zwei Hilfssätze für den Beweis

Zum **Existenznachweis** der Nullstelle einer Funktion k im Intervall $[a;b]$ ihrer Definitionsmenge verwendet man den

Nullstellensatz: Ist k auf $[a;b]$ stetig und gilt $k(a)\cdot k(b)<0$, dann hat k in $[a;b]$ mindestens eine Nullstelle.

Daß es genau eine Nullstelle in $[a;b]$ gibt, wird gewährleistet durch den **Satz:** Ist k auf $[a;b]$ stetig und differenzierbar, dann existiert in $[a;b]$ **genau eine** Nullstelle z mit $k(z)=0$, wenn

1) $k(a)\cdot k(b)<0$ ist, und wenn
2) für alle $x\in[a;b]$ die Ableitung $k'(x)$ entweder kleiner null oder größer null ist, d. h., wenn k in $[a;b]$ entweder streng monoton abnimmt oder streng monoton zunimmt.

2. Anwendung der Hilfssätze auf die Funktion k

Den Nachweis, daß es in den Intervallen $[3;4]$ und $[5;\infty[$ mindestens eine Nullstelle gibt, erkennt man an der Wertetabelle für k:

x	3	4	6	7	8	9
k(x)	−0,0569	+0,0986	0,1094	0,0418	−0,0541	−0,1706

Man sieht, zwischen 3 und 4 wechselt k das Vorzeichen und ebenso zwischen 7 und 8.

Daß keine versteckten nahe beieinander liegende Nullstellen existieren, wird mit dem 2. Satz gezeigt:

Es ist $k'(x)=\frac{1}{x-1}-\frac{1}{4}$.

Lösungsmenge der Ungleichung $k'(x)>0$ für $x>1$: Durch äquivalente Umformungen ergibt sich $4>x-1$; $x<5$. D. h., $k'(x)>0$ für $x\in]1;5[$; damit ist für $x\in[3;4]$ gezeigt, daß k in diesem Intervall streng monoton zunimmt.

Als Lösungsmenge für $k'(x)<0$ ergibt die analoge Umformungskette $x>5$. Damit ist k sicher streng monoton abnehmend im Intervall $[7;8]$.

In den Intervallen $[3;4]$ und $[7;8]$ existiert genau eine Lösung von $k(x)=0$.

Zusatz: Mit dem Newtonschen Näherungsverfahren ergeben sich für die Schnittpunkte S_1 und S_2 die Abszissen $x_1\approx3{,}2581$ und $x_2\approx7{,}4666$. Die Schnittpunkte sind $S_1(3{,}2581\,|\,0{,}8145)$ und $S_2(7{,}4666\,|\,1{,}8667)$.

Gegeben ist die Funktion f durch

$f(x) = \frac{x}{3}\sqrt{9-x}$; $x \in D$.

Ihr Schaubild sei K.

a) Geben Sie den maximalen Definitionsbereich D an.
Untersuchen Sie K auf gemeinsame Punkte mit der x-Achse sowie auf Punkte mit waagrechter Tangente.
Zeichnen Sie K im Bereich $-1 \leqq x \leqq 9$.
Die Kurve K und die x-Achse schließen ein Flächenstück ein. Bei Drehung dieses Flächenstücks um die x-Achse entsteht ein Rotationskörper.
Berechnen Sie dessen Volumen.

b) Die x-Achse, die Gerade $x=9$ und die Tangente an K im Ursprung bilden ein Dreieck.
Zeigen Sie, daß dieses Dreieck gleichschenklig ist.
Die Kurve K verläuft innerhalb des Dreiecks und zerlegt dieses in zwei Teilflächen.
Bestimmen Sie das Verhältnis ihrer Inhalte.

c) Die Normale zu K im Punkt $P(u|f(u))$ mit $u<9$ schneidet die x-Achse in $S(x_s|0)$.
Bestimmen Sie x_s in Abhängigkeit von u sowie $\lim\limits_{u \to 9} x_s$.

d) Zeigen Sie, daß der Rotationskörper aus Teilaufgabe a) aus einer Holzkugel mit Durchmesser $d=9$ durch Abschleifen hergestellt werden kann.

Lösungshinweise:

a) Was ergibt sich für $f(10)$ oder für $f(11)$? Wie wird bei einer Wurzelfunktion der maximale Definitionsbereich bestimmt? Beachte, daß sich für f' eine veränderte Definitionsmenge als für f ergibt. Was bedeutet diese Änderung geometrisch für den Randwert von f? Bei der Berechnung der Nullstellen lohnt es sich, auch die Steigungen in ihnen anzugeben. Das hilft beim Zeichnen von K, aber auch für die Teilaufgabe b). Für die Feststellung, ob ein Hoch- oder ein Tiefpunkt vorliegt, benötigt man die 2. Ableitung nicht. Wie kann man mit $f'(x)$ entscheiden? Für die Rauminhaltsberechnung muß $f(x)$ quadriert werden, dabei $\left(\frac{1}{3}x\right)^2 = \frac{1}{9}x^2$ nicht vergessen!

b) Mit der Steigung der Ursprungstangente des Schaubildes K und einer Skizze des zu beurteilenden Dreiecks erkennt man die Art des Dreiecks, wenn man seine Winkel in Grad angibt. Sein Inhalt ist problemlos als halbes Quadrat berechenbar.
Den Inhalt der Fläche, die K mit der x-Achse einschließt, erhält man mit Hilfe der Integralrechnung. Beim Aufsuchen einer Stammfunktion von f ist eine Substitution notwendig. Welche liegt nahe? Es gibt mehrere Möglichkeiten. Beachte: Das Verhältnis der Inhalte der Teilflächen ist gefragt, der Inhalt der ganzen Dreiecksfläche kommt darin nicht vor.

c) Wie erhält man zur Steigung $f'(u)$ der Tangente die Steigung der Normalen im Berührpunkt? Welcher Wert für u ist bei der Normalengleichung auszuschließen? Die Normale schneidet die x-Achse in einem Punkt mit der Abszisse x_s, die von u abhängt. Welchen Definitions- und welchen Wertebereich hat die Funktion $u \mapsto x_s(u)$? Gib $x_s(9)$ an.
Überlege: Man weiß, daß zwei benachbarte Normalen eines Kreises sich in seinem Mittelpunkt schneiden. Der Grenzwert $x_M = \lim\limits_{u \to 9} x_s(u)$ läßt sich geometrisch in gleicher Weise deuten. Zwei benachbarte Normalen von K in der Umgebung von N_2 schneiden sich bei $M(x_M|0)$. M kann also auch als Mittelpunkt eines Kreises mit $r = \frac{9}{2}$ durch N_2 aufgefaßt werden, der sich in N_2 der Kurve K anschmiegt.
Dies spielt in Teilaufgabe d) eine Rolle.

d) Das Problem der Aufgabe mache man sich an einer Skizze klar, welche den Achsenschnitt von Kugel und Drehkörper darstellt. Man erkennt den Zusammenhang mit dem Punkt M, der am Schluß von c) erwähnt wird. Man muß zeigen, daß K und der Halbkreis C um M mit $r = \frac{9}{2}$ nur die Punkte N_1 und N_2 gemeinsam haben, sonst aber K ganz im Inneren von C verläuft.

Der Nachweis kann auf zweierlei Weisen geführt werden:

1) Man gebe eine Beziehung für die Ordinaten der Gleichungen von K und C an, die für alle $x \in [0; 9]$ gültig sein muß. Oder:
2) Man bestimme den Abstand eines beliebigen Punktes auf K zum Kreismittelpunkt M und vergleiche ihn mit dem Kreisradius. Welche Bedingung muß dann nachgewiesen werden?

Die zu untersuchenden Beziehungen sind Ungleichungen mit Wurzeltermen. Vorsicht! Quadrieren ist keine Äquivalenzumformung. Wie muß man entscheiden?

Lösung:

a) Kurvenuntersuchung und Inhalt eines Drehkörpers

1. Ableitungen. Definitionsmenge

$f(x) = \frac{x}{3}\sqrt{9-x}$; $\quad D_{f\,max} = \{x \in \mathbb{R} \mid x \leqq 9\}$

$f'(x) = \frac{1}{2} \cdot \frac{6-x}{\sqrt{9-x}}$; $\quad D_{f'} = \{x \in \mathbb{R} \mid x < 9\}$

$f''(x) = \frac{-12+x}{2 \cdot \sqrt{9-x} \cdot (9-x)}$; $\quad D_{f''} = D_{f'}$

2. Gemeinsame Punkte mit der x-Achse

Bedingung für die Abszisse x eines solchen Punktes ist $f(x) = 0$, also

$\frac{x}{3} \cdot \sqrt{9-x} = 0$ mit den Lösungen $x_1 = 0$; $x_2 = 9$.

Da $f'(0) = 1$ ist und gilt $f'(x) \to -\infty$ für $x \to 9$, ergeben sich als gemeinsame Punkte $\mathbf{N_1(0|0;1)}$ und $\mathbf{N_2(9|0;-\infty)}$, d.h., die Kurve K hat in N_1 die Tangente $y = x$ und in N_2 die Tangente $x = 9$ mit $y \geqq 0$, also eine Parallele zur $+y$-Achse.

3. Extrem- und Wendepunkte

Notwendige Bedingung für die Abszissen x von Extrempunkten ist $f'(x) = 0$,

also $\frac{6-x}{2 \cdot \sqrt{9-x}} = 0$.

Ein Bruch ist null, wenn der Zähler null und der Nenner nicht null ist.
Dies trifft zu für $x_e = 6$. Da $f''(6) < 0$ ist, sich $f(6) = 2\sqrt{3} \approx 3{,}46$ ergibt, hat K den **Hochpunkt $H(6|2\sqrt{3})$**.

Der Nachweis, daß der Extrempunkt ein Hochpunkt ist, kann auch mit dem Vorzeichenwechselkriterium geführt werden. Beim „Durchgang durch $x_e = 6$“ wechselt bei $f'(6)$ das Vorzeichen von plus nach minus.

Als Randwerte im Definitionsbereich $-\infty < x \leqq 9$ erhält man $-\infty$ bzw. 0.
Für $x_e = 6$ hat f nicht nur ein lokales, sondern sogar ein **globales** Maximum.
Da $f''(x) < 0$ ist für alle $x \in D_{f''}$, ist K eine Rechtskurve. K hat somit **keinen Wendepunkt**.

4. Das Schaubild von K: $y = \frac{1}{3}x\sqrt{9-x}$ **für** $x \leqq 9$

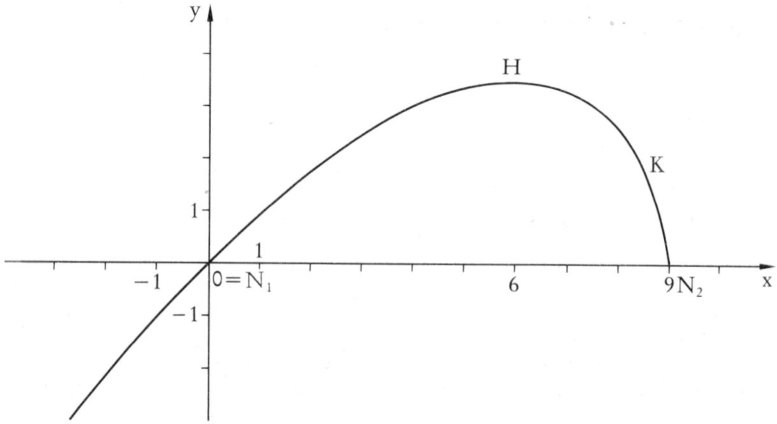

5. Inhalt des Drehkörpers

Die von K und der x-Achse eingeschlossene Fläche rotiert für $x \in [0; 9]$ um die x-Achse und erzeugt einen Drehkörper. Sein Inhalt ist

$$V = \pi \int_0^9 \frac{x^2}{9}(9-x)\,dx = \pi \int_0^9 \left(x^2 - \frac{x^3}{9}\right) dx = \pi \left[\frac{x^3}{3} - \frac{x^4}{36}\right]_0^9$$

$$= \pi(243 - 182{,}25) = 60{,}75\,\pi \approx 190{,}85 \text{ VE}.$$

b) Zwei Dreiecksprobleme

1. Dreieck N_1N_2C ist rechtwinklig

Siehe auch Figur. Die Steigung der Tangente in $N_1(0|0; 1)$ ist $f'(0) = 1$. Der Dreieckswinkel bei N_1 somit 45°. Der Dreieckswinkel bei N_2 ist 90°. Das Dreieck N_1N_2C ist gleichschenklig-rechtwinklig mit $\overline{N_1N_2} = \overline{N_2C} = 9$. Sein Inhalt ist

$A_\triangle = \frac{1}{2} \cdot 9 \cdot 9 = \frac{81}{2}$ FE.

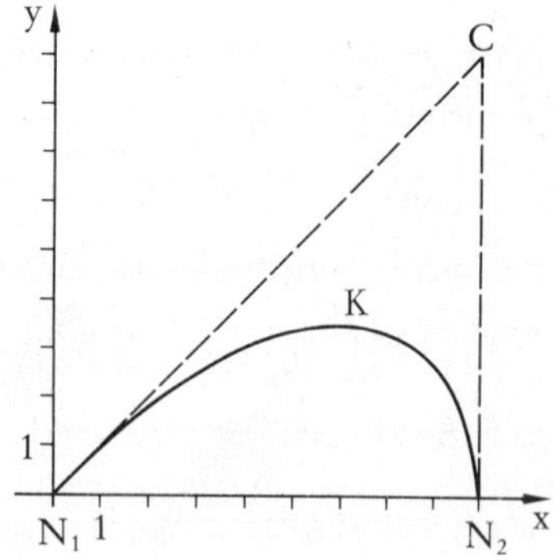

2. K teilt das Dreieck in zwei Flächen. Inhaltsverhältnis dieser Teilflächen

Der Flächeninhalt zwischen K und der x-Achse ist

$$A_k = \int_{x=0}^{9} \frac{x}{3}\sqrt{9-x}\cdot dx.$$

Das Aufsuchen einer Stammfunktion zur Integrandenfunktion f kann auf dreierlei Arten geschehen:

I) Substitution

$9-x=u;\ x=9-u$

$dx=-du$

Grenzen: $x=0$ gibt $u=9$,
$x=9$ gibt $u=0$.

$$A=-\int_{u=9}^{0}\frac{1}{3}(9-u)\cdot\sqrt{u}\cdot du$$

$$=-\frac{1}{3}\int_{9}^{0}\left(9\cdot\sqrt{u}-u^{\frac{3}{2}}\right)\cdot du=21{,}6\,\text{FE}$$

II) Substitution

$\sqrt{9-x}=u;\ x=9-u^2;$

$dx=-2u\cdot du$

Grenzen: $x=0$ gibt $u=3$,
$x=9$ gibt $u=0$.

$$A=\frac{1}{3}\int_{x=0}^{9}x\cdot\sqrt{9-x}\cdot dx$$

$$=-\frac{2}{3}\int_{u=3}^{0}(9u^2-u^4)\cdot du$$

$$=\left[-\frac{2}{3}\left(3u^3-\frac{u^5}{5}\right)\right]_3^0=\frac{2}{3}(81-48{,}6)$$

$$=21{,}6\,\text{FE}$$

III) Produktintegration

$u=\frac{x}{3};\ v'=\sqrt{9-x}$

$u'=\frac{1}{3};\ v=-\frac{2}{3}(9-x)^{\frac{3}{2}}$

$$A=\left[-\frac{2x}{9}\cdot(9-x)^{\frac{3}{2}}\right]_0^9+\frac{2}{9}\int_0^9(9-x)^{\frac{3}{2}}\cdot dx$$

$$=\left[-\frac{2x}{9}\cdot(9-x)^{\frac{3}{2}}-\frac{2}{9}\cdot(9-x)^{\frac{5}{2}}\cdot\frac{2}{5}\right]_0^9$$

$$=[0]-\left[-\frac{2}{9}\cdot 3^5\cdot\frac{2}{5}\right]=\frac{4}{5}\cdot 27=21{,}6\,\text{FE}$$

Inhaltsverhältnis $r=\frac{A_\Delta-A_k}{A_k}=\frac{18{,}9}{21{,}6}=\frac{21}{24}=\frac{7}{8}.$

c) **Normalenschnittpunkt mit der x-Achse**

In $P\left(u\,\middle|\,\frac{u}{3}\sqrt{9-u}\right)$ ist die Steigung der Tangente $f'(u)=\frac{6-u}{2\sqrt{9-u}}$.

Die Steigung der Normalen im Punkt P von K ist dann der negative Kehrwert, also $-\frac{1}{f'(u)}=\frac{2\sqrt{9-u}}{u-6}$ mit $u\neq 6$. P für $u=6$ ist der Hochpunkt von K.

Die Normale in ihm ist die Parallele $x=6$ zur y-Achse. Als Gleichung der Normalen für $u \neq 6$ ergibt sich

$$y=\frac{2\sqrt{9-u}}{u-6}\cdot(x-u)+\frac{u}{3}\sqrt{9-u} \text{ für } u \leqq 9 \text{ mit } u \neq 6.$$

Der Schnitt der Normalen mit der x-Achse $y=0$ gibt die Bedingung für x_s

$$\frac{2\sqrt{9-u}}{u-6}(x_s-u)+\frac{u}{3}\sqrt{9-u}=0,$$ wobei $u<9$ mit $u=6$, also $\sqrt{9-u}>0$ ist.

Somit ist auch $\frac{2(x_s-u)}{u-6}+\frac{u}{3}=0$ und hieraus folgt

$$x_s=u-\frac{u}{6}(u-6)=-\frac{u^2}{6}+2u$$ mit $u \neq 6$ für $u<9$.

Das Schaubild von $u \mapsto x_s(u)$ ist ein Parabelbogen (s. Figur).

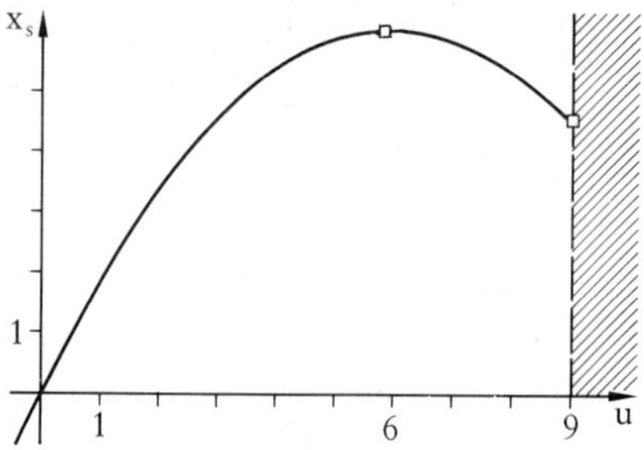

Dieser Parabelbogen hat an der Stelle 6 und am Endpunkt mit der Stelle 9 eine Lücke. Grenzwerte lassen sich in beiden Fällen angeben.
Gefragt ist nach dem für x gegen 9. Es ergibt sich

$$x_M=\lim_{u \to 9} x_s=\lim_{u \to 9}\left(2u-\frac{u^2}{6}\right)=\frac{9}{2}=4{,}5.$$

Bemerkung: Dem Punkt $M(x_M|0)$ kann man auch eine geometrische Deutung geben. Beim Kreis schneiden sich zwei auch dicht beieinander liegende Normalen im Kreismittelpunkt. Bei der Kurve K schneiden sich zwei benachbarte Normalen beim Punkt N_2 im Punkt M. Man kann M deshalb als Mittelpunkt eines Kreises deuten, der durch N_2 geht und dort gut mit der Kurve K übereinstimmt.

Die Frage, ob er innerhalb von K oder außerhalb von K durch N_2 verläuft oder auch K in N_2 schneidet, wird in Teilaufgabe d) untersucht.

d) Der Drehkörper von Teilaufgabe a) paßt gerade noch in eine Kugel

Die Kugel mit dem Mittelpunkt $M\left(\frac{9}{2}\middle|0\right)$ und dem Radius $r=\frac{9}{2}$ entsteht durch Rotation des Halbkreises C: $y=k(x)$ mit Mittelpunkt M und $r=\frac{9}{2}$ um die x-Achse. Der in a) betrachtete Drehkörper entsteht durch Rotation von K: $y=f(x)$ über $[0;9]$ um die x-Achse (s. Figur).

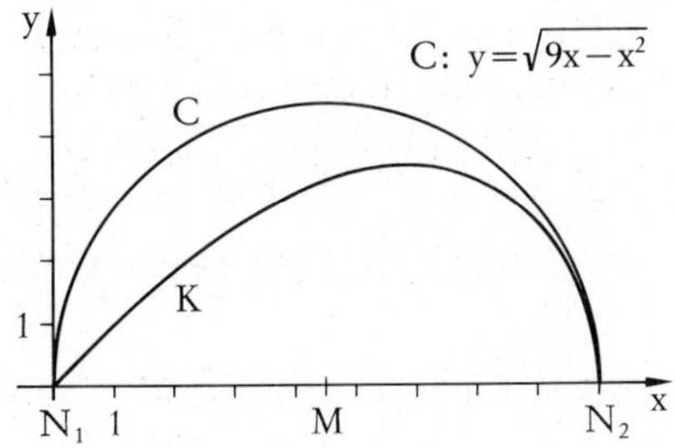

Beide Körper haben sicher die Punkte N_1 und N_2 gemeinsam. Es muß aber gezeigt werden, daß die Kugel den Drehkörper berührt und vollkommen umschließt, daß er also nirgends über die Kugel hinausragt. Das kann auf zweierlei Arten gezeigt werden:

1) Man zeigt: Für die erzeugenden Kurven K und C gilt $f(x) \leqq k(x)$ für alle $x \in I=[0;9]$.
2) Man zeigt: Jeder Punkt P auf K hat von $M\left(\frac{9}{2}\middle|0\right)$ für alle $x \in I$ einen Abstand $d \leqq \frac{9}{2}$.

1. Lösungsmöglichkeit

Um $f(x) \leqq k(x)$ für alle $x \in I$ zeigen zu können, ist die Gleichung $y=k(x)$ von C aufzustellen.
Der Halbkreis um 0 mit Radius r hat die Gleichung $y=\sqrt{r^2-x^2}$.
Wird der Halbkreis um r nach rechts verschoben, ist x durch $x-r$ zu ersetzen. Damit ergibt sich $y=\sqrt{r^2-(x-r)^2}=\sqrt{2rx-x^2}$. Mit $2r=9$ wird damit C: $y=k(x)=\sqrt{9x-x^2}$ für $0 \leqq x \leqq 9$.

Damit wird $f(x) \leqq k(x)$ für $x \in I$ zu

$\frac{x}{3}\sqrt{9-x} \leqq \sqrt{9x-x^2}$ für $x \in [0;9]$. Äquivalente Umformung gibt

$\frac{x}{3}\sqrt{9-x} \leqq \sqrt{x}\sqrt{9-x}$ für $x \in [0;9]$ bzw. (*)

$\left(\frac{x}{3}-\sqrt{x}\right)\sqrt{9-x} \leqq 0$. Diese Ungleichung ist erfüllt für $x=0$; $x=9$.

Sie wird aber auch von allen $x \in]0;9[$ erfüllt, denn für diese x ist der 2. Faktor positiv und der 1. Faktor negativ, denn $\frac{x}{3}<\sqrt{x}$ ist äquivalent zu $x<3\sqrt{x}$ bzw. $\sqrt{x}<3$. Dies ist richtig für $x \in]0;9[$.
K verläuft also durch N_1 und N_2 und sonst innerhalb von C.

2. Lösungsmöglichkeit

Es sei $P\left(u\middle|\frac{u}{3}\sqrt{9-u}\right)$ mit $u \in [0;9]$ ein Punkt auf K. Es ist zu zeigen, daß der Abstand $\overline{PM}=d(u) \leqq \frac{9}{2}$ ist für alle $u \in [0;9]$.

Es ist $d(u)=\sqrt{\left(u-\frac{9}{2}\right)^2+\frac{u^2}{9}(9-u)}$. Man muß nachweisen, daß

$$\sqrt{\left(u-\frac{9}{2}\right)^2+\frac{u^2}{9}(9-u)}\leqq\frac{9}{2}$$ ist für alle $u \in [0;9]$.

Äquivalente Umformungen ergeben

$$\sqrt{-\frac{u^3}{9}+2u^2-9u+\frac{81}{4}}\leqq\frac{9}{2}$$

$$\sqrt{-\frac{u}{9}(u^2-18u+81)+\frac{81}{4}}\leqq\frac{9}{2}$$

$$\sqrt{-\frac{u}{9}(u-9)^2+\left(\frac{9}{2}\right)^2}\leqq\frac{9}{2} \qquad (**)$$

Der Radikand der Wurzel ist kleiner oder höchstens gleich $\left(\frac{9}{2}\right)^2$, denn der Term $-\frac{u}{9}(u-9)^2$ ist für $0\leqq u\leqq 9$ nicht positiv.

Der geforderte Nachweis ist damit erbracht.

Bemerkung: Bei beiden Lösungswegen wurde bei den Überlegungen an den Ungleichungen (*) bzw. (**) das Quadrieren vermieden, weil dies keine Äquivalenzumformung ist.

Für jedes $t \in \mathbb{R}$ ist die Funktion f_t gegeben durch

$f_t(x) = x \ln x - tx;\quad x > 0.$

Ihr Schaubild sei K_t.

a) Untersuchen Sie K_t auf Schnittpunkte mit der x-Achse, Extrem- und Wendepunkte.
Geben Sie das Verhalten der Funktion f_t und ihrer Ableitungsfunktion f_t' für $x \to 0$ an.
Zeichnen Sie K_1 im Bereich $0 < x \leqq 4$. (LE 2 cm)

b) Die Kurve K_t, die Gerade $x = u$ mit $0 < u < e^t$ und die x-Achse umschließen für $x \geqq u$ eine Fläche.
Berechnen Sie deren Inhalt $A_t(u)$ sowie $\lim\limits_{u \to 0} A_t(u)$.

c) Im Kurvenpunkt $P(a \mid f_1(a))$ mit $a > 1$ wird an die Kurve K_1 die Tangente gelegt. Diese Tangente bildet zusammen mit den Koordinatenachsen ein Dreieck.
Bestimmen Sie a so, daß die Fläche des Dreiecks extremal wird.
Untersuchen Sie, um welche Art von Extremum es sich handelt.

d) Bestimmen Sie die Gleichung der Normalen zu K_1 im Kurvenpunkt $Q(z \mid f_1(z))$ mit $z > 1$.
Zeigen Sie, daß für jedes $z > 1$ diese Normale die y-Achse oberhalb von $A(0 \mid 1)$ schneidet.
(Anleitung: Zeigen Sie zunächst, daß für jedes $b > 0$ gilt:
$b + \frac{1}{b} - 1 \geqq 1$.)

Lösungshinweise:

a) Bei den Ableitungen ist zu beachten, daß t eine Konstante ist. Dadurch wird die 2. Ableitung recht einfach. Weil $x=0$ nicht zur Definitionsmenge von f_t gehört, ist der Ursprung nicht Nullstelle von f_t, aber mit dem bekannten Grenzwert $\lim\limits_{x\to 0} x \cdot \ln x = 0$ kann man den Verlauf des Schaubildes in der Nähe von O angeben, besonders wenn man noch $f_t'(x)$ für $x \to 0$ dazu verwendet. Wie unterscheiden sich Abszisse und Ordinate des Extrempunktes von K_t?

b) Die Fläche, deren Inhalt zu berechnen ist, liegt unterhalb der x-Achse. Was ergibt sich beim Integrieren? Das Aufsuchen einer Stammfunktion legt nahe, $f_t(x)$ als Produkt zu schreiben. Welcher Faktor läßt sich leichter ableiten, welcher hat eine einfache Stammfunktion? Beachte, daß ein Flächeninhalt immer positiv ist. Was ergibt sich also für $A_t(u)$? Für $u \to 0$ wird der bekannte Grenzwert $\lim\limits_{u\to 0}(u^2 \cdot \ln u)$ benötigt.

c) Wegen seiner besonderen Art, kann man den Inhalt des Dreiecks leicht in Abhängigkeit von a angeben. Die Ableitung ist ein Bruchterm. Wann ist er 0? Nur Werte mit $a > 1$ sind gefragt. Wie kann man beim Nachweis, von welcher Art das Extremum ist, die 2. Ableitung vermeiden? Wie läßt sich zeigen, daß es ein globales Extremum ist?

d) Der geforderte Nachweis kann auf verschiedene Weisen geführt werden. Hat man y_s des Schnittpunktes $S(0|y_s)$ der Normalen bestimmt, so muß $y_s > 1$ gezeigt werden. Nutzt man die Anleitung in der Aufgabe, dann kann durch äquivalente Umformungen ein Term gebildet werden, der erkennen läßt, daß $b + \frac{1}{b} - 1 \geqq 0$ ist. Auf welche Form muß man also diesen Term bringen? Bei dem Nachweis ist zu beachten, daß $y_s > 1$ und nicht $y_s \geqq 1$ zu zeigen ist.

Daß $b + \frac{1}{b} - 1 \geqq 0$ ist, läßt sich auch als Extremwertaufgabe auffassen, indem man den Ausdruck auf ein Minimum untersucht (s. 2. Lösungsweg).

Ohne den Anleitungshinweis zu verwenden, kann man aber auch unmittelbar das Minimum der Funktion $z \mapsto y_s(z)$ bestimmen. Die dabei auftretende Gleichung 3. Grades muß man dann allerdings nach „Newton" lösen. Die Lösung wird übersichtlicher, wenn man $\ln z$ durch b ersetzt und dann mit $z = e^b$ das Minimum $y_{s\,min}$ angibt.

Lösung:

a) **Kurvenuntersuchung von K_t**

1. Ableitungen

$f_t(x) = x \cdot \ln x - t \cdot x;\quad x > 0;\quad t \in \mathbb{R}$

$f_t'(x) = \ln x + 1 - t;\quad x > 0;\quad t \in \mathbb{R}$

$f_t''(x) = \frac{1}{x};\quad x > 0;$ man stellt fest: $f_t''(x) > 0$ für alle $x \in \mathbb{R}^+$.

$f_t'''(x) = -\frac{1}{x^2};\quad x > 0;$ hier: $f_t'''(x) < 0$ für alle $x \in \mathbb{R}^+$.

2. Schnittpunkte von K_t mit der x-Achse

Bedingung für die Abszissen x der Schnittpunkte ist $f_t(x) = 0$.
Aus $x(\ln x - t) = 0$ erhält man $x_1 = 0$, $x_2 = e^t$.
$x_1 = 0$ ist nicht Element der Definitionsmenge.
Mit $f_t'(e^t) = 1$ gibt es zu jedem $t \in \mathbb{R}$ genau einen Schnittpunkt $N_t(e^t|0; 1)$ mit der x-Achse. Für $t < 0$ liegt er im Intervall $]0; 1[$, für $t \geqq 0$ liegt er im Intervall $[1; \infty[$.

3. Extrempunkte von K_t

Notwendige Bedingung für Extrempunktsabszissen x_e ist $f_t'(x_e) = 0$, d. h., $\ln x_e + 1 - t = 0$. Daraus folgt $x_e = e^{t-1}$.
Es ist $f_t(e^{t-1}) = -e^{t-1}$ und $f_t''(x_e) = e^{1-t} > 0$.
Es gibt für jedes $t \in \mathbb{R}$ einen **Tiefpunkt $T_t(e^{t-1}|-e^{t-1})$**.
Man erkennt, daß alle Tiefpunkte der Kurvenschar auf der Geraden mit der Gleichung $y = -x$ für $x > 0$ liegen, z. B. $T_1(1|-1)$.

4. Grenzwerte von $f_t(x)$ und von $f_t'(x)$ für $x \to 0$

(1) $\lim\limits_{x \to 0}(x \cdot \ln x - t \cdot x) = \lim\limits_{x \to 0} x \cdot \ln x - t \cdot \lim\limits_{x \to 0} x = 0 - 0 = 0.$
Es wird neben den allgemeinen Grenzwertsätzen der bekannte Grenzwert $\lim\limits_{x \to 0}(x \cdot \ln x) = 0$ verwendet (s. ANALYSIS ZWEI, S. 324).

(2) $\lim\limits_{x \to 0} f_t'(x) = \lim\limits_{x \to 0}(\ln x + 1 - t)$ existiert nicht, denn
$\ln x + 1 - t \to -\infty$ für $x \to 0$.

Aus (1) und (2) folgt, daß sich jede Kurve K_t im 4. Feld dem Ursprung so nähert, daß sie sich dabei der negativen y-Achse als Tangente nähert.

5. Wendepunkte

Notwendige Bedingung für eine Wendepunktsabszisse x_w ist $f_t''(x_w)=0$. Da $f_t''(x)>0$ ist für $x>0$, ist K_t für alle $x \in \mathbb{R}^+$ eine Linkskurve. K_t hat für jedes $t \in \mathbb{R}$ keinen Wendepunkt, d. h., die Funktion f_t ist für $t \in \mathbb{R}$ konvex.

6. Schaubild K_1

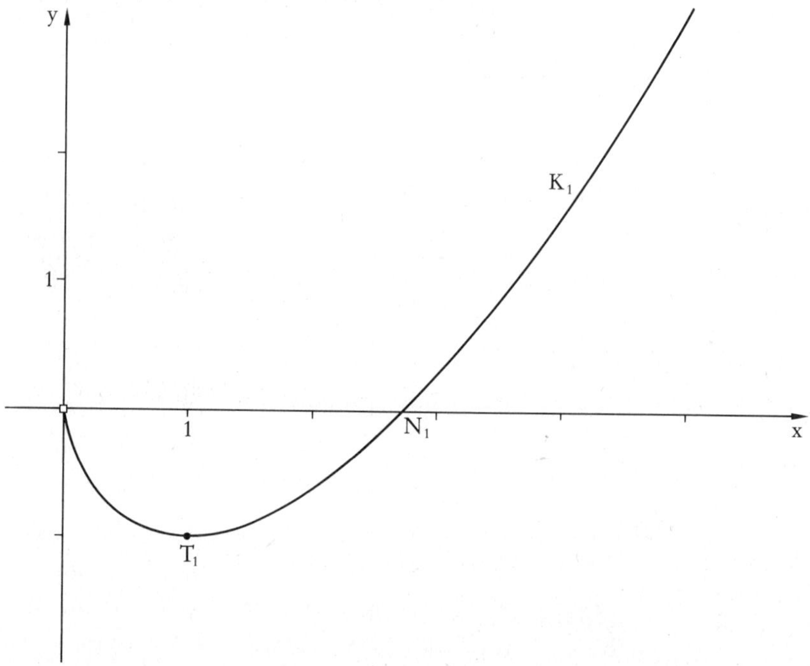

b) Inhaltsberechnung

Der Inhalt der unter der x-Achse liegenden Fläche von K_t zwischen $x=u$ und der Nullstelle mit $x=e^t$ hängt von u ab und ist bestimmt durch

$$A_t(u)=\int_{x=u}^{e^t} (x\cdot \ln x - t\cdot x)\,dx = \int_{x=u}^{e^t} x\cdot(\ln x - t)\,dx.$$

Aufsuchen einer Stammfunktion von f_t mit Produktintegration:

$u = \ln x - t; \quad v' = x$

$u' = \frac{1}{x}; \quad v = \frac{1}{2}x^2$

$F_t(x) = u \cdot v - \int \frac{1}{x} \cdot \frac{1}{2} x^2 \, dx$

$$\int x \cdot (\ln x - t)\, dx = \frac{x^2}{2}(\ln x - t) - \int \frac{1}{2} x \cdot dx$$
$$= \frac{x^2}{2}(\ln x - t) - \frac{x^2}{4}$$
$$= x^2\left(\frac{1}{2}\ln x - \frac{t}{2} - \frac{1}{4}\right)$$

Damit wird

$$\int_u^{e^t} x \cdot (\ln x - t)\, dx = \left[x^2\left(\frac{1}{2}\ln x - \frac{t}{2} - \frac{1}{4}\right)\right]_u^{e^t}$$
$$= \left[e^{2t}\left(\frac{1}{2}t - \frac{1}{2}t - \frac{1}{4}\right)\right] - \left[u^2\left(\frac{1}{2}\ln u - \frac{t}{2} - \frac{1}{4}\right)\right]$$
$$= -\left(\frac{1}{4}e^{2t} + u^2\left(\frac{1}{2}\ln u - \frac{t}{2} - \frac{1}{4}\right)\right).$$

Das negative Vorzeichen drückt aus, daß die Fläche unter der x-Achse liegt („Orientierter Flächeninhalt"). Damit wird der Inhalt

$A_t(u) = \frac{1}{4}e^{2t} + \frac{1}{2}u^2 \cdot \ln u - u^2\left(\frac{1}{2}t + \frac{1}{4}\right).$

Mit dem bekannten Grenzwert $\lim\limits_{u \to 0}(u^2 \cdot \ln u) = 0$ (s. ANALYSIS ZWEI, S. 324)

wird $\lim\limits_{u \to 0} A_t(u) = \frac{1}{4}e^{2t} + 0 - 0 = \frac{1}{4}e^{2t}.$

c) **Extremwertaufgabe**

Die **Tangente** g in $P(a \mid a \cdot \ln a - a)$ mit der Steigung $f'(a) = \ln a;\ a > 1$ hat die Gleichung

$y = \ln a \cdot (x - a) + a \cdot \ln a - a = x \cdot \ln a - a; \quad a > 1.$

Der Schnitt von g mit der x-Achse gibt den Schnittpunkt $S_1\left(\frac{a}{\ln a} \middle| 0\right)$.

Der Schnitt von g mit der y-Achse gibt den Schnittpunkt $S_2(0 \mid -a)$.

Der Inhalt des rechtwinkligen Dreiecks OS_1S_2 ist

$J(a) = \frac{1}{2} \cdot \frac{a^2}{\ln a}$ mit $a > 1$.

Extremwertbestimmung

Notwendige Bedingung dafür, daß $J(a)$ an der Stelle a_e einen Extremwert hat, ist $J'(a_e) = 0$, d. h.,

$$J'(a_e) = \frac{a_e(2\ln a_e - 1)}{2(\ln a_e)^2} = 0.$$

Wegen $a>1$ ist der Nenner nicht null, also erhält man a_e aus
$a_e(2\ln a_e - 1) = 0$.
Damit $a_e=0$ oder $a_e = e^{0,5} = \sqrt{e} \approx \mathbf{1,649}$. $a_e = 0$ entfällt wegen $a>1$.
$J'(a)$ wechselt beim „Durchgang" durch $a=\sqrt{e}$ das Vorzeichen von minus nach plus. Es handelt sich somit an der Stelle $a=\sqrt{e}$ um ein lokales Minimum. Dieses beträgt $\mathbf{J(\sqrt{e}) = \frac{1}{2} \cdot \frac{e}{\frac{1}{2}} = e}$.

Da $J(a) = \frac{a^2}{2\ln a} \to +\infty$ strebt sowohl für $a \to 1$ mit $a>1$ wie auch für $a \to \infty$, gehört zu $a_e = \sqrt{e}$ sogar ein **globales Minimum** mit $\mathbf{J(\sqrt{e}) = e}$.

d) Abschätzungsproblem mit der Normalen von K_1

1. Gleichung der Normalen von K_1

Die Steigung der Normalen im Punkt $Q(z \mid z \cdot \ln z - z)$ beträgt
$-\frac{1}{f_1'(z)} = -\frac{1}{\ln z}$.

Die Gleichung der Normalen in Q lautet damit
h: $y = -\frac{1}{\ln z} \cdot x + \frac{z}{\ln z} + z \cdot \ln z - z$ mit $z>1$.

2. Schnittpunkt von h mit der y-Achse

Setzt man $x=0$, dann wird die Ordinate y_s des Schnittpunktes S auf der y-Achse in Abhängigkeit von z

$$y_s(z) = \frac{z}{\ln z} + z \cdot \ln z - z = z \cdot \left(\ln z + \frac{1}{\ln z} - 1\right). \qquad (*)$$

Es ist nachzuweisen, daß $y_s(z) > 1$ ist für alle $z>1$.

3. Nachweis von $y_s(z)>1$ für alle $z>1$

Es gibt drei Möglichkeiten, diesen Nachweis zu erbringen.

1. Lösungsmöglichkeit

Man weist nach, daß jeder der beiden Faktoren der Gleichung (*) größer als 1 ist, einer darf dabei auch gleich 1 sein. Entscheidend ist der Nachweis, daß für $z>1$ der Klammerterm diese Bedingung erfüllt. Setzt man $\ln z = b$, dann muß man zeigen, daß

$b + \frac{1}{b} - 1 \geqq 1$ ist für $b>0$, denn $z = e^b > 1$ für $b>0$.

Durch die folgende Kette von Äquivalenzumformungen läßt sich dies als richtig erkennen. Es ist

$b+\frac{1}{b}-1 \geqq 1$	$b^2-2b+1 \geqq 0$
$b+\frac{1}{b}-2 \geqq 0$	$(b-1)^2 \geqq 0.$

Das Gleichheitszeichen gilt nur für $b=1$, d. h., $z=e$.

In Gleichung (*) ist also $\ln z+\frac{1}{\ln z}-1 \geqq 1$ für $\ln z>0$, d. h., $z>1$.

Das Gleichheitszeichen gilt für $\ln z=1$, also $z=e$. Damit ist gezeigt, daß $y_s(z)=z\cdot\left(\ln z+\frac{1}{\ln z}-1\right)>1$ ist. Der 2. Faktor ist nur für $z=e$ gleich 1. Damit ist $y_s(z)>1$ für alle $z>1$.

2. Lösungsmöglichkeit

Statt mit Äquivalenzumformungen zeigt man $b+\frac{1}{b}-1 \geqq 1$ für $b>0$, indem man die Funktion h mit $h(b)=b+\frac{1}{b}-1$ auf Minimum untersucht.

Die notwendige Bedingung $h'(b)=1-\frac{1}{b^2}=0$ gibt $b_e=1$. Das Vorzeichenwechselkriterium läßt erkennen, daß es ein Minimum ist; wie die Randwerte ergeben, ist es sogar ein globales Minimum mit $h(b_e)=1$. Es gilt also $h(b) \geqq 1$ für alle $b>0$.

Lösung sonst weiter wie beim 1. Lösungsweg.

3. Lösungsmöglichkeit

Der Nachweis, daß $y_s(z)>1$ ist für alle $z>1$, legt nahe, die Funktion $z \mapsto y_s(z);\ z>1$ auf ein Minimum zu untersuchen und dessen Wert anzugeben. Es ergibt sich aus Gleichung (*)

$$y_s'(z)=\frac{(\ln z)^3+\ln z-1}{(\ln z)^2};\quad z>1.$$

Notwendige Bedingung für ein extremales z ist damit

$(\ln z)^3+\ln z-1=0$ mit $z>1$.

Setzt man $\ln z=b$, d. h., $z=e^b$, dann ist die Funktion p mit

$p(b)=b^3+b-1$ für $b>0$

auf Nullstellen zu untersuchen.

Die Nullstelle liegt, wie die Skizze zeigt, im Intervall $[0{,}5;0{,}7]$, denn $p(0{,}5)=-\frac{3}{8}$ und $p(0{,}7)=0{,}043$.

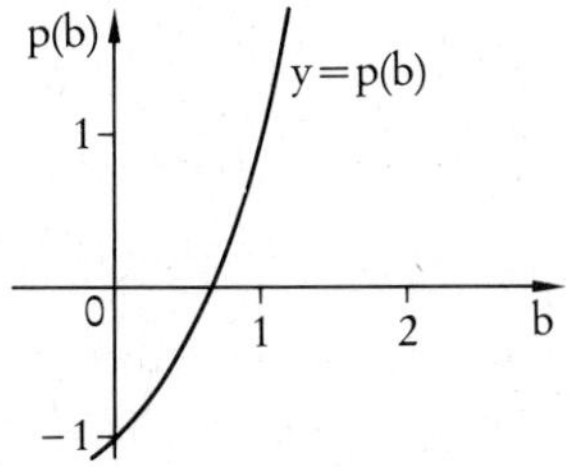

Mit dem Newtonschen Iterationsverfahren erhält man auf 3 Dezimalen genau den Wert $b_e = 0{,}682$, damit ist auf 3 Dezimalen $z_e = 1{,}978$, und schließlich erhält man $\mathbf{y_s(1{,}978) = 2{,}271}$ als kleinsten Abschnitt auf der y-Achse zum Punkt $Q(1{,}978 \mid -0{,}629)$.

Wie man der Skizze für das Schaubild der Funktion p entnimmt, wechselt p(b) beim Durchgang durch die Nullstelle b_e das Vorzeichen von minus nach plus, d. h., b_e ist eine Stelle für ein Minimum, also auch $\ln z_e$ und $y_s(z_e)$ ist das Minimum von der Funktion $z \mapsto y_s(z)$.

Das Ergebnis zeigt, daß die Normale sogar erheblich über dem Punkt $A(0 \mid 1)$ die y-Achse schneidet, sogar noch über $A^*\left(0 \,\middle|\, \frac{5}{2}\right)$.

Für jedes $t>0$ ist eine Funktion f_t gegeben durch

$$f_t(x)=\frac{1}{t}x+\frac{t}{x-t};\quad x\neq t.$$

Ihr Schaubild sei K_t.

a) Untersuchen Sie K_t auf Schnittpunkte mit den Koordinatenachsen, Hoch-, Tief- und Wendepunkte sowie auf Asymptoten.
Zeichnen Sie K_2 für $-2\leqq x\leqq 7$.

b) Bestimmen Sie die gemeinsamen Punkte von K_1 und K_2.
Welcher dieser Punkte liegt auf allen Kurven K_t?
Begründen Sie, daß sich in diesem Punkt alle Kurven K_t berühren.
Bestimmen Sie denjenigen Punkt P_t auf der x-Achse, der vom Hochpunkt und vom Tiefpunkt von K_t gleich weit entfernt ist.

c) Die Geraden $x=4$ und $x=k$ mit $2<k<4$, das Schaubild K_2 und die x-Achse umschließen ein Flächenstück.
Zeigen Sie, daß dieses Flächenstück von der Geraden $y=\frac{1}{2}x$ halbiert wird, wenn gilt:

$$4-2\cdot\ln\frac{2}{k-2}-\frac{1}{4}k^2=0. \qquad (*)$$

Ein Computer errechnet den Näherungswert $x_0=1{,}3260$ für eine Lösung der Gleichung $4+2\cdot\ln(x-1)-x^2=0$.
Geben Sie durch geeignete Umformung von Gleichung (*) mit Hilfe dieses Wertes x_0 einen Näherungswert für eine Lösung der Gleichung (*) an.

d) K_t ist punktsymmetrisch zum Schnittpunkt S_t seiner Asymptoten; außerdem besitzt K_t zwei Symmetrieachsen, von denen eine K_t schneidet.
Zeigen Sie: Verschiebt man das xy-Achsenkreuz parallel in ein uv-Achsenkreuz mit Ursprung S_t, so erhält man für K_t die Gleichung $v=\frac{u}{t}+\frac{t}{u}$.
Bestimmen Sie die Steigung der Geraden g_t durch S_t, die K_t senkrecht schneidet.
Geben Sie die Symmetrieachsen von K_t an.

Lösungshinweise:

a) Die Ableitungen ergeben sich aus dem zweigliedrigen Funktionsterm, zum Nullsetzen ist dagegen die Umformung auf einen Bruchstrich notwendig. Warum? Beachte: t ist Parameter, Quotientenregel auf x anwenden. Was bedeutet es, daß die quadratische Gleichung $f_t(x)=0$ keine reelle Lösung hat? Wie erhält man die Ordinate des Schnittpunktes von K_t mit der y-Achse? Welche Regel hilft bei der Asymptotenbestimmung bei einer gebrochenrationalen Funktion? Wieso kann man hier auf die Polynomdivision verzichten? Es gibt auch eine Polgerade, sie kann unmittelbar abgelesen werden, wenn man den Nenner betrachtet.

b) Mit welcher Bedingung erhält man die Schnittpunktsabszissen der Schaubilder zweier Funktionen f_1 und f_2? Woran erkennt man, daß ein Parameter in einem Ergebnis keine Rolle spielt? Welche zwei Bedingungen müssen erfüllt werden, wenn sich zwei Schaubilder berühren?
Das Abstandsproblem führt auf eine Wurzelgleichung. Welche Überlegung ist nach dem Quadrieren notwendig?

c) Eine Skizze hilft beim Erkennen, welche zwei Flächen gleichen Inhalt haben sollen. Beachte, daß $k<4$ ist. Wie muß man also im Integralansatz die Grenzen wählen? Die Gleichung für k enthält zwei ln-Terme. Verwende bekannte Logarithmengesetze. Was ändert sich bei einem Logarithmus, wenn man beim Argument den Kehrwert einsetzt? Betrachte das Absolutglied der zwei Gleichungen für k und x. Welche Beziehung zwischen k und x_0 liegt nahe?

d) Wie heißt die Transformationsgleichung bei einer Schiebung, bei der das xy-Achsenkreuz in ein uv-Achsenkreuz so verschoben wird, daß der Punkt $(t|1)$ nach $O(0|0)$ kommt? Prüfe am Beispiel nach, ob das Ergebnis stimmt (Vorzeichen!).
Welche Beziehung besteht zwischen einer Kurventangente und einer zu ihr senkrechten Geraden? Wie heißt eine solche Gerade? Gib ihre Gleichung an und fordere, daß sie durch O geht.
Eine andere Möglichkeit löst das Problem, wenn man verwendet, daß die gesuchten Punkte einen kleinsten Abstand zum Ursprung haben. Da die Existenz der Symmetrieachsen vorgegeben ist, und man weiß, daß das Schaubild einer differenzierbaren Funktion diese Symmetrieachse, wenn überhaupt, dann orthogonal schneiden muß, ist also eine Symmetrieachse schon erwiesen.
Wie hilft (im uv-System) die Punktsymmetrie zu O, die 2. Symmetrieachse anzugeben?

A

Lösung:

a) Kurvenuntersuchung

1. Ableitungen

$$f_t(x)=\frac{1}{t}x+\frac{t}{x-t} \quad =\frac{x^2-tx+t^2}{t(x-t)}; \quad x\neq t; \quad t\in\mathbb{R}^+$$

$$f_t'(x)=\frac{1}{t}-t\cdot\frac{1}{(x-t)^2}=\frac{x^2-2tx}{t(x-t)^2}; \qquad x\neq t; \quad t\in\mathbb{R}^+$$

$$f_t''(x)=2t\cdot\frac{1}{(x-t)^3}\neq 0 \qquad \text{für } x\neq t \text{ und } t\in\mathbb{R}^+$$

2. Schnittpunkte mit den Koordiantenachsen

(1) **Schnitt von K_t mit der x-Achse**

Die x-Werte der Schnittpunkte mit der x-Achse sind die Lösungen der Gleichung $f_t(x)=0$, also von

$$\frac{1}{t}x+\frac{t}{x-t}=0$$

bzw. $x^2-tx+t^2=0$, (*)

denn der Nenner $t(x-t)$ ist für alle zugelassenen Werte von x und t stets von 0 verschieden. Aus Gleichung (*) erhält man

$$x_{1,2}=\frac{t}{2}\pm\sqrt{\frac{t^2}{4}-t^2}=\frac{t}{2}\pm\frac{t}{2}\sqrt{-3}.$$

Beide Werte sind nicht reell. Für $t=0$ ergäbe sich zwar $x=0$, da aber laut Definitionsbereich $x\neq 0$ gilt, gibt es keine Nullstellen.

Das Schaubild K_t hat **keine Schnittpunkte mit der x-Achse.**

(2) **Schnitt von K_t mit der y-Achse**

Das Schaubild der Funktionenschar f_t kann für jedes t höchstens einen Schnittpunkt M mit der y-Achse haben. Seine Ordinate y_M ergibt sich zu $y_M=f_t(0)$. Damit $y_M=-1$ für jedes $t>0$.

D.h.: Sämtliche Schaubilder K_t schneiden die **y-Achse im Punkt $M(0|-1)$.**

3. Extrempunkte

Da f_t differenzierbar ist, gelten für Extremstellen die hinreichenden Bedingungen:

Ist $f_t'(x_0)=0$ und $\left.\begin{matrix} f_t''(x_0)<0 \\ f_t''(x_0)>0 \end{matrix}\right\}$, dann ist $f_t(x_0)$ ein lokales $\left\{\begin{matrix} \text{Maximum} \\ \text{Minimum} \end{matrix}\right.$.

$f_t'(x)=0$ führt auf die Bedingung $\frac{x^2-2tx}{t(x-t)^2}=0$, wobei $x\neq t$; $t>0$.

Somit gilt $x^2-2tx=0$ oder $x(x-2t)=0$ mit den beiden Lösungen
$x_1=0$; $x_2=2t$.

Da $f_t''(0)=-\frac{2}{t^2}<0$ ist, ergibt sich der **Hochpunkt H(0|−1)=M**;

wegen $f_t''(2t)=\frac{2}{t^2}>0$, ergibt sich für $t>0$ **als Tiefpunkt $T_t(2t|3)$**.

4. Wendepunkte

Bedingung für Wendestellen x ist $f_t''(x)=0$ und $f_t'''(x)\neq 0$. Die Ableitung $f_t''(x)$ kann für kein $x\neq t$ den Wert 0 annehmen.
Es gibt somit für **kein** Schaubild K_t einen **Wendepunkt.**
Das Schaubild K_t mit $t>0$ ist für $x>t$ linksgekrümmt und für $x<t$ rechtsgekrümmt. Für $x=t$ ist f_t nicht definiert (s. Figur).

5. Asymptoten

(1) **Eine Polgerade** mit der Gleichung $x=x_0$ existiert, falls für $x\to x_0$ der Term $f_t(x)\to\infty$ strebt.
Da $f_t(x)\to\infty$ für $x\to t$ gilt, ist **$x=t$ Asymptote** parallel zur y-Achse.

(2) **Schiefe Asymptote:** Betrachtet man die Darstellung des Terms $f_t(x)$ auf auf einem Bruchstrich, so erkennt man, daß es eine schiefe Asymptote gibt, weil der Grad des Zählerterms um 1 höher ist, als der des Nennerterms. Wir nehmen die allgemeine Definition einer schiefen Asymptote und verwenden sie in folgender Form:
$y=mx+c$ ist die Gleichung der Asymptote von K: $y=f(x)$, wenn $\lim\limits_{x\to\infty}(f(x)-mx-c)=0$ ist.
Wir wenden sie auf K_t an, indem wir für f den Term $f_t(x)=\frac{x}{t}+\frac{t}{x-t}$, für $m=\frac{1}{t}$ und für $c=0$ setzen. Es ergibt sich

$$\lim_{x\to\infty}\left(\frac{x}{t}+\frac{t}{x-t}-\frac{x}{t}\right)=\lim_{x\to\infty}\frac{t}{x-t}=0.$$

Somit ist die Ursprungsgerade mit der Gleichung $y=\frac{1}{t}x$ **schiefe Asymptote des Schaubildes K_t**. Für K_2 ist es $y=\frac{1}{2}x$.

6. Schaubild K_2

Bemerkung: Das Schaubild mit seinen zwei Asymptoten läßt vermuten, daß es sich für jedes $t>0$ bei K_t um eine verdreht liegende Hyperbel 2. Grades handelt. Ihre Hauptachse wäre die Winkelhalbierende der beiden Asymptoten, auf der die Scheitel der Hyperbel liegen.

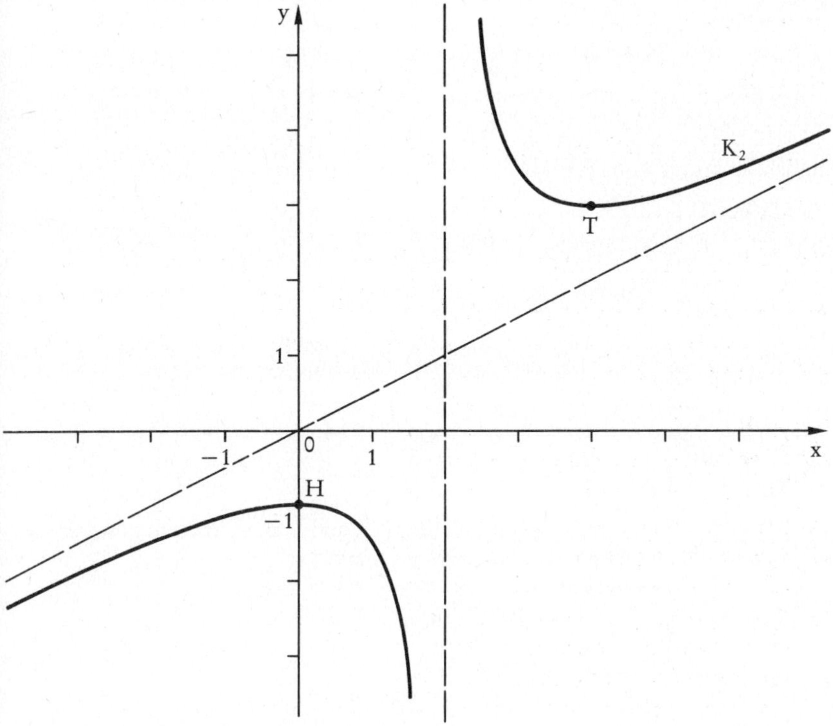

b) 1. Gemeinsame Punkte von K_1 und K_2

Die Bedingung für die Schnittpunktsabszissen ist $f_1(x) = f_2(x)$, d.h.:

$$x + \frac{1}{x-1} = \frac{1}{2}x + \frac{2}{x-2}$$

bzw. $x(x-1)(x-2) + 2(x-2) - 4(x-1) = 0$

oder $x^3 - 3x^2 = x^2(x-3) = 0$.

Hieraus $x_1 = 0$; $x_2 = 3$.

Damit erhält man die beiden Schnittpunkte $S_1(0|-1)$ und $S_2(3|3{,}5)$. $S_1(0|-1) = M = H$ (vgl. Teilaufgabe a) 2.) liegt auf **allen** K_t und ist Hochpunkt für alle K_t, d.h., alle K_t haben in H dieselbe Tangente mit der Gleichung $y = -1$. Damit ist die Berührung aller K_t im Punkt $(0|-1)$ erwiesen.

Der **2. Schnittpunkt** S_2 ist abhängig von den Parameterwerten t_1 und t_2 der sich schneidenden Kurven K_{t_1} und K_{t_2}.

Bemerkung:
Bestimmt man S_2 für K_{t_1} und K_{t_2}, so erhält man $x_s = t_1 + t_2$ und
$y_s = 1 + \frac{t_1}{t_2} + \frac{t_2}{t_1}$.

2. Bestimmung von $P_t(x_t \mid 0)$

Für P_t gilt $\overline{P_tT} = \overline{P_tH}$;
mit $T(0 \mid -1)$ und $H(2t \mid 3)$ ist $\overline{P_tH} = \sqrt{x_t^2 + 1}$ und $\overline{P_tH} = \sqrt{(x_t - 2t)^2 + 9}$.
Damit ist die Bedingungsgleichung für x_t

$$\sqrt{x_t^2 + 1} = \sqrt{x_t^2 - 4tx_t + 4t^2 + 9}. \qquad (*)$$

Durch Quadrieren der beiden Seiten von Gleichung (*) erhält man

$$x_t^2 + 1 = x_t^2 - 4tx_t + 4t^2 + 9$$
$$4tx_t = 4t^2 + 8$$
$$x_t = t + \frac{2}{t}.$$

Da das Umformen durch Quadrieren keine Äquivalenzumformung ist, ist die Probe mit Gleichung (*) notwendig. Man erhält:

$$\text{Linke Seite} = \sqrt{\left(t + \frac{2}{t}\right)^2 + 1} = \sqrt{t^2 + \frac{4}{t^2} + 5};$$

$$\text{Rechte Seite} = \sqrt{\left(t + \frac{2}{t}\right)^2 - 4(t^2 + 2) + 4t^2 + 9} = \sqrt{t^2 + \frac{4}{t^2} + 5}.$$

Beide Seiten stimmen überein.
Der gesuchte Punkt ist $\mathbf{P_t\left(t + \frac{2}{t} \middle| 0\right)}$.

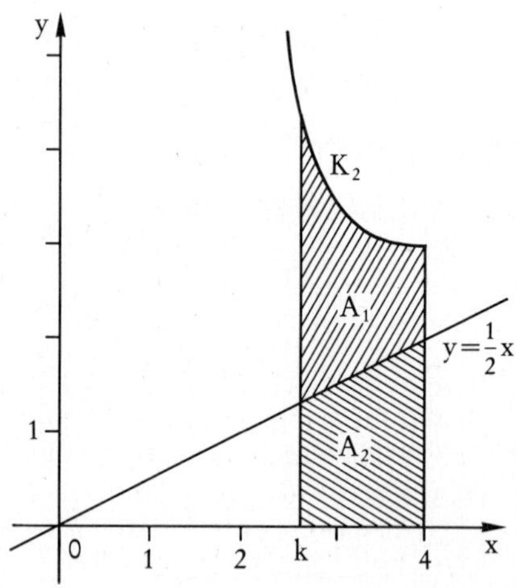

c) Halbieren eines Flächenstücks

Der Skizze entnimmt man, daß die beiden unterschiedlich schraffierten Flächen den gleichen Inhalt zwischen $x = k$ und $x = 4$ haben sollen. k ist aus der Gleichheit der beiden Inhalte $A_1(k)$ und $A_2(k)$ zu bestimmen.

Inhalt der krummlinig begrenzten oberen Fläche zwischen K_2 und g: $y = \frac{1}{2}x$: Er ist

$$A_1(k)=\int_k^4\left(\frac{1}{2}x+\frac{2}{x-2}-\frac{1}{2}x\right)dx=\int_k^4\frac{2}{x-2}dx=[2\ln(x-2)]_k^4$$
$$=2\ln 2-2\ln(k-2).$$

Inhalt der unteren Fläche, also des Trapezes: Er ist

$$A_2(k)=\int_k^4\frac{1}{2}x\,dx=\left[\frac{1}{4}x^2\right]_k^4=4-\frac{1}{4}k^2.$$

Die Forderung $A_1(k)=A_2(k)$ gibt die Gleichung für k:

$$2\ln 2-2\ln(k-2)=4-\frac{1}{4}k^2;$$
$$4-2\ln\frac{2}{k-2}-\frac{1}{4}k^2=0. \qquad ((*)\text{ laut Aufgabe})$$

Vergleicht man die Gleichung (*) mit $4+2\ln(x-1)-x^2=0$, so legt der Vergleich der beiden Absolutglieder nahe, $k=2x$ zu setzen. Damit wird aus Gleichung (*)

$$4-2\ln\frac{1}{x-1}-x^2=0 \quad\text{bzw.}\quad 4+2\ln(x-1)-x^2=0.$$

Diese Gleichung hat die Lösung $x_0\approx 1{,}3260$.
Wegen der Setzung $k=2x$ ist die Lösung der Gleichung (*) $\mathbf{k\approx 2{,}652}$.

Bemerkung: Löst man die Gleichung (*) mit dem Iterationsverfahren nach NEWTON, kann man wie folgt verfahren:

Mit $h(k)=4-\frac{k^2}{4}-2\ln 2+2\ln(k-2)$ und

$h'(k)=-\frac{1}{2}k+\frac{2}{k-2}$ erhält man

$$k_{n+1}=k_n-\frac{h(k_n)}{h'(k_n)}=k_n-\frac{4-2\ln 2-\frac{k^2}{4}+2\ln(k-2)}{\frac{2}{k-2}-\frac{1}{2}k}.$$

Man findet folgende Werte:
$k_0=2{,}6$; $k_1=2{,}65$; $k_2=2{,}65199$; $k_3=2{,}6519953$.

d) Symmetrieeigenschaften von K_t

1. K_t im verschobenen uv-System. Nachweis der Punktsymmetrie

Dieser Nachweis ist in der Aufgabe nicht verlangt, da die Punktsymmetrie zum Schnittpunkt der Asymptoten vorgegeben ist. Er folgt aber sehr einfach aus der Gleichung des Schaubildes im verschobenen Achsenkreuz.

(1) **Schnittpunkt der Asymptoten** g_1: $x=t$ und g_2: $y=\frac{1}{t}x$ ist $S_t(t|1)$.

(2) **Gleichung von K_t im verschobenen uv-Achsenkreuz**

Damit $S_t(t|1)$ Ursprung des neuen uv-Systems wird, verwendet man die Translation

$$\left.\begin{array}{l} x=u+t \\ y=v+1 \end{array}\right\}.$$

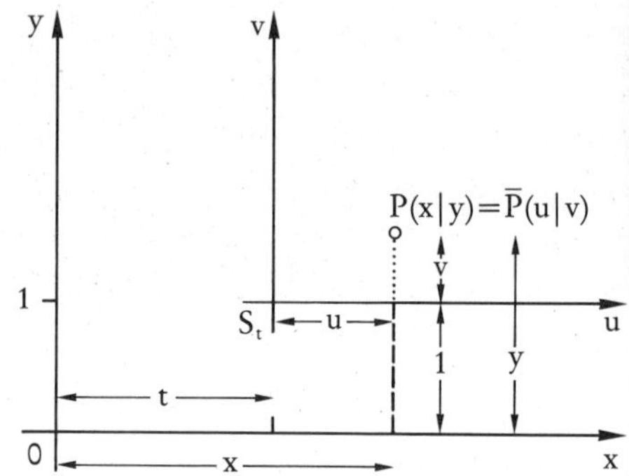

Damit wird K_t:

$$y=\frac{1}{t}x+\frac{t}{x-t} \quad \text{zu}$$

$$v+1=\frac{1}{t}(u+t)+\frac{t}{u} \quad \text{bzw.}$$

$$v=\frac{u}{t}+\frac{t}{u}. \quad \text{Dies war zu zeigen.}$$

Mit dieser Gleichung für K_t ist die **Punktsymmetrie** zum neuen Ursprung einfach nachzuweisen. Ersetzt man u durch $-u$, so wird

$$-\frac{u}{t}-\frac{t}{u}=-\left(\frac{u}{t}+\frac{t}{u}\right)=-v.$$

2. Gerade durch O, die K_t orthogonal schneidet

Es gibt mehrere Lösungeswege:

1. Lösungsmöglichkeit

Gesucht ist die Steigung m der Ursprungsgeraden mit der Gleichung $v=mu$, die K_t: $v=\frac{u}{t}+\frac{t}{u}$ in einem Punkt $P(u_0|v_0)$ orthogonal schneidet.

Unbekannt sind m und u_0. Zwei Bedingungen für ihre Bestimmung sind:

1) die Schnittbedingung $mu_0=\frac{u_0}{t}+\frac{t}{u_0}$; (1)

2) die Ableitung $v'(u_0)=\frac{1}{t}-\frac{t}{u_0^2}$ muß im Schnittpunkt P übereinstimmen mit $-\frac{1}{m}$. Somit gilt als 2. Gleichung

$$\frac{1}{t}-\frac{t}{u_0^2}=-\frac{1}{m}. \quad (2)$$

Aus (1) folgt $\quad mtu_0^2=u_0^2+t^2$, daraus

$$u_0^2=\frac{t^2}{mt-1}. \quad (3)$$

Aus (2) folgt $mu_0^2-mt^2=-tu_0^2$, daraus

$$u_0^2=\frac{mt^2}{m+t}. \quad (4)$$

$(3)=(4)$ gibt $\frac{t^2}{mt-1}=\frac{mt^2}{m+t}$ bzw.

$tm^2-2m-t=0;$ hieraus

$$m_{1,2}=\frac{1}{t}(1\pm\sqrt{1+t^2}). \qquad (5)$$

Der Wert für m muß größer als die Steigung $\frac{1}{t}$ der Asymptote sein, also kann in (5) nur das positive Zeichen gelten.
Damit ist die Gleichung der Geraden g_t:

$$v=\frac{1}{t}(1+\sqrt{1+t^2})\cdot u.$$

Setzt man $u=x-t$, $v=y+1$, so hat g_t im xy-Koordinatensystem die Gleichung

$$y=\frac{1}{t}(1+\sqrt{1+t^2})x-\sqrt{1+t^2}.$$

2. Lösungsmöglichkeit

Man stellt die Gleichung der Normalen in einem beliebigen Kurvenpunkt $P(u_0|v_0)$ auf. Eine Bedingungsgleichung für u_0 erhält man mit Punktprobe für O aus der Forderung, daß die Normale durch den Ursprung verläuft.

Steigung der Normalen: Aus $v'(u)=\frac{1}{t}-\frac{t}{u^2}$ folgt die Tangentensteigung $m=\frac{1}{t}-\frac{t}{u_0^2}$, also ist die Normalensteigung

$$-\frac{1}{m}=\frac{tu^2}{t^2-u^2}. \qquad (*)$$

Damit erhält man die **Normalengleichung:**

$$v=\frac{tu_0^2}{t^2-u_0^2}(u-u_0)+\frac{u_0}{t}+\frac{t}{u_0}.$$

Die Punktprobe für $O(0|0)$ führt auf die Gleichung für u_0:

$$\frac{-tu_0^3}{t^2-u_0^2}+\frac{u_0}{t}+\frac{t}{u_0}=0 \quad \text{bzw.}$$

$$-t^2u_0^4+t^2u_0^2-u_0^4+t^2(t^2-u_0^2)=0;$$

$$u_0^4(t^2+1)=t^4;$$

$$u_0^2=\frac{t^2}{\sqrt{1+t^2}};$$

$$u_0=\frac{t}{\sqrt[4]{1+t^2}}.$$

Damit wird die Steigung der Normalen (vgl. (*))

$$-\frac{1}{m}=\frac{\frac{t^3}{\sqrt{1+t^2}}}{t^2-\frac{t^2}{\sqrt{1+t^2}}}=\frac{t^3}{t^2\sqrt{1+t^2}-t^2}=\frac{t}{\sqrt{1+t^2}-1}.$$

Durch Erweitern mit $\sqrt{1+t^2}+1$ erhält man als Steigung der Normalen

$$-\frac{1}{m}=\frac{1}{t}(\sqrt{1+t^2}+1).$$

Damit ist die Gleichung der Normalen $v=\frac{1}{t}(1+\sqrt{1+t^2})\cdot u$.

Der Normalenschnittpunkt (Scheitel der Hyperbel) ist

$S_t(u_0\,|\,v_0)$ mit $u_0=\frac{t}{\sqrt[4]{1+t^2}}$, $v_0=\frac{1}{\sqrt[4]{1+t^2}}+\sqrt[4]{1+t^2}$.

Für das Schaubild K_2 ergibt sich $S_2(1{,}337\,|\,2{,}164)$.

Die Normale hat die Gleichung $v\approx 1{,}618u$ bzw. $y\approx 1{,}618x-\sqrt{5}$.

3. Lösungsmöglichkeit

Man betrachtet das Problem als Extremwertaufgabe, indem man den geometrischen Sachverhalt verwendet, wonach die gesuchte Gerade durch den Punkt $S_t(u_0\,|\,v_0)$ verläuft, der dem Ursprung am nächsten liegt.

Der Abstand von O zu einem Kurvenpunkt $P(u\,|\,v)$ beträgt $d=\sqrt{u^2+v^2}$.

Mit $v=\frac{u}{t}+\frac{t}{u}$ erhält man

$$d(u)=\sqrt{u^2+\frac{u^2}{t^2}+\frac{t^2}{u^2}+2}=\sqrt{\frac{1+t^2}{t^2}u^2+\frac{t^2}{u^2}+2}.$$

Für die Extremwertuntersuchung verwenden wir die Ersatzfunktion

$q(u)=(d(u))^2=\frac{1+t^2}{t^2}u^2+\frac{t^2}{u^2}+2$. Es ist

$q'(u)=2\cdot\frac{1+t^2}{t^2}\cdot u-2\cdot\frac{t^2}{u^3}$, sowie $q''(u)=2\cdot\frac{1+t^2}{t^2}+6\cdot\frac{t^2}{u^4}>0$ für alle t, u.

$q'(u_0)=0$ führt für die Extremstelle u_0 auf die Gleichung

$$\frac{1+t^2}{t^2}\cdot u_0-\frac{t^2}{u_0^3}=0 \qquad \text{oder}$$

$$(1+t^2)\cdot u_0^4=t^4$$

$$u_0=\frac{t}{\sqrt[4]{1+t^2}}.$$

Wegen $q''(u_0) > 0$ ist dies ein Minimum. Dazu erhält man

$$v_0 = \frac{1+\sqrt{1+t^2}}{\sqrt[4]{1+t^2}} \qquad \text{und auch}$$

$$\mathbf{m = \frac{v_0}{u_0} = \frac{1}{t} \cdot (1+\sqrt{1+t^2})}\,.$$

3. Die Gleichungen der Symmetrieachsen

Die Existenz zweier Symmetrieachsen ist durch die Aufgabe vorgegeben, eine davon schneidet K_t, die andere nicht.

Nachweis: g_t ist Symmetrieachse

Allgemein gilt: Schneidet das Schaubild einer differenzierbaren Funktion ihre Symmetrieachse, dann muß dies orthogonal geschehen. Ein Knick oder eine Spitze sind ausgeschlossen.

Da der orthogonale Schnitt für die verschobene Kurve K_t im uv-System für die Gerade g_t: $v = \frac{1}{t}(1+\sqrt{1+t^2}) \cdot u$ nachgewiesen wurde, ist g_t die eine Symmetrieachse, welche K_t schneidet. Ihre Gleichung im xy-System ist $y = \frac{1}{t}(1+\sqrt{1+t^2}) \cdot x - \sqrt{1+t^2}$.

Nachweis der 2. Symmetrieachse h_t

Wegen der nachgewiesenen Punktspiegelung ist auch der Kurventeil im 4. Quadranten des uv-Systems zu dem im 1. Quadranten kongruent und hat ebenfalls g_t als Symmetrieachse. Beide Kurventeile lassen sich wegen dieser Kongruenz auch durch Spiegelung an der Geraden h_t orthogonal zu g_t durch O zur Deckung bringen.

Es ist h_t: $v = \frac{-t}{1+\sqrt{1+t^2}} \cdot u = \frac{-t(1-\sqrt{1+t^2})}{1-1-t^2} \cdot u$;

also $\mathbf{h_t}$: $\mathbf{v = \frac{1}{t}(1-\sqrt{1+t^2}) \cdot u}$.

Im ursprünglichen xy-System hat diese Symmetrieachse die Gleichung

$$\mathbf{y = \frac{1}{t}(1-\sqrt{1+t^2}) \cdot x + \sqrt{1+t^2}}\,.$$

Gegeben ist eine Funktion f durch

$f(x)=\frac{4x}{\sqrt{1+x^2}}$; $x \in \mathbb{R}$.

Ihr Schaubild sei K.

a) Bestimmen Sie die Symmetrie und die Asymptoten von K.
Untersuchen Sie K auf Wendepunkte.
Zeichnen Sie K für $-4 \leqq x \leqq 4$.

b) Zeigen Sie: f hat für $x \in \mathbb{R}$ eine Umkehrfunktion $\bar{f}$.
Bestimmen Sie den Funktionsterm $\bar{f}(x)$, und geben Sie die Definitionsmenge von $\bar{f}$ an.
Zeichnen Sie das Schaubild $\bar{K}$ von $\bar{f}$ für $x \geqq 0$ in das vorhandene Achsenkreuz ein.
K und $\bar{K}$ umschließen im 1. Feld ein Flächenstück.
Berechnen Sie seinen Inhalt.

c) Die Gerade $x=3$, die x-Achse und die Kurve C mit der Gleichung
$y=\frac{x}{\sqrt{16-x^2}}$ für $-4<x<4$ umschließen im 1. Feld ein Flächenstück. Dieses Flächenstück rotiert um die x-Achse und erzeugt dabei einen Drehkörper mit dem Volumen V.
Zeigen Sie zunächst: In der Gleichung $\frac{x^2}{16-x^2}=r+\frac{s}{4-x}+\frac{t}{4+x}$ lassen sich die Konstanten r, s und t so bestimmen, daß diese Gleichung für alle x mit $-4<x<4$ gilt.
Berechnen Sie damit das Volumen V.

d) Eine Funktion h ist in einem Intervall $a \leqq x \leqq b$ stetig differenzierbar. In diesem Intervall gilt $h(x)>0$, $h'(x)>0$ und $h(a)=9$.
Eine Funktion g ist gegeben durch $g(x)=\frac{h'(x)}{\sqrt{h(x)}}$; $a \leqq x \leqq b$.
Das Schaubild von g schließt mit der x-Achse sowie mit den Geraden $x=a$ und $x=b$ eine Fläche mit dem Inhalt 4 ein.
Berechnen Sie $h(b)$.
Erläutern Sie, weshalb $h'(x)>0$ für $a \leqq x \leqq b$ vorausgesetzt wurde.

Lösungshinweise:

a) Welche Symmetrie kann man an $y=f(x)$ sofort ablesen? Es empfiehlt sich rasch eine Skizze von K zu entwerfen, damit man für die Rechnung eine Kontrollmöglichkeit hat. Nach welcher Methode kann man die Gleichung der Asymptote vermuten? Wie erhält man sie durch Grenzwertbildung? Wie kann man beim Wendepunktnachweis auf die 3. Ableitung verzichten?

b) Durch welche Bedingung ist die Existenz einer Umkehrfunktion bei einer differenzierbaren Funktion gesichert? Welches Schema verwendet man beim Aufstellen des Funktionsterms der Umkehrfunktion? Wie erhält man deren Definitions- und Wertemenge? Was weiß man über den Kurvenverlauf von $\overline{K}$ im Verhältnis zu K? Dies läßt sich bei der Inhaltsberechnung nützlich verwenden. Man muß aber zuvor die Integrationsgrenzen bestimmen.

c) Der Integralansatz für die Bestimmung des Drehkörpervolumens führt auf einen Integranden, der laut Aufgabe in eine Summe von Teilbrüchen zerlegt werden kann. Die angegebene Gleichung muß für alle $x \in]-4;4[$ gelten. Die Umformung auf eine Gleichung ohne Nenner kann für alle x aus $-4<x<4$ nur 0 werden, wenn die zwei Koeffizienten von x^2, x und das Absolutglied je 0 sind. Dies gibt drei Gleichungen für die Koeffizienten r, s, t.
Beachte: Eine Stammfunktion von $g(x)=\frac{1}{4-x}$ ist $G(x)=-\ln(4-x)$, und es ist $\ln 1=0$.

d) Man notiere den Ansatz durch Aufstellen des Flächenintegrals mit dem Ergebnis 4. Welche Grenzen hat dieses Integral? Welche ist die „Unbekannte" in dieser Gleichung? Beachte: nicht b, sondern h(b) ist gesucht. Mit welcher Substitution erhält man eine Stammfunktion und mit ihr eine Gleichung für h(b)?
Die Voraussetzung $h'(x)>0$ hängt damit zusammen, daß der Flächeninhalt immer positiv sein muß. Wo muß also die hier zu betrachtende Fläche unbedingt liegen, damit ihr Inhalt $+4$ ist? Was bedeutet dies für $h'(x)$?

Lösung:

a) Kurvenuntersuchung

1. Ableitungen

$$f(x)=\frac{4x}{\sqrt{1+x^2}};\quad x \in \mathbb{R}$$

$$f'(x)=4\cdot\frac{1}{(1+x^2)^{\frac{3}{2}}}=4\cdot(1+x^2)^{-\frac{3}{2}}$$

$$f''(x)=-6\,(1+x^2)^{-\frac{5}{2}}\cdot 2x=\frac{-12x}{(1+x^2)^{\frac{5}{2}}}$$

A

2. Symmetrie

Da $f(-x)=-f(x)$ ist, besteht **Punktsymmetrie** bezüglich O.

3. Asymptoten

Möglich sind zweierlei Arten: **Polgeraden** für $x\to x_0$ und **Asymptoten** für $x\to\infty$.

Polgeraden: Es gibt keine Polgeraden, da der Nennerterm von f(x) nie 0 werden kann.

Asymptoten für $x\to\infty$:

Allgemeine Überlegung zur Bestimmung einer Asymptote bei Funktionen, die nicht rational sind, wie in unserem Fall. Es gilt der Satz:

Ist $y=ax+b$ Asymptote von $y=f(x)$, dann gibt es a und b, so daß

$$\lim_{x\to\infty}(f(x)-ax-b)=0 \text{ ist.} \qquad (*)$$

Damit ist auch $\lim\limits_{x\to\infty}\left(x\left(\frac{f(x)}{x}-a-\frac{b}{x}\right)\right)=0$.

Da die Asymptote $y=ax+b$ existieren soll, muß auch der Grenzwert 0 existieren, d.h., es muß

$\lim\limits_{x\to\infty}\left(\frac{f(x)}{x}-a-\frac{b}{x}\right)=0$ sein. Wegen

$$\lim_{x\to\infty}\frac{b}{x}=0 \text{ folgt hieraus}$$

$$a=\lim_{x\to\infty}\frac{f(x)}{x}.$$

Hat man die Asymptotensteigung a, dann erhält man b aus Gleichung (*) zu $b=\lim\limits_{x\to\infty}(f(x)-ax)$. In unserem Fall ergibt sich

$a=\lim\limits_{x\to\infty}\frac{4}{\sqrt{1+x^2}}=0$. Damit wird für $x\to+\infty$

$$b=\lim_{x\to+\infty}\frac{4x}{\sqrt{1+x^2}}=\lim_{x\to\infty}\frac{4}{\sqrt{\frac{1}{x^2}+1}}=4,$$ und für $x\to-\infty$ wird

$$b=\lim_{x\to-\infty}\frac{4x}{\sqrt{1+x^2}}=\lim_{x\to+\infty}\frac{-4x}{\sqrt{1+x^2}}=\lim_{x\to+\infty}\frac{-4}{\sqrt{\frac{1}{x^2}+1}}=-4.$$

Als Asymptoten parallel zur x-Achse ergeben sich für $x>0$ die Gerade mit der Gleichung $y=4$ und für $x<0$ die Gerade mit der Gleichung $y=-4$.

Bemerkung:
Die oben wiedergegebenen Überlegungen zur Bestimmung einer Asymptote ergeben auch, daß Asymptoten parallel zur x-Achse sich als Grenzwert $y = \lim\limits_{x \to \infty} f(x)$ bestimmen lassen.

4. Wendepunkte

f hat an der Stelle x_w eine Wendestelle, falls $f''(x_w) = 0$ ist, und wenn das Schaubild K im Wendepunkt von einer Links- in eine Rechtskurve oder umgekehrt übergeht.
Aus $f''(x_w) = 0$, also $\frac{12x_w}{(1 + x_w^2)^{\frac{5}{2}}} = 0$ erhält man $x_w = 0$, $f(0) = 0$.

Beim „Durchgang“ durch $x = 0$ geht $f''(x)$ von negativen (Rechtskrümmung) zu positiven Werten (Linkskrümmung) über. Da $f'(0) = 4$ ist, hat K den Wendepunkt $O(0|0; 4)$ mit der Wendetangente $y = 4x$.

5. Schaubild von K

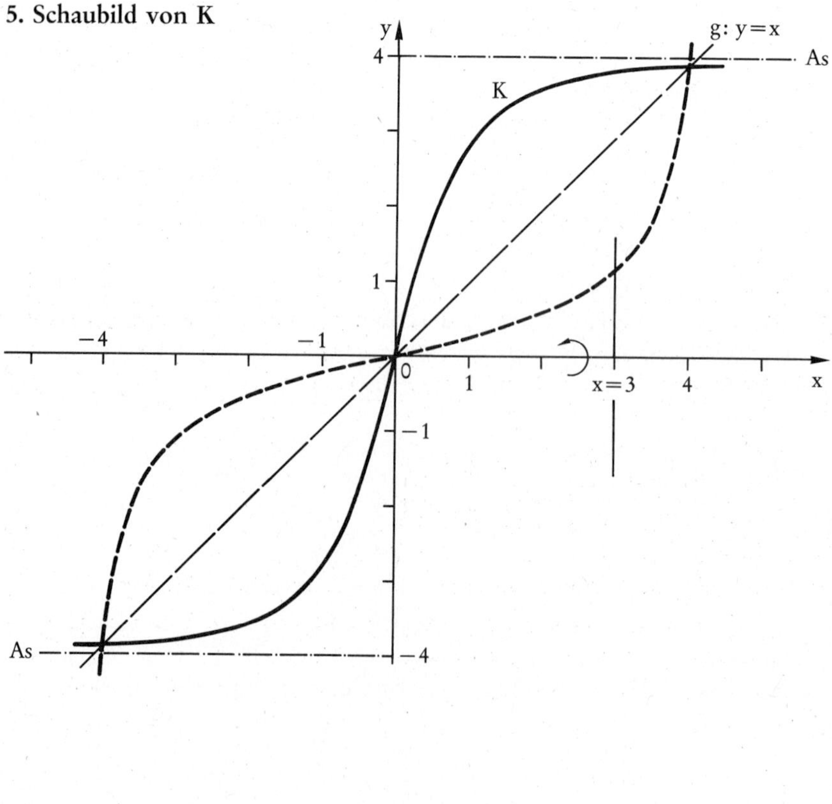

A

b) Umkehrfunktion $\bar{f}$. Flächeninhalt zwischen K und $\bar{K}$

1. Umkehrfunktion $\bar{f}$

Existenz von $\bar{f}$: Da $f'(x)=\frac{1}{(1+x^2)^{\frac{3}{2}}}>0$ ist für alle $x \in \mathbb{R}$, hat f im gesamten Definitionsbereich eine Umkehrfunktion $\bar{f}$.

Aufstellen der Funktion $\bar{f}$:

1. Schritt: Funktionsgleichung von f ist $y=\frac{4x}{\sqrt{1+x^2}}$; $x \in \mathbb{R}$; $y \in]-4;4[$.

2. Schritt: Auflösen dieser Gleichung nach x gibt

$$y \cdot \sqrt{1+x^2}=4x;$$

$$y^2+y^2x^2-16x^2=0 \qquad \text{bzw. } x^2(y^2-16)=-y^2; \text{ hieraus}$$

$$x=\frac{\pm y}{\sqrt{16-y^2}} \quad \text{mit } y \in]-4;4[;\ x \in \mathbb{R}.$$

Diese Gleichung ist eine andere Form der Gleichung von K. Da K im 1. und 3. Quadranten verläuft, gilt nur das positive Vorzeichen.

3. Schritt: Variablentausch gibt $y=\frac{x}{\sqrt{16-x^2}}$. Mit dem Tausch von Definitions- und Wertebereich wird damit die Umkehrfunktion

$$\bar{f}:\ x \mapsto \frac{x}{\sqrt{16-x^2}};\ D_{\bar{f}}=]-4;4[,\ W_{\bar{f}}=\mathbb{R}.$$

2. Flächeninhalt zwischen K und $\bar{K}$ für $x>0$

Wegen der Symmetrie von K und $\bar{K}$ zur Geraden mit der Gleichung $y=x$ schneiden sich K und $\bar{K}$ auf dieser Winkelhalbierenden g. Die eine Schnittpunktsabszisse ist $x_1=0$, die andere berechnet sich aus

$$\frac{4x}{\sqrt{1+x^2}}=x; \qquad \text{d.h.,}$$

$$16x^2=x^2(1+x^2) \qquad \text{bzw.}$$

$$x^4-15x^2=0 \quad \text{oder} \quad x^2(x^2-15)=0;$$

daraus neben dem bekannten $x_1=0$ die 2. Abszisse $x_2=\sqrt{15}$.
Es gilt nur das positive Vorzeichen, da die Fläche im 1. Feld liegt.

Der gesuchte Flächeninhalt ist wegen der Symmetrie das Doppelte des Inhalts zwischen K und g. Er ist also

$$A = 2\cdot \int_{x_1=0}^{x_2=\sqrt{15}} \left(\frac{4x}{\sqrt{1+x^2}} - x \right) dx$$

$$= 2\cdot \int_{x_1=0}^{x_2=\sqrt{15}} \frac{4x}{\sqrt{1+x^2}} dx - 2\cdot \int_{0}^{\sqrt{15}} x\,dx$$

$$= 2\cdot \int_{x_1=0}^{x_2=\sqrt{15}} \frac{4x}{\sqrt{1+x^2}} dx - [x^2]_0^{\sqrt{15}}$$

Substitution: $1+x^2=u$; $x_1=0$ gibt $u_1=1$
$2x\,dx=du$; $x_2=\sqrt{15}$ gibt $u_2=16$.

Damit wird $A = 2\cdot \int_{u_3=1}^{u_2=16} \frac{2\,du}{\sqrt{u}} - [x^2]_0^{\sqrt{15}}$

$$= [8\sqrt{u}]_1^{16} - [x^2]_0^{\sqrt{15}} = [32-15]-[8] = \mathbf{9}.$$

c) **Volumen des Drehkörpers**

1. Bestimmen der Konstanten r, s, t

1. Lösungsweg:

Die Zerlegung in Teilbrüche $\frac{x^2}{16-x^2} = r + \frac{s}{4-x} + \frac{t}{4+x}$ formen wir wegen $x \neq 4$ und $x \neq -4$ äquivalent um in

$$x^2 = r(16-x^2) + sx + 4s - tx + 4t \quad \text{bzw.}$$

$x^2(r+1) + x(t-s) - 4(4r+s+t) = 0$.

Diese Gleichung ist für alle $x \in\,]-4;4[$ erfüllt, wenn die Koeffizienten von x^2 und x, sowie das Absolutglied 0 sind:

$$\begin{aligned} r+1 &= 0 \\ t-s &= 0 \\ 4r+s+t &= 0 \end{aligned}$$

Hieraus $r=-1$; $s=2$; $t=2$.

Somit ist $\frac{x^2}{16-x^2} = -1 + \frac{2}{4-x} + \frac{2}{4+x}$. (*)

2. Lösungsweg:

Man betrachtet die Umformung

$x^2 = r(4-x)(4+x) + s(4+x) + t(4-x)$.

Koeffizientenvergleich: $x=4$ gibt $16=8s$, also $s=2$;
$x=-4$ gibt $16=8t$, also $t=2$;
$x=1$ gibt $1=15r+10+6$, daraus $r=-1$.

2. Berechnung des Drehkörpervolumens

Mit dem Ansatz $V = \pi \int_a^b (f(x))^2 \, dx$ ergibt sich mit $f(x) = \frac{x}{\sqrt{16-x^2}}$ und mit der Integrandenfunktion (*) zwischen $x=0$ und $x=3$ für

$$V = \pi \int_0^3 \left(-1 + \frac{2}{4-x} + \frac{2}{4+x}\right) dx .$$

$$\begin{aligned} V &= \pi \left[-x - 2\ln(4-x) + 2\ln(4+x)\right]_0^3 \\ &= \pi\left([-3 - 2\ln 1 + 2\ln 7] - [-2\ln 4 + 2\ln 4]\right) \\ &= \pi(2\ln 7 - 3) \approx 0{,}892\,\pi \approx 2{,}802 \end{aligned}$$

d) Berechnung eines Funktionswertes h(b), der von der oberen Integralgrenze b abhängt

Durch die Aufgabe ist die Gleichung

$$\int_a^b \frac{h'(x)}{\sqrt{h(x)}} dx = 4$$

mit der Unbekannten b vorgegeben. Die Integration gelingt mit der

Substitution $h(x) = u$;
$h'(x)\,dx = du$;

dabei wird aus der Grenze $x=a$ die Grenze $u = h(a) = 9$,
aus $x=b$ die Grenze $u = h(b)$.

Somit ergibt sich

$$\int_a^b \frac{h'(x)}{\sqrt{h(x)}} dx = \int_{h(a)}^{h(b)} \frac{du}{\sqrt{u}} = 4 \quad \text{bzw.} \quad \left[2\sqrt{u}\right]_{h(a)}^{h(b)} = 4 .$$

Für h(b) ergibt sich daraus die Gleichung

$$\begin{aligned} 2\left(\sqrt{h(b)} - \sqrt{h(a)}\right) &= 4 ; \\ \sqrt{h(b)} - \sqrt{9} &= 2 ; \\ \sqrt{h(b)} &= 5 . \end{aligned}$$

Schließlich ist $\mathbf{h(b) = 25}$.

Begründung der Voraussetzung $h'(x) > 0$

$h'(x) < 0$ würde bei der Funktion g nicht ausschließen, daß $g(x) < 0$ würde. Damit wäre die Vorgabe 4 für den Flächeninhalt gefährdet, denn ein Teil der Fläche könnte unter der x-Achse liegen.

Zu jedem $t \neq 0$ ist eine Funktion f_t gegeben durch
$f_t(x) = \ln(2 - t \cdot e^{-x})$; $x \in D_t$.
Ihr Schaubild sei K_t.

a) Bestimmen Sie für f_2 die maximale Definitionsmenge D_2.
Untersuchen Sie K_2 auf Asymptoten, gemeinsame Punkte mit der x-Achse sowie auf Hoch-, Tief- und Wendepunkte.
Zeichnen Sie K_2 samt Asymptoten für $0 < x \leqq 3{,}5$. (LE 2 cm)

b) Bestimmen Sie die maximale Definitionsmenge D_t in Abhängigkeit von t.
Nun sei $t > 0$.
Untersuchen Sie K_t auf gemeinsame Punkte mit den Koordinatenachsen.
Bestimmen Sie die Gleichungen der Asymptoten von K_t.

c) Nun sei $t < 0$.
Untersuchen Sie das Monotonieverhalten von f_t.
Begründen Sie: Jede Funktion f_t besitzt eine Umkehrfunktion $\overline{f}_t$.
Bestimmen Sie den Funktionsterm $\overline{f}_t(x)$ sowie die maximale Definitionsmenge und die Wertemenge von $\overline{f}_t$.

d) Im vierten Feld schließen die x-Achse, K_2, die Gerade $x = \frac{1}{e}$ und die Gerade $x = u$ mit $0 < u < \frac{1}{e}$ eine Fläche mit Inhalt $A(u)$ ein.
Es gilt die Beziehung $2 - 2 \cdot e^{-x} \geqq x$ für $0 \leqq x \leqq \frac{1}{e}$.
Schätzen Sie mit Hilfe dieser Beziehung $A(u)$ nach oben ab.
Zeigen Sie damit, daß der rechtsseitige Grenzwert $\lim\limits_{u \to 0} A(u)$ existiert.

Lösungshinweise:

a) Zur Untersuchung von f_2 sind die drei Ableitungen notwendig. Im Argument vom ln ist wegen e^{-x} die Kettenregel zu beachten.
Da im Teil c) auch $f_t'(x)$ gebraucht wird, empfiehlt es sich auch diese Ableitung voran zu stellen.
Zur Bestimmung von D_2 ist die Bedingung für das Argument einer ln-Funktion zu formulieren, damit es Funktionswerte gibt. Welche Ungleichung muß untersucht werden? Welche Umformungsregeln für Ungleichungen sind zu beachten? Prüfe das Ergebnis nach.
Es gilt $e^x \neq 0$ wie $e^{-x} \neq 0$. Kann es Extrempunkte geben? Wann wird $\ln u(x) = 0$? Wo schneidet K_2 die x-Achse? Welche Gleichung ist zu lösen?
Es gibt zweierlei Arten von Asymptoten. Durch welche Überlegungen erhält man sie?

b) Bei der Bestimmung der maximalen Definitionsmenge ist $t > 0$ und $t < 0$ zu unterscheiden. Für $t > 0$ ist D_t nur eine Teilmenge von $\mathbb{R}$.
Im folgenden gilt $t > 0$. Schnittpunkte mit den Koordinatenachsen und die Asymptoten ergeben sich analog zu Teilaufgabe a).

c) Wie läßt sich die strenge Monotonie einer differenzierbaren Funktion nachweisen? Was bedeutet dies für die Existenz der Umkehrfunktion? Verwende das schrittweise Vorgehen beim Aufstellen der Umkehrfunktion. Wie sind die Definitions- und Wertemengen von f_t und $\bar{f}_t$ verwandt?

d) An einer Skizze erkennt man, daß die Fläche, deren Inhalt abzuschätzen ist, unterhalb der x-Achse liegt. K_2 verläuft im 4. Quadranten oberhalb von $L: y = \ln x$. Was bedeutet dies für den Inhalt von L und K_2 im Streifen $0 < u < \frac{1}{e}$ mit der x-Achse?
Bei der Grenzwertüberlegung ist der bekannte Grenzwert $\lim_{u \to 0} u \cdot \ln u = 0$ zu verwenden, aber auch, daß im Intervall $]0; 1[$ $u \cdot \ln u < 0$ ist.

Lösung:

a) **Kurvenuntersuchung**

1. Ableitungen

$f_t(x)=\ln(2-t\cdot e^{-x})$; $x\in D_t$, $t\neq 0$;

$f_t'(x)=\dfrac{t\cdot e^{-x}}{2-te^{-x}}=\dfrac{t}{2e^x-t}=t\cdot(2e^x-t)^{-1}$;

$f_t''(x)=\dfrac{-2te^x}{(2e^x-t)^2}$;

$f_t'''(x)=\dfrac{2te^x(2e^x+t)}{(2e^x-t)^3}$.

Für die Untersuchung von K_2 ergibt sich für $t=2$:

$f_2(x)=\ln(2-2e^{-x})$; $x\in D_2$;

$f_2'(x)=\dfrac{1}{e^x-1}$; $f_2''(x)=\dfrac{-e^x}{(e^x-1)^2}$; $f_2'''(x)=\dfrac{e^x(e^x+1)}{(e^x-1)^3}$.

2. Maximale Definitionsmenge von f_2

Die Funktion $f\colon x\mapsto \ln u(x)$ ist für diejenigen $x\in\mathbb{R}$ definiert, für welche $u(x)>0$ ist. D_2 ist Lösungsmenge von $2\cdot(1-e^{-x})>0$.

$1-e^{-x}>0$ führt auf $1-\dfrac{1}{e^x}>0$ bzw. $e^x>1$, d.h. $x\in\mathbb{R}^+$.

Die **maximale Definitionsmenge** ist also $D_2=\mathbb{R}^+$.

3. Asymptoten von K_2

Man muß auf zweierlei Arten von Asymptoten untersuchen:

Auf **Asymptoten parallel zur y-Achse** mit der Gleichung $x=x_0$, sogenannte **Polgeraden**. Sie ergeben sich, wenn $f(x)\to\infty$ strebt für $x\to x_0$.
Für $f_2(x)=\ln(2-2e^{-x})$ gilt: $f_2(x)\to-\infty$, wenn $2-2e^{-x}\to 0$ strebt.
Man erhält $e^{-x}=1$ bzw. $e^x=1$, d.h. $x=0$.
K_2 hat als **Polgerade** die y-Achse mit der Gleichung $x=0$.

Andere Asymptoten für beliebige (auch transzendente) Funktionen erhält man durch folgende Überlegung:

Ist $y=ax+b$ die Gleichung einer Asymptote des Schaubildes der Funktion $x\mapsto f(x)$, dann gilt $\lim\limits_{x\to\infty}(f(x)-ax-b)=0$. (*)

Das heißt aber auch, daß $\lim\limits_{x\to\infty}\left(x\left(\dfrac{f(x)}{x}-a-\dfrac{b}{x}\right)\right)=0$ ist.

Da die Existenz der Asymptote vorausgesetzt ist, gilt

$\lim\limits_{x\to\infty}\left(\frac{f(x)}{x}-a\right)=0$; es ist damit $a=\lim\limits_{x\to\infty}\frac{f(x)}{x}$.

Ist a bestimmt, dann wird (*) $b=\lim\limits_{x\to\infty}(f(x)-ax)$.

Angewendet auf f_2 wird $a=\lim\limits_{x\to\infty}\frac{\ln(2-2e^{-x})}{x}=0$,

und damit wird $b=\lim\limits_{x\to\infty}(\ln 2+\ln(1-e^{-x}))$

$=\ln 2+\ln 1=\ln 2$.

K_2 hat zwei Asymptoten mit den Gleichungen $x=0$ und $y=\ln 2$.

4. Schnittpunkte mit den Koordinatenachsen

Mit der y-Achse $x=0$: Keine Schnittpunkte, da $D_2=\mathbb{R}^+$.
Mit der x-Achse $y=0$: Die Nullstellen folgen aus $f_2(x)=0$.

Es ist
$$\begin{aligned}\ln 2(1-e^{-x})&=0\\2(1-e^{-x})&=1\\e^{-x}&=\frac{1}{2}\\e^{x}&=2\\x&=\ln 2.\end{aligned}$$

Schnittpunkt mit der x-Achse ist auch, wegen $f'(\ln 2)=\frac{1}{e^{\ln 2}-1}=\frac{1}{2-1}=1$,
$N(\ln 2\,|\,0;1)$.

5. Extrempunkte von K_2

Notwendige Bedingung für eine Extremstelle x_e ist $f_2'(x_e)=0$.

Die Gleichung $\frac{1}{e^{x_e}-1}=0$ hat keine Lösung.

Das Schaubild K_2 hat **keine Extrempunkte.**

6. Wendepunkte von K_2

Wendestellen x sind Lösungen von $f_2''(x)=0$.

$f_2''(x)=\frac{-e^x}{(e^x-1)^2}$ ist für jedes $x\in D_2$ negativ, also nie null.

K_2 hat somit keinen Wendepunkt. Das Schaubild von f_2 ist im ganzen Definitionsbereich $\mathbb{R}^+$ rechts gekrümmt.

7. Schaubild von K_2

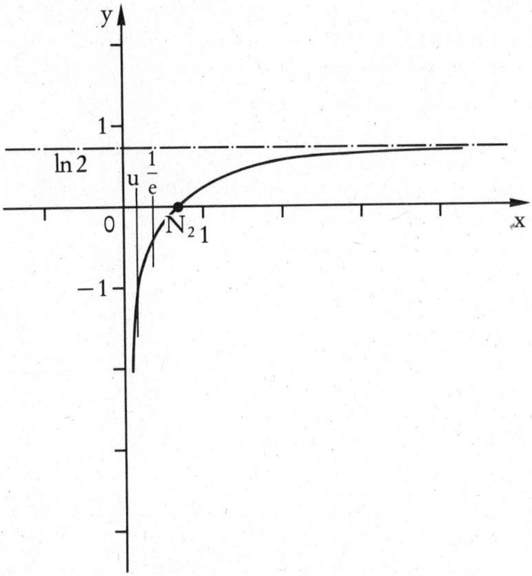

b) Funktionsuntersuchung von f_t

1. Maximale Definitionsmenge D_t für $t \neq 0$

D_t ist die Lösungsmenge der Ungleichung

$2 - t \cdot e^{-x} > 0$. Äquivalente Umformungen geben

$$t \cdot e^{-x} < 2;$$

$$e^{-x} < \frac{2}{t};$$

$$e^{x} > \frac{t}{2}.$$

$t > 0$: Man erhält $x > \ln\frac{t}{2}$.

Für $0 < t < 2$ wird x auch negativ; für $t \geqq 2$ ist $x > 0$.

$t < 0$: Die Ungleichung $e^x > \frac{t}{2}$ wird für alle $x \in \mathbb{R}$ erfüllt, denn e^x ist immer positiv und $\frac{t}{2}$ immer negativ.

Dies sieht man auch unmittelbar am Funktionsterm, denn $2 - t \cdot e^{-x}$ ist für negatives t und jedes $x \in \mathbb{R}$ immer positiv.

Ergebnis: Für $t > 0$ ist $D_t = \left\{x \,\middle|\, x > \ln\frac{t}{2}\right\}$; für $t < 0$ ist $D_t = \mathbb{R}$.

2. Gemeinsame Punkte mit den Koordinatenachsen für $t>0$

Schnittpunkte mit der x-Achse:

Die Nullstellen von f_t erhält man aus $f_t(x)=0$, d.h., aus

$$\ln(2-t\cdot e^{-x})=0$$
$$2-t\cdot e^{-x}=1$$
$$e^{-x}=\frac{1}{t}$$
$$e^{x}=t$$
$$x=\ln t.$$

Aus $f_t'(x)=\frac{t}{2e^{x}-t}$ folgt $f_t'(\ln t)=\frac{t}{2t-t}=1$.

Durch die Nullstelle N_t verlaufen alle Schaubilder K_t mit der Steigung 1.
Es ist $\mathbf{N_t(\ln t\,|\,0;1)}$.

Schnittpunkte mit der y-Achse

Ihr y-Wert ist $f_t(0)=\ln(2-t\cdot e^{0})=\ln(2-t)$.
Wegen $2-t>0$ und $t>0$ gibt es nur Schnittpunkte mit der y-Achse für Schaubilder K_t mit $0<t<2$.
Die Tangentensteigung in einem solchen Punkt M_t ist $f_t'(0)=\frac{t}{2-t}$;
damit ist $M_t\left(0\,\middle|\,\ln(2-t);\ \frac{t}{2-t}\right)$ für $0<t<2$.

3. Asymptoten von K_t für $t>0$

Die Asymptote parallel zur y-Achse:

Für $f_t(x)=\ln(2-te^{-x})$ strebt $f_t(x)\to-\infty$, wenn $2-te^{-x}\to 0$ strebt.
Man erhält durch Umformungen

$$t\cdot e^{-x}=2$$
$$e^{x}=\frac{t}{2}$$
$$x=\ln\frac{t}{2}.$$

Es gibt für jedes $t>0$ eine Asymptote parallel zur y-Achse mit der Gleichung $x=\ln\frac{t}{2}$.

Andere Asymptote:

Mit dem Verfahren von Teilaufgabe a) wird wieder $a=0$ und für b ergibt sich $b=\lim\limits_{x\to\infty}\ln(2-te^{-x})=\ln 2$.

Für $t>0$ ergibt sich somit einheitlich für alle diese t dieselbe Asymptote parallel zur x-Achse mit der Gleichung $y=\ln 2$.

Bemerkung: Untersucht man für $t<0$, so findet man, daß $2-te^{-x}=0$ keine Lösung hat. Es gibt keine Polgeraden.
Die Asymptote parallel zur x-Achse stimmt mit $y=\ln 2$ für $t>0$ überein. Für $t>0$ verlaufen alle K_t unterhalb von $y=\ln 2$, aber für $t<0$ verlaufen alle K_t oberhalb dieser Asymptote.

c) **Umkehrfunktion $\overline{f_t}$ für $t<0$**

1. Nachweis der Umkehrbarkeit von f_t

Mit dem Monotonieverhalten aus $f_t'(x)<0$ für $t<0$.

Es ist $f_t'(x)=\frac{t}{2e^x-t}$. Da der Zähler negativ und der Nenner für $x \in \mathbb{R}$ und $t<0$ immer positiv ist, ist $f_t'(x)<0$.
Dies besagt, daß f_t streng monoton abnimmt und eine Umkehrfunktion besitzt.
Ohne die Ableitung kann man auch aus $f_t(x)=\ln(2-te^{-x})=\ln\left(2-\frac{t}{e^x}\right)$ erkennen, daß $f_t(x)$ für $t<0$ streng monoton abnimmt. Das Argument des ln nimmt mit zunehmendem x streng monoton ab, denn der 2. Summand wird mit zunehmendem x kleiner und für $u<v$ ist auch $\ln u<\ln v$.

2. Aufstellen der Umkehrfunktion $\overline{f_t}$

1\. Schritt: Aufstellen der Funktionsgleichung von f_t:
$y=\ln(2-t\cdot e^{-x})$ für $t<0$ und $x \in \mathbb{R}$, $y>\ln 2$

2\. Schritt: Auflösen der Funktionsgleichung nach x:

$$e^y=2-t\cdot e^{-x};$$
$$e^{-x}=\frac{2-e^y}{t};$$
$$e^x=\frac{t}{2-e^y};$$
$$x=\ln\frac{t}{2-e^y};\quad y>\ln 2,\ x \in \mathbb{R}.$$

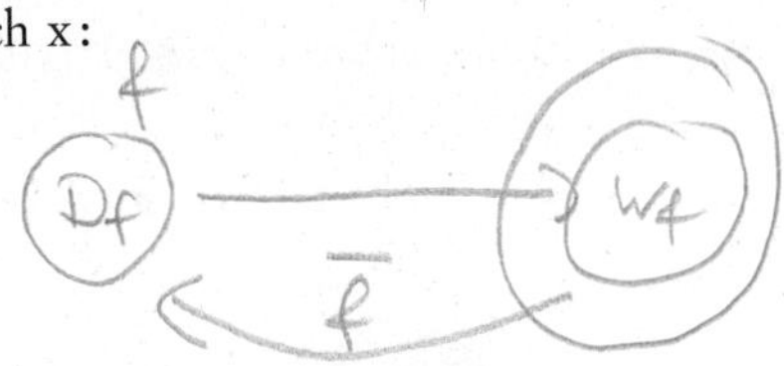

3\. Schritt: Variablentausch von x und y gibt die Umkehrfunktion $\overline{f_t}$ mit
$$\overline{f_t}(x)=\ln\frac{t}{2-e^x} \text{ mit } \overline{D_t}=\{x\,|\,x>\ln 2\};\ \overline{W_t}=\mathbb{R}.$$

d) **Abschätzung eines Flächeninhaltes von K_2 mit der x-Achse**

1. Vorüberlegung zum Problem

Der Inhalt des schraffierten Flächenstücks (s. Figur) soll zwischen $x=u$ und $x=\frac{1}{e}$ ($\approx 0{,}37$) nach oben abgeschätzt werden.

Es ist also für

$$A(u) = \left| \int_u^{\frac{1}{e}} \ln(2 - 2e^{-x})\,dx \right|$$

eine positive Zahl gesucht, die nicht erreicht wird, wenn u für positive Werte gegen 0 strebt.

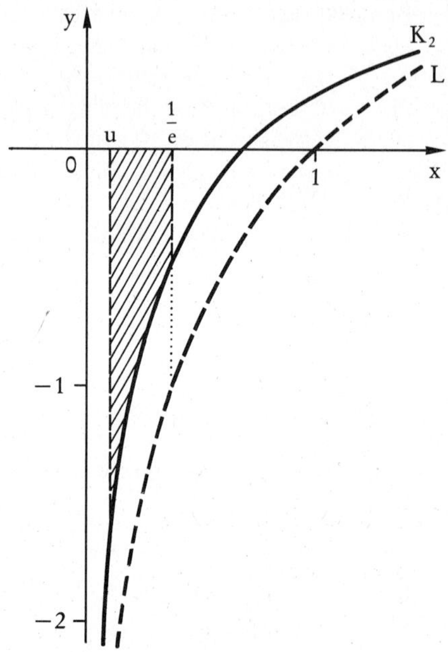

2. Integralabschätzung

Laut Aufgabe gilt für $0 \leqq x \leqq \frac{1}{e}$ die Beziehung $x \leqq 2 - 2 \cdot e^{-x}$. Daraus folgt $\ln x \leqq \ln(2 - 2e^{-x})$ für $0 \leqq x \leqq \frac{1}{e}$, denn für $u \leqq v$ gilt auch $\ln u \leqq \ln v$.

Die Terme $\ln x$ und $\ln(2 - 2e^{-x})$ sind in $\left]0; \frac{1}{e}\right[$ negativ (vgl. auch Figur). Es gilt also

$$\ln x \leqq \ln(2 - 2e^{-x}) \leqq 0; \qquad (*)$$

d.h., die Kurve L: $y = \ln x$ verläuft im Intervall $\left]0; \frac{1}{e}\right[$ unterhalb der Kurve K_2. Wegen (*) und der Monotonieeigenschaft des Integrals gilt somit

$$\int_u^{\frac{1}{e}} \ln x\,dx \leqq \int_u^{\frac{1}{e}} \ln(2 - 2e^{-x})\,dx < 0.$$

3. Flächeninhaltsabschätzung

Für den Flächeninhalt $A(u)$ gelten die Beträge als Maßzahlen. Damit ist

$$A(u) = \left| \int_u^{\frac{1}{e}} \ln(2 - 2e^{-x})\,dx \right| \leqq \left| \int_u^{\frac{1}{e}} \ln x\,dx \right|.$$

Hiermit läßt sich der Inhalt von K_2 mit der x-Achse im Intervall $\left]0; \frac{1}{e}\right[$ nach oben abschätzen durch

$$A(u) \leqq \left| \int_u^{\frac{1}{e}} \ln x\,dx \right| = -\int_u^{\frac{1}{e}} \ln x\,dx.$$

4. Existenz des Grenzwertes für $u \to 0$ und seine Berechnung

$h(x) = \ln x$ hat als eine Stammfunktion $H(x) = x \cdot \ln x - x$. Damit wird

$$A(u) = -\int_u^{\frac{1}{e}} \ln(2-2e^{-x})\,dx \leqq -\int_u^{\frac{1}{e}} \ln x\,dx$$

$$= -[x \cdot \ln x - x]_u^{\frac{1}{e}}$$

$$= -\left[-\frac{1}{e} - \frac{1}{e}\right] + [u \cdot \ln u - u]$$

$$= \frac{2}{e} + u \cdot \ln u - u.$$

Der Term $u \cdot \ln u - u$ ist negativ, denn $u \cdot \ln u < 0$ und auch $-u < 0$.

$A(u)$ hat somit $\frac{2}{e}$ als obere Schranke, da $\lim\limits_{u \to 0}(u \cdot \ln u - u) = 0 - 0 = 0$.

Da der Flächeninhalt $A(u)$ mit abnehmendem u monoton zunimmt, existiert

$\lim\limits_{u \to 0} A(u) = \frac{2}{e}$ $(\approx 0{,}736)$.

Bemerkung: Berechnet man den Flächeninhalt $A(u)$ mit der Simpsonschen Regel, so erhält man als Näherung

$$\left| \int_{0,0001}^{\frac{1}{e}} \ln(2-2e^{-x})\,dx \right| \approx 0{,}513.$$

Dies ist auch eine Bestätigung der Abschätzung.

Ziel: Eingrenzung von $\int_u^{\frac{1}{e}} \ln(2-2e^{-x})dx$

Es gilt $2-2e^{-x} \geq x$ für $0 \leq x \leq \frac{1}{e}$

$\Rightarrow \ln(2-2e^{-x}) \geq \ln x$ (weil ln streng mon. steigend gilt auch das ≥)

$\Rightarrow \int_u^{\frac{1}{e}} \ln(2-2e^{-x})dx \geq \int_u^{\frac{1}{e}} \ln x dx$ (Integral ist eine monotone Operation)

$= [x \cdot \ln x - x]_u^{\frac{1}{e}} = u - u\ln u - \frac{1}{e} - \frac{1}{e}\ln u$

$\Rightarrow -\int \ln(2-2e^{-x})dx \leq \frac{1}{e} + \frac{1}{e} + u\ln u - u$

$\frac{2}{e}$

$A(u) \leq \frac{2}{e} + u\ln u - u$

Gegeben ist die Funktion f durch

$f(x)=\frac{x^3}{3(x-1)^2}; \quad x \neq 1.$

Ihr Schaubild sei K.

a) Untersuchen Sie K auf Schnittpunkte mit den Koordinatenachsen, Hoch-, Tief- und Wendepunkte sowie auf Asymptoten.
Zeichnen Sie K samt Asymptoten für $-6 \leqq x \leqq 6$.

b) Das Schaubild K, die Geraden $x=2$, $x=v$ mit $v>2$ und $y=\frac{1}{3}x+\frac{2}{3}$ begrenzen ein Flächenstück.
Berechnen Sie dessen Inhalt A(v).
Untersuchen Sie, ob es möglich ist, v so zu wählen, daß A(v) größer wird als 10^6.

c) Die Tangente an K in einem Kurvenpunkt $P(a \mid f(a))$ mit $a>1$ schneidet die y-Achse im Punkt $S\left(0 \left| \frac{3}{2}\right.\right)$.
Zeigen Sie: Im offenen Intervall $]4;5[$ gibt es mindestens einen solchen Wert von a.

d) Gegeben ist die Funktion H durch

$H(x)=\int_0^x \frac{f(-t)+f(t)}{t^2+1}\,dt; \quad -1<x<1.$

Zeigen Sie, daß H monoton ist.
Ist H im Intervall $-1<x<1$ sogar streng monoton?

Lösungshinweise:

a) Bei den Ableitungen ist die Quotientenregel zu verwenden. Nenner zuerst quadrierten! Schon beim Betrachten der Ableitungen liegen Ergebnisse für die Fragen nach den Achsenschnittpunkten, Extrempunkten und dem Wendepunkt nahe.
Wie erkennt man die Möglichkeit für eine Asymptote parallel zur y-Achse? Wann gibt es bei rationalen Funktionen eine schiefe Asymptote? Wie müssen sich dabei Grad des Zählers und Grad des Nenners verhalten? Bei der Polynomdivision zuerst den Nenner ausquadrieren!

b) Beim Ansatz für die Flächenberechnung beachten, daß K über der Asymptote verläuft und sich für $f(x)$ die Form nach der Polynomdivision empfiehlt. Bei der Grenzwertfrage tritt ein ln auf. Beachte, daß $\ln z \to \infty$ strebt für $z \to \infty$.

c) Gib für den Punkt P auch die Ordinate in Abhängigkeit von a an, dann läßt sich mit $f'(a)$ und der Punktsteigungsform die Tangente an K in P angeben. Diese soll durch $S\left(0 \middle| \frac{3}{2}\right)$ verlaufen, dies gibt die Bedingungsgleichung für a. Man muß umformen auf $\left(\frac{a-1}{a}\right)^3 = \frac{4}{9}$, damit man a berechnen kann. Das Ergebnis liegt im Intervall $]4;5[$. Die Umformung kann man umgehen, wenn man die Gleichung für a auf eine nennerfreie Form bringt und dann mit dem Nullstellensatz zeigt, daß zwischen $a=4$ und $a=5$ die Funktion von minus nach plus wechselt.

d) Wie erhält man bei einer Integralfunktion $x \mapsto H(x)$ die Ableitungsfunktion? Beim Aufstellen des Integranden die Vorzeichen beachten und für x einmal $-t$ und einmal $+t$ einsetzen! Welcher Satz gibt die allgemeine Monotonie für $x \in]-1;1[$? Wie läßt sich strenge Monotonie erkennen? Da $h(0)=H'(0)=0$ ist, versagt diese hinreichende Bedingung an der Stelle 0. Man muß überlegen, wie die „globale“ Monotonie beim Durchgang durch $x=0$ nachgewiesen werden kann. Dies geschieht entweder, wenn in **jeder** noch so kleinen Nachbarschaft von $x=0$ noch Stellen x mit $H'(x)>0$ vorhanden sind, oder, wenn man anschaulich vorgeht, und die Funktion H als Flächeninhaltsfunktion betrachtet.

A

Lösung:

a) Kurvenuntersuchung

1. Ableitungen

$$f(x)=\frac{x^3}{3(x-1)^2}; \qquad x \neq 1$$

$$f'(x)=\frac{x^2(x-3)}{3(x-1)^3}; \qquad x \neq 1$$

$$f''(x)=\frac{2x}{(x-1)^4}; \qquad x \neq 1$$

$$f'''(x)=\frac{-2(3x+1)}{(x-1)^5}; \qquad x \neq 1$$

2. Schnittpunkte mit den Koordinatenachsen

$N(x_N|0)$ sei Schnittpunkt von K mit der x-Achse, also $y=0$. $f(x_N)=0$ führt auf $\frac{x_N^3}{3(x_N-1)^2}=0$. Ein Bruch wird 0, wenn der Zähler null und der Nenner nicht null ist. Somit $x_N=0$.
Dazu erhält man $y_N=f(0)=0$, $f'(0)=0$ und $f''(0)=0$.
Schnittpunkt mit waagrechter Tangente ist der **Ursprung $O(0|0;0)$**.
$M(0|y_M)$ sei Schnittpunkt von K mit der y-Achse, also $x=0$. Es ist $y_M=f(0)=0$. **M fällt mit N zusammen im Ursprung.**

3. Extrem- und Wendepunkte von K

Notwendige Bedingung für einen Extrempunkt $E(x_e|f(x_e))$ ist $f'(x_e)=0$.
Damit gilt für x_e die Bedingung

$$\frac{x_e^2(x_e-3)}{3(x_e-1)^3}=0,$$

d.h., $x_e^2(x_e-3)=0$; hieraus $x_{e_1}=0$ oder $x_{e_2}=3$
mit $y_{e_1}=0$; $y_{e_2}=\frac{9}{4}$.
Außerdem ist $f''(0)=0$; $f''(3)>0$
und $f'''(0)\neq 0$.

Da $f''(3)>0$ ist, ist **$T\left(3\left|\frac{9}{4}\right.\right)$ ein Tiefpunkt**.

Wegen $f''(0)=0$ und $f'''(0)\neq 0$ ist $O(0|0)$ Wendepunkt von K.

Den Wendepunkt O von K erkennt man auch daran, daß K beim Durchgang durch O von einer Rechtskurve in eine Linkskurve übergeht, denn es ist $f''(x)<0$ für $x<0$, und es ist $f''(x)>0$ für $x>0$.

4. Asymptoten

Man unterscheidet Asymptoten parallel zur y-Achse (Polgeraden) und Asymptoten für $x\to+\infty$ und $x\to-\infty$.

(1) Eine **Polgerade** mit der Gleichung $x=x_0$ existiert, wenn für $x\to x_0$ der Term $f(x)\to\infty$ strebt.

$f(x)=\frac{x^3}{3(x-1)^2}$ strebt gegen $+\infty$ für $x\to 1$.

Dies sowohl für $x<1$ wie für $x>1$.

Die Gerade $x=1$ ist somit **Asymptote ohne Vorzeichenwechsel.** K nähert sich im 1. Feld der Geraden $x=1$ auf beiden Seiten.

(2) **Asymptote** für $x\to+\infty$ oder $x\to-\infty$:

Bei einer gebrochenrationalen Funktion, bei welcher der Grad des Zählerpolynoms um 1 höher ist als der Grad des Nennerpolynoms, ist eine schiefe Asymptote zu erwarten; dies ist bei f gegeben. Man erhält

$$f(x)=x^3:(3x^2-6x+3)=\frac{1}{3}x+\frac{2}{3}+\frac{3x-2}{3(x-1)^2};\quad x\neq 1. \qquad (*)$$

Allgemein gilt:

K: $y=f(x)$ hat die Asymptote $y=ax+b$, wenn $\lim\limits_{x\to\infty}(f(x)-ax-b)=0$ ist.

Für f(x) in der Form (*) ist

$$\lim_{\substack{x\to+\infty\\ x\to-\infty}}\left(\frac{1}{3}x+\frac{2}{3}+\frac{3x-2}{3(x-1)^2}-ax-b\right)=0 \text{ für } a=\frac{1}{3} \text{ und } b=\frac{2}{3}, \text{ denn}$$

$$\lim_{\substack{x\to+\infty\\ x\to-\infty}}\frac{3x-2}{3(x-1)^2}=0.$$

Man erhält als schiefe Asymptote von K die Gerade mit der Gleichung

$$y=\frac{1}{3}x+\frac{2}{3}.$$

A

5. Schaubild von K

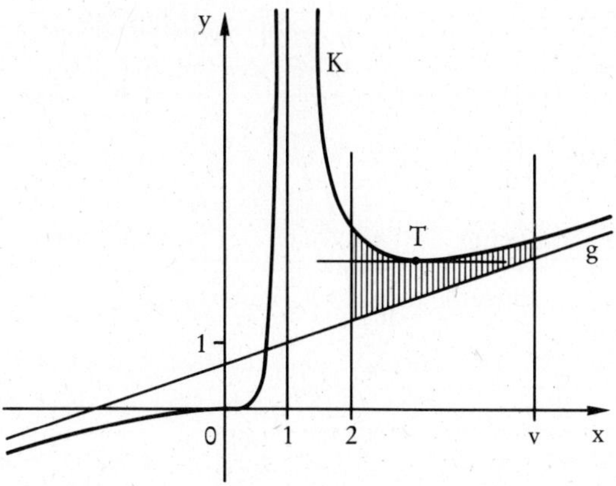

b) Flächeninhalt zwischen K und Asymptote

K verläuft über der Geraden g: $x \mapsto g(x)$, also ist der Ansatz

$$A(v) = \int_2^v (f(x) - g(x))\,dx$$ zweckmäßig. Mit

$$f(x) = \frac{1}{3}x + \frac{2}{3} + \frac{3x-2}{3(x-1)^2} \quad \text{und} \quad g(x) = \frac{1}{3}x + \frac{2}{3} \quad \text{wird}$$

$$f(x) - g(x) = \frac{3x-2}{3(x-1)^2}.\quad \text{Also}$$

$$A(v) = \int_2^v \frac{3x-2}{3(x-1)^2}\,dx,$$

Substitution:
$s = x-1$; $x = s+1$; $ds = dx$;
Grenzen: $x = 2$ gibt $s = 1$;
$x = v$ gibt $s = v-1$.

$$A(v) = \int_1^{v-1} \frac{3s+1}{3s^2}\,ds = \int_1^{v-1} \left(\frac{1}{s} + \frac{1}{3s^2}\right) ds = \left[\ln s - \frac{1}{3s}\right]_1^{v-1}$$

$$= \left[\ln(v-1) - \frac{1}{3(v-1)}\right] - \left[-\frac{1}{3}\right]$$

$$= \ln(v-1) - \frac{1}{3(v-1)} + \frac{1}{3}$$

Grenzwertuntersuchung für $v \to \infty$:

Da $\ln x \to \infty$ für $x \to \infty$, strebt auch $\ln(v-1) \to \infty$ für $v \to \infty$; d.h., für $v \to \infty$ strebt $A(v) \to \infty$. $A(v)$ kann also jede Schranke überschreiten, auch $A(v) = 10^6$.

c) **Tangentenproblem: Nachweis eines Schnittpunktes mit der y-Achse**

Tangente an K in P(a|f(a))

Tangentengleichung an K in $P\left(a \,\middle|\, \frac{a^3}{3(a-1)^2}\right)$ $(a \neq 1)$ mit der Punktsteigungsform $y = f'(a)(x-a) + f(a)$ ist

$$y = \frac{a^2(a-3)}{3(a-1)^3}(x-a) + \frac{a^3}{3(a-1)^2}.$$

Bedingung: S liegt auf der Tangente

Der Punkt $S\left(0 \,\middle|\, \frac{3}{2}\right)$ soll auf der Tangente liegen. Die Punktprobe für S gibt eine Bedingungsgleichung für a:

$$\frac{3}{2} = \frac{-a^3(a-3)}{3(a-1)^3} + \frac{a^3}{3(a-1)^2}$$

$$= \frac{-a^4 + 3a^3 + a^4 - a^3}{3(a-1)^3}$$

$$\frac{3}{2} = \frac{2a^3}{3(a-1)^3} \qquad (*)$$

Die Lösung des gestellten Problems kann auf zwei Arten erfolgen.

(1) Man berechnet a aus der Gleichung (*).

(2) Man zeigt, daß es mindestens eine Lösung im Intervall $]4;5[$ gibt.

1. Lösungsmöglichkeit:

Man berechnet a aus der Gleichung (*):

$$\frac{2}{3}\left(\frac{a}{a-1}\right)^3 = \frac{3}{2}$$

$$\frac{a}{a-1} = \sqrt[3]{\frac{9}{4}}$$

$$a = \sqrt[3]{\frac{9}{4}}(a-1)$$

$$a\left(\sqrt[3]{\frac{9}{4}} - 1\right) = \sqrt[3]{\frac{9}{4}}$$

$$a = \frac{\sqrt[3]{\frac{9}{4}}}{\sqrt[3]{\frac{9}{4}} - 1} = \frac{3}{3 - \sqrt[3]{12}} \approx 4{,}222.$$

a liegt im Intervall $]4;5[$.

2. Lösungsmöglichkeit:

Gleichung (*) läßt sich auf die Form bringen
$9(a-1)^3-4a^3=0$.

Daß mindestens eine Nullstelle im Intervall $]4;5[$ vorhanden ist, läßt sich mit dem Nullstellensatz von BOLZANO nachweisen. Setzt man
$g(a)=9(a-1)^3-4a^3$,
dann ist die Funktion g für $a>1$ definiert und stetig.
Man findet $g(4)=-13$ und $g(5)=76$.
Da g im abgeschlossenen Intervall $[4;5]$ stetig ist, existiert im Inneren dieses Intervalls mindestens eine Nullstelle.

Ergänzende Bemerkung:

Wegen $g'(a)=15a^2-54a+27$ (mit den Nullstellen $\frac{3}{5}$ und 3)

$$=15\left(a-\frac{3}{5}\right)(a-3)$$

ist $g'(a)$ für $a>3$ immer positiv. Das besagt, daß g für $a>3$ streng monoton zunimmt. Es gibt also genau eine Nullstelle im Intervall $[4;5]$.
Das ist der oben berechnete Wert $a\approx 4{,}222$.

d) Untersuchung auf Monotonie

1. Aufstellen der Funktion H

Die Integralfunktion H ist gegeben durch

$$H(x)=\int_0^x \frac{\frac{-t^3}{3(-t-1)^2}+\frac{t^3}{3(t-1)^2}}{t^2+1}\cdot dt$$

$$=\int_0^x \frac{\frac{-t^3(t-1)^2+t^3(t+1)^2}{3(t+1)^2(t-1)^2}}{t^2+1}\cdot dt$$

$$=\int_0^x \frac{-t^5+2t^4+t^5+2t^4-t^3+t^3}{3(t+1)^2(t-1)^2(t^2+1)}\cdot dt$$

$$=\int_0^x \frac{4t^4}{3(t+1)^2(t-1)^2(t^2+1)}\cdot dt$$

2. Untersuchung auf Monotonie für $-1<x<1$

Der Monotoniesatz besagt:

Ist H im Intervall $]-1;1[$ differenzierbar und $H'(x)\geqq 0$ (bzw. $H'(x)\leqq 0$) für alle $x\in\,]-1;1[$, dann ist H in $]-1;1[$ monoton zunehmend (bzw. abnehmend).

Nach dem Hauptsatz ist

$$H'(x)=\frac{4x^4}{3(x^2-1)^2(x^2+1)}; \quad |x| \neq 1.$$

Da für alle $x \in]-1;1[$ die Variable x nur mit geradzahligen Exponenten vorkommt, kann die Funktion H' nie negativ werden. Es ist

$H'(x) \geqq 0$ für $x \in]-1;1[$.

Damit ist die allgemeine Monotonie nachgewiesen. $x \mapsto H(x)$ ist monoton zunehmend, auch, wenn $H'(0)=0$ ist.

3. Untersuchung auf strenge zunehmende Monotonie

Das Problem ist die Stelle 0 mit $H'(0)=0$.

1. Lösungsmöglichkeit

Für strenge Monotonie gilt der Satz:
Die differenzierbare Funktion f ist im Intervall J streng monoton zunehmend, wenn für alle $x \in J$ gilt $f'(x)>0$.

Diese Bedingung ist aber nur **hinreichend** und nicht notwendig. Es kann auch strenge Monotonie bestehen, wenn es Stellen $x_0 \in J$ gibt, in denen $f'(x_0)=0$ ist. Z. B. Funktionen mit Schaubildern mit waagrechten Wendetangenten, wie etwa $y=x^3$ an der Stelle $x_0=0$.

Für solche Stellen ist die hinreichende Bedingung zu ergänzen:
Wenn an einer Stelle x_0 die Ableitung $f'(x_0)=0$ ist, besteht auch in x_0 strenge Monotonie, wenn es in **jedem** noch so kleinem Teilintervall J^* von J, das x_0 enthält, Stellen mit $f'(x)>0$ gibt.

Wir wenden dies an auf

$$h(x)=H'(x)=\frac{4x^4}{3(x^2-1)^2(x^2+1)} \quad \text{für } J=]-1;1[\text{ an der Stelle } x_0=0.$$

Es ist $H'(x)>0$ für $x \in J \setminus \{0\}$.

In **jedem** Teilintervall $J^*=[-\varepsilon;\varepsilon]$ mit $\varepsilon>0$, das $x_0=0$ enthält, ist sowohl $H'(-\varepsilon)>0$ als auch $H'(\varepsilon)>0$.

Damit ist die strenge Monotonie für alle x mit $-1<x<1$ erwiesen, auch für $x=0$.

A

2. Lösungsmöglichkeit

Das Schaubild der Funktion $x \mapsto h(x)$ ist symmetrisch zur y-Achse. Es verläuft im 2. und im 1. Feld und berührt die x-Achse in O (vgl. Figur). Es ist $h(x) \geqq 0$ für $-1 < x < 1$. Interpretiert man $H_{-1}(x)$ als Flächeninhaltsfunktion, so erkennt man, daß der schraffierte Flächeninhalt von $x = -1$ über $x = 0$ hinaus bis zu $x = 1$ streng monoton zunimmt. Also ist H_{-1} streng monoton zunehmend. Es interessiert aber H_0 für $-1 < x < 1$.

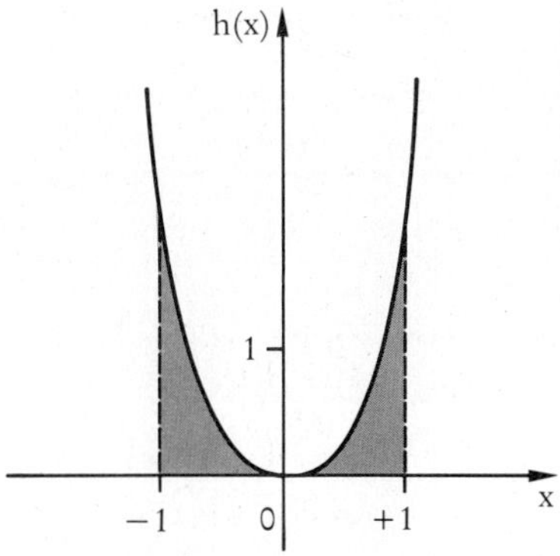

Stellt man $H_0(x)$ und $H_{-1}(x)$ mit einer Stammfunktion F von h dar, erhält man $H_0(x) = F(x) - F(0)$ und $H_{-1}(x) = F(x) - F(-1)$.

Die Funktionen H_0 und H_{-1} unterscheiden sich nur um eine Konstante. (Das Schaubild von H_0 geht aus dem von H_{-1} durch eine Parallelverschiebung parallel zur y-Achse hervor.) H_0 hat somit dasselbe Monotonieverhalten wie H_{-1}, also strenge Monotonie auch beim Durchgang durch 0.

Gegeben ist die Funktion f durch

$f(x) = x^3 \cdot e^{-0,5x^2}; \quad x \in \mathbb{R}$.

Ihr Schaubild sei K.
Die Wendepunkte sind $W_1(0|0)$, $W_{2;3}(\pm 1|\pm e^{-0,5})$, $W_{4;5}(\pm\sqrt{6}|\pm 6\sqrt{6} \cdot e^{-3})$.

a) Untersuchen Sie K auf Symmetrie, Schnittpunkte mit der x-Achse, Hoch- und Tiefpunkte sowie auf Asymptoten.
Zeichnen Sie K im Bereich $-3 \leqq x \leqq 3$. (LE 2 cm)

b) Bestimmen Sie die Berührpunkte aller Tangenten an K, die durch den Ursprung gehen.
Geben Sie damit die Anzahl der gemeinsamen Punkte von K und der Ursprungsgeraden $y = mx$ in Abhängigkeit von m an.

c) Für welche Werte von a schneidet K die Kurve mit der Gleichung $y = ax^3$ in einem Punkt $S(x_s|y_s)$ mit $x_s > 0$?
Gegen welchen Grenzwert strebt a für $x_s \to 0$?

d) Die Kurve K, die x-Achse und die Gerade $x = c$ mit $c > 0$ schließen eine Fläche ein.
Berechnen Sie ihren Inhalt $A(c)$ und $\lim\limits_{c \to \infty} A(c)$.

Lösungshinweise:

a) Beim Ableiten ist die Produktregel, bei $e^{-0{,}5x^2}$ auch die Kettenregel zu beachten. Die 2. Ableitung kann man umgehen, weil die Wendepunkte vorgegeben sind. Wie kann man ohne die 2. Ableitung die Art der Extrempunkte unterscheiden?

Welche Symmetrie ist an den Exponenten der Variablen x abzulesen? Beim Schnitt mit der x-Achse gibt $x^3=0$ eine „dreifache" Nullstelle. Was für ein Punkt liegt also nahe?
Bei der Feststellung der Art der Extrempunkte mit dem Vorzeichenwechselkriterium muß man in der Ableitung den Term $3-x^2$ mit der binomischen Formel in ein Produkt umformen, weil sonst kein Zeichenwechsel festzustellen ist. Ohne diese Zerlegung muß man die 2. Ableitung verwenden.

Warum gibt es keine Polgerade? Der Grenzwert für eine andere Asymptote $\lim\limits_{x\to\infty}(f(x)-ax-b)=0$ existiert für $a=b=0$.

b) Die Frage läßt sich auf verschiedene Weisen beantworten. Nimmt man den Berührpunkt $B(u|f(u))$ an, dann läßt sich die Tangente in ihm aufstellen. Wann geht sie durch O? Man kann aber auch für die Gerade (OB) die Steigung m bestimmen und mit der Ableitung in B gleichsetzen. Schließlich allgemein: Wann berühren sich zwei Kurven $y=f(x)$ und $y=mx$?
Die Anzahl der gemeinsamen Punkte läßt sich aus der Figur ablesen.

c) Wie berechnet sich die Schnittpunktsabszisse des Schnittpunktes zweier Kurven? Für welche Argumente wird $\ln u(x)$ reell?
Für $x_s\to 0$ benötigt man den Grenzwert $\lim\limits_{x\to 0} e^{-x^2}$.

d) Der Integralansatz legt nahe, daß eine Substitution sinnvoll ist, und zwar für den Exponenten der Exponentialfunktion. Anschließend ist noch eine Produktintegration erforderlich.

Beim Grenzwert für $c\to\infty$ ist zu verwenden, daß die Exponentialfunktion stärker wächst als jede Potenzfunktion:

Es ist $\lim\limits_{x\to\infty}\frac{x^n}{e^x}=0$ für alle $n\in\mathbb{N}$.

A

Lösung:

a) **Kurvenuntersuchung von K**

1. Ableitungen

$f(x) = x^3 \cdot e^{-0,5x^2}$; $x \in \mathbb{R}$

$f'(x) = x^2(3 - x^2) \cdot e^{-0,5x^2} = x^2(\sqrt{3} - x)(\sqrt{3} + x) \cdot e^{-0,5x^2}$; $x \in \mathbb{R}$

$f''(x) = x(x^4 - 7x^2 + 6) \cdot e^{-0,5x^2}$; $x \in \mathbb{R}$ (nicht verlangt)

2. Symmetrie von K

Da $f(-x) = -f(x)$ ist, besteht Punktsymmetrie bez. des Ursprungs O.

3. Schnittpunkte mit den Koordinatenachsen

Schnittbedingung von K mit der x-Achse, also $y = 0$, ist

$x^3 \cdot e^{-0,5x^2} = 0$.

Hieraus $x^3 = 0$, d.h., $x = 0$.

K verläuft durch den Ursprung $O(0|0)$. Wegen $x^3 = 0$ ist O ein Wendepunkt, was die Angabe in der Aufgabe bestätigt.

4. Extrempunkte von K

Extremstellen x_e von $x \mapsto f(x)$ gibt es für diejenigen x_e, für welche $f'(x_e) = 0$ ist und $f'(x)$ beim Durchgang durch x_e das Vorzeichen ändert.

Notwendige Bedingung ist

$x_e^2(3 - x_e^2) \cdot e^{-0,5x_e^2} = 0$. Daraus erhält man

$x_{e_1} = 0$ mit $f(0) = 0$,

$x_{e_2} = \sqrt{3}$ mit $f(\sqrt{3}) = 3\sqrt{3} \cdot e^{-1,5} \approx 1,159$;

$x_{e_3} = -\sqrt{3}$ mit $f(-\sqrt{3}) = -f(\sqrt{3}) \approx -1,159$.

Art des Extrempunktes:

Mit dem Vorzeichenwechsel-Kriterium erhält man aus

$f'(x) = x^2(\sqrt{3} - x)(\sqrt{3} + x) \cdot e^{-0,5x^2}$:

Beim Durchgang durch $\sqrt{3}$ wechselt $f'(x)$ von + nach −, also ist an der Stelle $\sqrt{3}$ ein Hochpunkt.

Beim Durchgang durch $-\sqrt{3}$ wechselt $f(x)$ von − nach +, also ist an der Stelle $-\sqrt{3}$ ein Tiefpunkt.

Beim Durchgang durch 0 geht das Vorzeichen von + wieder nach +.

Dies bestätigt, daß in O kein Extrempunkt vorliegt.

Mit der 2. Ableitung erhält man

$f''(0)=0$ und Übergang von Rechts- in Linkskurve, also Wendepunkt;

$f''(\sqrt{3})=\sqrt{3}(9-21+6)\cdot e^{-1,5}=\sqrt{3}\cdot(-6)\cdot e^{-1,5}<0$, also Hochpunkt;

$f''(-\sqrt{3})=-\sqrt{3}(9-21+6)\cdot e^{-1,5}=(-\sqrt{3})(-6)\cdot e^{-1,5}>0$, also Tiefpunkt.

Somit $\mathbf{H(\sqrt{3}\,|\,3\sqrt{3}e^{-1,5}\approx 1,159)}$; $\mathbf{T(-\sqrt{3}\,|\,-3\sqrt{3}e^{-1,5}\approx -1,159)}$.

Die Wendepunkte sind vorgegeben. Es seien noch die fünf Steigungen zusätzlich vermerkt:

$W_1(0\,|\,0;0)$; $W_{2;3}(\pm 1\,|\,\pm e^{-0,5}\approx\pm 0,61;\ 2\cdot e^{-0,5}\approx 1,213)$;

$W_{4;5}(\pm\sqrt{6}\,|\,\pm 6\sqrt{6}\cdot e^{-3}\approx\pm 0,732;\ -18\cdot e^{-3}\approx -0,896)$.

5. Asymptoten

(1) Asymptoten parallel zur y-Achse gibt es keine, denn es gibt kein x_0, so daß $f(x)\to\pm\infty$ strebt für $x\to x_0$.

(2) Ist $y=ax+b$ eine Asymptote für $x\to\infty$, dann gilt

$\lim\limits_{x\to\infty}(x^3\cdot e^{-0,5x^2}-ax-b)=0$.

Diese Bedingung wird erfüllt für $a=0$ und $b=0$, denn es ist sowohl $\lim\limits_{x\to+\infty}x^3\cdot e^{-0,5x^2}=0$ wie auch $\lim\limits_{x\to-\infty}x^3\cdot e^{-0,5x^2}=0$.

Die einzige **Asymptote ist somit die x-Achse** mit $y=0$ und $x\in\mathbb{R}$.

6. Schaubild K

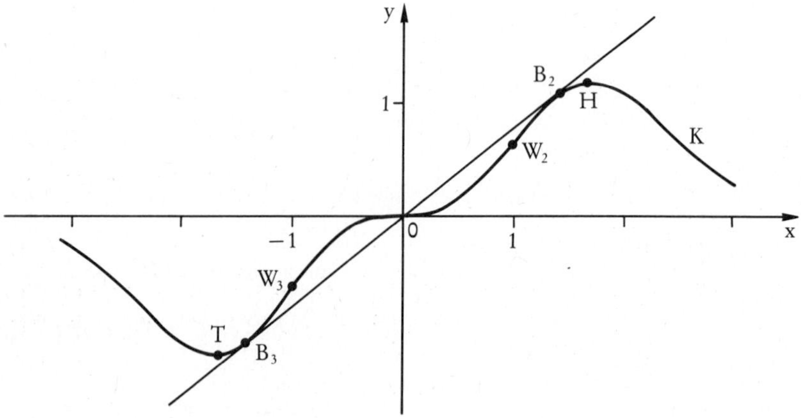

A

b) **Gemeinsame Punkte von K mit g_m: $y = mx$**

1. Tangenten von O aus an K

Es gibt mehrere Lösungsmöglichkeiten.

1. Möglichkeit:

Der Berührungspunkt sei $B(u|f(u))$. Die Tangente OB hat dann die Steigung $m = \frac{f(u)}{u}$, aber auch $m = f'(u)$.

Damit erhält man für u die Bedingungsgleichung

$u \cdot f'(u) = f(u)$ bzw. (1)

$u^3(3-u^2) \cdot e^{-0{,}5u^2} = u^3 \cdot e^{-0{,}5u^2}$ bzw.

$u^3 \cdot e^{-0{,}5u^2} \cdot (u^2-2) = 0$ äquivalent zu $u = 0$ oder $u^2 - 2 = 0$.

Daraus $u_1 = 0$ mit $f(u_1) = 0$ und Tangentensteigung $m_1 = 0$;

$u_2 = \sqrt{2}$ mit $f(u_2) = \frac{2}{e}\sqrt{2}$; Tangentensteigung $m_2 = \frac{2}{e}$;

$u_3 = -\sqrt{2}$ mit $f(u_3) = -\frac{2}{e}\sqrt{2}$; Tangentensteigung $m_3 = \frac{2}{e}$.

Die drei Berührpunkte sind damit

$B_1(0|0;0)$; $B_2\left(\sqrt{2}\,\middle|\,\frac{2}{e}\sqrt{2};\ \frac{2}{e}\right)$; $B_3\left(-\sqrt{2}\,\middle|\,-\frac{2}{e}\sqrt{2};\ \frac{2}{e}\right)$.

2. Möglichkeit:

Man stellt die Tangentengleichung der Tangente t an K in $B(u|f(u))$ auf und fordert, daß sie durch O verläuft.

Es ist t: $y = f'(u)(x-u) + f(u)$.

Die Punktprobe für $O(0|0)$ gibt die Bedingung

$-u \cdot f'(u) + f(u) = 0$

bzw. $u \cdot f'(u) = f(u)$.

Dies ist die Gleichung (1) vom 1. Lösungsweg und führt zu denselben Berührungspunkten B_1; B_2; B_3.

3. Möglichkeit:

Zwei Schaubilder mit den Gleichungen $y = f(x)$ und $y = g(x)$ berühren sich in einem Punkt mit der Abszisse u, wenn die beiden Bedingungen $f(u) = g(u)$ und $f'(u) = g'(u)$ erfüllt werden.

Mit $f(u) = u^3 \cdot e^{-0{,}5u^2}$ und $g(u) = mu$ erhält man

$u^3 \cdot e^{-0{,}5u^2} = mu$ (1)

und $u^2(3-u^2)\,e^{-0{,}5u^2} = m$. (2)

Aus den beiden Gleichungen sind u und m zu bestimmen.
Man setzt aus (2) m in (1) ein. Dies gibt

$$u^3 \cdot e^{-0,5u^2} = u^3(3-u^2)\, e^{-0,5u^2} \qquad | : e^{-0,5u^2}$$

$$u^3(1-3+u^2)=0.$$

Daraus erhält man wie oben $u_1=0$; $u_2=\sqrt{2}$; $u_3=-\sqrt{2}$.

2. Anzahl der gemeinsamen Punkte von K mit $y=mx$

Anhand der Figur und unter Verwendung der bestimmten Berührpunkte erhält man für $-\infty<m<+\infty$ folgende Übersicht:

$-\infty<m\leqq 0$: Es gibt genau einen gemeinsamen Punkt, den Ursprung.

$0<m<\frac{2}{e}$: Es gibt 5 gemeinsame Punkte von g mit K.

$m=\frac{2}{e}$: Es gibt 3 gemeinsame Punkte O; B_1; B_2.

$\frac{2}{e}<m<\infty$: Es gibt nur einen gemeinsamen Punkt, den Ursprung.

Bemerkung:
Es liegt nahe, das Problem auch rechnerisch lösen zu wollen. Die Schnittbedingung für $K \cap g_m$ ist

$$x^3 \cdot e^{-0,5x^2} - mx = 0 \quad \text{oder}$$

$$x(x^2 \cdot e^{-0,5x^2} - m) = 0. \qquad (*)$$

Man erkennt, daß $x=0$ für alle $m \in \mathbb{R}$ Lösung der Gleichung ist.
Setzt man den Klammerterm gleich 0, so erhält man

$$m = x^2 \cdot e^{-0,5x^2}. \qquad (**)$$

Ein Lösungsverfahren, das x in Abhängigkeit von m ergibt, gibt es nicht. Man kann auch hier nur am Schaubild der Funktion, die durch (**) gegeben ist, untersuchen, welche x zu vorgegebenen m sich ablesen lassen.

c) Schnitt von K mit P: $y=ax^3$

Schnittbedingung für die Abszisse x_s von $S(x_s|y_s)$ ist

$$x_s^3 \cdot e^{-0,5x_s^2} = ax_s^3$$

$$x_s^3(e^{-0,5x_s^2} - a) = 0$$

$$e^{-0,5x_s^2} = a \qquad (***)$$

bzw. $-0,5x_s^2 = \ln a$.

Hieraus folgt $x_s = \sqrt{-2\ln a}$;

x_s ist nur reell für $\ln a < 0$, also für $0<a<1$.
Nur für diese a gibt es Schnittpunkte von K mit P.

Grenzwert für $x_s \to 0$:

Gleichung (***) gibt $a = e^{-0,5x_s}$.

Damit wird $\mathbf{a = \lim\limits_{x_s \to 0} e^{-0,5x_s^2} = e^0 = 1}$.

d) **Flächenberechnung**

Der Flächeninhalt von $x=0$ bis $x=c$ beträgt

$A(c) = \int\limits_0^c x^3 \cdot e^{-0,5x^2}\,dx$. Schreibt man

$A(c) = \int\limits_0^c x^2 \cdot e^{-0,5x^2} \cdot x\,dx$, so erkennt man, da die Ableitung von x^2 im Integranden vorkommt, daß man eine Substitution für x^2 durchführen kann.

Substitution: $z = -0,5x^2$; $dz = -x\,dx$; $x^2 = -2z$

Grenzen: $x=0$ wird $z=0$; $x=c$ wird $z=-0,5c^2$.

Damit wird

$$A(c) = \int\limits_{z=0}^{-0,5c^2} -2z \cdot e^z(-dz) = 2 \cdot \int\limits_{z=0}^{-0,5c^2} z \cdot e^z\,dz.$$

Aufsuchen einer Stammfunktion mit Produktintegration:

Mit $u(z) = z$; $u'(z) = 1$; | $v'(z) = e^z$; $v(z) = e^z$

erhält man

$$2\int z \cdot e^z\,dz = 2(z \cdot e^z - \int 1 \cdot e^z\,dz)$$
$$= 2z\,e^z - 2e^z = 2e^z(z-1).$$

Damit wird

$$A(c) = [2e^z(z-1)]_0^{-0,5c^2} = [2e^{-0,5c^2}(-0,5c^2-1)] - [2(-1)]$$
$$= 2 - 2(0,5c^2+1)\,e^{-0,5c^2}.$$

Wegen $\lim\limits_{c \to \infty} \frac{2(0,5c^2+1)}{e^{0,5c^2}} = 0$, denn die Exponentialfunktion wächst stärker als jede Potenzfunktion, ergibt sich

$\mathbf{\lim\limits_{c \to \infty} A(c) = 2}$.

Zu jedem $t>0$ ist die Funktion f_t gegeben durch

$f_t(x)=\ln(x^2+t)$; $x \in \mathbb{R}$.

Ihr Schaubild sei K_t.

a) Untersuchen Sie K_t auf Symmetrie, gemeinsame Punkte mit der x-Achse, Hoch-, Tief- und Wendepunkte.
Zeichnen Sie K_4 für $-3 \leqq x \leqq 3$. (LE 2 cm)
Für welche Werte von t liegen die Wendepunkte von K_t unterhalb der x-Achse?

b) Für $0<t<0{,}5$ sind die Punkte $A(\sqrt{t}\,|\ln 2t)$, $B(-\sqrt{t}\,|\ln 2t)$ und $O(0|0)$ Eckpunkte eines Dreiecks, das um die y-Achse rotiert.
Für welchen Wert von t wird der Rauminhalt des entstehenden Kegels am größten?

c) K_4 und die Gerade $y=\ln 8$ umschließen eine Fläche.
Berechnen Sie den Rauminhalt des Drehkörpers, der bei Rotation dieser Fläche um die y-Achse entsteht.

d) Weisen Sie nach, daß für $x \geqq \frac{3}{2}$ gilt
$4x \leqq x^2+4 \leqq (x+1)^2$. (*)
Die Kurve K_4 umschließt mit der x-Achse und den Geraden $x=2$ und $x=3$ eine Fläche.
Bestimmen Sie mit Hilfe der Beziehung (*) eine untere und eine obere Schranke für den Inhalt dieser Fläche.

Lösungshinweise:

a) Bei den Ableitungen auf die Kettenregel achten! Auf die 3. Ableitung kann verzichtet werden, wenn man die Vorzeichenwechsel-Regel für Wendepunkte verwendet, also den Übergang von einer Linkskurve in eine Rechtskurve oder umgekehrt nachweist.
Welche Achsensymmetrie ist leicht zu erkennen?
Bei der Nullstellenuntersuchung ist die äquivalente Umformung von $y = \ln(x^2 + t)$ für $t > 0$ wesentlich. Auch immer an die Symmetrie denken, auch bei Extrem- und Wendestellen!

Die Ordinaten der Wendepunkte in Abhängigkeit von t sind notwendig, damit man untersuchen kann, für welche t die Wendepunkte unterhalb der x-Achse liegen.

b) Der Rauminhalt des Kegels ist wie jeder Inhalt positiv. Die Einschränkung von t auf $0 < t < 0{,}5$ verlangt deshalb, damit $V(t) > 0$ wird, daß der Ansatz für den Kegelinhalt das Minus-Vorzeichen erhält. Sonst wird die Untersuchung, ob Maximum oder Minimum vorliegt, problematisch. Mit den Randwerten für $t = 0$ und $t = 0{,}5$ kann man entscheiden, daß ein globales Maximum vorliegt.

c) Mit welchem Integralansatz erhält man den Inhalt bei Rotation um die y-Achse? Man kann aber auch die Umkehrfunktion von f_t bestimmen, und deren Schaubild um die x-Achse rotieren lassen.

d) Man zerlege die Ungleichungskette in zwei getrennte Ungleichungen, deren Lösungsmengen zu bestimmen sind. Man kommt zum Ergebnis, wenn man beidemal alle Variablen auf eine Seite bringt und die andere Seite 0 ist. Welche der beiden Lösungsmengen gilt dann für die Ungleichungskette?
Ersetzt man in der Funktion f_4 den Klammerterm durch die Terme der Ungleichung, beachtet die Monotonieeigenschaft des ln und auch die Monotonieeigenschaft des Integrals, dann kann man den gesuchten Inhalt zwischen zwei Schranken einschließen.

A

Lösung:

a) Kurvenuntersuchung

1. Ableitungen

$f_t(x) = \ln(x^2+t)$; $t>0$, $x \in \mathbb{R}$ | $f_4(x) = \ln(x^2+4)$

$f_t'(x) = \frac{2x}{x^2+t}$; $t>0$, $x \in \mathbb{R}$ | $f_4'(x) = \frac{2x}{x^2+4}$

$f_t''(x) = \frac{2(t-x^2)}{(x^2+t)^2}$; $t>0$, $x \in \mathbb{R}$ | $f_4''(x) = \frac{2(4-x^2)}{(x^2+4)^2}$

$f_t'''(x) = \frac{-4x(3x^2-t)}{(x^2+t)^3}$; $t>0$, $x \in \mathbb{R}$ | $f_4'''(x) = \frac{-4x(3x^2-4)}{(x^2+4)^3}$

2. Symmetrie

Da $f_t(x) = f_t(-x)$ ist, ist K_t symmetrisch zur y-Achse.

3. Gemeinsame Punkte mit der x-Achse

x ist Nullstelle von f_t, wenn $f_t(x)=0$ ist. Somit x aus

$$\ln(x^2+t)=0$$
$$x^2+t=e^0$$
$$x^2+t=1.$$

Somit $x_1=\sqrt{1-t}$; $x_2=-\sqrt{1-t}$; nur reell für $0 \leqq t \leqq 1$. Wegen $t>0$ hat K_t nur gemeinsame Punkte mit der x-Achse für $0<t\leqq 1$.

Diese sind $\mathbf{N_1(\sqrt{1-t}\,|\,0)}$ **und** $\mathbf{N_2(-\sqrt{1-t}\,|\,0)}$ mit $f_t'(x_1)=2\sqrt{1-t}$ und $f_t'(x_2)=-2\sqrt{1-t}$.

Man bemerkt, daß für $t=1$ die Ableitungen in den gemeinsamen Punkten mit der x-Achse 0 sind.

4. Extrempunkte von K_t

x_e ist Abszisse eines Hochpunktes (Tiefpunktes), wenn $f_t'(x_e)=0$ und $f_t''(x_e)<0$ $(f_t''(x_e)>0)$ ist.

$f'(x_e)=0$ gibt $\frac{2x_e}{x_e^2+t}=0$, d. h., $x_e=0$ mit $f(0)=\ln t$.

Da $f''(0)=\frac{2}{t}>0$ ist, ist an der Stelle $x_e=0$ ein **Tiefpunkt** $\mathbf{T(0\,|\,\ln t)}$.

Er liegt auf der y-Achse,
für $t=1$ im Ursprung O,
für $0<t<1$ unterhalb der x-Achse,
für $t>1$ über der x-Achse.

Einen Hochpunkt hat die Kurve K_t nicht.

5. Wendepunkte von K_t

x_w ist eine Wendepunktsabszisse von K_t, wenn $f_t''(x_w)=0$ und $f_t'''(x_w)\neq 0$ ist. Damit erhält man x_w aus

$$\frac{2(t-x_w^2)}{(x_w^2+t)^2}=0.$$

Der Bruch ist 0, wenn für x_w der Zähler null und der Nenner nicht null ist.

Somit x_w aus $\quad t-x_w^2=0$

gibt $\quad x_{w_1}=\sqrt{t}$ oder $x_{w_2}=-\sqrt{t}$.

Dazu für beide $f_t(x_w)=\ln 2t$.

Da $f_t'''(\pm\sqrt{t})=-\frac{4\sqrt{t}\,2t}{8t^3}\neq 0$, gibt es zwei Wendepunkte $\mathbf{W_{1;2}(\pm\sqrt{t}\,|\,\ln 2t)}$.

Nachweis der Wendepunkte mit Vorzeichenwechsel bei f_t''. Es ist

$f_t''(x)=\frac{2(t-x^2)}{(x^2+t)^2}$ und $f_t''(x)<0$ für $x^2>t$, aber $f_t''(x)>0$ für $x^2<t$.

An der Stelle x_w ändert f'' das Vorzeichen, also liegen Wendepunkte vor.

Die Tangentensteigungen in den Wendepunkten sind

$f_t'(\sqrt{t})=\frac{1}{\sqrt{t}}$; $f_t'(-\sqrt{t})=-\frac{1}{\sqrt{t}}$. Für $t=4$ erhält man damit

$f_4'(2)=\frac{1}{2}$ und $f_4'(-2)=-\frac{1}{2}$. Für K_4 somit $\mathbf{W_{1;2}\left(\pm 2\,\middle|\,\ln 8;\ \pm\frac{1}{2}\right)}$.

Die Wendepunkte liegen für diejenigen $t>0$ unterhalb der x-Achse, für welche die Ordinate des Wendepunktes negativ ist, d. h., wenn $\ln 2t<0$ wird. Dies ist der Fall für $0<2t<1$ oder für $\mathbf{0<t<\frac{1}{2}}$.

6. Schaubild K_4

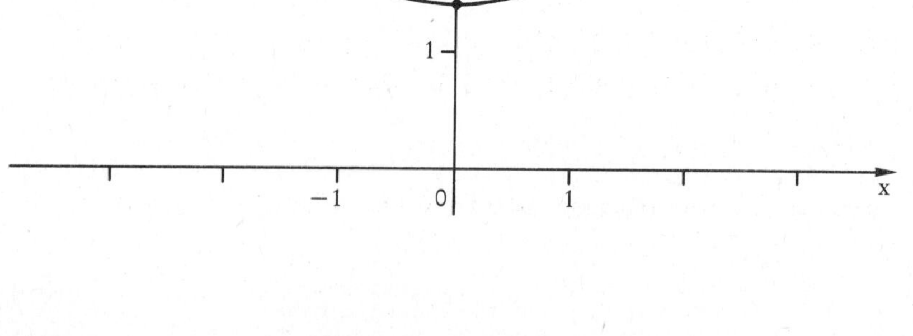

b) Kegel maximalen Rauminhaltes

1. Aufstellen der Extremalfunktion

Vgl. Figur für $t=\frac{1}{4}$: Dreieck OCB ist das erzeugende Dreieck des senkrechten Kreiskegels, das um die y-Achse rotiert. Der Kegelinhalt wird berechnet mit der Formel

$V=\frac{1}{3}\pi r^2\cdot h$. Es ist

$r=\overline{CB}=\sqrt{t}$ und

$h=\overline{OC}=\ln 2t$.

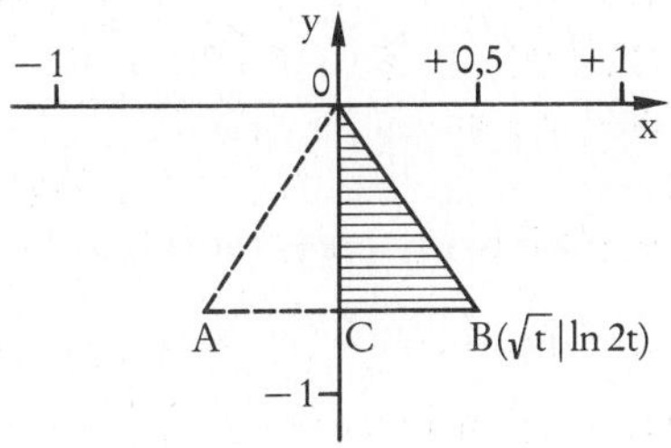

$\ln 2t$ ist für $0<t<0{,}5$ negativ.

Die Höhe eines Kegels kann nicht negativ sein. Für die Rechnung machen wir deshalb den Ansatz

$V(t)=-\frac{1}{3}\pi t\cdot\ln 2t$.

2. Berechnung des Extremwertes

$V(t)=-\frac{1}{3}\pi\cdot t\cdot\ln 2t$ nimmt für dasjenige t ein Maximum an, für welches

$V'(t)=0$ und $V''(t)<0$ ist. Es ist

$V'(t)=-\frac{1}{3}\pi(\ln 2t+1)$ und $V''(t)=-\frac{1}{3}\pi\cdot\frac{1}{t}$.

$V'(t)=0$ führt auf $\ln 2t+1=0$; $2t=e^{-1}$ und damit auf

$$\mathbf{t=\frac{1}{2e}}.$$

$V''\left(\frac{1}{2e}\right)=-\frac{1}{3}\pi\cdot 2e<0$, also für $t=\frac{1}{2e}$ nimmt V ein lokales Maximum an.

Im Definitionsbereich $0<t<0{,}5$ ist dies der einzige Extremwert.

Die Randwerte sind beide 0, denn für $t\to 0$ strebt $V(t)$ gegen 0, und für $t\to 0{,}5$ ist der Grenzwert ebenfalls 0.

Somit ist $t=\frac{1}{2e}$ mit $V\left(\frac{1}{2e}\right)=\frac{\pi}{6e}$ globales Maximum für $0<t<0{,}5$.

c) Drehkörperinhalt bei Rotation um die y-Achse

Bei Rotation um die y-Achse gilt für den Rauminhalt der Integralansatz

$$V=\pi\int_{y_1}^{y_2} x^2\cdot dy,$$

dabei ist $x=\bar{f}(y)$ die Umkehrfunktion von $y=f(x)$.

y_1 und y_2 sind die Funktionswerte der Umkehrfunktion, zwischen denen der Rauminhalt bestimmt wird.

Für K_4 folgt aus $y = \ln(x^2+4)$ für $x^2 = e^y - 4$.

Die Grenzen sind $y_1 = \ln 4$ und $y_2 = \ln 8$. Damit wird

$$V = \pi \int_{\ln 4}^{\ln 8} (e^y - 4)\,dy = \pi \left\{ \int_{\ln 4}^{\ln 8} e^y\,dy - \int_{\ln 4}^{\ln 8} 4\,dy \right\}$$

$$= \pi\,[e^y - 4y]_{\ln 4}^{\ln 8} = \pi\,\{[e^{\ln 8} - 4\ln 8] - [e^{\ln 4} - 4\ln 4]\}$$

$$= \pi\,(8 - 4\ln 8 - 4 + 4\ln 4) = \pi\cdot\left(4 + 4\ln\frac{1}{2}\right) = \pi\,(4 - 4\ln 2)$$

$$= \mathbf{4\pi\,(1 - \ln 2) \approx 3{,}856}.$$

d) Abschätzung eines Flächeninhalts

1. Nachweis: Für $x \geqq \frac{3}{2}$ gilt $4x \leqq x^2+4 \leqq (x+1)^2$.

Die Ungleichungskette stellt zwei Ungleichungen dar, deren Lösungsmengen man getrennt bestimmt.

(1) $4x \leqq x^2 + 4$. Durch äquivalente Umformungen erhält man

$0 \leqq x^2 - 4x + 4$

$0 \leqq (x-2)^2$

Dies ist für alle $x \in \mathbb{R}$ erfüllt, also auch für $x \geqq \frac{3}{2}$.

(2) $x^2 + 4 \leqq (x+1)^2$. Äquivalente Umformungen ergeben

$x^2 + 4 \leqq x^2 + 2x + 1$

$0 \leqq 2x - 3$

$3 \leqq 2x$

$\frac{3}{2} \leqq x$. Die 2. Ungleichung ist für alle $x \geqq \frac{3}{2}$ erfüllt.

Das Ungleichungssystem ist damit für $x \geqq \frac{3}{2}$ gültig.

2. Integralabschätzung nach unten

Aus $4x \leqq x^2 + 4 \leqq (x+1)^2$ folgt wegen der Monotonie des ln auch

$\ln 4x \leqq \ln(x^2+4) \leqq \ln(x+1)^2$ für $x \geqq \frac{3}{2}$.

Mit der Monotonieeigenschaft des Integrals gilt also

$$\int_2^3 \ln 4x\,dx \leqq \int_2^3 \ln(x^2+4)\,dx \leqq \int_2^3 \ln(x+1)^2\,dx.$$

Eine untere Schranke für das Integral $A = \int_2^3 \ln(x^2+4)\,dx$ ist

$$A_u = \int_2^3 \ln 4x\,dx = \int_2^3 (\ln 4 + \ln x)\,dx = [x \ln 4 + x \ln x - x]_2^3$$

$$= 3 \ln 3 - 1 \approx 2{,}296\,.$$

3. Integralabschätzung nach oben

$$A_o = \int_2^3 \ln(x+1)^2\,dx = 2 \int_2^3 \ln(x+1)\,dx = 2 \int_{u=3}^{u=4} \ln u\,du = [2(u \ln u - u)]_3^4$$

$$= 2(4 \ln 4 - 3 \ln 3 - 1) \approx 2{,}499$$

Der Flächeninhalt liegt also zwischen 2,296 und 2,499.
(Ein exakterer Wert mit „Simpson“ ist $A \approx 2{,}3256$.)

Gegeben ist die Funktion f durch

$$f(x)=\frac{x^3+3x^2}{3(x-1)}; \quad x \neq 1.$$

Ihr Schaubild sei K.

a) Untersuchen Sie K auf gemeinsame Punkte mit der x-Achse, Hoch- und Tiefpunkte sowie auf Asymptoten.
Bestimmen Sie die Näherungskurve für große $|x|$.
Zeichnen Sie K, die Asymptote sowie die Näherungskurve im Bereich $-6 \leqq x \leqq 4$. (Zeichenbereich $-4 \leqq y \leqq 13$)

b) K hat genau einen Wendepunkt $W(x_W | y_W)$.
Weisen Sie nach, daß x_W im Intervall $[-1; 0]$ liegt.
Berechnen Sie einen Näherungswert für x_W mit Hilfe des Newtonschen Iterationsverfahrens. (Das Verfahren ist abzubrechen, wenn sich die 2. Stelle hinter dem Komma erstmals nicht mehr ändert.)

c) Im 3. Feld schließen die x-Achse und die Kurve K eine Fläche ein.
Berechnen Sie ihren Inhalt .

d) Gegeben ist die Funktion g durch

$$g(x)=\ln\left|\frac{e^x-1}{e^x+4}\right|; \quad x \in D.$$

Bestimmen Sie den maximalen Definitionsbereich D.
Stellen Sie g(x) ohne Betragszeichen dar.
Untersuchen Sie g(x) für $x \to 0$ und $|x| \to \infty$.
Zeigen Sie, daß die Funktion g für $x<0$ eine Umkehrfunktion $\bar{g}$ besitzt.
Bestimmen Sie den Funktionsterm und den Definitionsbereich von $\bar{g}$.

Lösungshinweise:

a) Wegen Teilaufgabe b) (Wendepunkt) sind mindestens zwei Ableitungen von f erforderlich. Dabei ist die Quotientenregel und die Kettenregel anzuwenden.

Wie werden bei einer gebrochenrationalen Funktion die Nullstellen ermittelt? Wie erhält man Asymptoten parallel zur y-Achse? Bei der Bestimmung von Asymptoten für $|x| \to \infty$ spielt die Differenz der Grade von Zähler- und Nennerpolynom eine Rolle. Was läßt sich beim Schaubild von f über solche Asymptoten sagen? Die Polynomdivision von f(x) gibt eine ganzrationale Teilfunktion. Welche besondere Eigenschaft hat ihr Schaubild bezüglich K?

b) Wie kann man nachweisen, daß eine ganzrationale Funktion 3. Grades in einem Intervall eine Nullstelle hat? Sind die Voraussetzungen für die Anwendung dieses Nullstellensatzes erfüllt?
Wie heißt der Iterationsansatz für das Newton-Verfahren?

c) Die Fläche im 3. Feld liegt unter der x-Achse. Welches Problem entsteht für die Maßzahl des Inhalts? Wie muß man von der Integralfunktion zur Flächeninhaltsfunktion übergehen?

d) Welche Werte darf die Argumentfunktion einer ln-Funktion nicht annehmen? Welche x-Werte gehören also nicht zur Definitionsmenge von g?

Für welchen x-Wert geht der Betragsterm von g(x) über null von plus nach minus? Warum spielt der Nenner dabei keine Rolle? An welchem x-Wert ist die Nahtstelle der abschnittsweisen Darstellung von g(x)?
Bei der Grenzwertuntersuchung ist der Grenzwertsatz bei Verkettungen zu verwenden. Beachte, daß man getrennt für $x \to +\infty$ und $x \to -\infty$ untersuchen muß.

Wie kann man die Umkehrbarkeit einer differenzierbaren Funktion nachweisen? Welche Schritte sind zu überlegen, wenn man den Funktionsterm der Umkehrfunktion $\bar{g}(x)$ aufstellt? Beachte die Äquivalenz $y = e^x \Leftrightarrow x = \ln y$. Welche Beziehung besteht zwischen Definitions- und Wertemenge einer Funktion zur Definitions- und Wertemenge ihrer Umkehrfunktion?

A

Lösung:

a) Kurvenuntersuchung von K

1. Ableitungen

$$f(x)=\frac{x^3+3x^2}{3(x-1)}=\frac{1}{3}\cdot\frac{x^2(x+3)}{x-1};\qquad x\neq 1$$

$$f'(x)=\frac{2}{3}\cdot\frac{x^3-3x}{(x-1)^2}=\frac{2}{3}\cdot\frac{x(x^2-3)}{(x-1)^2};\qquad x\neq 1$$

$$f''(x)=\frac{2}{3}\cdot\frac{x^3-3x^2+3x+3}{(x-1)^3};\qquad x\neq 1$$

2. Schnittpunkte von K mit den Koordinatenachsen

Die gemeinsamen Schnittpunkte von K mit der x-Achse haben x-Werte, für welche $f(x)=0$ ist. Für diese x gilt somit:

$$\frac{1}{3}\cdot\frac{x^2(x+3)}{x-1}=0. \qquad (1)$$

Ein Bruch wird für diejenigen x null, für die der Zähler null, aber der Nenner nicht null ist.

Somit folgt aus (1): $x^2=0$ oder $x+3=0$; also $x=0$ oder $x=-3$ mit $f'(0)=0$; $f'(-3)=-\frac{3}{4}$. Sowohl das Quadrat $x^2=0$ wie auch die Steigung $f'(0)=0$ läßt erkennen, daß der gemeinsame Punkt $O=N_1(0|0)$ ein Berührpunkt ist. Im Punkt $N_2(-3|0)$ schneidet K die x-Achse mit der Steigung $-\frac{3}{4}$.

3. Extrempunkte von K

f hat für dasjenige x ein $\left\{\begin{matrix}\text{Maximum}\\ \text{Minimum}\end{matrix}\right\}$, für das $f'(x)=0$ und $\left\{\begin{matrix}f''(x)<0\\ f''(x)>0\end{matrix}\right.$ ist. Der Bruchterm $f'(x)$ wird null, wenn x die Gleichung $x(x^2-3)=0$ erfüllt, aber der Nenner $(x-1)^2\neq 0$ ist.

Aus $x(x^2-3)=0$ erhält man $x_1=0$; $x_2=\sqrt{3}$; $x_3=-\sqrt{3}$.

Für $x_1=0$ wird $f(0)=0$; $f''(0)=-2<0$, also ist x_1 Maximumstelle.

Für $x_2=\sqrt{3}$ wird $f(\sqrt{3})=\frac{3\sqrt{3}+3}{3(\sqrt{3}-1)}=\frac{(\sqrt{3}+3)(\sqrt{3}+1)}{2}$

$$=\frac{6+4\sqrt{3}}{2}=3+2\sqrt{3}\approx 6{,}46;$$

$$f''(\sqrt{3})=\frac{2}{3}\cdot\frac{5\sqrt{3}-6}{(\sqrt{3}-1)^3}>0,$$ also ist x_2 Minimumstelle.

Für $x_3 = -\sqrt{3}$ wird $f(-\sqrt{3}) = -\frac{3-\sqrt{3}}{1+\sqrt{3}} = -\frac{(3-\sqrt{3})(1-\sqrt{3})}{(1+\sqrt{3})(1-\sqrt{3})}$

$$= 3 - 2\sqrt{3} \approx -0{,}46\,;$$

$$f''(-\sqrt{3}) = \frac{2}{3} \cdot \frac{-6\sqrt{3}-6}{(-\sqrt{3}-1)^3} = \frac{4}{(\sqrt{3}+1)^2} \approx 0{,}54 > 0\,;$$

also ist x_3 Minimumstelle.

Damit hat K einen Hochpunkt und zwei Tiefpunkte:

$H(0|0)$; $T_1(\sqrt{3}\,|\,3+2\sqrt{3} \approx 6{,}46)$; $T_2(-\sqrt{3}\,|\,3-2\sqrt{3} \approx -0{,}46)$.

Mit dem **Vorzeichenwechselkriterium** läßt sich die Entscheidung, ob ein Maximum oder ein Minimum vorliegt, wie folgt feststellen. Man muß dazu ausgehen von $f'(x) = \frac{2}{3} \cdot \frac{x(x+\sqrt{3})(x-\sqrt{3})}{(x-1)^2}$.

Da der Nenner immer positiv ist, und auch die Vorzahl $\frac{2}{3}$ das Vorzeichen nicht ändert, genügt es, den Term $x(x+\sqrt{3})(x-\sqrt{3})$ auf Vorzeichenwechsel zu untersuchen.

$x_1 = 0$: Von $-0{,}1$ auf $+0{,}1$ ändert sich $f'(x)$ von + nach −; somit Maximum.

$x_2 = \sqrt{3}$: Von $\sqrt{3}-\varepsilon$ nach $\sqrt{3}+\varepsilon$ $(\varepsilon > 0)$ ändert sich $f'(x)$ von − nach +; somit Minimum.

$x_3 = -\sqrt{3}$: Von $-\sqrt{3}-\varepsilon$ nach $-\sqrt{3}+\varepsilon$ $(\varepsilon > 0)$ ändert sich $f'(x)$ von − nach +; somit Minimum.

Bei den Extremwerten handelt es sich um lokale Extrema, denn für $x \to +\infty$ und für $x \to -\infty$ strebt $f(x) \to +\infty$, und für $x \to 1$ mit $x < 1$ strebt $f(x) \to -\infty$.

4. Asymptoten

(1) Bei gebrochenrationalen Funktionen gibt es eine Asymptote mit der Gleichung $x = x_0$ parallel zur y-Achse, wenn für $x \to x_0$ gilt $f(x) \to +\infty$ oder $f(x) \to -\infty$.
Bei K ergibt sich: Für $x \to 1$ und $x < 1$ strebt $f(x) \to -\infty$, für $x \to 1$ und $x > 1$ strebt $f(x) \to +\infty$.
K hat somit die **Asymptote** (Polgerade) mit der Gleichung **$x = 1$ mit Zeichenwechsel.**

(2) Asymptoten für $|x| \to \infty$ erkennt man ihrer Art nach, wenn man den Grad n des Zählerpolynoms mit dem Grad m des Nennerpolynoms vergleicht. Bei K ist $n - m = 2$, es gibt keine Asymptote; aber eine Näherungskurve für $|x| \to \infty$, eine Parabel 2. Ordnung.

5. Gleichung der Näherungsparabel

Man formt f(x) durch Polynomdivision so um, so daß zu einem ganzrationalem Teilterm ein Bruchterm kommt. Man erhält

$(x^3+3x^2):(x-1)=x^2+4x+4+\frac{4}{x-1}=(x+2)^2+\frac{4}{x-1}$. Damit ist

$$f(x)=\frac{1}{3}(x+2)^2+\frac{4}{3}\cdot\frac{4}{x-1}. \qquad (*)$$

Für $x\to+\infty$ oder $x\to-\infty$ strebt der letzte Term gegen 0, sodaß sich eine Parabel P mit $p(x)=\frac{1}{3}(x+2)^2$ mit $x\in\mathbb{R}$ immer mehr an K nähert.

P ist somit die Näherungskurve. Aus (*) folgt, daß P für $x>1$ unter K, für $x<1$ aber über K verläuft.

6. Schaubilder von K und P

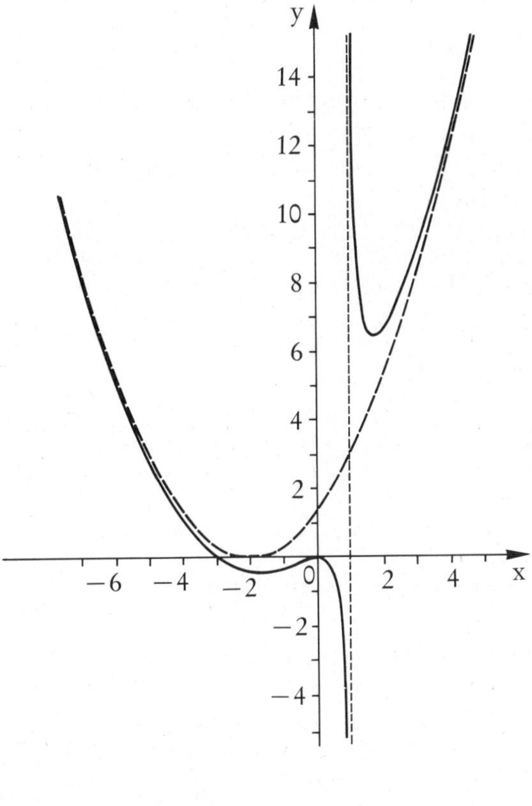

b) Bestimmung der Wendepunktsabszisse x_W

(1) **Nachweis: K hat einen Wendepunkt im Intervall $[-1; 0]$**

Notwendige Bedingung für die Existenz einer Wendestelle x_W ist $f''(x_W)=0$. Der Wendepunkt ist gesichert, wenn $f''(x)$ beim Durchgang von x durch x_W sein Vorzeichen ändert, d. h., das Schaubild K von einer Links- in eine Rechtskurve oder umgekehrt, übergeht. Dieser Nachweis entfällt, weil die Existenz eines Wendepunktes vorgegeben ist. D. h. für

$f''(x) = \frac{2}{3} \cdot \frac{x^3 - 3x^2 + 3x + 3}{(x-1)^3}$; $x \neq 1$ gibt es ein x_W, sodaß

$f''(x_W)=0$ ist.

Ein Bruch wird an einer Stelle x null, wenn für dieses x der Zähler null und der Nenner nicht null ist.

Für die Zählerfunktion z mit $z(x)=x^3-3x^2+3x+3$ ist nachzuweisen, daß im Intervall $[-1; 0]$ ein x_W mit $z(x_W)=0$ existiert.

Der Nachweis läßt sich mit dem Nullstellensatz von BOLZANO führen, wenn die Funktion z im Intervall $[-1; 0]$ stetig ist, und wenn $z(-1)$ und $z(0)$ verschiedene Vorzeichen haben. Die ganzrationale Funktion z ist für $x<1$ stetig, also auch im abgeschlossenen Intervall $[-1; 0]$.
Es ist $z(-1)=-4$ und $z(0)=3$. Der Nullstellensatz ist erfüllt.

Zusatzbemerkung:

Es gibt **genau** eine Nullstelle, denn aus $z'(x)=3(x-1)^2>0$ für $x \neq 1$ folgt, daß z für $x<1$ streng monoton zunimmt. Ihr Schaubild kann also die x-Achse nur einmal schneiden.
Es gibt also im Intervall $[-1; 0]$ genau eine Nullstelle.

(2) **Bestimmung eines Näherungswertes für x_W**

Für die schrittweise Annäherung an die Nullstelle x_W erhält man nach NEWTON eine Folge von x-Werten $x_0, x_1, \ldots, x_n \ldots$ durch den Ansatz

$x_{n+1} = x_n - \frac{z(x_n)}{z'(x_n)}$. Damit wird

$$x_{n+1} = x_n - \frac{x_n^3 - 3x_n^2 + 3x + 3}{3x^2 - 6x + 3} = \frac{3x_n^3 - 6x_n^2 + 3x_n - x_n^3 + 3x_n^2 - 3x_n - 3}{3x_n^2 - 6x_n + 3}$$

$$= \frac{2x_n^3 - 3x_n^2 - 3}{3(x_n-1)^2}.$$

Wählt man als Startwert $x_0 = -0{,}5$, dann errechnet man
$x_1 = -0{,}5926$; $x_2 = -0{,}5874$; $x_3 = -0{,}5874$.
Die 2. Stelle hinter dem Komma ändert sich nicht mehr.
Der Wendepunkt liegt also bei $\mathbf{x_W \approx -0{,}59}$ mit $y_W \approx -0{,}017_5$.

Ergänzung zur Berechnung von x_W

Die Gleichung $z(x) = 0$ läßt sich exakt lösen. Aus $z'(x) = 3 \cdot (x-1)^2$ folgt $z(x) = (x-1)^3 + c$. Da $z(0) = 3$ ist, wird $3 = -1 + c$; d.h., $c = 4$, also $z(x) = (x-1)^3 + 4$. Die Nullstelle dieser Funktion läßt sich berechnen:

Aus $(x-1)^3 + 4 = 0$ erhält man

$$x - 1 = -\sqrt[3]{4};$$

$$x = 1 - \sqrt[3]{4} \approx 1 - 1{,}587401.$$

Somit auch $x_W \approx -0{,}5874 \approx -0{,}59$ auf 2 Dezimalen.

c) **Flächeninhalt**

Vorüberlegung zum Integralansatz

Die Fläche liegt im 3. Feld zwischen $x = -3$ und $x = 0$. Damit der Inhalt, wie für Inhalte erforderlich, eine positive Maßzahl erhält, muß man dies beim Integralansatz berücksichtigen, denn

$$A = \int_{-3}^{0} f(x)\,dx$$ gibt eine negative Maßzahl.

Damit der Inhalt positiv wird, ist es sinnvoll anzusetzen

$$J = -A = -\int_{-3}^{0} f(x)\,dx \quad \text{oder auch} \quad J = \int_{0}^{-3} f(x)\,dx.$$

Inhaltsberechnung

Für $f(x)$ verwenden wir die Form (∗) aus Teilaufgabe a) 5. Damit ist

$$J = -\frac{1}{3}\int_{-3}^{0}\left((x+2)^2 + \frac{4}{x-1}\right)dx = \frac{1}{3}\cdot\left[\frac{(x+2)^3}{3} + 4\ln|x-1|\right]_{-3}^{0}$$

$$= -\frac{1}{3}\cdot\left(\frac{8}{3} - \left(-\frac{1}{3} + 8\ln 2\right)\right)$$

$$= -\frac{1}{3}(3 - 8\ln 2)$$

$$= \mathbf{\frac{8}{3}\ln 2 - 1 \approx 0{,}8484}.$$

d) **Funktionsuntersuchung von** $g(x)=\ln\left|\frac{e^x-1}{e^x+4}\right|$; $x \in D$

Definitionsmenge D

Der ln ist nur definiert für $\left|\frac{e^x-1}{e^x+4}\right| \neq 0$. Der Nenner e^x+4 wird für kein $x \in \mathbb{R}$ null, aber der Zähler: $e^x-1=0$ gibt $x=\ln 1=0$; $g(x)$ ist also für $x=0$ nicht definiert. Somit ist $D_{max}=\mathbb{R}\setminus\{0\}$.

Darstellung ohne Betragszeichen

$\frac{e^x-1}{e^x+4}$ ist positiv für $x>0$ und negativ für $x<0$. Für die abschnittsweise Darstellung ist somit die Null die Nahtstelle. Somit ist

$$g(x)=\ln\left|\frac{e^x-1}{e^x+4}\right| = \begin{cases} \ln\frac{e^x-1}{e^x+4} & \text{für } x>0 \\ \ln\frac{1-e^x}{e^x+4} & \text{für } x<0 \end{cases}.$$

Grenzwerte für $x \to 0$ und $|x| \to \infty$

Man wendet den Grenzwertsatz an, der für verkettete Funktionen gilt, in diesem Fall auf $g(x)=\ln u(x)$ mit $u(x)=\frac{e^x-1}{e^x+4}$ bzw. $u(x)=\frac{1-e^x}{e^x+4}$.

Untersuchung für $x \to 0$:

Es ist $\lim\limits_{\substack{x\to 0\\ x>0}} \frac{e^x-1}{e^x+4}=0$. Damit gilt: Für $x>0$ strebt $g(x)\to -\infty$; vgl. Figur G.

Es ist $\lim\limits_{\substack{x\to 0\\ x<0}} \frac{1-e^x}{e^x+4}=0$. Damit gilt: Auch für $x<0$ strebt $g(x)\to -\infty$.

Untersuchung für $|x|\to\infty$, also für $x\to+\infty$ und für $x\to-\infty$:

$$\lim_{x\to\infty} \ln\frac{e^x-1}{e^x+4} = \lim_{x\to\infty} \ln\frac{1-\frac{1}{e^x}}{1+\frac{4}{e^x}} = \ln 1 = 0;$$

$$\lim_{x\to-\infty} \ln\frac{1-e^x}{e^x+4} = \ln\frac{1}{4} = -2\ln 2 \approx -1{,}386.$$

Das Schaubild von g nähert sich für $x>0$ der x-Achse.
Für $x<0$ nähert es sich der Geraden mit der Gleichung $y=-2\ln 2\approx -1{,}386$.

A

Umkehrfunktion von g für $x<0$

Nachweis der Existenz von $\bar{g}$ für $x<0$

Die strenge Monotonie der Funktion g für $x<0$ ist vorhanden, wenn die Ableitung $g'(x)$ in diesem Definitionsbereich entweder positiv oder negativ ist.

$$g(x)=\ln\frac{1-e^x}{4+e^x} \quad \text{für } x<0$$

$$g'(x)=\frac{4+e^x}{1-e^x}\cdot\frac{-e^x(4+e^x)-e^x(1-e^x)}{(4+e^x)^2}; \quad x<0$$

$$=-\frac{4+e^x}{1-e^x}\cdot\frac{e^x\cdot 5}{(4+e^x)^2}; \quad x<0$$

$$=\frac{-5e^x}{(1-e^x)(4+e^x)}; \quad x<0$$

Für jedes $x<0$ ist $g'(x)<0$. Damit ist erwiesen, daß g für $x<0$ streng monoton abnimmt, also existiert für $x<0$ eine Umkehrfunktion $\bar{g}$.

Aufstellen der Umkehrfunktion $\bar{g}$

1. Schritt: Einführung der Ordinatenvariablen y:

$$y=\ln\frac{1-e^x}{4+e^x} \quad \text{mit } x\in\mathbb{R}^- \text{ und } y\in\left]-\infty;\ln\frac{1}{4}\right[\qquad (*)$$

Die Wertemenge für y erhält man unter Berücksichtigung der abnehmenden Monotonie: Für $x\to-\infty$ strebt $y\to\ln\frac{1}{4}$ und für $x\to 0$ (wegen $\ln 0$) gegen $-\infty$. Die Funktionswerte von g nehmen als von $-2\ln 2$ ab gegen $-\infty$.

2. Schritt: Auflösen der Gleichung (*) nach der Variablen x:

$$e^y=\frac{1-e^x}{4+e^x}$$

$$4e^y+e^y\cdot e^x=1-e^x$$

$$e^x(e^y+1)=1-4e^y$$

$$e^x=\frac{1-4e^y}{1+e^y}$$

$$x=\ln\frac{1-4e^y}{1+e^y}$$

3. Schritt: Variablentausch von x mit y und Tausch von Definitions- und Wertemenge:

$$y=\ln\frac{1-4e^x}{1+e^x}; \quad x\in\left]-\infty;\ln\frac{1}{4}\right[; \quad y\in\mathbb{R}^-.$$

Die Umkehrfunktion $\bar{g}$ von g für $x<0$ ist somit

$$\bar{g}:\quad x \mapsto \ln\frac{1-4e^x}{1+e^x} \quad \text{mit} \quad D_{\bar{g}}=\{x \mid -\infty<x<-2\ln 2\}.$$

Ergänzung (nicht verlangt):
Schaubilder G und $\overline{G}$ von g und $\bar{g}$; G für $x \neq 0$; $\overline{G}$ für $x<0$.

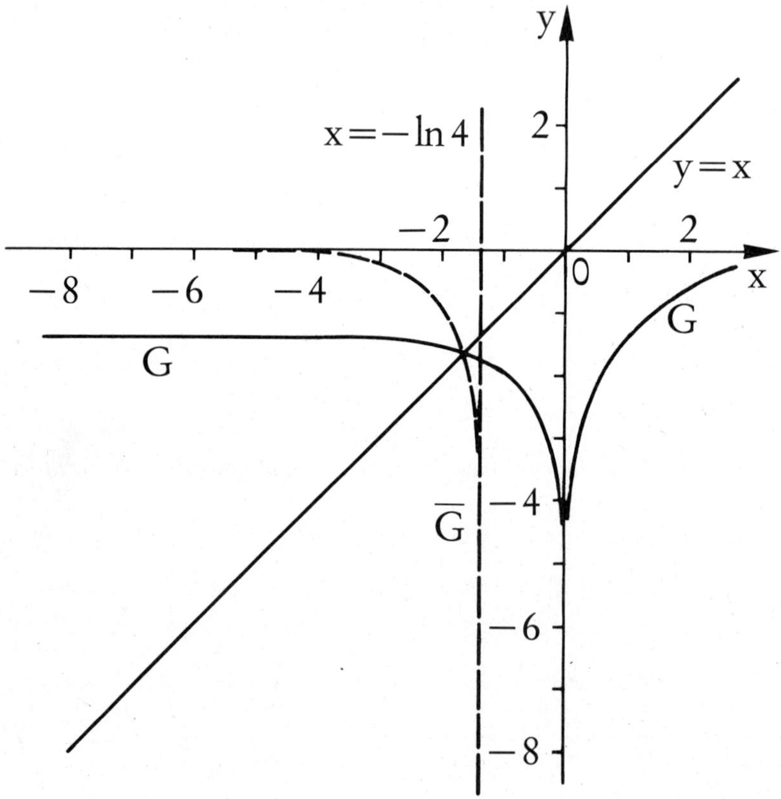

Für jedes $t>0$ ist eine Funktion f_t gegeben durch

$$f_t(x)=\frac{3t}{t+e^x}; \quad x \in \mathbb{R}.$$

Ihr Schaubild sei K_t.

a) Untersuchen Sie K_t auf Schnittpunkte mit den Koordinatenachsen, Hoch-, Tief- und Wendepunkte sowie auf Asymptoten.
Geben Sie die Ortslinie der Wendepunkte aller Kurven K_t an.
Zeichnen Sie K_1 und K_4 für $-2 \leqq x \leqq 3$ in ein gemeinsames Achsenkreuz ein. (LE 2 cm)

b) Zeigen Sie: K_4 verläuft ganz oberhalb von K_1.
K_1 und K_4 schneiden aus jeder Geraden $x=u$ mit $u \in \mathbb{R}$ eine Strecke der Länge d aus.
Bestimmen Sie u so, daß d möglichst groß wird.

c) Für $a>0$ umschließt die Kurve K_t mit den Geraden $x=a$, $x=-a$ und $y=3$ eine Fläche mit dem Inhalt $A_t(a)$.
Bestimmen Sie $A_t(a)$. (Hinweis: Fassen Sie $3-f_t(x)$ zunächst geeignet zusammen.)
Untersuchen Sie unter Verwendung des obigen Ergebnisses, ob die zwischen K_1 und K_4 liegende Fläche einen endlichen Inhalt hat.

d) Zeigen Sie, daß jede Funktion f_t umkehrbar ist.
Bestimmen Sie Definitionsmenge, Wertemenge und Funktionsgleichung der Umkehrfunktion $\bar{f}_t$.
Begründen Sie, daß für jedes $t>0$ die Schaubilder von f_t und $\bar{f}_t$ genau einen gemeinsamen Punkt P_t besitzen.
Für welchen Wert von t ist P_t der Wendepunkt von K_t?

Lösungshinweise:

a) Warum werden drei Ableitungen benötigt? Dabei sind die Quotienten- und die Kettenregel erforderlich. Wann hat eine Gleichung, in der ein Bruchterm null werden soll, keine Lösung?

Könnte man für den Wendepunktsnachweis auch auf die 3. Ableitung verzichten? Was fällt bei der Ordinate aller Wendepunkte auf, und was läßt sich daraus schließen?

Es gibt keine Asymptote parallel zur y-Achse. Warum? Dagegen gibt es Asymptoten parallel zur x-Achse. Wie erhält man sie?

b) Welche Ungleichung muß für $x \in \mathbb{R}$ erfüllt werden? Nur welche Umformungen sind erlaubt, damit man wieder rückwärts schließen kann? Die größte Ordinatendifferenz ist der Extremwert von $f_4(u) - f_1(u)$. Der Nachweis kann auch mit dem Vorzeichenwechselkriterium geführt werden.
Warum liegt sogar ein globales (absolutes) Maximum vor?

c) Durch den Hinweis über die Bildung des Integranden erhält man eine Integrandenfunktion, deren Zähler die Ableitung des Nenners ist. Was bedeutet dies für die Stammfunktionen des Integrals und mit welcher Substitution kommt man zum Ziel? Die unmittelbare Inhaltsberechnung der Fläche zwischen K_1 und K_4 führt auf schwierige Integrale. Verwendet man dagegen $A_t(a)$, kann man diesen Inhalt einfacher berechnen. Da $A_1(a) > A_4(a)$ ist, muß man $A_1(a) - A_4(a)$ ansetzen.

d) Wann ist eine differenzierbare Funktion umkehrbar, und in welchen Schritten läßt sich der Funktionsterm der Umkehrfunktion bestimmen?

K und $\overline{K}$ verlaufen symmetrisch bezüglich der 1. Winkelhalbierenden.
Geht K durch zwei Punkte mit den Koordinaten $(a|b)$ und $(b|a)$, dann muß auch $\overline{K}$ durch diese Punkte gehen. Ein zusätzlicher gemeinsamer Punkt ist dabei der Schnittpunkt mit der 1. Winkelhalbierenden. Wenn K die 1. Winkelhalbierende meidet, gibt es keinen gemeinsamen Punkt. Es kann somit $0, 1, 3, \ldots$ gemeinsame Punkte geben. Wie kann man nachweisen, daß es **mindestens** einen solchen Punkt gibt? Wie, daß es **genau** einen gibt?
Dieser muß auf der Winkelhalbierenden liegen. Die Schnittbedingung läßt sich dadurch vereinfachen. Mit Punktprobe für den Wendepunkt erhält man eine Gleichung für t.

Lösung:

a) Kurvenuntersuchung

1. Ableitungen

$f_t(x)=\frac{3t}{t+e^x}$; $\quad x \in \mathbb{R},\ t>0$

$f_t'(x)=\frac{-3t\,e^x}{(t+e^x)^2}$; $\quad x \in \mathbb{R},\ t>0$

$f_t''(x)=\frac{3t\,e^x(e^x-t)}{(t+e^x)^3}$; $\quad x \in \mathbb{R},\ t>0$

$f_t'''(x)=\frac{-3t\,e^x(e^{2x}-4t\,e^x+t^2)}{(t+e^x)^4}$; $\quad x \in \mathbb{R},\ t>0$

2. Schnittpunkte von K_t mit den Koordinatenachsen

Mit der x-Achse: Die Bedingung $f_t(x)=0$ hat keine Lösung.
Es gibt keinen Schnittpunkt mit der x-Achse.

Mit der y-Achse: $f_t(0)=\frac{3t}{t+1}$ und $f_t'(0)=\frac{-3t}{(1+t)^2}$ geben auf der y-Achse $M_t\left(0\,\middle|\,\frac{3t}{t+1}\right)$ mit der Steigung $m_t=\frac{-3t}{(1+t)^2}$.

3. Hoch- oder Tiefpunkte

Notwendige Bedingung für den x-Wert eines Extremums ist $f_t'(x)=0$, d. h.

$\frac{-3t\,e^x}{(t+e^x)^2}=0.$

Wegen $t>0$ und $e^x>0$ gibt es keine Lösung, somit weder Hoch- noch Tiefpunkte.

4. Wendepunkte

Notwendige Bedingung ist $f_t''(x)=0$, d. h.

$\frac{3t\,e^x(e^x-t)}{(t+e^x)^3}=0.$

Der Nenner kann nicht null werden, aber die Abszisse x_W eines möglichen Wendepunktes folgt aus

$$3t\,e^{x_W}(e^{x_W}-t)=0$$
$$e^{x_W}-t=0$$
$$x_W=\ln t$$
$$y_W=f_t(x_W)=\frac{3t}{t+e^{\ln t}}=\frac{3t}{2t}=\frac{3}{2}.$$

Man findet $m_W=-\frac{3}{4}$.

Wendepunkt-Nachweis:

1. Möglichkeit mit der 3. Ableitung:

$$f_t'''(\ln t)=\frac{-3t^2(t^2-4t^2+t^2)}{(2t)^4}=\frac{6t^4}{16t^4}=\frac{3}{8}\neq 0\,.$$

2. Möglichkeit mit Vorzeichenwechsel von f_t'':

$f_t''(x)$ ändert beim Durchgang durch $x_W=\ln t$ $(t>0)$ das Vorzeichen. Wegen der Monotonie des ln geht $f_t''(x)$ dabei von minus nach plus, also liegt bei x_W ein Wendepunkt und kein sogenannter Flachpunkt, bei dem $f_t''(x)$ das Vorzeichen nicht ändert.

Damit hat K_t den Wendepunkt $W_t\left(\ln t \,\middle|\, \frac{3}{2}\right)$ mit der Steigung $m_t=-\frac{3}{4}$.

Im Wendepunkt W_t haben alle K_t die gleiche Steigung.

Wegen der konstanten Ordinate $\frac{3}{2}$ liegen **alle Wendepunkte auf der Geraden mit der Gleichung $y=\frac{3}{2}$ für $x \in \mathbb{R}$.**

5. Asymptoten

Es ist $\lim\limits_{x\to-\infty} f_t(x)=3$ und $\lim\limits_{x\to+\infty} f_t(x)=0$. Für alle $x \in \mathbb{R}$ gilt außerdem $f_t'(x)<0$, d. h., $f_t(x)$ nimmt von 3 streng monoton ab auf 0.

K_t verläuft in einem Streifen der Breite 3 parallel zur x-Achse.

Asymptoten parallel zur y-Achse gibt es keine.

Wegen $\lim\limits_{\substack{x\to 0\\ x<0}} \frac{3t}{t+e^x}=3$ ist **$y=3$ für $x<0$ Asymptote** und

wegen $\lim\limits_{\substack{x\to 0\\ x>0}} \frac{3t}{t+e^x}=0$ ist **die x-Achse für $x>0$ Asymptote**.

5. Schaubilder von K_1 und K_4

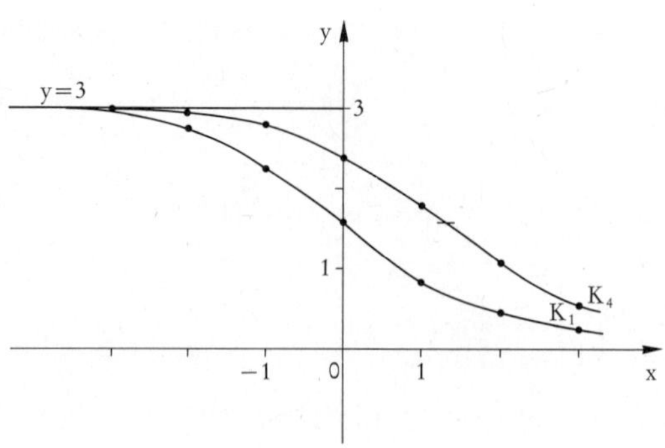

b) Extremwertaufgabe

1. K_4 verläuft oberhalb von K_1

Es ist nachzuweisen: Für jedes $x \in \mathbb{R}$ gilt: $f_4(x) > f_1(x)$. D.h.,

$\frac{12}{4+e^x} > \frac{3}{1+e^x}$. Wir formen äquivalent um:

$$12(1+e^x) > 3(4+e^x)$$
$$12+12e^x > 12+3e^x$$
$$4e^x > e^x$$
$$4 > 1$$

Wenn bei der Kette äquivalenter Umformungen die letzte Ungleichung richtig ist, dann auch die erste. Damit ist der Nachweis geführt.

2. Größte Länge für $x=u$ zwischen K_4 und K_1

Es ist $d(u) = f_4(u) - f_1(u)$;

$$d(u) = \frac{12}{4+e^u} - \frac{3}{1+e^u}.$$

$d(u)$ hat für dasjenige u ein Maximum, für das $d'(u)=0$ ist, und für das sich $d'(u)$ von plus nach minus verändert. Es ist

$$d'(u) = \frac{-12e^u}{(4+e^u)^2} - \frac{-3e^u}{(4+e^u)^2}$$
$$= \frac{9e^u(4-e^{2u})}{(4+e^u)^2 \cdot (1+e^u)^2}.$$

$d'(u)=0$ führt auf $9e^u(4-e^{2u})=0$,

d.h., $e^{2u}=4$

$$2u = \ln 4 = 2\ln 2$$
$$\mathbf{u = \ln 2}.$$

Nachweis des Maximums mit Vorzeichenwechsel:
Für $u = \ln 2 - \varepsilon$ $(\varepsilon > 0)$ ist $d'(u) > 0$.
Für $u = \ln 2 + \varepsilon$ $(\varepsilon > 0)$ ist $d'(u) < 0$.
Damit befindet sich an der Stelle $u = \ln 2$ ein lokales (relatives) **Maximum.**

$u \mapsto d(u)$ ist für $u \in \mathbb{R}$ stetig und differenzierbar und hat nur einen Extremwert, ein Maximum. Dies muß damit ein **globales** sein.

Die **größte Länge** an der Stelle $\ln 2$ beträgt

$$d_{max} = d(\ln 2) = \frac{12}{4+2} - \frac{3}{1+2} = 2 - 1 = 1.$$

c) **Flächeninhalte**

1. Inhalt zwischen $y=3$ und K_t über $[-a;a]$

Die Asymptote $y=3$ verläuft über K_t, somit

$$A_t(a)=\int_{-a}^{a}\left(3-\frac{3t}{t+e^x}\right)dx=\int_{-a}^{a}\frac{3t+3e^x-3t}{t+e^x}dx=3\int_{-a}^{a}\frac{e^x}{t+e^x}dx.$$

Der Zähler ist die Ableitung des Nenners, somit Substitution

$t+e^x=u(x)$
$e^x\,dx=du$.

Damit erhält man eine Stammfunktion

$3\int\frac{du}{u}=3\ln|u|=3\ln|t+e^x|$, also wird

$A_t(a)=[3\ln|t+e^x|]_{-a}^{a}=3\{\ln|t+e^a|-\ln|t+e^{-a}|\}$.

Wegen $t>0$; e^a; $e^{-a}>0$ kann auf die Betragszeichen verzichtet werden.
Als Flächeninhalt erhält man

$A_t(a)=3\ln\frac{t+e^a}{t+e^{-a}}$ mit $t>0$, $a>0$.

2. Inhalt der Fläche zwischen K_1 und K_4

Der Inhalt $J(a)$ der Fläche zwischen K_1 und K_4 läßt sich mit A_t darstellen.
Da $A_1(a)$ größer als $A_4(a)$ ist, gilt

$$\begin{aligned}J(a)&=A_1(a)-A_4(a)\\&=3\,(\ln(1+e^a)-\ln(1+e^{-a})-\ln(4+e^a)+\ln(4+e^{-a})). \qquad (*)\end{aligned}$$

Grenzwert von $J(a)$ in $(*)$ für $a\to\infty$:
Man formt um in

$$J(a)=3\cdot\left(\ln\frac{4+e^{-a}}{1+e^{-a}}+\ln\frac{\frac{1}{e^a}+1}{\frac{4}{e^a}+1}\right).$$

$$\begin{aligned}\lim_{a\to\infty}J(a)&=3\cdot(\ln 4+\ln 1)\\&=3\cdot\ln 4=\mathbf{6\ln 2}\approx 4{,}16\end{aligned}$$

Die Fläche hat somit einen endlichen Inhalt.

d) **Umkehrfunktion von f_t**

1. Nachweis der Umkehrbarkeit von f_t

Es ist $f_t'(x)=\frac{-3t\,e^x}{(t+e^x)^2}<0$ für $t>0$ und $x \in \mathbb{R}$.

f_t ist also für alle $t>0$ streng monoton abnehmend im Definitionsbereich $\mathbb{R}$. Es gibt eine Umkehrfunktion $\bar{f}_t$.

2. Aufstellen der Umkehrfunktion $\bar{f}_t$

1. Schritt: Formulierung der Funktionsgleichung von f_t für $t>0$:

$y=\frac{3t}{t+e^x}$ mit $x \in \mathbb{R}$; $y \in \,]0;3[$, d.h.,

Definitionsmenge von f_t ist $\mathbb{R}$,

Wertemenge von f_t ist $W_{f_t}=\{f_t(x)\,|\,0<f_t(x)<3\}$.

2. Schritt: Auflösen von $y=f_t(x)$ nach x:

$$yt+y\,e^x=3t$$

$$e^x=\frac{3t-yt}{y}=\frac{t(3-y)}{y}$$

$$x=\ln\frac{t(3-y)}{y}$$

3. Schritt: Tausch von x mit y und von Definitionsmenge mit Wertemenge.

$$y=\ln\frac{t(3-y)}{x} \quad \text{mit } x \in \,]0;3[\,;\ y \in \mathbb{R}$$

Somit ist die Umkehrfunktion $x \mapsto \bar{f}_t(x)$ gegeben durch

$$\bar{f}_t(x)=\ln\frac{t(3-y)}{x} \quad \text{mit } D_{\bar{f}_t}=\{x\,|\,0<x<3\};\ W_{\bar{f}_t}=\mathbb{R}.$$

Die Umformung im 2. Schritt ändert das Schaubild von K nicht; es wird nur die Zuordnung von x zu y vertauscht.

Der 3. Schritt bildet durch die Vertauschung von x mit y die Kurve K auf $\bar{K}$ ab.

Die Abbildung $\begin{cases}\bar{x}=y\\ \bar{y}=x\end{cases}$ bewirkt, daß $\bar{K}$ aus K durch Achsenspiegelung an der 1. Winkelhalbierenden entsteht.

3. Nachweis: K_t und $\bar{K}_t$ besitzen genau einen Schnittpunkt in $]0;3[$

Das Schaubild K einer Funktion hat mit dem Schaubild $\bar{K}$ seiner Umkehrfunktion nur dann Schnittpunkte, wenn es die 1. Winkelhalbierende schneidet oder berührt. Dieser gemeinsame Punkt ist dann auch gemeinsamer Punkt von K und $\overline{K}$. Verläuft aber K außerdem noch durch Punkte mit vertauschten Koordinaten, wie $P(a|b)$ und $\overline{P}(b|a)$, dann sind dies zusätzliche Schnittpunkte von K und $\overline{K}$. Es kann somit 0, 1, 3, 5, … gemeinsame Punkte von K und $\overline{K}$ geben. Z.B. hat K: $y=-x^3$ mit dem Schaubild $\overline{K}$ seiner Umkehrfunktion $\overline{K}$: $y=\begin{cases} -\sqrt[3]{x}; & x\geqq 0 \\ -\sqrt[3]{-x}; & x<0 \end{cases}$ drei Schnittpunkte $P(1|-1)$, $O(0|0)$, $\overline{P}(-1|1)$. P und $\overline{P}$ liegen nicht auf der 1. Winkelhalbierenden.

Nachweis: K und $\overline{K}$ haben mindestens einen Schnittpunkt

Damit die Schaubilder mit den Gleichungen $y=f_t(x)$ und $y=\overline{f}_t(x)$ mindestens einen Schnittpunkt im Intervall $]0;3[$ haben, muß die Funktion $h_t(x)=f_t(x)-\overline{f}_t(x)$, $x\in\,]0;3[$ mindestens eine Nullstelle besitzen.

Der Nachweis läßt sich mit dem **Nullstellensatz** von BOLZANO führen.

Es ist $h_t(x)=\frac{3t}{t+e^x}-\ln t\,\frac{3-x}{x}$; $x\in\,]0;3[$; $t>0$.

Es gibt mindestens eine Nullstelle, wenn $h_t(x)$ im Definitionsintervall stetig ist und dort ein Vorzeichenwechsel vorhanden ist.
h_t ist stetig.

Für $x\to 0$ gilt: $h_t(x)\to\frac{3t}{t+1}-(+\infty)$. Das ist negativ.

Für $x\to 3$ gilt: $h_t(x)\to\frac{3t}{t+e^3}-(-\infty)$. Das ist positiv.

Es gibt also mindestens einen Schnittpunkt.

Nachweis: Es gibt genau einen Schnittpunkt

Dies ist der Fall, wenn die Funktion h_t im Intervall $]0;3[$ streng monoton ist. Das läßt sich mit $h_t'(x)$ feststellen.

$$h_t'(x)=-\frac{3t\,e^x}{(t+e^x)^2}-\frac{3}{(3-x)\,x}=-\left(\frac{3t\,e^x}{(t+e^x)^2}+\frac{3}{(3-x)\,x}\right)$$

Die Klammer ist für $0<x<3$ stets positiv, also ist $h_t'(x)<0$.
$h_t(x)$ ist streng monoton abnehmend.

Damit ist nachgewiesen, **daß K_t und $\overline{K}_t$ genau einen Schnittpunkt P_t besitzen.** Nach den Vorüberlegungen liegt er auf der 1. Winkelhalbierenden.

4. $W\left(\ln t\,\middle|\,\frac{3}{2}\right)$ soll P_t sein. Wie groß ist t?

Da P_t auf der Winkelhalbierenden liegt, ersetzen wir h_t durch die Bedingung, daß K die 1. Winkelhalbierende schneidet, also durch

$k(x) = \frac{3t}{t + e^x} - x$.

$k(x)$ hat für jedes $t > 0$ eine Nullstelle. Die vorgegebene Nullstelle $x_W = \ln t$ führt auf die Bedingungsgleichung für t_W:

$$\frac{3t_W}{t_W + e^{\ln t_W}} - \ln t_W = 0,$$

d. h.,
$$\frac{3t_W}{2t_W} - \ln t_W = 0$$

$$\ln t_W = \frac{3}{2}.$$

Daraus folgt $\mathbf{t_W = e^{\frac{3}{2}} \approx 4{,}48}$.

Wachstumsfunktionen

X

Aufgabe 93/3

A

Der Bestand an Pkw in Privatbesitz hat sich in den vergangenen 40 Jahren stark erhöht und wird auch in den kommenden Jahren noch weiter steigen. Aus einer Statistik sind die folgenden Daten entnommen. (Sie beziehen sich jeweils auf die alten Bundesländer.)

Jahr	1950	1955	1960	1965	1970	1975	1980	1985	1990
Anzahl Pkw in Millionen	0,7	1,9	4,9	9,7	14,4	18,2	23,2	26,1	30,6

a) Für die Jahre 1950 bis 1965 läßt sich der Pkw-Bestand annähernd durch eine Exponentialfunktion beschreiben.
Bestimmen Sie aus den Daten der Jahre 1955 und 1965 die Funktionsgleichung.
Berechnen Sie für das Jahr 1950 die prozentuale Abweichung der Näherung vom Tabellenwert.
Wie groß wäre die prozentuale Abweichung vom Tabellenwert für das Jahr 1980, falls man immer noch die gleiche Näherung benützte?

Um eine bessere Näherung für die Jahre ab 1965 zu erhalten, arbeitet man jetzt mit der Funktion f, die gegeben ist durch

$$f(x) = \frac{18x}{\sqrt{x^2 + 18^2}} + 18; \qquad x \in \mathbb{R}.$$

Ihr Schaubild sei K.

b) Untersuchen Sie K auf gemeinsame Punkte mit den Koordinatenachsen, auf Extrem- und Wendepunkte sowie auf Asymptoten.
Zeichnen Sie K samt Asymptoten für $-25 \leqq x \leqq 25$. (LE 0,2 cm)

c) Tragen Sie die Daten aus obiger Tabelle in das vorhandene Achsenkreuz so ein, daß K näherungsweise die Entwicklung des Pkw-Bestandes beschreibt, sofern der Bestand von 1975 auf der y-Achse eingetragen wird.
Geben Sie die Bedeutung der Variablen x und f(x) in dem so gewählten mathematischen Modell an.
Bestimmen Sie die maximale prozentuale Abweichung der Werte aus dem mathematischen Modell von den tatsächlichen Werten aus der Statistik für die Jahre 1975 bis 1990.

Einige Prognosen sagen für das Jahr 2000 einen Bestand zwischen 31,0 und 34,3 Millionen und für das Jahr 2010 zwischen 30,5 und 34,7 Millionen Fahrzeugen in Privatbesitz voraus.
Überprüfen Sie, ob die Vorhersagen des mathematischen Modells im Bereich dieser Prognosen liegen.
Welcher maximale Pkw-Bestand ergibt sich aus dem mathematischen Modell?

d) Berechnen Sie den Wert der ersten Ableitung von f bezogen auf das Jahr 2000 im mathematischen Modell.
Welche Bedeutung hat dieser Wert für die Entwicklung des Pkw-Bestandes im Jahr 2000?
Für welchen Zeitpunkt liefert das mathematische Modell näherungsweise erstmals einen Bestandszuwachs pro Jahr, der kleiner ist als 50 000?
Die Fläche zwischen K und der x-Achse bezogen auf den Zeitraum von 1970 bis 1990 sei ein Maß für den Schadstoffausstoß der Pkw in diesem Zeitraum.
Bestimmen Sie die konstante Anzahl der Pkw, die in diesem Zeitraum den gleichen Schadstoffausstoß verursacht hätten.

Lösungshinweise:

Die Aufgabe ist eine mathematische Anwendung auf ein Umweltproblem. Durch mathematische Modelle soll die Wirklichkeit angenähert werden. Unter einem Modell versteht man eine Hilfsvorstellung, die der Wirklichkeit möglichst nahe kommt, das aber auch verbesserungsfähig ist.
So ist die Wirklichkeit im Hinblick auf den Autobestand weder stetig noch differenzierbar. Das sind aber Eigenschaften, die das Modell besitzt.

a) Der Modellansatz für die ersten Jahre gibt mit einer Exponentialfunktion den Autobestand in Abhängigkeit von der Zeit an. In ihr sind noch zwei Formvariable zu bestimmen, einmal der Bestand zur Zeit $t=0$ im Jahr 1955 und dann die Wachstumskonstante k. Die Wertepaare für 1955 $(t=0)$ und 1965 $(t=10)$ ermöglichen dies.
Unter der prozentualen Abweichung versteht man den Quotienten aus absoluter Abweichung dividiert durch den wahren Wert. Dieser Bruch ist in Prozenten anzugeben. Beachte $1=100\,\%$.

b) Der zweite mathematische Modellansatz ist eine Wurzelfunktion, die wie üblich zu untersuchen ist. Zu bestimmen ist für $x \to +\infty$ und $x \to -\infty$ der Grenzwert von $\frac{18x}{\sqrt{x^2+18^2}}$. Man klammere im Radikanten x^2 aus und setze $|x|$ vor die Wurzel. Dann erhält man verschiedene Grenzwerte für $x \to +\infty$ und $x \to -\infty$.

c) Die prozentuale Abweichung läßt sich wie in a) berechnen. Die Rechnung ist viermal durchzuführen. Der Vergleich mit der Tabelle läßt die größte Abweichung erkennen. Die Vorausberechnungen für die Jahre 2000 und 2010 bedeuten Rechnungen für $x=25$ und $x=35$. Wie genau ist die Modellrechnung?

d) Man beachte, daß die Ableitung einer Funktion f an einer Stelle die momentane Änderung des Funktionswertes an dieser Stelle angibt.
Das Problem lautet dann $f'(x) < 0{,}05$; wie groß ist x?
Die Flächenberechnung zwischen K und der x-Achse gibt nach der Summendefinition des Integrals die Gesamtheit der Pkw an, die sich bewegten und Schadstoffe erzeugten. Beim Berechnen des Integrals ist erkennbar, daß der Zähler der Integrandenfunktion die halbe Ableitung des Nennerradikanten ist. Welche Stammfunktion ergibt sich?
Die konstante Anzahl, die sich während der 20 Jahre bewegen müßte, ist der Mittelwert der Gesamtheit, also ihr 20. Teil.

Lösung:

a) **Exponentialfunktion als Modell für die Pkw-Bestandszunahme**

1. Aufstellen der Exponentialfunktion

Die gesuchte Wachstumsfunktion g ist von der Form
$g(t) = a \cdot e^{kt}$.
Auf die Einheit „Jahr" bei t und die Einheit „Million Pkw" bei g(t) wird bei den Rechnungen verzichtet.
Zu bestimmen sind die beiden Variablen a und k. Dafür sind die Wertepaare $t_1 = 0$; $g(0) = 1{,}9$ sowie $t_2 = 10$; $g(10) = 9{,}7$ gegeben.
Damit erhält man zwei Gleichungen für a und k:

Aus $1{,}9 = a \cdot e^0$ folgt $a = 1{,}9$. (1)

$9{,}7 = 1{,}9 \cdot e^{kt}$ (2)

gibt $10k = \ln \frac{9{,}7}{1{,}9} = \ln 5{,}105 \approx 1{,}6303$;

$k \approx 0{,}163$.

Somit wird durch

$$\mathbf{g(t) = 1{,}9 \cdot e^{0{,}163t}}$$

der Pkw-Bestand für die Zeit von 1950 bis 1965 annähernd beschrieben.

2. Abweichungen der Funktionswerte vom Tabellenwert

Abweichung für das Jahr 1950, d. h., $t = -5$:

$g(-5) = 1{,}9 \cdot e^{0{,}163 \cdot (-5)} \approx 0{,}84$

Tabellenwert 1950: 0,70

Abweichung absolut: 0,14.

Relative Abweichung, d. h., $\frac{\text{absolute Abweichung}}{\text{wahren Wert}} = \frac{0{,}14}{0{,}70} = \frac{1}{5} = 20\,\%$.

Abweichung für das Jahr 1980, d.h., $t=25$:

Näherungswert:	$g(25)=111{,}82$
Tabellenwert 1980:	$23{,}20$
Absolute Abweichung:	$88{,}82$

Relative Abweichung: $\frac{88{,}62}{23{,}20}=3{,}82=382\,\%$.

(Für das Jahr 1970 ergibt sich bereits eine Abweichung von 52 %.
Das Exponentialmodell versagt also, wenn es für die Zeit nach 1965 angewendet wird.)

Untersuchung und Anwendung eines verbesserten mathematischen Modells

Mit x wird die Differenz zum Jahr 1975 in Jahren angegeben, $f(x)$ ist die Anzahl der Pkw in Millionen mit der Näherungsfunktion

$$f(x)=\frac{18x}{\sqrt{x^2+18^2}}+18;\quad x\in\mathbb{R}.$$

b) Untersuchung des Schaubildes K von f

1. Ableitungen

$$f'(x)=\frac{18\sqrt{x^2+18^2}-\frac{18x^2}{\sqrt{x^2+18^2}}}{x^2+18^2}$$

$$=\frac{18\,(x^2+18^2)-18x^2}{(x^2+18^2)^{\frac{3}{2}}}$$

$$=\frac{18^3}{(x^2+18^2)^{\frac{3}{2}}};\quad x\in\mathbb{R}$$

$$f''(x)=-18^3\cdot\frac{3}{2}(x^2+18^2)^{-\frac{5}{2}}\cdot 2x$$

$$=\frac{-3\cdot 18^3x}{(x^2+18^2)^{\frac{5}{2}}};\quad x\in\mathbb{R}$$

2. Gemeinsame Punkte mit den Koordinatenachsen

Schnitt mit der x-Achse: Bedingung $f(x)=0$ führt auf

$$\frac{18x}{\sqrt{x^2+18^2}}=-18$$

bzw. $$x=-\sqrt{x^2+18^2}.$$

Diese Gleichung hat keine Lösung. f hat keine Nullstelle.

Schnitt mit der y-Achse:
Es ist $f(0)=18$; außerdem $f'(0)=\frac{18^3}{18^3}=1$.
Schnittpunkt mit der y-Achse ist $M(0|18)$ mit Steigung 1.

3. Extremwerte

Es ist $f'(x)=\frac{18^3}{(x^2+18^2)^{\frac{3}{2}}}>0$ für jedes $x \in \mathbb{R}$. f ist somit streng monoton zunehmend. Da $f'(x)$ für kein x null ist, hat K keine Extrempunkte.

4. Wendepunkte

Die notwendige Bedingung $f''(x)=0$ gibt als mögliche Wendestelle $x_W=0$.
Beim Durchgang durch $x=0$ geht $f''(x)$ von plus nach minus über, d. h., K von einer Links- in eine Rechtskurve. Die Existenz des Wendepunktes ist damit gesichert.
K hat den Wendepunkt $W=M(0|18)$ auf der y-Achse.

5. Asymptoten von K

Asymptoten parallel zur y-Achse existieren keine, da es kein $x \in \mathbb{R}$ gibt, für das $f(x)\to\infty$ strebt.

Asymptoten parallel zur x-Achse mit der Gleichung $y=a$ oder $y=b$ gibt es, wenn $\lim\limits_{x\to+\infty} f(x)=a$ oder $\lim\limits_{x\to-\infty} f(x)=b$ existiert. Beide können gleich oder verschieden sein.

Um den Grenzwert von $h(x)=\frac{18x}{\sqrt{x^2+18^2}}$ für $x\to+\infty$ und $x\to-\infty$ zu bestimmen, muß h(x) umgeformt werden:

$$h(x)=\frac{18x}{\sqrt{x^2\left(1+\frac{18^2}{x^2}\right)}}=\frac{18x}{|x|\sqrt{1+\frac{18^2}{x^2}}}=18\cdot\frac{x}{|x|}\cdot\frac{1}{\sqrt{1+\frac{18^2}{x^2}}}.$$

Somit $h(x)=18\cdot 1\cdot\frac{1}{\sqrt{1+\frac{18^2}{x^2}}}$ für $x>0$ und

$h(x)=18\cdot(-1)\cdot\frac{1}{\sqrt{1+\frac{18^2}{x^2}}}$ für $x<0$.

Damit wird $\lim\limits_{x\to+\infty} h(x)=+18$ und $\lim\limits_{x\to-\infty} h(x)=-18$.

Mit diesen Grenzwerten erhält man

$\lim_{x \to +\infty} f(x) = 18 + 18 = 36$ und

$\lim_{x \to -\infty} f(x) = -18 + 18 = 0$.

Damit hat K die beiden **Asymptoten** $y = 0$ **für** $x < 0$ und $y = 36$ **für** $x > 0$.

6. Schaubild K

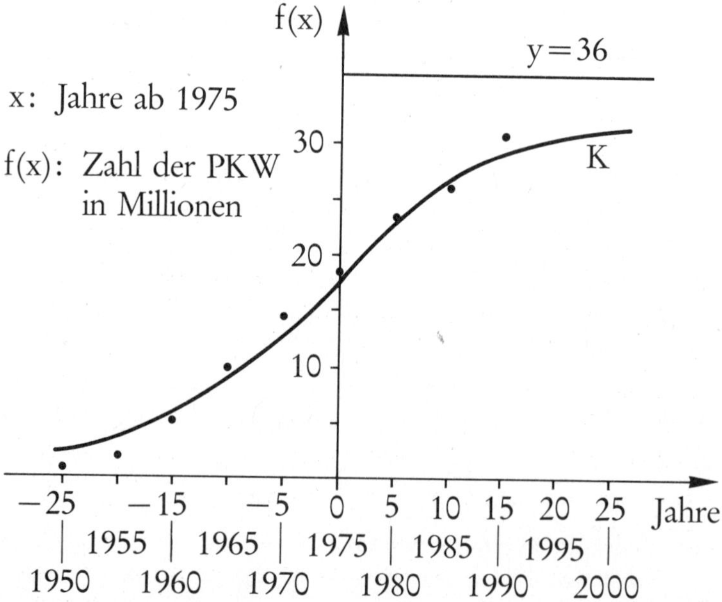

c) **Verwendung des 2. Modells und Prognosen damit**

1. Prozentuale Abweichungen beim 2. Modell

Jahr	1975	1980	1985	1990
Gemessener Wert	18,2	23,2	26,1	30,6
Modellwert	18,0	22,8	26,7	29,5
Absolute Abweichung	0,2	0,4	0,6	1,1
Prozentuale Abweichung	1,1 %	1,7 %	2,3 %	3,6 %

Die **maximale prozentuale Abweichung** beträgt **3,6 %** im Jahre **1990**.

2. Vergleich von Modell-Rechnung und Prognosen

Jahr	2000 (t=25)	2010 (t=35)
Modellrechnung	32,61	34,01
Prognose	31,0 – 34,3	30,5 – 34,7

Beurteilung:
Die Modellrechenergebnisse liegen beide innerhalb der Prognosebereiche.

3. Maximaler Pkw-Bestand nach dem mathematischen Modell

Sowohl das Schaubild K wie die Rechnung lassen erkennen, daß es einen Maximalbestand gibt. Aus Teilaufgabe b) wissen wir, daß f streng monoton zunimmt und sich der Asymptote $f(x)=36$ nähert, d. h., $f(x)\to 36$ für $x\to\infty$.
Der maximale Bestand nach dem Modell beträgt 36 Millionen Pkw.

d) **Änderung des Pkw-Bestandes. Schadstoffausstoß**

1. Bedeutung der Ableitung $f'(x)$

Eine anschauliche Interpretation der 1. Ableitung an der Stelle x besagt, daß $f'(x)$ eine Maßzahl für die momentane **Änderung** von $f(x)$ an der Stelle x ist. Für die Modellfunktion ist

$$f'(x)=\frac{18^3}{(x^2+18^2)^{\frac{3}{2}}}.$$

Dem Jahr 2000 entspricht $x=25$. Damit wird

$$f'(25)=\frac{18^3}{(25^2+18^2)^{\frac{3}{2}}}\approx 0{,}20.$$

$f'(25)\approx 0{,}20$ bedeutet, daß im Jahr 2000 die **Änderung des Autobestandes** 0,20 Millionen = **200 000 Pkw** beträgt. Da $f'(25)>0$ ist, liegt eine **Bestandszunahme** vor.

2. Jahr x mit der Bestandszunahme unter 50 000

Das Jahr x, in dem die Bestandszunahme unter 0,05 sinkt, ergibt sich aus

$$f'(x)<0{,}05,\quad \text{d. h.}\quad \frac{18^3}{(x^2+18^2)^{\frac{3}{2}}}<0{,}05$$

$$18^3<0{,}05\,(x^2+18^2)^{\frac{3}{2}}$$

$$20\cdot 18^3<(x^2+18^2)^{\frac{3}{2}}$$

$$(20\cdot 18^3)^{\frac{2}{3}}<x^2+18^2$$

$$x^2>2387{,}25-324$$

$$x>45{,}4$$

Eine Zunahme unter 50 000 tritt demnach zum ersten Male im Jahre $1975 + 45{,}4 \approx 2020{,}4$ ein.

D. h.: **Im Jahre 2021 ist nach unserem Modell zum ersten Mal eine Pkw-Zunahme von weniger als 50 000 zu erwarten.**

3. Maßzahl für den Schadstoffausstoß von 1970 bis 1990

In unserem Modell bedeutet dies von $x = -5$ bis $x = 15$. Damit ist

$$A = \int_{-5}^{15} \left(\frac{18x}{\sqrt{x^2 + 18^2}} + 18 \right) dx = 18 \int_{-5}^{15} \left(\frac{x}{\sqrt{x^2 + 18^2}} + 1 \right) dx .$$

Man erkennt, daß die Integrandenfunktion $\frac{x}{\sqrt{x^2 + 18^2}}$ die Ableitung von $\sqrt{x^2 + 18^2}$ ist. Also ist

$$A = \left[18 \cdot (\sqrt{x^2 + 18^2} + x) \right]_{-5}^{15}$$

$$= 18 \cdot \{ [\sqrt{225 + 324} + 15] - [\sqrt{25 + 324} - 5] \}$$

$$= 18 \cdot (38{,}431 - 13{,}682) \approx \mathbf{445{,}5} .$$

Das Integral ist der Grenzwert einer Summe. A ist also ein Näherungswert für die Summe aller Autos, die während der 20 Jahre auf der Straße fahren und Schadstoff erzeugen. Es sind 445,5 Millionen Pkw.

4. Mittlere Pkw-Anzahl von 1970 bis 1990

Wenn während 20 Jahren in jedem Jahr $\frac{1}{20} \cdot 445{,}5$ Millionen Pkw fahren, dann produzieren sie die gleiche Schadstoffmenge wie die 445,5 Millionen Pkw, die sich in unterschiedlicher Zahl pro Jahr während der 20 Jahre auf den Straßen bewegen.

Dieser mittlere Bestand beträgt somit

$B \approx 0{,}05 \cdot 445{,}5$ Millionen

$\approx$ **22,3 Millionen Pkw**.

Register

A

A

Analytische Geometrie und Lineare Algebra

Analytische Geometrie und Lineare Algebra

a) Lehrplanänderungen

In dem am 1. 8. 1984 in Kraft getretenen „Bildungsplan für das Gymnasium" von Baden-Württemberg tritt an die Stelle der bisherigen „Linearen Algebra und Analytischen Geometrie" das Stoffgebiet „Analytische Geometrie". Die axiomatische Behandlung des Skalarproduktes wird nicht mehr gefordert.

b) Symbolik

1) Für die Bezeichnung von Vektoren werden deutsche Schreibbuchstaben verwendet (ab 1990 lateinische Buchstaben mit Pfeilen).
Zur Hilfe im folgenden die verwendeten deutschen und die dazugehörigen lateinischen Buchstaben:

a b c d e f l m n

o u v w x y z A B

2) Das Zeichen $\Leftrightarrow$ für „ist äquivalent zu" wird nur bei Umformungen von Gleichungen (Ungleichungen; Gleichungssystemen) verwendet.

3) Die logischen Zeichen $\wedge$ sowie $\vee$ wurden durch die Wörter „und" bzw. „oder" ersetzt.

4) Die Strecke zwischen zwei Punkten A und B wird mit AB bezeichnet. Die Länge der Strecke AB mit $\overline{AB}$, die Gerade durch A und B mit (AB), wenn nicht durch den Aufgabentext die Bezeichnung anders festgelegt ist.

Inhaltsverzeichnis

Aufgabe	Inhalt der Aufgabe
89/2	a) Koordinatengleichung einer Ebene, die eine Dachfläche enthält; Winkel zwischen Dachfläche und Dachkante; Winkel zwischen zwei Dachflächen b) Längen von Stützbalken c) Koordinaten von Punkten, die von der Bodenfläche und den vier Dachflächen gleichen Abstand haben; Lage dieser Punkte d) Untersuchung, ob es möglich ist, von einem Punkt der Dachluke aus die Spitze eines Blitzableiters zu sehen.
89/3	a) Konstruktion eines Bildpunktes und eines Urbildpunktes einschließlich Angabe der Konstruktionsschritte; Ermittlung einer Abbildungsgleichung b) Konstruktion der Scheitel einer Ellipse; orthogonale Bildvektoren; Richtungen der Achsen einer Ellipse; Berechnung der Koordinaten der Scheitel c) Determinante einer Vektorabbildung; Flächeninhalt einer Ellipse; Abbildungsgleichungen von Verkettungen; Beschreibung des Bildes einer Ellipse d) Abbildungsgleichungen bezüglich eines neuen Koordinatensystems; Koordinaten von gegebenen Punkten im neuen Koordinatensystem; Anwenden der neuen Abbildungsgleichungen
90/1	a) Gleichung einer Geraden; Nachweis, daß sich zwei Kugeln schneiden; Ebene des Schnittkreises; Mittelpunkt und Radius des Schnittkreises b) Tangente an Kugel; Koordinaten des Berührpunktes; orthogonale Projektion auf x_1x_2-Ebene c) Koordinatengleichung einer Ebene; Schnittgerade einer Ebene mit einer Koordinatenebene; rollende Kugel auf einer Ebene d) Gleichung einer Kugelschar
90/2	a) Schrägbild einer Pyramide; Neigungswinkel des Hanges gegenüber der Horizontalebene; Koordinaten eines Punktes auf der Hangoberfläche b) Flächeninhalt eines Trapezes c) Bildpunkte bei reflektiertem Sonnenlicht d) Koordinaten von Punkten bei gegebener „Windrichtung“

Aufgabe	Inhalt der Aufgabe
90/3	a) Konstruktion des Bildes eines Dreiecks einschließlich Angabe der Konstruktionsschritte; Ermittlung einer Abbildungsgleichung; Berechnung der Koordinaten eines Bildpunktes b) Konstruktion des Mittelpunktes und der Scheitelpunkte einer Ellipse c) Untersuchung auf Fixpunkte; Abbildungsgleichung bezüglich eines angepaßten Koordinatensystems; Anwenden der neuen Abbildungsgleichung
91/1	a) Koordinatengleichung einer Ebene; Schrägbild einer Geraden und eines Dreiecks; Gleichung einer Kugel; Teilverhältnis b) Bestimmung der Eckpunkte eines Dreiecks und Spitze einer Pyramide c) Koordinatengleichung einer Ebene, die parallel zu einer Koordinatenachse liegt; Gleichung einer Kugel, die eine Gerade und zwei Ebenen berührt d) Zwei Kugeln berühren sich, eine zentrische Streckung bildet die kleinere Kugel auf die größere ab; Berechnung der Koordinaten des zugehörigen Streckzentrums
91/2	a) Winkel zwischen Dachboden und Dachfläche; Abstand der Spitze eines Dachständers von einer Dachfläche b) Radius eines kugelförmigen Behälters im Dachraum; Abstandsuntersuchung c) Seil zwischen Spitze eines Fahnenmastes und Turmspitze; Nachweis, daß dem Seil der Dachständer nicht im Wege ist; Abstand zwischen der Spitze des Dachständers vom Seil d) Nachweis, daß der Schatten des Fahnenmastes eine Turmwand trifft; Berechnung der Schattenlänge

Aufgabe	Inhalt der Aufgabe
91/3	a) Konstruktion des affinen Bildes eines Punktes einschließlich Angabe der Konstruktionsschritte; Ermittlung einer Abbildungsgleichung; Berechnung der Koordinaten eines Bildpunktes b) Konstruktion des Mittelpunktes und der Scheitelpunkte einer Ellipse c) Untersuchung auf Fixpunkte und Eigenwerte in Abhängigkeit von t d) Abbildungsgleichung bezüglich eines angepaßten Koordinatensystems; Zerlegung einer gegebenen Abbildung in zwei Achsenaffinitäten; Bestimmung der Koordinaten eines Punktes im neuen Koordinatensystem; Konstruktion des Bildpunktes im neuen System
92/1	a) Schnittwinkel und Schnittgerade zweier Ebenen; Gleichung einer Geraden, auf der die Mittelpunkte von Kugeln liegen; Schnitt der x_1x_2-Ebene mit Kugeln; Abstand der Kugelmittelpunkte von der x_1x_3-Ebene b) Abstand der Kugeln von einem festen Punkt; Zusammenhang zweier Parameterwerte, wenn sich zwei Kugeln in einem Kreis mit festem Radius schneiden c) Koordinatengleichung einer Ebene d) Gleichung einer Tangente an eine Kugel
92/2	a) Koordinatengleichung einer Ebene, in der die Deckfläche eines Werkstücks liegt; Innenwinkel zwischen Deckfläche und einer Seitenfläche; Winkel zwischen Deckfläche und einer Kante b) Volumenabnahme des Werkstücks durch Abschleifen; minimale Entfernung eines Punktes von einer Kante c) Durchmesser eines Bohrlochs; Durchmesser einer Kugel, die auf dem Bohrloch liegt; Koordinaten des Kugelmittelpunktes; Untersuchung, ob die Kugel von einem gegebenen Punkt aus teilweise sichtbar ist

Aufgabe	Inhalt der Aufgabe
92/3	a) Konstruktion des affinen Bildes eines Punktes einschließlich Angabe der Konstruktionsschritte; Konstruktion einer Urbildgeraden; Ermittlung einer Abbildungsgleichung; Berechnung der Koordinaten eines Bildpunktes b) Berechnung der Eigenvektoren einer Vektorabbildung; Art der Abbildung; Ermittlung der Bildvektoren gegebener Vektoren; Abbildungsgleichung bezüglich eines angepaßten Koordinatensystems c) Konstruktion im angepaßten Koordinatensystem d) Untersuchung der Verkettung einer Scherung und einer Verschiebung auf Kommutativität
93/1	a) Bestimmung des vierten Eckpunktes eines Quadrates; Ermittlung der Koordinaten von Pyramidenspitzen; Schrägbild b) Schnitt: Ebene–Pyramide; Nachweis, daß die Schnittfläche ein gleichschenkliges Trapez ist; Volumen einer Pyramide c) Nachweis, daß sich das Volumen einer Pyramide nicht ändert, wenn ihre Spitze auf einer bestimmten Geraden wandert; Berechnung der Koordinaten einer Pyramidenspitze unter Vorgabe bestimmter Bedingungen für die Lage der Spitze und für das Volumen der Pyramide d) Begründung, daß die Inkugel einer Pyramide sowohl den Mantel als auch die Grundfläche eines Inkegels berührt; Beschreibung der zugehörigen Punktmenge
93/2	a) Koordinatengleichung einer Ebene durch drei vorgegebene Punkte; Berechnung der Koordinaten der Schnittpunkte einer Ebene mit den Koordinatenachsen; Schrägbild; Nachweis, daß keine der Geraden eines „Geradenbüschels“ g_a eine Ebene rechtwinklig schneidet; Berechnung des Wertes von a, für den die zugehörige Gerade parallel zu einer Ebene ist; Prüfung, ob die Gerade sogar in der Ebene liegt b) Koordinaten eines Bildpunktes bei Spiegelung an einer Geraden; Flächeninhalt eines Drachenvierecks; Volumen einer Pyramide c) Berechnung des Radius der Inkugel einer Pyramide; Koordinaten eines Berührpunktes d) Koordinatengleichung einer durch bestimmte Bedingungen festgelegten Ebene; Berechnung der ersten Koordinate eines bestimmten Punktes

G

Auf-gabe	Inhalt der Aufgabe
93/3	a) Konstruktion des affinen Bildes eines Punktes einschließlich Angabe der Konstruktionsschritte; Konstruktion einer Bildgeraden; Ermittlung einer Abbildungsgleichung; Berechnung der Koordinaten eines Bildpunktes; Gleichung einer Bildgeraden b) Konstruktion eines invarianten Rechtwinkelpaares; Konstruktion des Bildes eines Quadrates; Berechnung des Flächeninhaltes einer Bildfigur c) Berechnung der Eigenwerte und der Eigenvektoren einer Vektorabbildung; Angabe eines angepaßten Koordinatensystems; Abbildungsgleichung bezüglich des neuen Koordinatensystems; Verkettungen affiner Abbildungen im neuen Koordinatensystem

Gegeben sind in einem kartesischen Koordinatensystem die Punkte
P(5|1|−2) und Q(1|−1|2),

die Gerade g: $\vec{x} = \begin{pmatrix} -1 \\ 4 \\ 7 \end{pmatrix} + s \begin{pmatrix} -2 \\ 2 \\ -1 \end{pmatrix}$, $s \in \mathbb{R}$, und

die Ebene E: $2x_1 + x_2 + 2x_3 + 6 = 0$.

Die Gerade durch P und Q heißt h.

a) Welchen Abstand hat P von E?
Unter welchem Winkel schneiden sich g und E?
Ermittle eine Koordinatengleichung der Ebene, die g enthält und auf E senkrecht steht.

b) Bestimme den Schnittpunkt der x_3-Achse mit der Ebene E.
Die Ebene E schneidet die Kugel K: $\left[\vec{x} - \begin{pmatrix} -2 \\ 1 \\ -1 \end{pmatrix}\right]^2 = 9$ in einem Kreis k.
Zeige, daß k mit der x_3-Achse genau einen Punkt B gemeinsam hat.
Ermittle eine Gleichung der Tangentialebene an die Kugel K in B.
Auf dem Kreis k liegen die Berührpunkte aller Tangenten, die man von einem Punkt R aus an die Kugel K legen kann.
Berechne die Koordinaten von R.

c) Zeige, daß die Geraden g und h windschief sind.
Berechne den Abstand von g und h.
Bestimme Mittelpunkt und Radius der Kugel, die g und h in den Endpunkten eines Durchmessers berührt.

d) Es gibt eine Gerade durch A(6|0|3), die g und h schneidet
Stelle eine Gleichung dieser Geraden auf.
Nun sei h* eine beliebige Gerade; A und g bleiben fest.
Gib eine Lage von h* an, für die es keine Gerade durch A gibt, die g und h* schneidet.

Lösungshinweise:

a) Wie berechnet man den Abstand eines Punktes von einer Ebene? Wie berechnet man den Schnittwinkel zwischen einer Geraden und einer Ebene? Welche Richtungsvektoren hat die Ebene F, die g enthält und auf E senkrecht steht? Notiere also eine Parametergleichung von F und eliminiere die Parameter. Eine andere Möglichkeit zur Ermittlung einer Gleichung von F ergibt sich über die Berechnung eines Normalenvektors von F.

b) Der Schnittpunkt der x_3-Achse mit E sei S_3. Der Kreis k liegt in E. Also ist S_3 Kandidat für B. Liegt S_3 auch auf der Kugel K? Wie ermittelt man die Gleichung einer Tangentialebene an eine gegebene Kugel in einem vorgegebenen Berührpunkt? Der Punkt R kann verschieden ermittelt werden: Als Schnittpunkt der Tangentialebene an K in B mit einer Geraden; oder aber mit Hilfe des Berührkreises eines Tangentialkegels und anschließendem Koeffizientenvergleich.

c) Welche zwei Bedingungen müssen windschiefe Geraden erfüllen? Überprüfe diese Bedingungen. Den Abstand zweier windschiefer Geraden g und h kann man als Betrag des Vektors $\overrightarrow{CD}$ mit $C \in g$ und $D \in h$ ermitteln, der zu den Richtungsvektoren von g und h orthogonal ist. Eine andere Möglichkeit zur Berechnung des Abstandes ergibt sich, wenn man beachtet, daß es parallele Ebenen E_g und E_h durch g bzw. h gibt. Die Strecke CD ist Durchmesser der gesuchten Kugel. Wo liegt also der Kugelmittelpunkt und wie groß ist der Radius?

d) Lege eine Hilfsebene E_1 durch A, die g enthält. Die gesuchte Gerade liegt also in E_1 und geht durch A. Durch welchen weiteren Punkt S der Ebene E_1 geht sie? Zur Ermittlung einer Lage von h* überlege man sich, wann es keinen solchen weiteren Punkt S gibt. Eine andere Lage von h* ergibt sich, wenn es zwar einen solchen Punkt S gibt, die Verbindungsgerade durch A und S aber eine spezielle Lage hat. Welche?

Lösung:

a) **Abstand des Punktes P von E**

HNF von E: $\frac{1}{3}\begin{pmatrix}2\\1\\2\end{pmatrix}\mathfrak{x}+2=0$

Abstand des Punktes P von E:

$$d=\left|\frac{1}{3}(10+1-4)+2\right|=\frac{13}{3}.$$

Schnittwinkel zwischen g und E

Die Gerade g hat den Richtungsvektor $\vec{u}=\begin{pmatrix}-2\\2\\-1\end{pmatrix}$ und die Ebene E hat den Normalenvektor $\vec{n}_1=\begin{pmatrix}2\\1\\2\end{pmatrix}$.

Aus $\sin\alpha=\left|\frac{\begin{pmatrix}-2\\2\\-1\end{pmatrix}\cdot\begin{pmatrix}2\\1\\2\end{pmatrix}}{\sqrt{9}\cdot\sqrt{9}}\right|=\frac{4}{9}$ folgt $\alpha\approx 26{,}4°$.

Koordinatengleichung der Ebene

F sei die Ebene, die g enthält und auf E senkrecht steht.

1. Möglichkeit:
Der Richtungsvektor $\vec{u}$ von g und der Normalenvektor $\vec{n}_1$ von E sind Richtungsvektoren von F.

F: $\vec{x}=\begin{pmatrix}-1\\4\\7\end{pmatrix}+u\begin{pmatrix}-2\\2\\-1\end{pmatrix}+v\begin{pmatrix}2\\1\\2\end{pmatrix}$; $u, v\in\mathbb{R}$

Elimination von u und v ergibt als Koordinatengleichung von F:
$5x_1+2x_2-6x_3+39=0$.

2. Möglichkeit:
Es sei $\vec{n}_2=\begin{pmatrix}n_1\\n_2\\n_3\end{pmatrix}$ ein Normalenvektor von F.

Aus $\vec{n}_2\perp\vec{u}$ folgt: $-2n_1+2n_2-n_3=0$;
aus $\vec{n}_2\perp\vec{n}_1$ folgt: $2n_1+n_2+2n_3=0$.

Aus diesen beiden Gleichungen folgt $3n_2+n_3=0$. Mit z. B. $n_2=2$ folgt $n_3=-6$ und dann $n_1=5$. Damit ist $\vec{n}_2=\begin{pmatrix}5\\2\\-6\end{pmatrix}$ ein Normalenvektor von F.

Normalengleichung von F: $\begin{pmatrix}5\\2\\-6\end{pmatrix}\vec{x}-\begin{pmatrix}-1\\4\\7\end{pmatrix}\cdot\begin{pmatrix}5\\2\\-6\end{pmatrix}=0$

Koordinatengleichung von F: $5x_1+2x_2-6x_3+39=0$

b) Schnittpunkt der x_3-Achse mit der Ebene E

Schnittpunkt S_3 der Ebene E mit der x_3-Achse:
$x_1=x_2=0$; $x_3=-3$; $S_3(0|0|-3)$.

G

Nachweis eines Schnittpunktes mit der x_3-Achse

Da die x_3-Achse nicht in der Ebene E liegt, kann k mit der x_3-Achse höchstens einen Punkt B gemeinsam haben. Der Punkt S_3 liegt sowohl auf der x_3-Achse als auch in E. S_3 liegt aber auch auf der Kugel K, denn es gilt:

$$\left[\begin{pmatrix}0\\0\\-3\end{pmatrix}-\begin{pmatrix}-2\\1\\-1\end{pmatrix}\right]^2=\left[\begin{pmatrix}2\\-1\\-2\end{pmatrix}\right]^2=9.$$

Damit ist $S_3=B$ der einzige Punkt, den k mit der x_3-Achse gemeinsam hat.

Gleichung der Tangentialebene T an K in B

Aus $\left[\mathfrak{x}-\begin{pmatrix}-2\\1\\-1\end{pmatrix}\right]\cdot\left[\begin{pmatrix}0\\0\\-3\end{pmatrix}-\begin{pmatrix}-2\\1\\-1\end{pmatrix}\right]=9$

folgt T: $\begin{pmatrix}2\\-1\\-2\end{pmatrix}\left[\mathfrak{x}-\begin{pmatrix}-2\\1\\-1\end{pmatrix}\right]=9$

bzw. T: $2x_1-x_2-2x_3-6=0$.

Koordinaten von R

1. Möglichkeit:

Es sei ℓ die Gerade senkrecht zu E durch den Kugelmittelpunkt M. Dann ergibt sich R als Schnittpunkt von ℓ mit der Tangentialebene T.

ℓ: $\mathfrak{x}=\begin{pmatrix}-2\\1\\-1\end{pmatrix}+r\begin{pmatrix}2\\1\\2\end{pmatrix}$; $r\in\mathbb{R}$

$\ell\cap T=\{R\}$: Aus $2(-2+2r)-(1+r)-2(-1+2r)-6=0$ folgt $r=-9$.

Also gilt: $R(-20|-8|-19)$.

2. Möglichkeit:

Die Koordinaten von R können mit Hilfe des Tangentialkegels berechnet werden, denn es gilt der folgende Satz: Der Tangentialkegel mit der Spitze R an die Kugel $(\mathfrak{x}-\mathfrak{m})^2=r^2$ berührt die Kugel in einem Kreis. Dieser Kreis ist der Schnittkreis der Kugel mit der Ebene e: $(\mathfrak{x}-\mathfrak{m})(\mathfrak{r}-\mathfrak{m})=r^2$, wobei $\mathfrak{r}$ der Ortsvektor von R ist.

Mit $\mathfrak{r}=\begin{pmatrix}r_1\\r_2\\r_3\end{pmatrix}$ ermittelt man also zunächst eine Gleichung von e und berechnet dann mit Hilfe eines Koeffizientenvergleichs r_1, r_2 und r_3.

Aus e: $\left[\begin{pmatrix} x_1 \\ x_2 \\ x_3 \end{pmatrix} - \begin{pmatrix} -2 \\ 1 \\ -1 \end{pmatrix}\right] \cdot \left[\begin{pmatrix} r_1 \\ r_2 \\ r_3 \end{pmatrix} - \begin{pmatrix} -2 \\ 1 \\ -1 \end{pmatrix}\right] = 9$

folgt $(x_1+2)(r_1+2)+(x_2-1)(r_2-1)+(x_3+1)(r_3+1)=9$

bzw. $(r_1+2)x_1+(r_2-1)x_2+(r_3+1)x_3+2r_1-r_2+r_3-3=0$.

Koeffizientenvergleich mit E: $2x_1+x_2+2x_3+6=0$ ergibt

$r_1+2=2z$

$r_2-1=z$

$r_3+1=2z$

$2r_1-r_2+r_3-3=6z$.

Hieraus folgt $z=-9$ und dann $r_1=-20$; $r_2=-8$; $r_3=-19$.

G

c) **Nachweis, daß g und h windschief sind**

g: $\vec{x} = \begin{pmatrix} -1 \\ 4 \\ 7 \end{pmatrix} + s\begin{pmatrix} -2 \\ 2 \\ -1 \end{pmatrix}$; $s \in \mathbb{R}$

h: $\vec{x} = \begin{pmatrix} 5 \\ 1 \\ -2 \end{pmatrix} + t\begin{pmatrix} -2 \\ -1 \\ 2 \end{pmatrix}$; $t \in \mathbb{R}$

Die Geraden g und h sind nicht parallel, da die Richtungsvektoren $\vec{u} = \begin{pmatrix} -2 \\ 2 \\ -1 \end{pmatrix}$ und $\vec{v} = \begin{pmatrix} -2 \\ -1 \\ 2 \end{pmatrix}$ von g bzw. h offensichtlich linear unabhängig sind.

Die Schnittbedingung führt auf das LGS

$\left\{\begin{array}{l} -1-2s=5-2t \\ 4+2s=1-t \\ 7-s=-2+2t \end{array}\right.$ bzw. $\left\{\begin{array}{l} -6-2s=-2t \\ 3+2s=-t \\ 9-s=2t. \end{array}\right.$

Dieses LGS besitzt keine Lösung. Die Geraden g und h haben also keinen gemeinsamen Punkt. Da sie auch nicht parallel sind, sind sie windschief.

Abstand von g und h

1. Möglichkeit:

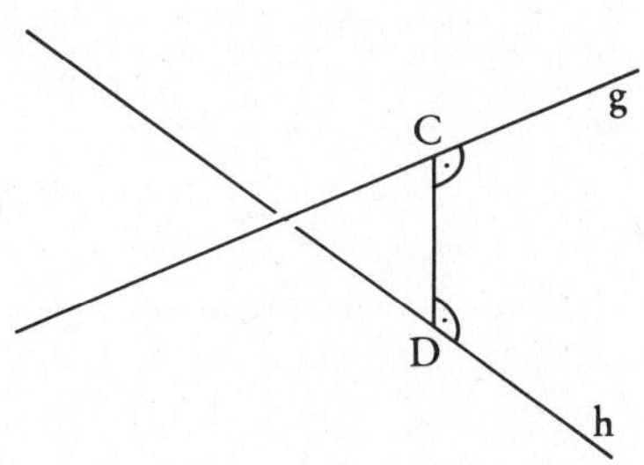

Der Abstand von g und h ergibt sich als Betrag des Vektors $\overrightarrow{CD}$ mit $C \in g$ und $D \in h$, welcher zu den Richtungsvektoren von g und h orthogonal ist.

$C \in g$: $C(-1-2s \mid 4+2s \mid 7-s)$

$D \in h$: $D(5-2t \mid 1-t \mid -2+2t)$

$\overrightarrow{CD} = \begin{pmatrix} 6-2t+2s \\ -3-t-2s \\ -9+2t+s \end{pmatrix}$

Aus $\overrightarrow{CD} \cdot \vec{u} = 0$ und $\overrightarrow{CD} \cdot \vec{v} = 0$ folgt das LGS

$$\begin{cases} -2(6-2t+2s)+2(-3-t-2s)-(-9+2t+s)=0 \\ -2(6-2t+2s)-(-3-t-2s)+2(-9+2t+s)=0 \end{cases}$$

mit der Lösung $t=3$ und $s=-1$. Damit gilt: $C(1|2|8)$, $D(-1|-2|4)$,

$\overrightarrow{CD} = \begin{pmatrix} -2 \\ -4 \\ -4 \end{pmatrix}$ und $|\overrightarrow{CD}| = \sqrt{4+16+16} = \sqrt{36} = 6$.

2. Möglichkeit:

Der Abstand zweier windschiefer Geraden kann mit Hilfe des folgenden Satzes berechnet werden: Sind g: $\vec{x} = \vec{a} + s\,\vec{u}$ und h: $\vec{x} = \vec{b} + t\,\vec{v}$ windschiefe Geraden, und ist $\vec{n}_0$ ein Einheitsvektor mit $\vec{n}_0 \perp \vec{u}$ und $\vec{n}_0 \perp \vec{v}$, dann haben g und h den Abstand $d(g,h) = |(\vec{b} - \vec{a}) \cdot \vec{n}_0|$.

Es sei $\vec{n} = \begin{pmatrix} n_1 \\ n_2 \\ n_3 \end{pmatrix}$.

Aus $\vec{n} \perp \vec{u}$ folgt: $-2n_1 + 2n_2 - n_3 = 0$;
aus $\vec{n} \perp \vec{v}$ folgt: $-2n_1 - n_2 + 2n_3 = 0$.
Dieses LGS ist z. B. für $n_1 = 1$; $n_2 = 2$; $n_3 = 2$ erfüllt.

Mit $\vec{n} = \begin{pmatrix} 1 \\ 2 \\ 2 \end{pmatrix}$ bzw. $\vec{n}_0 = \frac{1}{3}\begin{pmatrix} 1 \\ 2 \\ 2 \end{pmatrix}$ ergibt sich der gesuchte Abstand zu

$$d(g,h) = \left| \left[\begin{pmatrix} 5 \\ 1 \\ -2 \end{pmatrix} - \begin{pmatrix} -1 \\ 4 \\ 7 \end{pmatrix} \right] \cdot \frac{1}{3}\begin{pmatrix} 1 \\ 2 \\ 2 \end{pmatrix} \right| = \left| \begin{pmatrix} 6 \\ -3 \\ -9 \end{pmatrix} \cdot \frac{1}{3}\begin{pmatrix} 1 \\ 2 \\ 2 \end{pmatrix} \right| = \left| \frac{1}{3}(6-6-18) \right| = 6.$$

Mittelpunkt und Radius der Kugel

Der Mittelpunkt M_1 der gesuchten Kugel ist der Mittelpunkt der Strecke CD: $M_1(0|0|6)$. Als Radius ergibt sich $r_1 = \frac{1}{2}d = 3$.

d) Gleichung der Geraden durch A, die g und h schneidet

Der Punkt $A(6|0|3)$ liegt weder auf g noch auf h. Es sei E_1 die Hilfsebene durch A, die g enthält. Da es laut Aufgabe eine Gerade gibt, die durch A geht und g und h schneidet, ist die Hilfsebene E_1 nicht parallel zu h. Die gesuchte Gerade ergibt sich als Gerade durch A und den Schnittpunkt von h mit E_1. Es gilt:

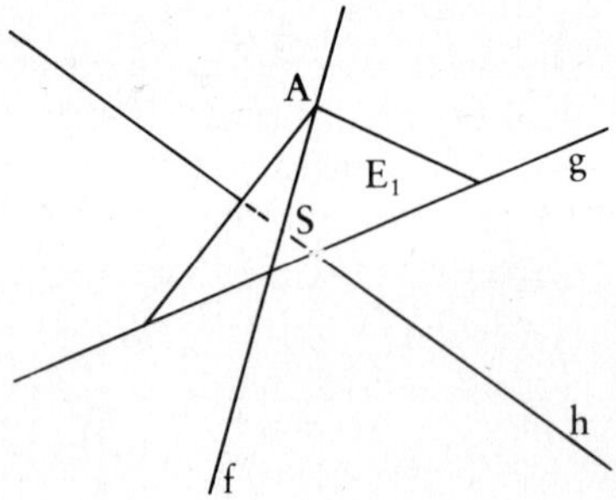

$$E_1: \vec{x} = \begin{pmatrix} -1 \\ 4 \\ 7 \end{pmatrix} + u \begin{pmatrix} -2 \\ 2 \\ -1 \end{pmatrix} + v \begin{pmatrix} 7 \\ -4 \\ -4 \end{pmatrix}; \quad u, v \in \mathbb{R};$$

bzw. $E_1: 4x_1 + 5x_2 + 2x_3 - 30 = 0.$

$h \cap E_1 = \{S\}$: Aus $4(5-2t) + 5(1-t) + 2(-2+2t) - 30 = 0$ folgt $t = -1$.

Also ist $S(7|2|-4)$ der Schnittpunkt und

$$f: \vec{x} = \begin{pmatrix} 6 \\ 0 \\ 3 \end{pmatrix} + r \begin{pmatrix} 1 \\ 2 \\ -7 \end{pmatrix}; \quad r \in \mathbb{R};$$

die gesuchte Gerade.

Lage von h^*

Es sei E_1 wieder die Hilfsebene durch A, die g enthält.

1. Möglichkeit:

Liegt h^* nicht in E_1, aber gilt $h^* \| E_1$, so gibt es keine Gerade durch A, die g und h^* schneidet.

2. Möglichkeit:

Liegt h^* nicht in E_1 und ist h^* nicht parallel zu E_1, so schneidet h^* die Hilfsebene E_1. Dieser Schnittpunkt sei wieder S. Liegt h^* so, daß sich ein Schnittpunkt S ergibt, so daß $\overrightarrow{AS}$ und der Richtungsvektor von g linear abhängig sind, so gibt es keine Gerade durch A, die g und h^* schneidet.

G

Ein Haus hat die Form eines Quaders mit aufgesetztem symmetrischen Walmdach (siehe Skizze; Maße in Meter).

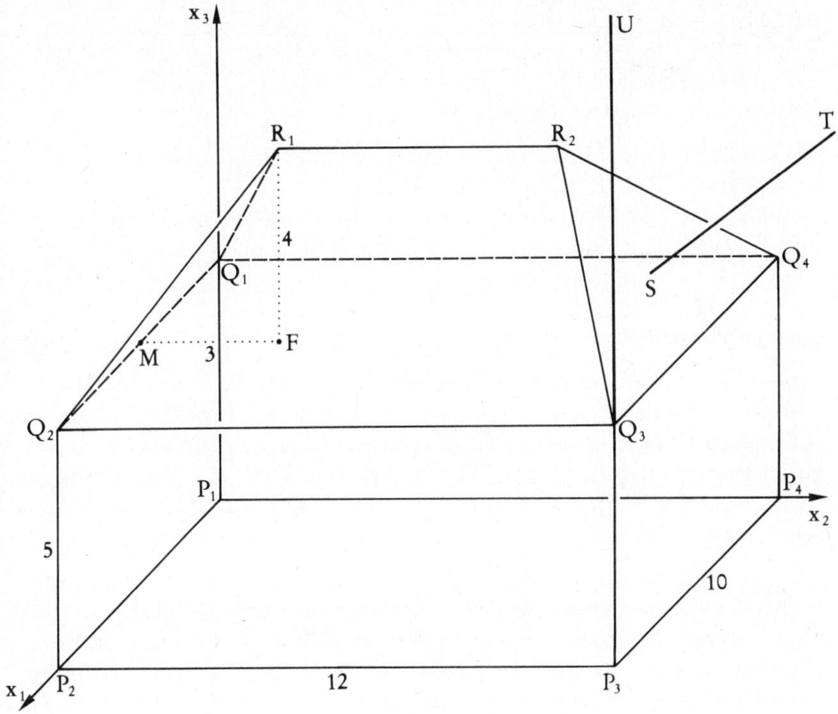

a) Gib eine Koordinatengleichung der Ebene E an, welche die Dachfläche $Q_3Q_4R_2$ enthält.
Berechne den Winkel, den die Dachkante Q_3R_2 mit der Hauskante P_3Q_3 bildet.
Berechne den Winkel, den die Ebene E mit der Hauskante P_3Q_3 bildet.
Berechne den Winkel, den die Dachfläche $Q_3Q_4R_2$ mit der Dachfläche $Q_2Q_3R_2R_1$ bildet.

b) S ist der Schwerpunkt der Dachfläche $Q_3Q_4R_2$. In S ist nach außen eine 5 m lange gerade Antenne ST angebracht, die senkrecht auf dieser Dachfläche steht.
Wie hoch liegt T über dem Erdboden?
Die rückwärtige Verlängerung der Antenne endet im Punkt T* der Dachbodenfläche $Q_1Q_2Q_3Q_4$.
Wie lang ist das im Dachraum befindliche Stück ST* ?

c) In der Verlängerung der Hauskante P_3Q_3 befindet sich eine 8 m lange Antenne Q_3U.
Die Antennen ST und Q_3U sollen durch einen möglichst kurzen Draht miteinander verbunden werden.
Zeige, daß die Befestigungspunkte dieses Drahtes zwischen S und T bzw. Q_3 und U liegen.
Bestimme die Länge des Drahtes.

d) Ein möglichst kurzes Kabel beginnt im Mittelpunkt der Dachkante Q_3R_2, überquert den First R_1R_2 und endet in Q_1.
In welchem Punkt überquert das Kabel den First? (Anleitung: Drehe die beiden Dachflächen, auf denen das Kabel verläuft, in eine gemeinsame Ebene.)

Lösungshinweise:

a) Notiere eine Parametergleichung von E und eliminiere die Parameter. Wie berechnet man den Winkel zwischen zwei Vektoren? Wie berechnet man den Schnittwinkel zwischen einem Vektor und einer Ebene, wenn die Ebene in Koordinatenform vorliegt? Der Winkel, den die beiden Dachflächen bilden, ist ein stumpfer Winkel. Wie erhält man diesen Winkel mit Hilfe des Schnittwinkels zweier Ebenen?

b) Welche der Koordinaten von T stellt den Abstand des Punktes T vom Erdboden dar? Wie ermittelt man die Koordinaten des Schwerpunktes einer Fläche? Welche Vektorgleichung gilt für den Ortsvektor von T? Die Dachbodenfläche liegt in einer Ebene mit ganz spezieller Lage. Welche Gleichung hat diese Ebene? Mit welcher Geraden muß diese Ebene geschnitten werden, um T^* zu erhalten?

c) Die beiden Antennen liegen auf zwei verschiedenen Trägergeraden. Berechne die Lotfußpunkte des gemeinsamen Lotes dieser Trägergeraden. Liegen diese zwischen S und T bzw. zwischen Q_3 und U? Wie erhält man die Länge des Drahtes?
Eine andere Möglichkeit zur Behandlung der Aufgabe ergibt sich aus den speziellen Lagen der Antennen. Die Koordinaten der vier Punkte S, T, Q_3 und U sind bekannt. Wie kann man mit ihrer Hilfe nachweisen, daß die Befestigungspunkte des Drahtes zwischen S und T bzw. zwischen Q_3 und U liegen? Die Länge des Drahtes ist aufgrund der besonderen Lagen der Antennen sofort angebbar.

d) Vom dem gesuchten Punkt H des Firstes sind zwei Koordinaten bekannt. Welche? Bei der Drehung der Dachfläche $Q_1Q_4R_2R_1$ um R_1R_2 in die Ebene, welche die Dachfläche $Q_2Q_3R_2R_1$ enthält, sei Q_1' der Bildpunkt von Q_1 und Q_4' der Bildpunkt von Q_4. Die Längen von Q_1H und $Q_1'H$ sind also gleich. Was folgt hieraus für die Lage von H bezüglich der Punkte Q_1' und M_1, wobei M_1 die Mitte von Q_3R_2 ist? Fertige eine Lageskizze an. Löse nun das Problem mit Hilfe des 2. Strahlensatzes.

Lösung:

Die Koordinaten der Hausecken sind: $P_1(0|0|0)$, $P_2(10|0|0)$, $P_3(10|12|0)$, $P_4(0|12|0)$, $Q_1(0|0|5)$, $Q_2(10|0|5)$, $Q_3(10|12|5)$, $Q_4(0|12|5)$, $R_1(5|3|9)$, $R_2(5|9|9)$.

a) **Koordinatengleichung der Ebene E**

Als Parametergleichung von E ergibt sich:

$$E:\ \mathfrak{x} = \begin{pmatrix}10\\12\\5\end{pmatrix} + u\begin{pmatrix}-10\\0\\0\end{pmatrix} + v\begin{pmatrix}-5\\-3\\4\end{pmatrix};\ u, v \in \mathbb{R}.$$

Elimination von v ergibt als Koordinatengleichung von E:

$4x_2 + 3x_3 - 63 = 0.$

Die Ebene E ist parallel zur x_1-Achse.

Winkel zwischen Dachkante und Hauskante

Ist α der Winkel zwischen der Dachkante Q_3R_2 und der Hauskante Q_3P_3, so gilt mit $\overrightarrow{Q_3R_2} = \begin{pmatrix}-5\\-3\\4\end{pmatrix}$ und $\overrightarrow{Q_3P_3} = \begin{pmatrix}0\\0\\-5\end{pmatrix}$:

Aus $\cos\alpha = \dfrac{\begin{pmatrix}-5\\-3\\4\end{pmatrix}\cdot\begin{pmatrix}0\\0\\-5\end{pmatrix}}{5\sqrt{2}\cdot 5} = -\dfrac{4}{5\sqrt{2}}$ folgt $\alpha \approx 124{,}4°$.

Winkel zwischen der Ebene E und der Hauskante

Es sei β der Winkel zwischen E und der Hauskante Q_3P_3.

Aus $\sin\beta = \dfrac{\begin{pmatrix}0\\4\\3\end{pmatrix}\cdot\begin{pmatrix}0\\0\\-5\end{pmatrix}}{5\cdot 5} = \dfrac{3}{5}$ folgt $\beta \approx 36{,}9°$.

Winkel zwischen den Dachflächen

Es sei E_1 die Ebene, welche die Dachfläche $Q_2Q_3R_2R_1$ enthält, und γ der Winkel zwischen E und E_1. Als Parametergleichung von E_1 ergibt sich:

$$E_1: \vec{x}=\begin{pmatrix}10\\0\\5\end{pmatrix}+r\begin{pmatrix}0\\12\\0\end{pmatrix}+s\begin{pmatrix}-5\\3\\4\end{pmatrix};\quad r, s \in \mathbb{R}.$$

Elimination von s ergibt als Koordinatengleichung von E_1:

$4x_1+5x_3-65=0$.

Die Ebene E_1 ist parallel zur x_2-Achse.

$$\text{Aus } \cos\gamma=\left|\frac{\begin{pmatrix}0\\4\\3\end{pmatrix}\cdot\begin{pmatrix}4\\0\\5\end{pmatrix}}{5\sqrt{41}}\right|=\frac{3}{\sqrt{41}} \text{ folgt } \gamma\approx 62{,}1°.$$

Damit ergibt sich als Winkel zwischen den Dachflächen: $180°-\gamma\approx 117{,}9°$.

b) **Abstand des Punktes T vom Erdboden**

Bei der besonderen Lage des Hauses im Koordinatensystem ist die x_3-Koordinate von T gleichzeitig der Abstand des Punktes T vom Erdboden. Für den Punkt T gilt:

$\overrightarrow{P_1T}=\overrightarrow{P_1S}+\overrightarrow{ST}$.

S ist Schwerpunkt der Fläche $Q_3Q_4R_2$ und $\overrightarrow{ST}$ ist ein Normalenvektor der Ebene E aus Teilaufgabe a). Die Länge von $\overrightarrow{ST}$ ist 5.

$$\overrightarrow{PS}=\frac{1}{3}(\overrightarrow{P_1Q_3}+\overrightarrow{P_1Q_4}+\overrightarrow{P_1R_2})=\frac{1}{3}\left[\begin{pmatrix}10\\12\\5\end{pmatrix}+\begin{pmatrix}0\\12\\5\end{pmatrix}+\begin{pmatrix}5\\9\\9\end{pmatrix}\right]=\begin{pmatrix}5\\11\\\frac{19}{3}\end{pmatrix}$$

$$\overrightarrow{P_1T}=\begin{pmatrix}5\\11\\\frac{19}{3}\end{pmatrix}+5\cdot\frac{1}{5}\cdot\begin{pmatrix}0\\4\\3\end{pmatrix}=\begin{pmatrix}5\\15\\\frac{28}{3}\end{pmatrix};\quad S\left(5\,\middle|\,11\,\middle|\,\frac{19}{3}\right);\quad T\left(5\,\middle|\,15\,\middle|\,\frac{28}{3}\right)$$

Damit liegt T $9\frac{1}{3}$ m über dem Erdboden.

Berechnung der Länge von ST*

Es sei E_2 die Ebene, welche die Dachbodenfläche enthält. E_2 ist parallel zur x_1x_2-Ebene und hat die Gleichung $E_2: x_3=5$. T^* ergibt sich als Schnittpunkt der Geraden g, die durch S geht und den Normalenvektor $\overrightarrow{ST}$ von E als Richtungsvektor hat, mit der Ebene E_2.

$$g: \vec{x}=\begin{pmatrix}5\\11\\\frac{19}{3}\end{pmatrix}+u\begin{pmatrix}0\\4\\3\end{pmatrix};\quad u\in\mathbb{R}$$

$g\cap E_2=\{T^*\}$: Aus $\frac{19}{3}+3t=5$ folgt $t=-\frac{4}{9}$ und hieraus

$T^*\left(5\left|\frac{83}{9}\right|5\right)$; $|\overrightarrow{ST^*}| = \left|\begin{pmatrix} 0 \\ -\frac{16}{9} \\ -\frac{4}{3} \end{pmatrix}\right| = \frac{20}{9}.$

Das im Dachraum befindliche Stück ST* hat die Länge $2\frac{2}{9}$m.

c) **Nachweis**

1. Möglichkeit:

Die Antenne ST liegt auf der Trägergeraden g aus Teilaufgabe b). Die Antenne Q_3U liegt auf der Trägergeraden

$$h:\ \vec{x} = \begin{pmatrix} 10 \\ 12 \\ 5 \end{pmatrix} + v\begin{pmatrix} 0 \\ 0 \\ 1 \end{pmatrix};\quad v \in \mathbb{R}.$$

Die Lotfußpunkte des gemeinsamen Lotes von g und h seien F_1 und F_2.

$F_1 \in g$: $F_1\left(5\left|11+4u\right|\frac{19}{3}+3u\right)$

$F_2 \in h$: $F_2(10|12|5+v)$

$$\overrightarrow{F_1F_2} = \begin{pmatrix} 5 \\ 1-4u \\ -\frac{4}{3}+v-3u \end{pmatrix}$$

Aus $\begin{pmatrix} 5 \\ 1-4u \\ -\frac{4}{3}+v-3u \end{pmatrix} \cdot \begin{pmatrix} 0 \\ 4 \\ 3 \end{pmatrix} = 0$ und $\begin{pmatrix} 5 \\ 1-4u \\ -\frac{4}{3}+v-3u \end{pmatrix} \cdot \begin{pmatrix} 0 \\ 0 \\ 1 \end{pmatrix} = 0$

folgt $\begin{cases} 4(1-4u)+3\left(-\frac{4}{3}+v-3u\right)=0 \\ -\frac{4}{3}+v-3u=0 \end{cases}$

mit der Lösung $u=\frac{1}{4}$ und $v=\frac{25}{12}$.

Damit gilt: $F_1\left(5\left|12\right|\frac{85}{12}\right)$; $F_2\left(10\left|12\right|\frac{85}{12}\right)$.

Bleibt noch nachzuprüfen, ob F_1 zwischen S und T und F_2 zwischen Q_3 und U liegt. Die Antenne ST mit $S\left(5\left|11\right|\frac{19}{3}\right)$ und $T\left(5\left|15\right|\frac{28}{3}\right)$ liegt in der Ebene $x_1=5$.

Für die x_2-Koordinate der Punkte S, F_1, T gilt: $11<12<15$. Also liegt F_1 zwischen S und T. Die Antenne Q_3U mit $Q_3(10|12|5)$ und $U(10|12|13)$ ist parallel zur x_3-Achse. Für die x_3-Koordinate der Punkte Q_3, F_2, U gilt: $5<\frac{85}{12}<13$. Also liegt F_2 zwischen Q_3 und U.

2. Möglichkeit:

Die beiden Antennen haben besondere Lagen. Die Antenne Q_3U mit den Endpunkten $Q_3(10|12|5)$ und $U(10|12|13)$ ist parallel zur x_3-Achse. Die Antenne ST mit den Endpunkten $S\left(5\left|11\right|\frac{19}{3}\right)$ und $T\left(5\left|15\right|\frac{28}{3}\right)$ liegt in der Ebene $x_1=5$. Daß die Befestigungspunkte des Drahtes zwischen S und T bzw. zwischen Q_3 und U liegen, ersieht man aus den Koordinaten von S, T, Q_3 und U. Denn der Befestigungspunkt F_1 auf ST ist der Schnittpunkt der Ebene $x_2=12$ mit der Strecke ST. Damit hat F_1 die x_2-Koordinate 12 und diese liegt zwischen denen von S und T. Der Befestigungspunkt F_2 auf Q_3U ist der Schnittpunkt der Ebene parallel zur x_1-Ebene, welche die Strecke ST enthält, mit der Strecke Q_3U. Da die x_3-Koordinaten von S und T beide größer als die von Q_3 und beide kleiner als die von U sind, liegt F_2 zwischen Q_3 und U.

Länge des Drahtes

Aufgrund der speziellen Lage der Antennen ergibt sich sofort als Länge des Drahtes 5 m.

Andere Möglichkeit: $|\overrightarrow{F_1F_2}| = \left|\begin{pmatrix}5\\0\\0\end{pmatrix}\right| = 5.$

d) **Ermittlung der Koordinaten des Firstpunktes**

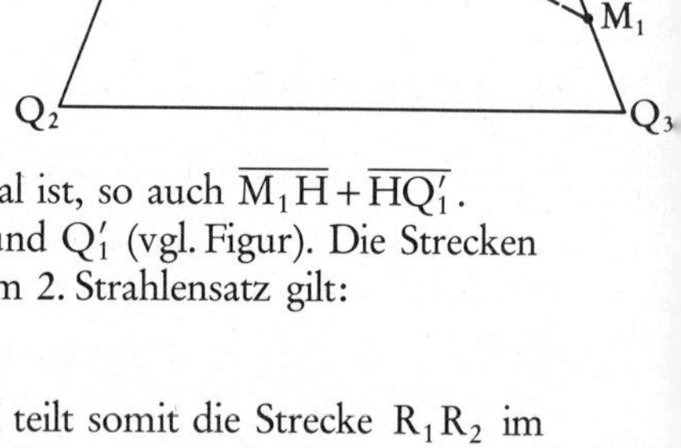

Es sei M_1 der Mittelpunkt der Dachkante Q_3R_2. Der gesuchte Punkt des Firstes R_1R_2 sei $H(5|x_2|9)$. Die Dachfläche $Q_1Q_4R_2R_1$ werde um R_1R_2 in die Ebene gedreht, welche die Dachfläche $Q_2Q_3R_2R_1$ enthält. Es sei Q_1' der Bildpunkt von Q_1 und Q_4' der Bildpunkt von Q_4 bei dieser Drehung.
Da bei einer Drehung die Länge einer Strecke nicht verändert wird, gilt:
$\overline{Q_1H}=\overline{Q_1'H}$. Wenn $\overline{M_1H}+\overline{HQ_1}$ minimal ist, so auch $\overline{M_1H}+\overline{HQ_1'}$.
Also liegt H auf der Geraden durch M_1 und Q_1' (vgl. Figur). Die Strecken Q_3R_2 und $Q_1'R_1$ sind parallel. Nach dem 2. Strahlensatz gilt:
$\overline{HR_2}:\overline{HR_1}=\overline{R_2M_1}:\overline{Q_1'R_1}=1:2.$

Also folgt: $\overline{HR_2}=\frac{1}{2}\cdot\overline{HR_1}$. Der Punkt H teilt somit die Strecke R_1R_2 im Verhältnis 2 : 1. Damit: $\overline{HR_2}=\frac{1}{3}\cdot\overline{R_1R_2}=\frac{1}{3}\cdot 6=2$. Also überquert das Kabel den First im Punkt $H(5|7|9)$.

In einem kartesischen Koordinatensystem ist zu jedem $t \in \mathbb{R} \setminus \{-2; 0\}$ durch

$$\alpha_t: \overline{\mathfrak{x}} = x_1 \begin{pmatrix} 0{,}1t+1 \\ 0{,}2t \end{pmatrix} + x_2 \begin{pmatrix} 0{,}2t \\ 0{,}4t+1 \end{pmatrix} + \begin{pmatrix} 0{,}2t \\ 0{,}4t \end{pmatrix}$$

eine Affinität gegeben.

Zu jedem $s<0$ ist eine zentrische Streckung β_s mit dem Zentrum $Z(0|-1)$ und dem Streckfaktor s definiert.

a) Zeige, daß α_t eine orthogonale Achsenaffinität ist, und gib die zugehörige Fixpunktgerade an.
Für welchen Wert von t ist α_t eine Achsenspiegelung?

b) Bestimme die Eigenwerte der zu α_{-3} gehörenden Vektorabbildung.
Berechne die Koordinaten des Bildpunktes zu $P(0|-6)$ bei der Abbildung α_{-3}.
Zeige, daß das Viereck ABCD mit $A(-2|5)$, $B(-3|-2)$, $C(4|-3)$, $D(1|6)$ zwei rechte Winkel besitzt.
Begründe, daß dieses Viereck einen Umkreis hat.
Zeichne das Viereck und den Umkreis k in ein Achsenkreuz ein.
Konstruiere unter Verwendung der bisherigen Ergebnisse den Bildpunkt $\overline{A}$ von A.
$\overline{k}$ ist das Bild von k bei der Abbildung α_{-3}.
Konstruiere in $\overline{A}$ die Tangente an $\overline{k}$.
Beschreibe die Konstruktionen.

c) Bestimme die Gleichung der Abbildung β_{-2}.
Stelle die Gleichung der Abbildung $\gamma_{-2} = \beta_{-2} \circ \alpha_{-3}$ auf.
γ_{-2} bildet einen Kreis mit Radius 1 auf die Ellipse E ab.
Berechne den Flächeninhalt von E.

d) Durch $Z(0|-1)$, $\mathfrak{b}_1 = \begin{pmatrix} 2 \\ -1 \end{pmatrix}$, $\mathfrak{b}_2 = \begin{pmatrix} 1 \\ 2 \end{pmatrix}$ ist ein neues Koordinatensystem $(Z; \mathfrak{b}_1, \mathfrak{b}_2)$ gegeben.
Stelle die Abbildungsgleichungen von α_{-3} und β_s in diesem Koordinatensystem auf.
Für welchen Wert von $s<0$ ist $\gamma_s = \beta_s \circ \alpha_{-3}$ eine flächentreue Abbildung?
Wie viele Fixpunkte und wie viele Fixgeraden besitzt diese flächentreue Abbildung?

Lösungshinweise:

a) Berechne die Eigenwerte und die zugehörigen Eigenvektoren. Wie erhält man aus einem Fixpunkt und einem Eigenvektor zum Eigenwert 1 eine Fixpunktgerade? Welche Bedingung für die Eigenvektoren muß untersucht werden, um nachzuweisen, daß α_t eine orthogonale Achsenaffinität ist?

b) Die Eigenwerte der zu α_{-3} gehörenden Vektorabbildung sind aufgrund von Teilaufgabe a) bekannt. Wie berechnet man die Koordinaten eines Bildpunktes zu einem gegebenen Punkt bezüglich einer vorgegebenen Affinität? Wie überprüft man, ob zwei Strecken senkrecht aufeinander stehen? Bei welchen Eckpunkten liegen die rechten Winkel? Von der Abbildung α_{-3} sind die Fixpunktgerade und z. B. ein zugeordnetes Punktepaar P und $\overline{P}$ gegeben. Wie konstruiert man hiermit das Bild $\overline{A}$ des gegebenen Punktes A? Die Tangente t in A an k kann sofort gezeichnet werden. $\overline{A}$ ist schon konstruiert. Welcher Punkt von $\bar{t}$ ist noch bekannt?

c) Die Abbildung β_{-2} ist eine zentrische Streckung mit dem Zentrum $Z(0|-1)$ und dem Streckfaktor -2. Notiere die Gleichungen dieser Abbildung und verwende, daß Z Fixpunkt ist. Wie bestimmt man die Matrixdarstellung der Verkettung $\beta_{-2} \circ \alpha_{-3}$? Was folgt aus dem Affinitätsverhältnis für den Flächeninhalt von E?

d) Liegt Z auf der Achse von α_{-3}? Die Vektoren $\mathscr{b}_1$ und $\mathscr{b}_2$ sind Eigenvektoren von α_{-3}. Wie lauten also die Abbildungsgleichungen im angepaßten Koordinatensystem? Welchen Wert muß das Affinitätsverhältnis annehmen, damit die zugehörige affine Abbildung flächentreu ist? Was folgt hieraus für s mit $s<0$? Wie lautet die Matrixdarstellung dieser flächentreuen Abbildung? Um welchen Abbildungstyp handelt es sich also?

Lösung:

a) **Orthogonale Achsenaffinität; Fixpunktgerade**

Mit $t \in \mathbb{R} \setminus \{-2; 0\}$ folgt aus

$$\operatorname{Det}\begin{pmatrix} 0{,}1t+1-\lambda & 0{,}2t \\ 0{,}2t & 0{,}4t+1-\lambda \end{pmatrix} = 0$$

die charakteristische Gleichung $\lambda^2-(0{,}5t+2)\lambda+0{,}5t+1=0$ mit den Eigenwerten $\lambda_1=1$; $\lambda_2=0{,}5t+1$.

$\lambda_1=1$: Aus $\left\{\begin{array}{l} 0{,}1tx_1+0{,}2tx_2=0 \\ 0{,}2tx_1+0{,}4tx_2=0 \end{array}\right.$ folgt $x_1=-2x_2$;

also sind $\vec{w}_1 = u\begin{pmatrix} 2 \\ -1 \end{pmatrix}$, $u \neq 0$, Eigenvektoren zum Eigenwert $\lambda_1 = 1$.

$\lambda_2 = 0{,}5t + 1$: Aus $\begin{cases} -0{,}4tx_1 + 0{,}2tx_2 = 0 \\ 0{,}2tx_1 - 0{,}1tx_2 = 0 \end{cases}$ folgt $x_1 = 0{,}5x_2$;

also sind $\vec{w}_2 = v\begin{pmatrix} 1 \\ 2 \end{pmatrix}$, $v \neq 0$, Eigenvektoren zum Eigenwert $\lambda_2 = 0{,}5t + 1$.

Der Punkt $F(-2|0)$ ist ein Fixpunkt aller α_t. Folglich ist

$\vec{x} = \begin{pmatrix} -2 \\ 0 \end{pmatrix} + r\begin{pmatrix} 2 \\ -1 \end{pmatrix}$, $r \in \mathbb{R}$, oder $x_1 + 2x_2 + 2 = 0$ Fixpunktgerade von α_t.

Aus $\vec{w}_1 \cdot \vec{w}_2 = 0$ folgt, daß α_t für $t \in \mathbb{R} \setminus \{-2; 0\}$ eine orthogonale Achsenaffinität ist.

Berechnung des Wertes von t, für den α_t eine Achsenspiegelung ist

α_t hat für alle t den Eigenwert $\lambda_1 = 1$. α_t ist eine Achsenspiegelung, wenn $\lambda_2 = -1$ ist. Aus $0{,}5t + 1 = -1$ folgt $t = -4$. Also ist α_t für $t = -4$ eine Achsenspiegelung.

b) **Eigenwerte der zu α_{-3} gehörenden Vektorabbildung**

Aus Teilaufgabe a) folgt: $\lambda_1 = 1$; $\lambda_2 = -\frac{1}{2}$.

Koordinaten des Bildpunktes zu P(0|−6)

$$\alpha_{-3}: \vec{x}' = \begin{pmatrix} 0{,}7 & -0{,}6 \\ -0{,}6 & -0{,}2 \end{pmatrix}\vec{x} + \begin{pmatrix} -0{,}6 \\ -1{,}2 \end{pmatrix}$$

Damit gilt: $P(0|-6) \mapsto \overline{P}(3|0)$.

Nachweis, daß das Viereck ABCD zwei rechte Winkel besitzt

Mit $\overrightarrow{AB} = \begin{pmatrix} -1 \\ -7 \end{pmatrix}$; $\overrightarrow{BC} = \begin{pmatrix} 7 \\ -1 \end{pmatrix}$; $\overrightarrow{CD} = \begin{pmatrix} -3 \\ 9 \end{pmatrix}$; $\overrightarrow{DA} = \begin{pmatrix} -3 \\ -1 \end{pmatrix}$ folgt:

$\overrightarrow{AB} \cdot \overrightarrow{BC} = 0$ und $\overrightarrow{CD} \cdot \overrightarrow{DA} = 0$. Damit hat das Viereck ABCD bei B und bei D rechte Winkel.

Begründung für den Umkreis

Die Punkte B und D liegen auf dem Thaleskreis über AC.

G

Konstruktion

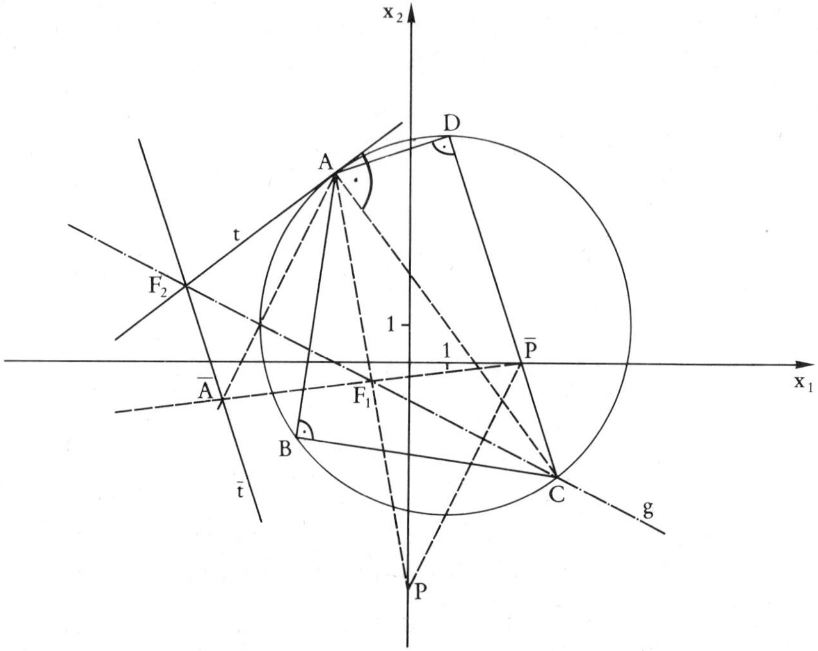

Konstruktionsbeschreibungen

Konstruktion von $\overline{A}$: AP schneidet die Fixpunktgerade g in F_1. Zeichne $\overline{P}F_1$. Die Parallele zu $P\overline{P}$ durch A schneidet die Gerade $\overline{P}F_1$ in $\overline{A}$.

Konstruktion der Tangente $\bar{t}$ in $\overline{A}$ an $\bar{k}$: Die Tangente t in A an k schneidet die Fixpunktgerade g in F_2. Die Gerade durch F_2 und $\overline{A}$ ist die Tangente $\bar{t}$.

c) **Abbildungsgleichung von β_{-2}**

Das Streckzentrum $Z(0|-1)$ ist Fixpunkt von β_{-2}. Für $x_1=0$, $x_2=-1$ folgt aus

$$\begin{cases} x_1 = -2x_1 \quad\quad + e \\ x_2 = \quad\quad -2x_2 + f \end{cases}$$

$e=0$; $f=-3$. Damit:

$$\beta_{-2}:\ \overline{\mathfrak{x}} = \begin{pmatrix} -2 & 0 \\ 0 & -2 \end{pmatrix} \mathfrak{x} + \begin{pmatrix} 0 \\ -3 \end{pmatrix}.$$

Abbildungsgleichung von γ_{-2}

Matrixdarstellung der Verkettung $\beta_{-2} \circ \alpha_{-3}$ von

$$\beta_{-2}:\ \bar{\mathfrak{x}} = \begin{pmatrix} -2 & 0 \\ 0 & -2 \end{pmatrix} \mathfrak{x} + \begin{pmatrix} 0 \\ -3 \end{pmatrix} \text{ und}$$

$$\alpha_{-3}:\ \bar{\mathfrak{x}} = \begin{pmatrix} 0{,}7 & -0{,}6 \\ -0{,}6 & -0{,}2 \end{pmatrix} \mathfrak{x} + \begin{pmatrix} -0{,}6 \\ -1{,}2 \end{pmatrix}:$$

$\gamma_{-2} = \beta_{-2} \circ \alpha_{-3}$:

$$\bar{\mathfrak{x}} = \begin{pmatrix} -2 & 0 \\ 0 & -2 \end{pmatrix} \cdot \begin{pmatrix} 0{,}7 & -0{,}6 \\ -0{,}6 & -0{,}2 \end{pmatrix} \mathfrak{x} + \begin{pmatrix} -2 & 0 \\ 0 & -2 \end{pmatrix} \cdot \begin{pmatrix} -0{,}6 \\ -1{,}2 \end{pmatrix} + \begin{pmatrix} 0 \\ -3 \end{pmatrix}$$

$$= \begin{pmatrix} -1{,}4 & 1{,}2 \\ 1{,}2 & 0{,}4 \end{pmatrix} \mathfrak{x} + \begin{pmatrix} 1{,}2 \\ -0{,}6 \end{pmatrix}.$$

Flächeninhalt von E

Der Kreis mit dem Radius 1 hat den Flächeninhalt π.

Wegen $D = -1{,}4 \cdot 0{,}4 - 1{,}2 \cdot 1{,}2 = -2$ hat die Ellipse E den Flächeninhalt 2π.

d) **Abbildungsgleichungen bezüglich des neuen Koordinatensystems**

Der Punkt $Z(0|-1)$ liegt auf der Fixpunktgeraden von α_{-3}. Die Basisvektoren $\mathfrak{b}_1 = \begin{pmatrix} 2 \\ -1 \end{pmatrix}$ und $\mathfrak{b}_2 = \begin{pmatrix} 1 \\ 2 \end{pmatrix}$ sind Eigenvektoren von α_{-3} zu den Eigenwerten $\lambda_1 = 1$ und $\lambda_2 = -0{,}5$. Damit hat α_{-3} im neuen Koordinatensystem $(Z;\ \mathfrak{b}_1,\ \mathfrak{b}_2)$ die Abbildungsgleichung

$$\bar{\mathfrak{x}} = \begin{pmatrix} 1 & 0 \\ 0 & -0{,}5 \end{pmatrix} \mathfrak{x}.$$

Die zentrische Streckung β_s hat in dem neuen Koordinatensystem die Abbildungsgleichung

$$\bar{\mathfrak{x}} = \begin{pmatrix} s & 0 \\ 0 & s \end{pmatrix} \mathfrak{x};\ s < 0.$$

Berechnung des Wertes von s, für den γ_s flächentreu ist

In dem neuen Koordinatensystem hat $\gamma_s = \beta_s \circ \alpha_{-3}$ die Abbildungsgleichung

$$\bar{\mathfrak{x}} = \begin{pmatrix} s & 0 \\ 0 & -0{,}5s \end{pmatrix} \mathfrak{x}.$$

Mit $D = -0{,}5s^2$ folgt aus $|-0{,}5s^2| = 1$ dann $s_1 = \sqrt{2};\ s_2 = -\sqrt{2}$.

Wegen $s < 0$ ist γ_s für $s = -\sqrt{2}$ flächentreu.

G

Fixpunkte und Fixgeraden von $\gamma_{-\sqrt{2}}$

Die Abbildung $\gamma_{-\sqrt{2}}$ mit der Abbildungsgleichung

$$\bar{\mathfrak{x}} = \begin{pmatrix} -\sqrt{2} & 0 \\ 0 & 0{,}5\sqrt{2} \end{pmatrix} \mathfrak{x}$$

ist eine Euler-Affinität mit genau einem Fixpunkt und zwei Fixgeraden.

Gegeben sind in einem kartesischen Koordinatensystem die Punkte $A(0|2|4)$ und $B(4|-2|2)$ sowie die Kugel

$$K: \left[\vec{x} - \begin{pmatrix} 1 \\ 0 \\ 1 \end{pmatrix}\right]^2 = 9.$$

a) A und B liegen spiegelbildlich bezüglich einer Ebene E.
Stellen Sie eine Koordinatengleichung von E auf.
Zeigen Sie, daß E die Kugel K schneidet.
Berechnen Sie die Koordinaten der Punkte auf der Kugel K, die von der Ebene E den größten Abstand haben.

b) Bestimmen Sie $c<0$ so, daß der Punkt $C(c|2|0)$ auf der Kugel K liegt.
Stellen Sie eine Gleichung der Tangentialebene E_1 in C an die Kugel K auf.
Bestimmen Sie eine Gleichung einer weiteren Tangentialebene E_2 an K, die zu E_1 parallel ist.
Welchen Winkel bildet E_1 mit der x_2x_3-Ebene?

c) Berechnen Sie den Radius und die Koordinaten des Mittelpunkts der Kugel

$$K_1: \vec{x}^2 - \begin{pmatrix} 6 \\ -4 \\ 4 \end{pmatrix}\vec{x} + 1 = 0.$$

Zeigen Sie, daß sich die Kugeln K und K_1 schneiden.
Weisen Sie nach, daß der Schnittkreis der beiden Kugeln in der Ebene $2x_1 - 2x_2 + x_3 - 4 = 0$ liegt.
Welchen Radius hat dieser Schnittkreis?

d) Gegeben ist die Schar der Kugeln K_t durch

$$K_t: \vec{x}^2 - \begin{pmatrix} 2+4t \\ -4t \\ 2+2t \end{pmatrix}\vec{x} + 9t^2 + 6t - 14 = 0, \quad t \in \mathbb{R}.$$

Bestimmen Sie die Radien der Kugeln K_t.
Wo liegen die Mittelpunkte aller Scharkugeln?
Berechnen Sie die Koordinaten des Kugelmittelpunkts, der den kleinsten Abstand von der x_1-Achse hat.
Für welche Werte von t hat die Kugel K_t mit der Kugel K mehr als einen Punkt gemeinsam?

Lösungshinweise:

a) Durch welchen Punkt geht die Ebene E? Ist ein Normalenvektor von E bekannt? Welchen Mittelpunkt M hat die Kugel K? Wo liegt M bezüglich E? Die beiden Punkte mit größtem Abstand von E ergeben sich als Schnittpunkte einer Lotgeraden mit der Kugel.

b) Der Wert für c ergibt sich mit Hilfe einer Inzidenzprobe. Wie lautet die Gleichung einer Tangentialebene an eine Kugel, wenn die Koordinaten des Berührpunktes bekannt sind? Wie berechnet man den Schnittwinkel zwischen zwei Ebenen? Ist ein Normalenvektor der x_2x_3-Ebene bekannt?

c) Der Vektor in der angegebenen Kugelgleichung hat eine besondere Form, so daß die quadratische Gleichung leicht angebbar ist. Welche Bedingung müssen zwei Kugeln erfüllen, damit sie sich schneiden? Wie ermittelt man eine Gleichung der Ebene, in welcher der Schnittkreis zweier gegebener Kugeln liegt? Der Radius des Schnittkreises ergibt sich mit Hilfe des Satzes von Pythagoras.

d) Auch der in der Gleichung der Kugeln K_t angegebene Vektor hat eine besondere Form (vgl. Teilaufgabe c)). Damit sind die Radien und die Mittelpunkte bestimmbar. Aus den Koordinaten von M_t folgt sofort die Ortslinie g der Mittelpunkte. Der Mittelpunkt der Kugel mit dem kleinsten Abstand von der x_1-Achse ergibt sich als Schnittpunkt einer Geraden, die sowohl auf g als auch auf der x_1-Achse senkrecht steht. Zur Ermittlung der Werte von t vgl. mit Teilaufgabe c).

Lösung:

a) **Koordinatengleichung von E**

Die Ebene E geht durch die Mitte F der Strecke AB; der Vektor $\overrightarrow{FA}$ ist ein Normalenvektor von E. Mit $F(2|0|3)$ und $\overrightarrow{FA} = \begin{pmatrix} -2 \\ 2 \\ 1 \end{pmatrix}$ ergibt sich die Normalengleichung

$$\left[\mathfrak{x} - \begin{pmatrix} 2 \\ 0 \\ 3 \end{pmatrix}\right] \cdot \begin{pmatrix} -2 \\ 2 \\ 1 \end{pmatrix} = 0.$$

Hieraus folgt die Koordinatengleichung

E: $-2x_1 + 2x_2 + x_3 + 1 = 0.$

Nachweis, daß E die Kugel schneidet

Die Kugel K hat den Mittelpunkt $M(1|0|1)$. Die Koordinaten von M erfüllen die Gleichung von E. Damit liegt M in E; die Kugel K schneidet also E.

Punkte der Kugel K, die von E den größten Abstand haben

Die beiden Punkte S_1 und S_2 mit größtem Abstand ergeben sich als Schnittpunkte der Lotgeraden ℓ zu E durch M mit der Kugel K.

$$\ell: \ \vec{x} = \begin{pmatrix} 1 \\ 0 \\ 1 \end{pmatrix} + u \begin{pmatrix} -2 \\ 2 \\ 1 \end{pmatrix}; \ u \in \mathbb{R}$$

$\ell \cap K = \{S_1; S_2\}$: Aus $\begin{pmatrix} 1-2u-1 \\ 2u \\ 1+ u-1 \end{pmatrix}^2 = 9$ folgt $u = \pm 1$ und damit

$S_1(-1|2|2)$ und $S_2(3|-2|0)$.

G

b) **Berechnung von c**

Aus $(c-1)^2 + 4 + 1 = 9$ folgt $(c-1)^2 = 4$ und hieraus $c_1 = -1$; $c_2 = 3$.
Mit $c = -1 < 0$ ergibt sich $C(-1|2|0)$.

Gleichung der Tangentialebene E_1

Aus $\left[\vec{x} - \begin{pmatrix} 1 \\ 0 \\ 1 \end{pmatrix}\right] \cdot \left[\begin{pmatrix} -1 \\ 2 \\ 0 \end{pmatrix} - \begin{pmatrix} 1 \\ 0 \\ 1 \end{pmatrix}\right] = 9$ folgt

$E_1: \ \begin{pmatrix} -2 \\ 2 \\ -1 \end{pmatrix} \cdot \left[\vec{x} - \begin{pmatrix} 1 \\ 0 \\ 1 \end{pmatrix}\right] = 9$ bzw.

$E_1: \ 2x_1 - 2x_2 + x_3 + 6 = 0.$

Gleichung der Tangentialebene E_2

Für den Ortsvektor des Berührpunktes C_2 der Tangentialebene E_2 gilt:

$$\overrightarrow{OC_2} = \overrightarrow{OC} + 2 \cdot \overrightarrow{CM} = \begin{pmatrix} -1 \\ 2 \\ 0 \end{pmatrix} + 2 \begin{pmatrix} 2 \\ -2 \\ 1 \end{pmatrix} = \begin{pmatrix} 3 \\ -2 \\ 2 \end{pmatrix}.$$

Also ist $C_2(3|-2|2)$ der Berührpunkt von E_2 an K.
Entsprechend der Berechnung von E_1 ergibt sich nun
$E_2: \ 2x_1 - 2x_2 + x_3 - 12 = 0.$

Schnittwinkel zwischen E_1 und der x_2x_3-Ebene

Es sei α der Winkel zwischen der Ebene E_1 und der x_2x_3-Ebene.

Aus $\cos\alpha = \dfrac{\begin{pmatrix} 2 \\ -2 \\ 1 \end{pmatrix} \cdot \begin{pmatrix} 1 \\ 0 \\ 0 \end{pmatrix}}{3 \cdot 1} = \dfrac{2}{3}$ folgt $\alpha \approx 48{,}2°$.

c) Radius und Mittelpunkt von K_1

Aus $\mathfrak{x}^2 - 2\begin{pmatrix}3\\-2\\2\end{pmatrix}\mathfrak{x} + \begin{pmatrix}3\\-2\\2\end{pmatrix}^2 = \begin{pmatrix}3\\-2\\2\end{pmatrix}^2 - 1$ folgt

$K_1: \left[\mathfrak{x} - \begin{pmatrix}3\\-2\\2\end{pmatrix}\right]^2 = 16.$

Also gilt für den Mittelpunkt M_1 und den Radius r_1 der Kugel K_1:
$M_1(3|-2|2)$; $r_1 = 4$.

Nachweis, daß sich K und K_1 schneiden

Zwei Kugeln schneiden sich in einem Kreis, wenn die Entfernung der Mittelpunkte größer als die Differenz und kleiner als die Summe ihrer Radien ist.

Mit $\overrightarrow{MM_1} = \begin{pmatrix}2\\-2\\1\end{pmatrix}$ folgt $|\overrightarrow{MM_1}| = 3$. Außerdem ist $r_1 - r = 1$ und $r_1 + r = 7$.

Also ist die Bedingung $r_1 - r < |\overrightarrow{MM_1}| < r_1 + r$ erfüllt; K und K_1 schneiden sich.

Lage des Schnittkreises

$K: \quad x_1^2 + x_2^2 + x_3^2 - 2x_1 \qquad\quad - 2x_3 - 7 = 0$

$K_1: \quad x_1^2 + x_2^2 + x_3^2 - 6x_1 + 4x_2 - 4x_3 + 1 = 0$

Durch Subtraktion dieser beiden Gleichungen folgt für die Gleichung der Ebene E_3 des Schnittkreises:

$E_3: \; 2x_1 - 2x_2 + x_3 - 4 = 0.$

Dies ist die angegebene Ebene.

Radius des Schnittkreises

Es sei ϱ der Radius des Schnittkreises und d der Abstand des Mittelpunktes M von E_3. Dann gilt: $\varrho^2 = r^2 - d^2$.

HNF von E_3: $\frac{1}{3}\begin{pmatrix}2\\-2\\1\end{pmatrix}\mathfrak{x} - \frac{4}{3} = 0$

Abstand des Punktes M von E_3:

$d = \left|\frac{1}{3}(2+1) - \frac{4}{3}\right| = \frac{1}{3}.$

Aus $\varrho^2 = 9 - \frac{1}{9} = \frac{80}{9}$ folgt $\varrho = \frac{4}{3}\cdot\sqrt{5}.$

d) Radien der Kugeln K_t

Aus $\mathfrak{x}^2 - 2\begin{pmatrix}1+2t\\-2t\\1+t\end{pmatrix}\mathfrak{x} + \begin{pmatrix}1+2t\\-2t\\1+t\end{pmatrix}^2 = \begin{pmatrix}1+2t\\-2t\\1+t\end{pmatrix}^2 - 9t^2 - 6t + 14$ folgt

$K_t: \left[\mathfrak{x} - \begin{pmatrix}1+2t\\-2t\\1+t\end{pmatrix}\right]^2 = 16.$

Also haben alle Kugeln K_t den gleichen Radius $r_t = 4$.

Ortslinie der Mittelpunkte aller Kugeln K_t

Aus $M_t(1+2t\,|\,-2t\,|\,1+t)$ folgt, daß die Mittelpunkte auf der Geraden g mit der Gleichung

$g: \mathfrak{x} = \begin{pmatrix}1\\0\\1\end{pmatrix} + t\begin{pmatrix}2\\-2\\1\end{pmatrix}$; $t \in \mathbb{R}$ liegen.

Koordinaten des Kugelmittelpunktes mit kleinstem Abstand

Der gesuchte Mittelpunkt ergibt sich als Schnittpunkt einer Geraden h, die sowohl auf g als auch auf der x_1-Achse senkrecht steht. Die Gerade h schneide die x_1-Achse in $H(a\,|\,0\,|\,0)$. Damit ist

$\overrightarrow{HM_t} = \begin{pmatrix}1+2t-a\\-2t\\1+t\end{pmatrix}$ ein Richtungsvektor von h.

Aus $\overrightarrow{HM_t} \cdot \begin{pmatrix}2\\-2\\1\end{pmatrix} = 0$ und $\overrightarrow{HM_t} \cdot \begin{pmatrix}1\\0\\0\end{pmatrix} = 0$ folgt

$\left\{\begin{array}{ll} 2(1+2t-a)+4t+1+t=0 \\ 1+2t-a = 0\end{array}\right.$ und hieraus $t = -\frac{1}{5}$.

Also ist $M_{-\frac{1}{5}}\left(\frac{3}{5}\,\middle|\,\frac{2}{5}\,\middle|\,\frac{4}{5}\right)$ der Kugelmittelpunkt, der von der x_1-Achse den kleinsten Abstand hat.

Werte von t

Die Kugeln K und K_t schneiden sich, wenn die Entfernung der Mittelpunkte größer als die Differenz und kleiner als die Summe ihrer Radien ist (vgl. Teilaufgabe c)). Da $r_t - r = 1$; $r_t + r = 7$ ist, folgt mit

$\overrightarrow{MM_t} = \begin{pmatrix}2t\\-2t\\t\end{pmatrix}$ und $|\overrightarrow{MM_t}| = \sqrt{9t^2} = 3\cdot|t|$ die Ungleichung $1 < 3\cdot|t| < 7$.

Also hat die Kugel K_t für $\frac{1}{3} < t < \frac{7}{3}$ oder für $-\frac{7}{3} < t < -\frac{1}{3}$ mit der Kugel K mehr als einen Punkt gemeinsam.

G

Das Dach eines Turmes hat die Form einer senkrechten quadratischen Pyramide (siehe Zeichnung).
Die Seitenlänge des Quadrats PQRT und die Höhe OU der Pyramide betragen jeweils 6 m.

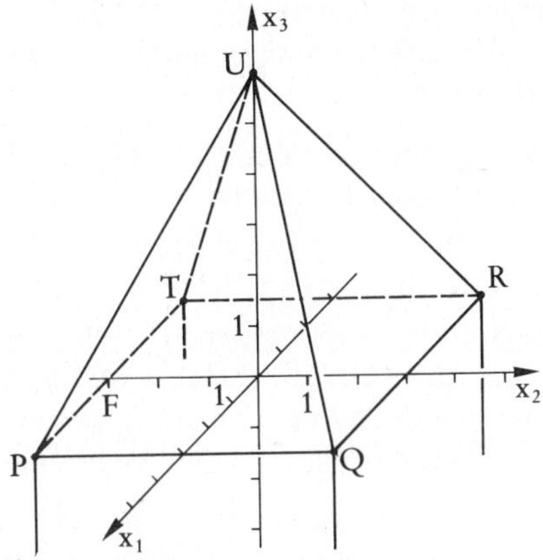

a) Die Ebene E enthält die Dachfläche QRU.
Bestimmen Sie eine Koordinatengleichung von E.
Welchen Winkel schließt E mit der Dachkante PU ein?
Welchen Winkel bildet E mit derjenigen Ebene, in der die Dachfläche PQU liegt?

b) Zur Verstärkung des Dachstuhls werden Stützstäbe eingezogen. (Von ihrer Dicke ist in der Rechnung abzusehen.)
Ein Stab b_1 geht von der Mitte F der Kante PT aus und stützt die Dachfläche QRU senkrecht ab. Berechnen Sie seine Länge.
Ein zweiter Stab b_2 geht von R aus und stützt die Kante PU senkrecht ab. Berechnen Sie seine Länge.

c) Bestimmen Sie die Koordinaten der Punkte, die von der Bodenfläche PQRT und den vier Dachflächenebenen gleichen Abstand haben.
Welcher dieser Punkte liegt im Innern des Dachraumes?

d) Auf der Spitze des Daches wird eine Metallkugel K mit dem Radius 1 m so aufgesetzt, daß ihr Mittelpunkt auf der x_3-Achse liegt. Diese Kugel trägt einen 3 m langen – auf der x_3-Achse gelegenen – Blitzableiter. S sei der Schwerpunkt der Dachfläche QRU. In dieser Fläche befindet sich eine Dachluke, die den Punkt S enthält.
Untersuchen Sie durch Rechnung, ob es möglich ist, von S aus die Spitze des Blitzableiters zu sehen.

Lösungshinweise:

a) Ermittle aus den gegebenen Punkten Richtungsvektoren und notiere eine Gleichung von E in Parameterdarstellung; eliminiere anschließend die Parameter. Wie berechnet man den Schnittwinkel zwischen einem Vektor und einer Ebene, wenn die Ebene in Koordinatenform vorliegt? Wie berechnet man den Schnittwinkel zwischen zwei Ebenen?

b) Die Länge des Stabes b_1 ergibt sich als ein Abstand. Wie berechnet man den Abstand eines Punktes von einer Ebene? Die Länge des Stabes b_2 ergibt sich als Betrag eines Vektors. Wie ermittelt man den dazu notwendigen Fußpunkt des Lotes von R auf die Gerade durch P und U?

c) Die gesuchten Punkte können aufgefaßt werden als Mittelpunkte von Kugeln. Wie viele Kugeln der gesuchten Art gibt es? Auf welcher Geraden liegen die Kugelmittelpunkte aufgrund der Symmetrie des Dachraumes? Welche Bedingung ergibt sich aus der Tatsache, daß jede der Kugeln die 5 Ebenen berühren muß?

d) Wie ermittelt man die Koordinaten des Schwerpunktes eines Dreiecks? Notiere die Koordinaten der Spitze des Blitzableiters. Deute die Frage, ob von S aus die Spitze des Blitzableiters zu sehen ist oder nicht, als ein Schnittproblem.

Lösung:

a) **Koordinatengleichung von E**

Als Parametergleichung von E ergibt sich:

$$E:\ \vec{x} = \begin{pmatrix} 0 \\ 0 \\ 6 \end{pmatrix} + u \begin{pmatrix} 3 \\ 3 \\ -6 \end{pmatrix} + v \begin{pmatrix} -3 \\ 3 \\ -6 \end{pmatrix};\quad u, v \in \mathbb{R}.$$

Elimination von u und v ergibt als Koordinatengleichung:

$E:\ 2x_2 + x_3 - 6 = 0.$

Winkel zwischen der Ebene E und der Dachkante PU

Es sei α der Winkel zwischen E und der Dachkante PU.

Mit $\overrightarrow{PU} = \begin{pmatrix} -3 \\ 3 \\ 6 \end{pmatrix}$ folgt aus $\sin\alpha = \dfrac{\begin{pmatrix} 0 \\ 2 \\ 1 \end{pmatrix} \cdot \begin{pmatrix} -3 \\ 3 \\ 6 \end{pmatrix}}{\sqrt{5} \cdot \sqrt{54}} = \dfrac{4}{\sqrt{30}}$ der Winkel $\alpha \approx 46{,}9°$.

Winkel zwischen der Ebene E und der Dachfläche PQU

Es sei E_1 die Ebene, welche die Dachfläche PQU enthält. Als Parametergleichung von E_1 ergibt sich:

$$E_1: \vec{x} = \begin{pmatrix} 0 \\ 0 \\ 6 \end{pmatrix} + r \begin{pmatrix} 3 \\ -3 \\ -6 \end{pmatrix} + s \begin{pmatrix} 3 \\ 3 \\ -6 \end{pmatrix}; \quad r, s \in \mathbb{R}.$$

Elimination von r und s ergibt als Koordinatengleichung:

$E_1: \; 2x_1 + x_3 - 6 = 0.$

Es sei β der Winkel zwischen den Ebenen E und E_1.

$$\text{Aus} \quad \cos\beta = \frac{\begin{pmatrix} 2 \\ 0 \\ 1 \end{pmatrix} \cdot \begin{pmatrix} 0 \\ 2 \\ 1 \end{pmatrix}}{\sqrt{5} \cdot \sqrt{5}} = \frac{1}{5} \quad \text{folgt} \quad \beta \approx 78{,}5°.$$

b) **Länge des Stabes b_1**

Die Länge des Stabes b_1 ergibt sich als Abstand des Punktes F von der Ebene E.

HNF von E: $\frac{1}{\sqrt{5}}(2x_2 + x_3 - 6) = 0$

Abstand des Punktes $F(0|-3|0)$ von E:

$$d = \left| \frac{1}{\sqrt{5}}(-6-6) \right| = \frac{12}{\sqrt{5}} \approx 5{,}37.$$

Die Länge des Stabes b_1 beträgt also ungefähr 5,37 m.

Länge des Stabes b_2

Ist H der Fußpunkt des Lotes von R auf die Gerade g durch P und U, so ergibt sich die Länge des Stabes b_2 als Betrag des Vektors $\overrightarrow{RH}$. Die Gerade g hat die Gleichung

$$g: \vec{x} = \begin{pmatrix} 0 \\ 0 \\ 6 \end{pmatrix} + k \begin{pmatrix} -1 \\ 1 \\ 2 \end{pmatrix}; \quad k \in \mathbb{R}.$$

Damit gilt: $H(-k|k|2k+6)$.

$$\text{Aus} \quad \overrightarrow{RH} \cdot \overrightarrow{PU} = \begin{pmatrix} 3-k \\ -3+k \\ 6+2k \end{pmatrix} \cdot \begin{pmatrix} -3 \\ 3 \\ 6 \end{pmatrix} = 0 \quad \text{folgt}$$

$-3(3-k) + 3(-3+k) + 6(6+2k) = 0$ und hieraus $k = -1$.

$$\text{Damit:} \quad H(1|-1|4) \quad \text{und} \quad |\overrightarrow{RH}| = \left| \begin{pmatrix} 4 \\ -4 \\ 4 \end{pmatrix} \right| = 4\sqrt{3} \approx 6{,}93.$$

Die Länge des Stabes b_2 beträgt also ungefähr 6,93 m.

G

c) **Koordinaten der Punkte, die von der Bodenfläche und den Dachflächen gleichen Abstand haben**

Die gesuchten Punkte sind Mittelpunkte von Kugeln, welche die x_1x_2-Ebene und die vier Dachflächenebenen berühren. Es gibt zwei solche Kugeln, deren Mittelpunkte aus Symmetriegründen beide auf der x_3-Achse liegen. Die eine Kugel berührt die x_1x_2-Ebene „von oben", die andere „von unten". Die Koordinaten der Mittelpunkte beider Kugeln haben die Form $M(0|0|d)$. Solche Punkte haben nach Teilaufgabe b) von E den Abstand $\left|\frac{1}{\sqrt{5}}(d-6)\right|$. Aus der Bedingung $d=\left|\frac{1}{\sqrt{5}}(d-6)\right|$ folgt $d=-\frac{1}{\sqrt{5}}(d-6)$ bzw. $d=\frac{1}{\sqrt{5}}(d-6)$ und hieraus $d_1=\frac{6}{1+\sqrt{5}}$ bzw. $d_2=\frac{6}{1-\sqrt{5}}$. Die Koordinaten der gesuchten Punkte sind $M_1\left(0\middle|0\middle|\frac{6}{1+\sqrt{5}}\right)$ und $M_2\left(0\middle|0\middle|\frac{6}{1-\sqrt{5}}\right)$.

Lage der gesuchten Punkte

Der Mittelpunkt $M(0|0|d)$ mit $0<d<6$ liegt im Innern des Dachraumes. Also liegt M_1 innerhalb und M_2 außerhalb des Dachraumes.

d) **Untersuchung, ob von S aus die Spitze des Blitzableiters zu sehen ist**

Die Frage, ob von S aus die Spitze des Blitzableiters zu sehen ist, läuft auf die Untersuchung hinaus, ob die Gerade durch die Spitze A des Blitzableiters und S die Kugel K schneidet oder nicht.

Für den Ortsvektor des Schwerpunktes S des Dreiecks QRU gilt:

$$\vec{x}_S=\frac{1}{3}\left[\begin{pmatrix}3\\3\\0\end{pmatrix}+\begin{pmatrix}-3\\3\\0\end{pmatrix}+\begin{pmatrix}0\\0\\6\end{pmatrix}\right]=\begin{pmatrix}0\\2\\2\end{pmatrix}.$$

Also ist $S(0|2|2)$ der Schwerpunkt. Die Spitze A des Blitzableiters hat die Koordinaten $A(0|0|11)$. Damit ergibt sich für die Gerade h durch S und A:

$$h:\ \vec{x}=\begin{pmatrix}0\\0\\11\end{pmatrix}+w\begin{pmatrix}0\\-2\\9\end{pmatrix};\quad w\in\mathbb{R}.$$

Die Metallkugel K hat die Gleichung

$$K:\ \left[\vec{x}-\begin{pmatrix}0\\0\\7\end{pmatrix}\right]^2=1.\quad K\cap h \text{ ergibt die Gleichung } \begin{pmatrix}0\\-2w\\11+9w-7\end{pmatrix}^2=1.$$

Hieraus folgt $4w^2+(4+9w)^2=1$. Diese Gleichung hat die beiden Lösungen $w_{1;2}=\frac{-72\pm\sqrt{84}}{170}$. Damit ist es nicht möglich, von S aus die Spitze des Blitzableiters zu sehen.

Gegeben sind in einem kartesischen Koordinatensystem die Punkte
$M(3|0)$ und $\overline{M}(-3|8)$ und
die Gerade g: $4x_1 - 3x_2 + 12 = 0$.
Eine Affinität α hat g als Fixpunktgerade und bildet M auf $\overline{M}$ ab.

a) Konstruieren Sie bei dieser Abbildung α das Bild $\overline{O}$ des Ursprungs O und den Punkt, der durch α auf O abgebildet wird.
(Ursprung in Blattmitte; LE 1 cm)
Geben Sie die Konstruktionsschritte an.
Bestimmen Sie die Abbildungsgleichung von α.

b) Der Kreis K: $x_1^2 + x_2^2 - 6x_1 = 0$ wird durch α auf die Ellipse $\overline{K}$ abgebildet.
Konstruieren Sie die Scheitel von $\overline{K}$.
Die Vektoren $\vec{m} = \begin{pmatrix} 1 \\ m \end{pmatrix}$ und $\vec{n} = \begin{pmatrix} -m \\ 1 \end{pmatrix}$ sind für alle $m \in \mathbb{R}$ orthogonal;
ihre Bildvektoren bei der zu α gehörenden Vektorabbildung sind $\overline{\vec{m}}$ und $\overline{\vec{n}}$.
Für welches $m \in \mathbb{R}$ sind auch $\overline{\vec{m}}$ und $\overline{\vec{n}}$ orthogonal?
Geben Sie die Richtungen der Achsen von $\overline{K}$ an.
Berechnen Sie die Koordinaten der Scheitel von $\overline{K}$.

c) Geben Sie den Wert der Determinante der zu α gehörenden Vektorabbildung und den Flächeninhalt der Ellipse $\overline{K}$ aus Teilaufgabe b) an.
Bestimmen Sie die Abbildungsgleichungen von $\alpha \circ \alpha$ und von $\alpha \circ (\alpha \circ \alpha)$.
Beschreiben Sie das Bild der Ellipse $\overline{K}$ bei der Abbildung durch die Affinität α.

d) β sei eine zentrische Streckung mit Zentrum $O^*(0|4)$ und mit dem Streckfaktor 2.
Bestimmen Sie ein Koordinatensystem, in dem α und β eine möglichst einfache Darstellung besitzen.
Geben Sie die Abbildungsgleichungen von α und von β in diesem Koordinatensystem an.
Bestimmen Sie die Koordinaten der Mittelpunkte von K und von $\overline{K}$ aus Teilaufgabe b) in diesem Koordinatensystem.
Begründen Sie: Es gilt $(\alpha \circ \beta) \circ \alpha = \beta$.

G

Lösungshinweise:

a) Von der Abbildung α sind die Fixpunktgerade und das zugeordnete Punktepaar M und $\overline{M}$ gegeben. Wie konstruiert man hiermit das Bild bzw. das Urbild eines Punktes? Zur Ermittlung der Abbildungsgleichung gibt es zwei Möglichkeiten. Entweder man verwendet neben M und $\overline{M}$ noch zwei Fixpunkte oder aber man benutzt den Satz: Eine Affinität α mit der Fixpunktgeraden g: $ax_1 + bx_2 + c = 0$ hat eine Koordinatendarstellung der Form

$$\alpha: \begin{cases} \overline{x}_1 = x_1 + r(ax_1 + bx_2 + c) \\ \overline{x}_2 = x_2 + s(ax_1 + bx_2 + c) \end{cases} \quad (r, s \in \mathbb{R}).$$

b) Zur Konstruktion der Scheitel von $\overline{K}$ verwende ein invariantes Rechtwinkelpaar von α: Konstruiere den Schnittpunkt M^* von g und der Mittelsenkrechten von $M\overline{M}$. Der Kreis um M^* durch M und $\overline{M}$ schneidet g in den Fixpunkten F_1 und F_3. Folglich wird F_1M auf $F_1\overline{M}$ und F_3M auf $F_3\overline{M}$ abgebildet. Nach dem Satz von Thales gilt $F_1M \perp F_3M$ und $F_1\overline{M} \perp F_3\overline{M}$. Wie lautet die zu α gehörende Vektorabbildung α^*? Berechne mit Hilfe von α^* die Bildvektoren von $\mathfrak{m}$ und $\mathfrak{n}$. Welche Bedingung müssen Vektoren erfüllen, damit sie orthogonal sind? Welchen Mittelpunkt M und welchen Radius r hat der gegebene Kreis? Die Koordinaten der Scheitel von $\overline{K}$ ergeben sich als Bilder von Endpunkten der Kreisdurchmesser, die man mit Hilfe des invarianten Rechtwinkelpaares gefunden hat.

c) Untersuche, ob α eine flächentreue Abbildung ist. Was folgt aus dem Ergebnis dieser Untersuchung für den Flächeninhalt der Ellipse $\overline{K}$? Wie ermittelt man die Matrixdarstellungen der Verkettungen $\alpha \circ \alpha$ und $\alpha \circ (\alpha \circ \alpha)$?

d) Berechne zunächst die Eigenwerte und die zugehörigen Eigenvektoren. Für das neue Koordinatensystem verwende als Ursprung den Punkt O^* und als Basisvektoren die Eigenvektoren. Wie lautet die Matrixdarstellung einer zentrischen Streckung in Normalform? Zur Ermittlung der Koordinaten von M und $\overline{M}$ im neuen Koordinatensystem stelle die Vektoren $\overrightarrow{O^*M}$ und $\overrightarrow{O^*\overline{M}}$ durch die neuen Basisvektoren dar.

Lösung:

a) Konstruktionen

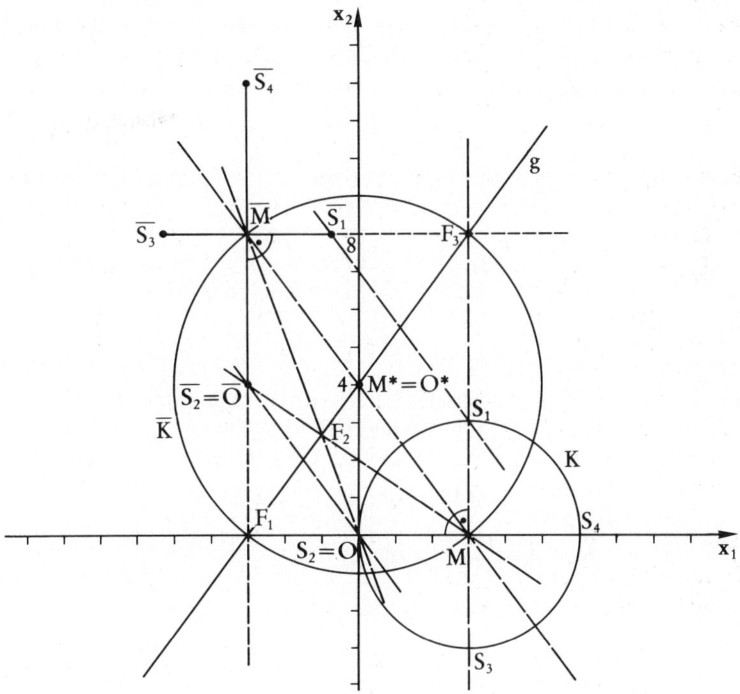

Konstruktionsschritte

Konstruktion von $\overline{O}$: MO schneidet die Fixpunktgerade g im Fixpunkt F_1.
MF_1 schneidet die Parallele zu $M\overline{M}$ durch O in $\overline{O}$.
Konstruktion des Urbildes von O: $\overline{M}O$ schneidet g im Fixpunkt F_2.
MF_2 schneidet die Parallele zu $M\overline{M}$ durch O im Urbild von O.

Abbildungsgleichung von α

1. Möglichkeit:

$$\alpha:\ \bar{\mathfrak{x}}=\begin{pmatrix} a & c \\ b & d \end{pmatrix}\mathfrak{x}+\begin{pmatrix} e \\ f \end{pmatrix}$$

Um a, b, c, d, e und f zu berechnen, kann man neben dem Punktepaar $M(3|0)\mapsto\overline{M}(-3|8)$ z. B. die Fixpunkte $A(-3|0)$ und $B(0|4)$ verwenden:

$$\begin{aligned} -3 &= 3a + e \quad \text{und} \quad 8 = 3b + f \\ -3 &= -3a + e \quad \text{und} \quad 0 = -3b + f \\ 0 &= 4c + e \quad \text{und} \quad 4 = 4d + f. \end{aligned}$$

Daraus folgt: $\bar{\mathfrak{x}}=\begin{pmatrix} 0 & \frac{3}{4} \\ \frac{4}{3} & 0 \end{pmatrix}\mathfrak{x}+\begin{pmatrix} -3 \\ 4 \end{pmatrix}$.

2. Möglichkeit:

Man verwendet folgenden Satz: Eine Affinität α mit der Fixpunktgeraden g: $ax_1+bx_2+c=0$ hat eine Koordinatendarstellung der Form

$$\alpha:\ \begin{cases} \bar{x}_1=x_1+r(ax_1+bx_2+c) \\ \bar{x}_2=x_2+s(ax_1+bx_2+c) \end{cases} \quad (r, s \in \mathbb{R}).$$

Aus $\begin{cases} \bar{x}_1=x_1+r(4x_1-3x_2+12) \\ \bar{x}_2=x_2+s(4x_1-3x_2+12) \end{cases}$ folgt mit $\alpha(M)=\overline{M}$:

$$\begin{cases} -3=3+r(12+12) \\ 8=s(12+12) \end{cases} \quad \text{und hieraus } r=-\frac{1}{4};\ s=\frac{1}{3}.$$

Damit ergibt sich als Abbildungsgleichung von α:

$$\bar{\mathfrak{x}}=x_1\begin{pmatrix} 0 \\ \frac{4}{3} \end{pmatrix}+x_2\begin{pmatrix} \frac{3}{4} \\ 0 \end{pmatrix}+\begin{pmatrix} -3 \\ 4 \end{pmatrix} \quad \text{bzw.} \quad \bar{\mathfrak{x}}=\begin{pmatrix} 0 & \frac{3}{4} \\ \frac{4}{3} & 0 \end{pmatrix}\mathfrak{x}+\begin{pmatrix} -3 \\ 4 \end{pmatrix}.$$

b) Konstruktion der Scheitel von $\overline{K}$

Die Konstruktion der Scheitel von $\overline{K}$ erfolgt über das invariante Rechtwinkelpaar; vgl. Figur bei a).

Berechnung von m

Die zu α gehörende Vektorabbildung α* lautet:

$$\alpha^*:\quad \bar{\mathfrak{x}}=\begin{pmatrix} 0 & \frac{3}{4} \\ \frac{4}{3} & 0 \end{pmatrix}\mathfrak{x}.$$

Also ist $\bar{\mathfrak{m}}=\begin{pmatrix} 0 & \frac{3}{4} \\ \frac{4}{3} & 0 \end{pmatrix}\cdot\begin{pmatrix} 1 \\ m \end{pmatrix}=\begin{pmatrix} \frac{3}{4}m \\ \frac{4}{3} \end{pmatrix}$ und $\bar{\mathfrak{n}}=\begin{pmatrix} 0 & \frac{3}{4} \\ \frac{4}{3} & 0 \end{pmatrix}\cdot\begin{pmatrix} -m \\ 1 \end{pmatrix}=\begin{pmatrix} \frac{3}{4} \\ -\frac{4}{3}m \end{pmatrix}$.

Aus $\vec{m}\cdot\vec{n}=\begin{pmatrix}\frac{3}{4}m\\ \frac{4}{3}\end{pmatrix}\cdot\begin{pmatrix}\frac{3}{4}\\ -\frac{4}{3}m\end{pmatrix}=\frac{9}{16}m-\frac{16}{9}m=m\left(\frac{9}{16}-\frac{16}{9}\right)=0$ folgt $m=0$.

Für $m=0$ sind also auch die Vektoren $\vec{m}$ und $\vec{n}$ orthogonal.

Richtungen der Achsen von $\overline{K}$

Für $m=0$ gilt: $\vec{m}=\begin{pmatrix}0\\ \frac{4}{3}\end{pmatrix}$; $\vec{n}=\begin{pmatrix}\frac{3}{4}\\ 0\end{pmatrix}$.

Da für $m=0$ die Vektoren m und n das invariante Rechtwinkelpaar der Vektorabbildung α^* bilden, sind $\begin{pmatrix}0\\ \frac{4}{3}\end{pmatrix}$ und $\begin{pmatrix}\frac{3}{4}\\ 0\end{pmatrix}$ die Richtungsvektoren der Achsen von $\overline{K}$.

Koordinaten der Scheitel von $\overline{K}$

Aus K: $x_1^2+x_2^2-6x_1=0$ folgt $(x_1-3)^2+x_2^2=9$. Also sind $M(3|0)$ und $r=3$ der Mittelpunkt und der Radius des Kreises K. Die Endpunkte der benötigten Kreisdurchmesser sind:

$S_1(3|3)$; $S_2(0|0)$; $S_3(3|-3)$; $S_4(6|0)$.

Hieraus ergeben sich mittels α die Ellipsenscheitel

$\overline{S}_1\left(-\frac{3}{4}\middle|8\right)$; $\overline{S}_2(-3|4)$; $\overline{S}_3\left(-\frac{21}{4}\middle|8\right)$; $\overline{S}_4(-3|12)$.

c) **Wert der Determinante**

Es ist $D=0\cdot 0-\frac{4}{3}\cdot\frac{3}{4}=-1$; d. h., da $|D|=1$ ist, handelt es sich bei α um eine flächeninhaltstreue affine Abbildung.

Flächeninhalt der Ellipse $\overline{K}$

Aus der Flächeninhaltstreue der Abbildung α folgt, daß der Kreis K und die Ellipse $\overline{K}$ den gleichen Flächeninhalt haben:

$A_K=A_{\overline{K}}=3^2\cdot\pi=9\pi$.

Abbildungsgleichungen von $\alpha\circ\alpha$ bzw. von $\alpha\circ(\alpha\circ\alpha)$

$\alpha\circ\alpha$: $\vec{x}=\begin{pmatrix}0 & \frac{3}{4}\\ \frac{4}{3} & 0\end{pmatrix}\cdot\left[\begin{pmatrix}0 & \frac{3}{4}\\ \frac{4}{3} & 0\end{pmatrix}\vec{x}+\begin{pmatrix}-3\\ 4\end{pmatrix}\right]+\begin{pmatrix}-3\\ 4\end{pmatrix}=\begin{pmatrix}1 & 0\\ 0 & 1\end{pmatrix}\vec{x}$,

d. h., $\alpha\circ\alpha=\mathrm{id}$. Also ist $\alpha\circ(\alpha\circ\alpha)=\alpha\circ\mathrm{id}=\alpha$.

Bild der Ellipse $\overline{K}$

Da $\overline{K}$ das Bild von K bezüglich α ist und $\alpha\circ\alpha=\mathrm{id}$ gilt, ist das Bild der Ellipse $\overline{K}$ bezüglich α der Kreis K um $M(3|0)$ mit Radius $r=3$.

d) Neues Koordinatensystem

Aus $\text{Det}\begin{pmatrix} 0-\lambda & \frac{3}{4} \\ \frac{4}{3} & 0-\lambda \end{pmatrix}=0$ folgt die charakteristische Gleichung $\lambda^2-1=0$

mit den Eigenwerten $\lambda_1=1$ und $\lambda_2=-1$.

$\lambda_1=1$: Aus $\begin{cases} -x_1+\frac{3}{4}x_2=0 \\ \frac{4}{3}x_1-x_2=0 \end{cases}$ folgt $x_1=\frac{3}{4}x_2$;

also sind $\vec{w}_1=u\begin{pmatrix} 3 \\ 4 \end{pmatrix}$, $u\neq 0$, Eigenvektoren zum Eigenwert $\lambda_1=1$.

$\lambda_2=-1$: Aus $\begin{cases} x_1+\frac{3}{4}x_2=0 \\ \frac{4}{3}x_1+x_2=0 \end{cases}$ folgt $x_1=-\frac{3}{4}x_2$;

also sind $\vec{w}_2=v\begin{pmatrix} -3 \\ 4 \end{pmatrix}$, $v\neq 0$, Eigenvektoren zum Eigenwert $\lambda_2=-1$.

Der Punkt $O^*(0|4)$ liegt auf g, der Fixpunktgeraden von α, ist also Fixpunkt.

Also kann man $(O^*; \vec{b}_1, \vec{b}_2)$ mit $\vec{b}_1=\begin{pmatrix} 3 \\ 4 \end{pmatrix}$, $\vec{b}_2=\begin{pmatrix} -3 \\ 4 \end{pmatrix}$ als neues Koordinatensystem wählen.

Abbildungsgleichung von α im neuen Koordinatensystem

Im neuen Koordinatensystem gilt:

$$\alpha:\ \bar{\vec{y}}=\begin{pmatrix} 1 & 0 \\ 0 & -1 \end{pmatrix}\vec{y}.$$

Abbildungsgleichung von β im neuen Koordinatensystem

Im neuen Koordinatensystem gilt:

$$\beta:\ \bar{\vec{y}}=\begin{pmatrix} 2 & 0 \\ 0 & 2 \end{pmatrix}\vec{y}.$$

Koordinaten von M und $\overline{M}$ im neuen Koordinatensystem

Im ursprünglichen Koordinatensystem gilt:

$$\overrightarrow{O^*M}=\begin{pmatrix} 3 \\ -4 \end{pmatrix}=-\vec{b}_2;\quad \overrightarrow{O^*\overline{M}}=\begin{pmatrix} -3 \\ 4 \end{pmatrix}=\vec{b}_2.$$

Also haben M und $\overline{M}$ im neuen Koordinatensystem die Koordinaten $M(0|-1)$ bzw. $\overline{M}(0|1)$.

Begründung, daß $(\alpha \circ \beta) \circ \alpha = \beta$ ist

Im neuen Koordinatensystem gilt:

$$\alpha \circ \beta: \quad \bar{\mathfrak{x}} = \begin{pmatrix} 1 & 0 \\ 0 & -1 \end{pmatrix} \begin{pmatrix} 2 & 0 \\ 0 & 2 \end{pmatrix} \mathfrak{x} = \begin{pmatrix} 2 & 0 \\ 0 & -2 \end{pmatrix} \mathfrak{x};$$

$$(\alpha \circ \beta) \circ \alpha: \quad \bar{\mathfrak{x}} = \begin{pmatrix} 2 & 0 \\ 0 & -2 \end{pmatrix} \begin{pmatrix} 1 & 0 \\ 0 & -1 \end{pmatrix} \mathfrak{x} = \begin{pmatrix} 2 & 0 \\ 0 & 2 \end{pmatrix} \mathfrak{x}.$$

Somit gilt: $(\alpha \circ \beta) \circ \alpha = \beta$.

G

In einem kartesischen Koordinatensystem sind

die Schar der Kugeln $K_t: \left[\vec{x} - t\begin{pmatrix} -0{,}5 \\ 0{,}5 \\ 2 \end{pmatrix}\right]^2 = 36; \; t \in \mathbb{R}$

und die Gerade $g: \vec{x} = \begin{pmatrix} 10 \\ -6 \\ -2 \end{pmatrix} + s\begin{pmatrix} 3 \\ -4 \\ 1 \end{pmatrix}; \; s \in \mathbb{R}$

gegeben.

a) Geben Sie eine Gleichung der Geraden an, auf der die Mittelpunkte der Scharkugeln liegen.
Weisen Sie nach, daß sich K_0 und K_4 schneiden.
Bestimmen Sie eine Gleichung der Ebene, in der sich K_0 und K_4 schneiden.
Geben Sie die Koordinaten des Mittelpunkts und den Radius des Schnittkreises von K_0 und K_4 an.

b) Zeigen Sie, daß g Tangente an K_0 ist, und berechnen Sie die Koordinaten des Berührpunkts B.
K_0 und g werden parallel zur x_3-Achse in die x_1x_2-Ebene projiziert. B′ ist das Bild von B und g′ das Bild von g.
Geben Sie die Koordinaten von B′ und eine Gleichung von g′ an.

c) Die Ebene E berührt die Kugel K_{12} im Punkt $B_1(-10|10|22)$.
Bestimmen Sie eine Koordinatengleichung von E und eine Gleichung der Schnittgeraden s von E mit der x_1x_2-Ebene.
Eine bewegliche Kugel K mit Radius 6 liegt beim Start so, daß ihre Lage durch die Gleichung von K_{12} beschrieben wird. Die Kugel K rollt auf der Ebene E geradlinig und senkrecht zu s, bis sie die x_1x_2-Ebene berührt.
Zeigen Sie, daß diese Lage von K durch die Gleichung von K_3 beschrieben wird.

d) Die Kugel K rollt aus der durch die Gleichung von K_3 beschriebenen Lage senkrecht zur Geraden s aus Teilaufgabe c) geradlinig auf der x_1x_2-Ebene weiter.
Geben Sie eine Gleichung der Kugelschar an, mit der man die Lagen von K auf der x_1x_2-Ebene beschreiben kann.

Lösungshinweise:

a) Gib die Koordinaten des Kugelmittelpunktes in Abhängigkeit des Scharparameters t an. Welcher Kugelmittelpunkt ergibt sich z. B. für $t=0$? Wie lautet also eine Gleichung der Geraden, auf der die Mittelpunkte der Scharkugeln liegen? Welchen Radius haben alle Kugeln der Schar? Wann schneiden sich zwei Kugeln mit gleichem Radius? Notiere Gleichungen von K_0 und K_4 in Koordinatenform. Wie erhält man nun eine Gleichung der Ebene E^*, in welcher der Schnittkreis liegt? Skizziere die Lage von M_0, M_4, dem Mittelpunkt des Schnittkreises und E^*. Welche Streckenlängen sind bekannt, welche ist gesucht?

b) Setzt man x_1, x_2 und x_3 der Geradengleichung in die Gleichung von K_0 ein, ergibt sich eine Gleichung für den Parameter s. Wie viele Lösungen hat diese Gleichung? Was folgt hieraus? Zur Ermittlung der Koordinaten von B' und einer Gleichung von g' beachte man, daß es sich hier um eine spezielle Projektionsrichtung und um eine besondere Lage der Projektionsebene handelt.

c) Um was für eine Ebene handelt es sich bei E? Die Schnittgerade s liegt in der x_1x_2-Ebene. Welche Bedingung muß also erfüllt sein? Was folgt hieraus für die anderen Koordinaten? Sowohl Anfangs- also auch Endlage der Kugel sind gegeben. Damit ist die „Rollrichtung" bekannt. Wie liegt diese? Woran erkennt man, daß die Kugel die x_1x_2-Ebene „von oben" berührt?

d) Wo liegen die Kugelmittelpunkte der Kugelschar beim Weiterrollen? Welche Richtungsvektoren sind möglich? Welche Gleichung der Kugelschar ergibt sich, wenn man die „Rollrichtung" beachtet?

Lösung:

a) **Gleichung der Geraden**

Die Mittelpunkte $M_t(-0{,}5t\,|\,0{,}5t\,|\,2t)$ liegen auf der Geraden

$$n:\ \vec{x}=t\begin{pmatrix}-0{,}5\\0{,}5\\2\end{pmatrix}=t^*\begin{pmatrix}-1\\1\\4\end{pmatrix};\quad t,\ t^*\in\mathbb{R}.$$

Nachweis, daß sich K_0 und K_4 schneiden

K_0 hat den Mittelpunkt $M_0(0\,|\,0\,|\,0)$, K_4 hat den Mittelpunkt $M_4(-2\,|\,2\,|\,8)$. Beide Kugeln haben den gleichen Radius. Zwei Kugeln mit gleichem Radius schneiden sich, wenn die Entfernung der Mittelpunkte kleiner als die Summe ihrer Radien ist.

Mit $\overrightarrow{M_0M_4} = \begin{pmatrix} -2 \\ 2 \\ 8 \end{pmatrix}$ folgt $|\overrightarrow{M_0M_4}| = \sqrt{4+4+64} = 6 \cdot \sqrt{2}$.

Die Summe der Radien ist $2 \cdot 6$. Da $6 \cdot \sqrt{2} < 2 \cdot 6$ ist, schneiden sich K_0 und K_4.

Gleichung der Ebene, in welcher der Schnittkreis liegt

K_0: $x_1^2 + x_2^2 + x_3^2 = 36$

K_4: $x_1^2 + x_2^2 + x_3^2 + 4x_1 - 4x_2 - 16x_3 + 72 = 36$

Durch Subtraktion dieser beiden Gleichungen folgt für die Gleichung der Ebene des Schnittkreises:

E^*: $x_1 - x_2 - 4x_3 + 18 = 0$.

Koordinaten des Mittelpunktes und Radius des Schnittkreises

Es sei M der Mittelpunkt und ϱ der Radius des Schnittkreises. Da beide Kugeln den gleichen Radius haben, ist M der Mittelpunkt der Strecke M_0M_4: $M(-1|1|4)$.

Aus $\varrho^2 + (3 \cdot \sqrt{2})^2 = 6^2$ folgt

$\varrho = \sqrt{18} = 3 \cdot \sqrt{2}$.

b) **Nachweis, daß g Tangente an K_0 ist**

$g \cap K_0$: $(10+3s)^2 + (-6-4s)^2 + (-2+s)^2 = 36$

Aus dieser Gleichung folgt $s^2 + 4s + 4 = 0$ mit $s_1 = s_2 = -2$.
Da es nur eine Lösung gibt, ist g Tangente an K_0.

Koordinaten des Berührpunktes B

$$g \cap K_0 = \{B\}: \ \vec{x}_B = \begin{pmatrix} 10 \\ -6 \\ -2 \end{pmatrix} - 2\begin{pmatrix} 3 \\ -4 \\ 1 \end{pmatrix} = \begin{pmatrix} 4 \\ 2 \\ -4 \end{pmatrix}; \ B(4|2|-4)$$

Koordinaten von B′ und Gleichung von g′

Da der Punkt B parallel zur x_3-Achse auf die x_1x_2-Ebene projiziert wird, ergibt sich $B'(4|2|0)$. Entsprechend folgt für das Bild g′ von g:

$$g': \ \vec{x} = \begin{pmatrix} 10 \\ -6 \\ 0 \end{pmatrix} + s'\begin{pmatrix} 3 \\ -4 \\ 0 \end{pmatrix}; \ s' \in \mathbb{R}.$$

c) **Koordinatengleichung von E**

Die Ebene E ist Tangentialebene in $B_1(-10|10|22)$ an K_{12}.

G

Aus $\left[\vec{x}-\begin{pmatrix}-6\\6\\24\end{pmatrix}\right]\cdot\left[\begin{pmatrix}-10\\10\\22\end{pmatrix}-\begin{pmatrix}-6\\6\\24\end{pmatrix}\right]=36$ folgt

$\begin{pmatrix}x_1+6\\x_2-6\\x_3-24\end{pmatrix}\cdot\begin{pmatrix}-4\\4\\-2\end{pmatrix}=36$ bzw.

E: $2x_1-2x_2+x_3+18=0$.

Gleichung der Schnittgeraden s

$E\cap x_1x_2$-Ebene$=s$: Die Bedingung $x_3=0$ ergibt $2x_1-2x_2+18=0$ bzw. $x_2=x_1+9$.

Setzt man $x_1=v$, so folgt:

s: $\vec{x}=\begin{pmatrix}x_1\\x_2\\x_3\end{pmatrix}=\begin{pmatrix}v\\v+9\\0\end{pmatrix}=\begin{pmatrix}0\\9\\0\end{pmatrix}+v\begin{pmatrix}1\\1\\0\end{pmatrix}$; $v\in\mathbb{R}$.

Nachweis

Die Lage des Mittelpunktes der Kugel nach dem Rollen ist bekannt: $M_3(-1{,}5\,|\,1{,}5\,|\,6)$. Die x_3-Koordinate von M_3 ist 6. Also berührt K_3 die x_1x_2-Ebene „von oben". Mit M_3 ist auch der Vektor $\overrightarrow{M_{12}M_3}$ bekannt:

$\overrightarrow{M_{12}M_3}=\begin{pmatrix}4{,}5\\-4{,}5\\-18\end{pmatrix}$.

Dieser Vektor ist orthogonal zu dem Richtungsvektor von s und parallel zur Ebene E, denn es gilt:

$\begin{pmatrix}4{,}5\\-4{,}5\\-18\end{pmatrix}\cdot\begin{pmatrix}1\\1\\0\end{pmatrix}=0$ und $\begin{pmatrix}4{,}5\\-4{,}5\\-18\end{pmatrix}\cdot\begin{pmatrix}2\\-2\\1\end{pmatrix}=0$.

Also wird die Lage von K durch die Gleichung von K_3 beschrieben.

d) Gleichung der Kugelschar

Die Kugelmittelpunkte der Kugelschar liegen auf der Geraden h durch M_3, die senkrecht zu s und parallel zur x_1x_2-Ebene verläuft. Damit sind $\begin{pmatrix}1\\-1\\0\end{pmatrix}$ oder $\begin{pmatrix}-1\\1\\0\end{pmatrix}$ mögliche Richtungsvektoren von h. Unter Berücksichtigung der Richtung, in der die Kugel rollt, ergibt sich als Gleichung der Kugelschar:

K_a^*: $\left[\vec{x}-\left(\begin{pmatrix}-1{,}5\\1{,}5\\6\end{pmatrix}+a\begin{pmatrix}1\\-1\\0\end{pmatrix}\right)\right]^2=36$ mit $a\geqq 0$.

Ein Signalmast steht auf der horizontalen x_1x_2-Ebene. Er hat die Form einer senkrechten quadratischen Pyramide mit einem aufgesetzten verspiegelten Signalquadrat, das um seine vertikale Diagonale ST gedreht werden kann.
Dieser Mast steht in einem schrägen Hang, dessen Oberfläche die Ebene ist, die durch B, C und A_1 geht. (Siehe Skizze 1)
Ein Teil der Pyramide befindet sich also unter der Hangoberfläche.
Gegeben sind die Punkte $A(6|0|0)$, $B(8|4|0)$, $C(4|6|0)$, $D(2|2|0)$, $S(5|3|10)$, $T(5|3|15)$, $A_1(5{,}8|0{,}6|2)$.

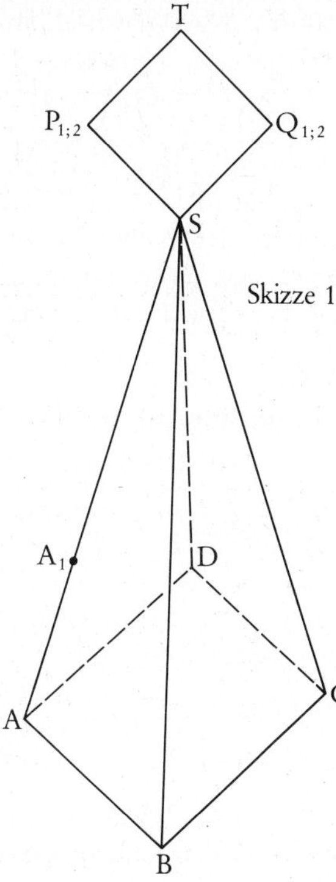

Skizze 1

a) Zeichnen Sie ein Schrägbild der Pyramide.
(LE 1 cm; Verkürzungsfaktor in x_1-Richtung $\frac{1}{2}\sqrt{2}$; siehe Skizze 2)
Bestimmen Sie den Neigungswinkel des Hanges gegenüber der Horizontalebene.
In welchem Punkt D_1 tritt die Pyramidenkante DS aus der Hangoberfläche aus?

b) Die Hangoberfläche schneidet den Signalmast in einem Trapez. Berechnen Sie den Inhalt dieses Trapezes.

c) Die Lage des Signalquadrats ist festgelegt durch $P_1(3{,}5|5|12{,}5)$. Es reflektiert parallel einfallendes Sonnenlicht auf eine in der x_2x_3-Ebene stehende Wand. Dabei wird der Mittelpunkt M des Signalquadrats auf den Punkt $M'(0|8|5)$ auf der Wand abgebildet.

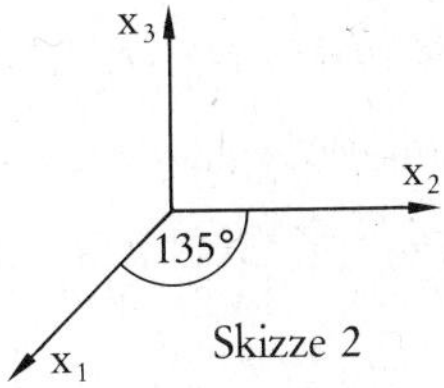

Skizze 2

Auf der Wand leuchtet das Viereck $P_1'S'Q_1'T'$ als Bild des Signalquadrats auf.
Berechnen Sie die Koordinaten von S' und von P_1'.

d) Bei einem böigen Wind, dessen Richtung durch den Vektor $\vec{w} = \begin{pmatrix} -4 \\ 3 \\ 0 \end{pmatrix}$ festgelegt ist, wird das Signalquadrat aus Sicherheitsgründen so gedreht, daß es parallel zur Windrichtung ist.
Berechnen Sie für diese Lage die Koordinaten der Eckpunkte P_2, Q_2 und zeichnen Sie ein Schrägbild des Quadrats P_2SQ_2T in das vorhandene Achsenkreuz ein.

Lösungshinweise:

a) Die Oberfläche des Hanges ist die Ebene E durch die Punkte B, C und A_1. Zur Berechnung des Neigungswinkels benötigt man Normalenvektoren der betreffenden Ebenen. Ein Normalenvektor der Horizontalebene ist sofort bekannt. Zur Angabe eines Normalenvektors von E ermittelt man entweder eine Koordinatengleichung von E oder aber man setzt einen Normalenvektor allgemein an und bestimmt die Koordinaten durch zweimalige Anwendung des Skalarproduktes. Wie erhält man eine Koordinatengleichung einer Ebene, wenn drei Punkte dieser Ebene bekannt sind? Der Punkt D_1 ergibt sich als Schnittpunkt der Geraden durch D und S mit E.

b) Wie lautet die Flächeninhaltsformel für ein Trapez? Die Länge der Mittelparallelen ist aus den bekannten Koordinaten der Eckpunkte des Trapezes ermittelbar. Die Höhe ergibt sich als ein Abstand; welcher? Zur Berechnung des Abstandes benötigt man den Lotfußpunkt. Welche Möglichkeiten gibt es, die Koordinaten dieses Lotfußpunktes zu berechnen?

c) Der Mittelpunkt M und sein Bildpunkt M' sind bekannt. Was läßt sich hieraus ermitteln? Die Punkte S' und P_1' ergeben sich als Schnittpunkte von Geraden mit der x_2x_3-Ebene.

d) Durch den Vektor $\vec{w}$ ist auch der Einheitsvektor $\vec{w_0}$ bekannt. Zur Ermittlung der Koordinaten von P_2 und Q_2 überlege man sich, wie man mit Hilfe von $\vec{w_0}$ die Ortsvektoren von P_2 und Q_2 ausdrücken kann.

Lösung:

a) Zeichnung

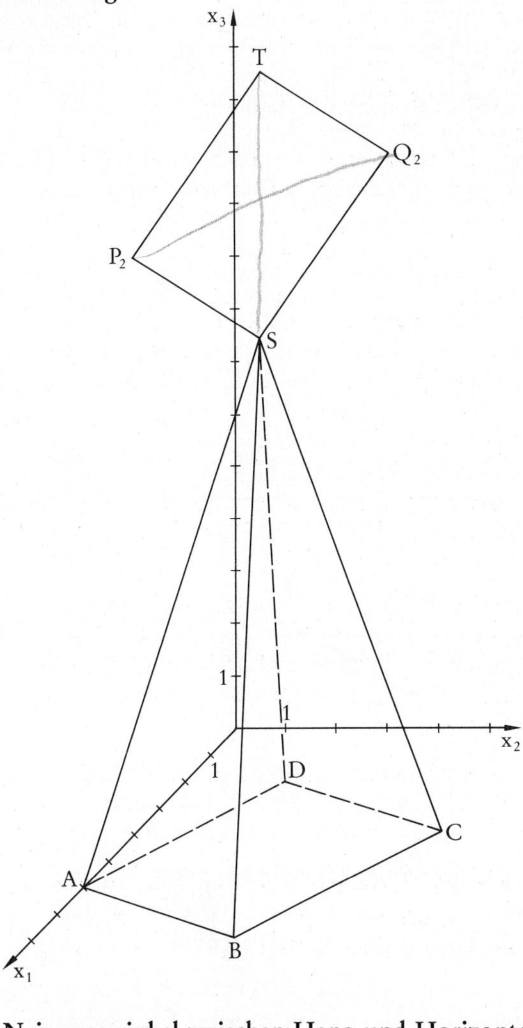

Neigungswinkel zwischen Hang und Horizontalebene

Die Oberfläche des Hanges ist die Ebene E durch die Punkte $B(8|4|0)$, $C(4|6|0)$ und $A_1(5{,}8|0{,}6|2)$. Um den Neigungswinkel berechnen zu können, benötigt man einen Normalenvektor von E.

1. Möglichkeit:

Als Parametergleichung von E ergibt sich:

$$E:\ \vec{x}=\begin{pmatrix}8\\4\\0\end{pmatrix}+r\begin{pmatrix}-2{,}2\\-3{,}4\\2\end{pmatrix}+s\begin{pmatrix}-4\\2\\0\end{pmatrix};\ r, s \in \mathbb{R}.$$

Elimination von r und s ergibt als Koordinatengleichung

$E:\ 2x_1+4x_2+9x_3-32=0.$

Damit ist $\vec{n_1}=\begin{pmatrix}2\\4\\9\end{pmatrix}$ ein Normalenvektor von E.

2. Möglichkeit:

Es sei $\vec{n_1}=\begin{pmatrix}n_1\\n_2\\n_3\end{pmatrix}$.

Aus $\vec{n_1}\perp\overrightarrow{BA_1}$ folgt: $-2{,}2\,n_1-3{,}4\,n_2+2n_3=0$;

aus $\vec{n_1}\perp\overrightarrow{BC}$ folgt: $-4n_1+2n_2=0$.

Dieses LGS ist z. B. für $n_1=2$; $n_2=4$; $n_3=9$ erfüllt.

Man erhält also ebenfalls $\vec{n_1}=\begin{pmatrix}2\\4\\9\end{pmatrix}$.

Die Horizontalebene ist die x_1x_2-Ebene. Diese hat z. B. $\vec{n_2}=\begin{pmatrix}0\\0\\1\end{pmatrix}$ als Normalenvektor. Es sei α der Winkel zwischen der Ebene E und der x_1x_2-Ebene.

Aus $\cos\alpha=\dfrac{\begin{pmatrix}2\\4\\9\end{pmatrix}\cdot\begin{pmatrix}0\\0\\1\end{pmatrix}}{\sqrt{101}\cdot 1}=\dfrac{9}{\sqrt{101}}$ folgt $\alpha\approx 26{,}4°$.

Koordinaten von D_1

Die Ebene E hat die Koordinatenform (vgl. 1. Möglichkeit)

$E:\ 2x_1+4x_2+9x_3-32=0.$

Der Punkt D_1 ergibt sich als Schnittpunkt der Geraden g durch D und S mit E.

$$g:\ \vec{x}=\begin{pmatrix}2\\2\\0\end{pmatrix}+t\begin{pmatrix}3\\1\\10\end{pmatrix};\ t\in\mathbb{R}.$$

$g\cap E=\{D_1\}$: Aus $2(2+3t)+4(2+t)+9\cdot 10t-32=0$ folgt $t=\frac{1}{5}$ und hieraus $D_1(2{,}6\,|\,2{,}2\,|\,2)$.

b) **Flächeninhalt des Trapezes**

Bezeichnet h_T die Höhe des Trapezes, ergibt sich der Flächeninhalt A_T des Trapezes aus

$A_T = \frac{1}{2}(|\overrightarrow{BC}| + |\overrightarrow{A_1D_1}|) \cdot h_T$.

Es ist $|\overrightarrow{BC}| = \sqrt{20}$ und $|\overrightarrow{A_1D_1}| = \sqrt{12{,}8}$. Die Trapezhöhe h_T ist der Betrag des Vektors $\overrightarrow{A_1F}$, wobei F der Fußpunkt des Lotes von A_1 auf die Gerade h durch B und C ist. Zur Ermittlung der Koordinaten von F gibt es zwei Möglichkeiten.

1. Möglichkeit:

Die Gerade h hat die Gleichung

$$h:\ \vec{x} = \begin{pmatrix} 8 \\ 4 \\ 0 \end{pmatrix} + u \begin{pmatrix} -2 \\ 1 \\ 0 \end{pmatrix};\ u \in \mathbb{R}.$$

Damit gilt: $F(8-2u \mid 4+u \mid 0)$.

Aus $\overrightarrow{A_1F} \cdot \overrightarrow{BC} = \begin{pmatrix} 2{,}2-2u \\ 3{,}4+u \\ -2 \end{pmatrix} \cdot \begin{pmatrix} -4 \\ 2 \\ 0 \end{pmatrix} = 0$ folgt $-4(2{,}2-2u) + 2(3{,}4+u) = 0$

und hieraus $u = \frac{1}{5}$. Damit: $F(7{,}6 \mid 4{,}2 \mid 0)$.

2. Möglichkeit:

Es sei H die Hilfsebene durch A_1 senkrecht zur Geraden h durch B und C.

$$h:\ \vec{x} = \begin{pmatrix} 8 \\ 4 \\ 0 \end{pmatrix} + u \begin{pmatrix} -2 \\ 1 \\ 0 \end{pmatrix};\ u \in \mathbb{R}.$$

$$H:\ \left[\vec{x} - \begin{pmatrix} 5{,}8 \\ 0{,}6 \\ 2 \end{pmatrix}\right] \cdot \begin{pmatrix} -2 \\ 1 \\ 0 \end{pmatrix} = 0.$$

$H \cap h = \{F\}$: $-2(2{,}2-2u) + (3{,}4+u) = 0$; $u = \frac{1}{5}$.

Damit: $F(7{,}6 \mid 4{,}2 \mid 0)$.

Mit $h_T = |\overrightarrow{A_1F}| = \sqrt{20{,}2}$ ergibt sich:

$$A_T = \frac{1}{2}(\sqrt{20} + \sqrt{12{,}8}) \cdot \sqrt{20{,}2} = 1{,}8 \cdot \sqrt{101} \approx 18{,}09.$$

c) **Koordinaten von S′ und von P_1'**

Die Projektionsrichtung ist durch den Vektor $\overrightarrow{MM'}$ festgelegt. M ist die Mitte der Strecke ST: $M(5 \mid 3 \mid 12{,}5)$.

$$\overrightarrow{MM'} = \begin{pmatrix} -5 \\ 5 \\ -7{,}5 \end{pmatrix} = 5 \begin{pmatrix} -1 \\ 1 \\ -1{,}5 \end{pmatrix}$$

G

S' ergibt sich als Schnittpunkt der Geraden i durch S mit dem Richtungsvektor $\begin{pmatrix}-1\\1\\-1{,}5\end{pmatrix}$ und der x_2x_3-Ebene.

$$i:\ \vec{x}=\begin{pmatrix}5\\3\\10\end{pmatrix}+u\begin{pmatrix}-1\\1\\-1{,}5\end{pmatrix};\quad u\in\mathbb{R}.$$

$i \cap x_2x_3\text{-Ebene}=\{S'\}$: Aus $x_1=0$ folgt $u=5$ und hieraus $S'(0|8|2{,}5)$.

P_1' ergibt sich als Schnittpunkt der Geraden j durch P_1 mit dem Richtungsvektor $\begin{pmatrix}-1\\1\\-1{,}5\end{pmatrix}$ und der x_2x_3-Ebene.

$$j:\ \vec{x}=\begin{pmatrix}3{,}5\\5\\12{,}5\end{pmatrix}+v\begin{pmatrix}-1\\1\\-1{,}5\end{pmatrix};\quad v\in\mathbb{R}.$$

$j \cap x_2x_3\text{-Ebene}=\{P_1'\}$: Aus $x_1=0$ folgt $v=3{,}5$ und hieraus $P_1'(0|8{,}5|7{,}25)$.

d) Koordinaten von P_2 und Q_2

Die Ortsvektoren der Punkte P_2 und Q_2 lassen sich mit Hilfe des Einheitsvektors $\overrightarrow{w_0}$ wie folgt darstellen:

$$\overrightarrow{OP_2}=\overrightarrow{OM}-|\overrightarrow{MP_2}|\cdot\overrightarrow{w_0}=\overrightarrow{OM}-|\overrightarrow{MP_2}|\cdot\frac{\vec{w}}{|\vec{w}|},$$

$$\overrightarrow{OQ_2}=\overrightarrow{OM}+|\overrightarrow{MP_2}|\cdot\overrightarrow{w_0}=\overrightarrow{OM}+|\overrightarrow{MP_2}|\cdot\frac{\vec{w}}{|\vec{w}|}.$$

Mit $M(5|3|12{,}5)$ (vgl. Teilaufgabe c)), $\vec{w}=\begin{pmatrix}-4\\3\\0\end{pmatrix}$, $|\vec{w}|=5$, $|\overrightarrow{MP_2}|=|\overrightarrow{MS}|=2{,}5$ ergibt sich:

$$\overrightarrow{OP_2}=\begin{pmatrix}5\\3\\12{,}5\end{pmatrix}-2{,}5\cdot\frac{1}{5}\cdot\begin{pmatrix}-4\\3\\0\end{pmatrix}=\begin{pmatrix}7\\1{,}5\\12{,}5\end{pmatrix};\quad P_2(7|1{,}5|12{,}5);$$

$$\overrightarrow{OQ_2}=\begin{pmatrix}5\\3\\12{,}5\end{pmatrix}+2{,}5\cdot\frac{1}{5}\cdot\begin{pmatrix}-4\\3\\0\end{pmatrix}=\begin{pmatrix}3\\4{,}5\\12{,}5\end{pmatrix};\quad Q_2(3|4{,}5|12{,}5).$$

Zeichnung

Siehe Figur.

Aufgabe 90/3

In einem kartesischen Koordinatensystem legen der Punkt $P(2|6)$ und sein Bildpunkt $P'(7|6)$ sowie die Fixpunkte $F_1(2|1)$ und $F_2(4|2)$ eine affine Abbildung α fest.

a) Konstruieren Sie das Bild des Dreiecks F_2PB mit $B(8|9)$ bei dieser Abbildung α.
(LE 1 cm; Querformat)
Geben Sie die Konstruktionsschritte an.
Bestimmen Sie die Abbildungsgleichung von α.
Berechnen Sie die Koordinaten des Bildpunktes B' von B.

b) Der Umkreis des Dreiecks F_2PB aus Teilaufgabe a) wird durch α auf eine Ellipse abgebildet.
Konstruieren Sie Mittelpunkt und Scheitelpunkte dieser Ellipse.

c) Zu jedem $t \neq 0$ ist eine affine Abbildung α_t gegeben durch

$$\alpha_t:\ \vec{x}\,' = \begin{pmatrix} 0{,}5t \\ 0 \end{pmatrix} x_1 + \begin{pmatrix} 1 \\ t \end{pmatrix} x_2 + \begin{pmatrix} -t+1 \\ t-1 \end{pmatrix}.$$

Untersuchen Sie α_t in Abhängigkeit von t auf Fixpunkte.
Geben Sie für $t \in \mathbb{R} \setminus \{0; 1; 2\}$ ein angepaßtes Koordinatensystem an, in dem die Abbildungsgleichung von α_t eine besonders einfache Form hat.
Geben Sie diese Darstellung von α_t an.
Geben Sie für $t \in \mathbb{R} \setminus \{0; 1; 2\}$ zwei Achsenaffinitäten an, deren Verkettung α_t ergibt.

Lösungshinweise:

a) Von der Abbildung α sind zwei Fixpunkte gegeben. Was folgt hieraus für die Abbildung? Weiterhin ist das zugeordnete Punktepaar P und P′ gegeben. Wie konstruiert man hiermit das Bild eines Punktes? Zur Ermittlung der Abbildungsgleichung von α gibt es zwei Möglichkeiten. Entweder man benutzt die drei angegebenen Punktepaare oder aber man verwendet folgenden Satz: Eine Affinität α mit der Fixpunktgeraden g: $ax_1 + bx_2 + c = 0$ hat eine Koordinatendarstellung der Form

$$\alpha: \begin{cases} \overline{x}_1 = x_1 + r(ax_1 + bx_2 + c) \\ \overline{x}_2 = x_2 + s(ax_1 + bx_2 + c) \end{cases} \quad (r, s \in \mathbb{R}).$$

b) Zur Konstruktion der Scheitel der Ellipse verwende ein invariantes Rechtwinkelpaar von α. Konstruiere zunächst den Umkreismittelpunkt M des Dreiecks F_2PB und zeichne den Umkreis. Anschließend konstruiere den Bildpunkt M′ von M sowie den Schnittpunkt M* von g und der Mittelsenkrechten von MM′. Der Kreis um M* durch M und M′ schneidet g in den Fixpunkten A_1 und A_2. Folglich wird A_1M auf A_1M' und A_2M auf A_2M' abgebildet. Nach dem Satz des Thales gilt $A_1M \perp A_2M$ und $A_1M' \perp A_2M'$. Wie konstruiert man nun die Ellipsenscheitel?

c) Wie untersucht man eine gegebene Abbildung auf Fixpunkte? Führe eine Fallunterscheidung bezüglich t durch. Für das angepaßte Koordinatensystem benötigt man Eigenvektoren. Wie ermittelt man Eigenwerte und Eigenvektoren einer Abbildungsmatrix? Für das angepaßte Koordinatensystem verwende als Ursprung den Fixpunkt und als Basisvektoren die Eigenvektoren. Die Abbildungsmatrix hat zwei Eigenwerte; wie lautet also in dem neuen Koordinatensystem die Abbildung α_t? Wie ergeben sich aus der neuen Darstellung sofort die zwei gesuchten Achsenaffinitäten?

Lösung:

a) **Konstruktion**

Siehe Figur.

Zeichnung

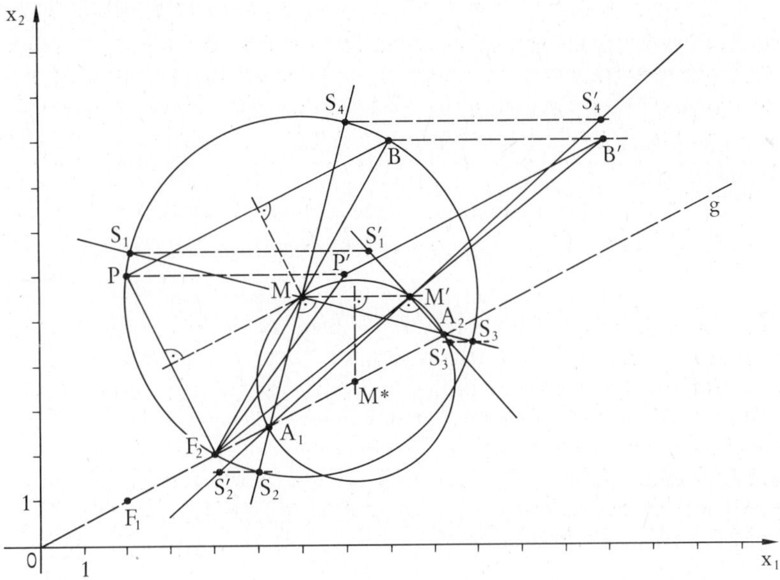

Konstruktionsschritte

Konstruktion von F_2': F_2 ist Fixpunkt; damit ist $F_2' = F_2$.
Konstruktion von P': Die Koordinaten von P' sind gegeben.
Konstruktion von B': Die Gerade PB ist parallel zur Affinitätsachse. Damit ergibt sich B' als Schnittpunkt der Parallelen zur Achse durch P' und der Parallelen zu PP' durch B.

Abbildungsgleichung von α

1. Möglichkeit:

$$\alpha:\ \vec{x}' = x_1 \begin{pmatrix} a \\ b \end{pmatrix} + x_2 \begin{pmatrix} c \\ d \end{pmatrix} + \begin{pmatrix} e \\ f \end{pmatrix}.$$

Zur Berechnung von a, b, c, d, e und f sind folgende Punktepaare gegeben:
$P(2|6) \mapsto P'(7|6)$; $F_1(2|1) \mapsto F_1'(2|1)$; $F_2(4|2) \mapsto F_2'(4|2)$.

$7 = 2a + 6c + e$ und $6 = 2b + 6d + f$
$2 = 2a + c + e$ und $1 = 2b + d + f$
$4 = 4a + 2c + e$ und $2 = 4b + 2d + f$

Daraus folgt: $\alpha:\ \vec{x}' = x_1 \begin{pmatrix} 0{,}5 \\ 0 \end{pmatrix} + x_2 \begin{pmatrix} 1 \\ 1 \end{pmatrix}.$

2. Möglichkeit

Man verwendet folgenden Satz: Eine Affinität α mit der Fixpunktgeraden g: $ax_1+bx_2+c=0$ hat eine Koordinatendarstellung der Form

$$\alpha:\ \begin{cases}\bar{x}_1=x_1+r(ax_1+bx_2+c)\\ \bar{x}_2=x_2+s(ax_1+bx_2+c)\end{cases}\quad (r;\ s\in\mathbb{R}).$$

Da die Punkte $F_1(2|1)$ und $F_2(4|2)$ Fixpunkte sind, ist g: $x_1-2x_2=0$ Fixpunktgerade.

Aus $\alpha:\ \begin{cases}\bar{x}_1=x_1+r(x_1-2x_2)\\ \bar{x}_2=x_2+s(x_1-2x_2)\end{cases}$ folgt mit $\alpha(P)=P'$:

$$\begin{cases}7=2+r(2-12)\\ 6=6+s(2-12)\end{cases}\quad \text{und hieraus } r=-\frac{1}{2};\ \ s=0.$$

Damit ergibt sich als Abbildungsgleichung:

$$\alpha:\ \vec{x}\,'=x_1\begin{pmatrix}0{,}5\\0\end{pmatrix}+x_2\begin{pmatrix}1\\1\end{pmatrix}.$$

Koordinaten von B′

Aus $\begin{cases}x_1'=8\cdot 0{,}5+9\cdot 1\\ x_2'=\qquad\quad\ 9\cdot 1\end{cases}$ folgt $x_1'=13;\ x_2'=9$; also gilt: $B'(13|9)$.

b) **Konstruktion des Mittelpunktes und der Scheitelpunkte der Ellipse**

Siehe Figur.

c) **Fixpunkte von α_t**

Aus $\begin{cases}x_1=0{,}5tx_1+x_2-t+1\\ x_2=\qquad\qquad tx_2+t-1\end{cases}$ folgt

$$\begin{cases}(0{,}5t-1)\,x_1+x_2=t-1\\ \qquad\qquad (t-1)\,x_2=-t+1.\end{cases}$$

$t=2$: α_2 hat keine Fixpunkte;

$t=1$: $\alpha_1=\alpha$ hat die Fixpunktgerade g: $x_1-2x_2=0$; es gibt also unendlich viele Fixpunkte $F(2a|a)$ mit $a\in\mathbb{R}$;

$t\in\mathbb{R}\setminus\{0;1;2\}$: α_t hat genau einen Fixpunkt $F\left(\frac{2t}{t-2}\middle|-1\right)$.

Angepaßtes Koordinatensystem

Aus $\operatorname{Det}\begin{pmatrix}0{,}5t-\lambda & 1\\ 0 & t-\lambda\end{pmatrix}=0$ folgt die charakteristische Gleichung

$(0{,}5t-\lambda)\cdot(t-\lambda)=0$ mit den Eigenwerten $\lambda_1=0{,}5t$ und $\lambda_2=t$.

$\lambda_1 = 0{,}5t$: Aus $\left\{\begin{array}{r} x_2 = 0 \\ 0{,}5tx_2 = 0 \end{array}\right.$ folgt $x_2 = 0$;

also sind $u\begin{pmatrix}1\\0\end{pmatrix}$; $u \neq 0$, Eigenvektoren zum Eigenwert $\lambda_1 = 0{,}5t$.

$\lambda_2 = t$: Aus $-0{,}5tx_1 + x_2 = 0$ folgt $x_2 = 0{,}5tx_1$;

also sind $v\begin{pmatrix}1\\0{,}5t\end{pmatrix}$, $v \neq 0$, Eigenvektoren zum Eigenwert $\lambda_2 = t$.

Somit kann man $(F; \vec{b_1}, \vec{b_2})$ mit $F\left(\frac{2t}{t-2}\middle|-1\right)$ und $\vec{b_1} = \begin{pmatrix}1\\0\end{pmatrix}$, $\vec{b_2} = \begin{pmatrix}1\\0{,}5t\end{pmatrix}$ als neues Koordinatensystem wählen.

G

Abbildungsgleichung von α_t im angepaßten Koordinatensystem

Im neuen Koordinatensystem gilt:

$$\alpha_t\colon\ \vec{y}\,' = \begin{pmatrix}0{,}5t & 0\\ 0 & t\end{pmatrix}\vec{y}.$$

Achsenaffinitäten, deren Verkettung α_t ergibt

Es ist $\begin{pmatrix}0{,}5t & 0\\ 0 & t\end{pmatrix} = \begin{pmatrix}0{,}5t & 0\\ 0 & 1\end{pmatrix} \cdot \begin{pmatrix}1 & 0\\ 0 & t\end{pmatrix}$.

Damit läßt sich α_t als Verkettung der beiden Achsenaffinitäten β_t und γ_t darstellen, wobei gilt:

$$\beta_t\colon\ \vec{y}\,' = \begin{pmatrix}0{,}5t & 0\\ 0 & 1\end{pmatrix}\vec{y};$$

$$\gamma_t\colon\ \vec{y}\,' = \begin{pmatrix}1 & 0\\ 0 & t\end{pmatrix}\vec{y}.$$

β_t ist eine Achsenaffinität mit der y_2-Achse als Affinitätsachse, γ_t ist eine Achsenaffinität mit der y_1-Achse als Affinitätsachse.

Aufgabe 91/1

Die Gerade $g\colon \vec{x} = \begin{pmatrix} 6 \\ 2 \\ 1 \end{pmatrix} + s \begin{pmatrix} -1 \\ 1 \\ 0 \end{pmatrix};\ s \in \mathbb{R}$

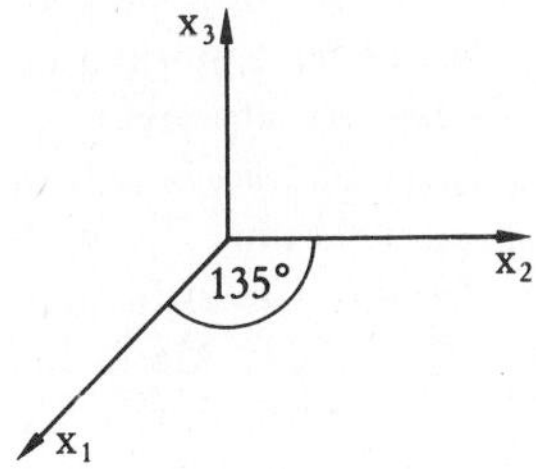

sowie der Punkt $S_3(0|0|3)$ liegen in der Ebene E_1. E_1 schneidet die x_1-Achse in S_1 und die x_2-Achse in S_2.

a) Bestimmen Sie eine Koordinatengleichung von E_1.
Zeichnen Sie ein Schrägbild der Geraden g und des Dreiecks $S_1S_2S_3$.
(Querformat; Ursprung in Blattmitte; LE 1 cm; Verkürzungsfaktor in x_1-Richtung $\frac{1}{2}\sqrt{2}$)
Eine Kugel hat ihren Mittelpunkt im Ursprung und berührt E_1.
Bestimmen Sie eine Gleichung dieser Kugel.
Die Gerade g schneidet die Strecke S_2S_3 im Punkt P.
In welchem Verhältnis teilt P diese Strecke?

b) Auf S_1S_2 liegen die Punkte A und B.
Bestimmen Sie A und B so, daß das Dreieck ABS_3 gleichschenklig ist und die Basis AB die Länge $8\sqrt{2}$ hat.
Das Dreieck ABS_3 ist die Grundfläche einer dreiseitigen Pyramide mit der Höhe $6\sqrt{2}$. Der Fußpunkt der Pyramidenhöhe ist der Schwerpunkt des Dreiecks ABS_3.
Bestimmen Sie die Spitze C dieser Pyramide, wenn der x_3-Wert von C positiv ist.

c) Die Ebene E_2 ist parallel zur x_3-Achse und enthält die Gerade S_1S_2.
Geben Sie eine Koordinatengleichung von E_2 an.
Die Kugel K berührt die Ebene E_2 und die x_3-Achse in deren positiven Bereich so, daß die Verbindungsstrecke der Berührpunkte ein Durchmesser ist. Außerdem berührt K die Ebene E_1.
Bestimmen Sie eine Gleichung von K.

d) Zwei Kugeln berühren die Ebene E_1 im Punkt $Q(4|4|1)$ und die x_1x_2-Ebene in je einem weiteren Punkt. Eine zentrische Streckung mit Zentrum Z bildet die kleinere Kugel auf die größere ab.
Berechnen Sie die Koordinaten von Z.

Lösungshinweise:

a) Die Gerade g und der Punkt S_3 liegen in der Ebene E_1. Notiere eine Parametergleichung von E_1 und eliminiere die Parameter. Berechne anschließend die Schnittpunkte S_1 und S_2 von E_1 mit der x_1-Achse bzw. x_2-Achse. Zeichne das Schrägbild. Die gesuchte Kugel hat den Mittelpunkt $O(0|0|0)$ und berührt E_1. Wie ergibt sich also der zugehörige Radius? Der Punkt P ergibt sich als Schnittpunkt der Geraden g und der Geraden durch die Punkte S_1 und S_2. Markiere im Schrägbild den Punkt P und berechne anschließend seine Koordinaten. Aus den Koordinaten von P, S_2 und S_3 ergeben sich die Vektoren $\overrightarrow{S_2P}$ und $\overrightarrow{PS_3}$. Wie ergibt sich nun das gesuchte Teilverhältnis?

b) In Teilaufgabe a) wurden die Koordinaten von S_1 und S_2 berechnet. Um was für ein besonderes Dreieck handelt es sich bei Dreieck $S_1S_2S_3$? Fertige eine Planfigur dieses Dreiecks; zeichne auch das Dreieck ABS_3 ein. Beide Dreiecke haben eine gemeinsame Symmetrieachse. Welche? Der Punkt A ergibt sich also, indem man $4 \cdot \sqrt{2}$ Einheiten von der Mitte der Strecke S_1S_2 in Richtung S_1 abträgt; entsprechendes gilt für den Punkt B.
Wie berechnet man den Schwerpunkt S eines Dreiecks, von dem die Eckpunkte bekannt sind? Die Spitze C der Pyramide ergibt sich, indem man $6 \cdot \sqrt{2}$ Einheiten vom Schwerpunkt aus orthogonal zur Ebene E_1 abträgt. Dabei muß man beachten, daß der x_3-Wert von C positiv ist.

c) Fertige eine Skizze der Ebene E_2 im Schrägbild. Die Punkte S_1 und S_2 sind bekannt. Außerdem ist E_2 parallel zur x_3-Achse. Damit ist eine Koordinatengleichung von E_2 sofort angebbar. Eine andere Möglichkeit zur Bestimmung einer Koordinatengleichung von E_2 besteht darin, zunächst eine Parametergleichung von E_2 aufzustellen und dann die Parameter zu eliminieren.
Eine Hilfsebene enthalte die x_3-Achse und die Winkelhalbierende der positiven x_1- und x_2-Achsen. Zeichne eine Skizze der entstehenden Schnittfigur. Der Durchmesser der Kugel K ergibt sich als Abstand der x_3-Achse von der Ebene E_2. Verwende den Mittelpunkt F der Strecke S_1S_2 (vgl. Teilaufgabe b)). Der Mittelpunkt M der Kugel K liegt auf der Geraden durch die Mitte von OF parallel zur x_3-Achse. Damit sind zwei Koordinaten von M bekannt. Weiterhin soll K auch E_1 berühren. Also hat M von E_1 den halben Durchmesser als Abstand.

d) Fertige eine Skizze. Die Ebene E_1 ist Tangentialebene beider Kugeln; der Berührpunkt ist für beide Kugeln der Punkt Q. Auf welcher Geraden liegen also die Kugelmittelpunkte? Wie ergibt sich nun der Punkt Z?

Lösung:

a) **Koordinatengleichung von E_1**

Die Gerade g und der Punkt S_3 liegen in der Ebene E_1. Als Parametergleichung von E_1 ergibt sich:

$$E_1:\ \vec{x}=\begin{pmatrix}6\\2\\1\end{pmatrix}+s\begin{pmatrix}-1\\1\\0\end{pmatrix}+t\begin{pmatrix}-6\\-2\\2\end{pmatrix};\quad s, t \in \mathbb{R}.$$

Setzt man für $\vec{x}=\begin{pmatrix}x_1\\x_2\\x_3\end{pmatrix}$ ein und eliminiert man s und t, so ergibt sich eine Koordinatengleichung:

$E_1:\ x_1+x_2+4x_3-12=0.$

Koordinaten der Schnittpunkte von E_1 mit den Achsen

Schnittpunkt S_1 mit der x_1-Achse: $x_2=x_3=0$; $x_1=12$; $S_1(12|0|0)$.
Schnittpunkt S_2 mit der x_2-Achse: $x_1=x_3=0$; $x_2=12$; $S_2(0|12|0)$.

Schrägbild der Geraden g und des Dreiecks $S_1S_2S_3$

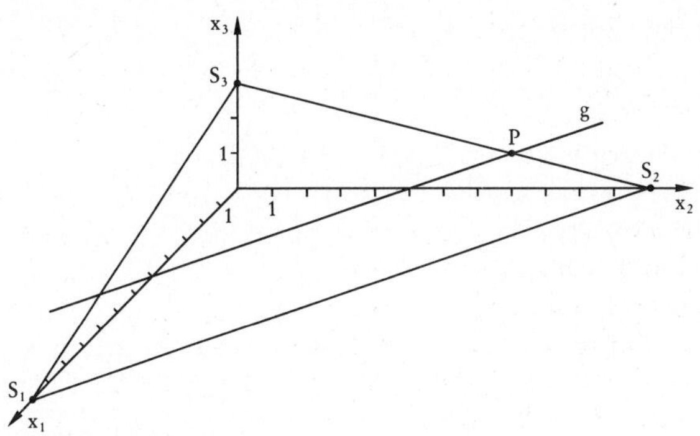

Gleichung der Kugel

Von der Kugel ist der Mittelpunkt O(0|0|0) gegeben. Der Radius r ist gleich dem Abstand d des Punktes O von E_1.

HNF von E_1: $\frac{1}{\sqrt{18}}(x_1+x_2+4x_3-12)=0$;

$$r=d(O;E_1)=\left|\frac{1}{\sqrt{18}}(-12)\right|=\frac{12}{\sqrt{18}}=2\sqrt{2}.$$

Damit ergibt sich als Gleichung der gesuchten Kugel:

$\vec{x}^2=8.$

Teilverhältnis

Es sei h die Gerade durch die Punkte S_2 und S_3.

$$h:\ \vec{x}=\begin{pmatrix}0\\12\\0\end{pmatrix}+r\begin{pmatrix}0\\-12\\3\end{pmatrix};\quad r\in\mathbb{R}$$

Der Punkt P ergibt sich als Schnittpunkt der Geraden g und h.

$$\begin{pmatrix}6\\2\\1\end{pmatrix}+s\begin{pmatrix}-1\\1\\0\end{pmatrix}=\begin{pmatrix}0\\12\\0\end{pmatrix}+r\begin{pmatrix}0\\-12\\3\end{pmatrix}$$

Aus dem LGS $\begin{cases}-s = -6\\ s+12r=10\\ -3r=-1\end{cases}$

ergibt sich $s=6$ und $r=\frac{1}{3}$. Somit : $P(0|8|1)$.

Aus $\overrightarrow{S_2P}=\begin{pmatrix}0\\-4\\1\end{pmatrix}$ und $\overrightarrow{PS_3}=\begin{pmatrix}0\\-8\\2\end{pmatrix}$ folgt $\overrightarrow{S_2P}=\frac{1}{2}\overrightarrow{PS_3}$.

Damit teilt P die Strecke S_2S_3 im Verhältnis $1:2$.

b) **Bestimmung der Punkte A und B**

Das Dreieck $S_1S_2S_3$ ist nach Teilaufgabe a) gleichschenklig mit der Basis S_1S_2 (vgl. Figur). Der Mittelpunkt $F(6|6|0)$ der Strecke S_1S_2 ist der Fußpunkt der Höhe sowohl im Dreieck $S_1S_2S_3$ als auch im Dreieck ABS_3.

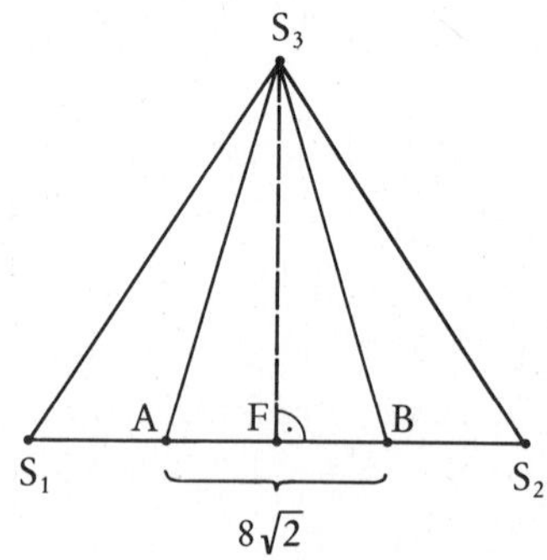

Ist $\overrightarrow{m_0}$ der normierte Richtungsvektor von S_1S_2, so erhält man für die Ortsvektoren von A und B:

$$\overrightarrow{OA}=\overrightarrow{OF}-\frac{1}{2}\cdot 8\cdot\sqrt{2}\cdot\overrightarrow{m_0}$$
$$=\begin{pmatrix}6\\6\\0\end{pmatrix}-\frac{1}{2}\cdot 8\cdot\sqrt{2}\cdot\frac{1}{\sqrt{2}}\cdot\begin{pmatrix}-1\\1\\0\end{pmatrix}=\begin{pmatrix}10\\2\\0\end{pmatrix},$$

$$\overrightarrow{OB}=\overrightarrow{OF}+\frac{1}{2}\cdot 8\cdot\sqrt{2}\cdot\overrightarrow{m_0}$$
$$=\begin{pmatrix}6\\6\\0\end{pmatrix}+\frac{1}{2}\cdot 8\cdot\sqrt{2}\cdot\frac{1}{\sqrt{2}}\cdot\begin{pmatrix}-1\\1\\0\end{pmatrix}=\begin{pmatrix}2\\10\\0\end{pmatrix}.$$

Also sind $A(10|2|0)$ und $B(2|10|0)$ die gesuchten Punkte.

Bestimmung der Spitze C der Pyramide

Die Grundfläche ABS_3 der Pyramide liegt in der Ebene E_1. Der Fußpunkt der Pyramidenhöhe ist der Schwerpunkt S des Dreiecks ABS_3. Die Spitze C der Pyramide liegt orthogonal zu E_1 über S.

Für den Ortsvektor des Schwerpunktes S gilt:

$$\overrightarrow{OS} = \frac{1}{3}(\overrightarrow{OA} + \overrightarrow{OB} + \overrightarrow{OS_3})$$

$$= \frac{1}{3}\left[\begin{pmatrix}10\\2\\0\end{pmatrix} + \begin{pmatrix}2\\10\\0\end{pmatrix} + \begin{pmatrix}0\\0\\3\end{pmatrix}\right] = \begin{pmatrix}4\\4\\1\end{pmatrix};$$

also ist $S(4|4|1)$ der Schwerpunkt.

Der normierte Richtungsvektor $\overrightarrow{n_0}$ von SC ergibt sich aus einem Normalenvektor von E_1:

$$\overrightarrow{n_0} = \frac{1}{\sqrt{18}}\begin{pmatrix}1\\1\\4\end{pmatrix} = \frac{1}{3\cdot\sqrt{2}}\begin{pmatrix}1\\1\\4\end{pmatrix}.$$

Für den Ortsvektor von C folgt somit:

$$\overrightarrow{OC} = \overrightarrow{OS} + 6\cdot\sqrt{2}\cdot\overrightarrow{n_0}$$

$$= \begin{pmatrix}4\\4\\1\end{pmatrix} + 6\cdot\sqrt{2}\cdot\frac{1}{3\cdot\sqrt{2}}\begin{pmatrix}1\\1\\4\end{pmatrix} = \begin{pmatrix}6\\6\\9\end{pmatrix};$$

also ist $C(6|6|9)$ die Spitze der Pyramide.

c) **Koordinatengleichung von E_2**

1. Möglichkeit:

Die Ebene E_2 ist parallel zur x_3-Achse und enthält die Gerade S_1S_2. E_2 hat also eine ganz spezielle Lage (vgl. Figur). Da beide Punkte S_1 und S_2 von O den Abstand 12 haben, ist

E_2: $x_1 + x_2 = 12$

eine Koordinatengleichung von E_2.

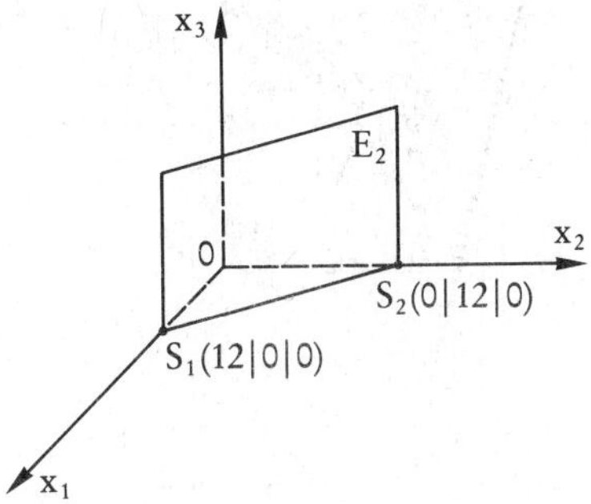

2. Möglichkeit:

Als Parametergleichung von E_2 ergibt sich:

$$E_2\colon\ \vec{x} = \begin{pmatrix}12\\0\\0\end{pmatrix} + u\begin{pmatrix}-1\\1\\0\end{pmatrix} + v\begin{pmatrix}0\\0\\1\end{pmatrix};\quad u, v \in \mathbb{R}.$$

G

Setzt man für $\vec{x} = \begin{pmatrix} x_1 \\ x_2 \\ x_3 \end{pmatrix}$ ein und eliminiert man u und v, so ergibt sich eine Koordinatengleichung:

$E_2\colon\ x_1 + x_2 = 12.$

Gleichung der Kugel K

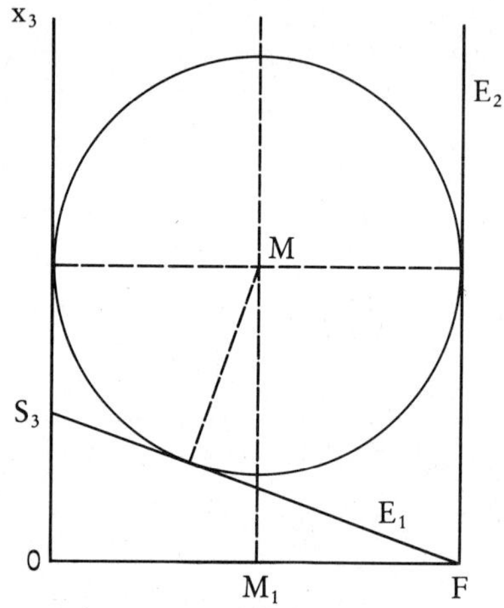

Der Durchmesser der Kugel K ist gleich dem Abstand der x_3-Achse von der Ebene E_2. Dieser ergibt sich z.B. nach Teilaufgabe b) zu $|\overrightarrow{OF}| = 6 \cdot \sqrt{2}$. Damit hat die Kugel K den Radius $r = 3 \cdot \sqrt{2}$.

Der Mittelpunkt M der Kugel K liegt auf der Geraden, die parallel zur x_3-Achse und durch die Mitte M_1 von OF verläuft. Mit $F(6|6|0)$ gilt $M_1(3|3|0)$. Also ergibt sich bisher $M(3|3|c)$ mit $c > 0$. Die dritte Koordinate von M ergibt sich durch folgende Überlegung: Die Kugel K soll auch die Ebene E_1 berühren. Also hat M von E_1 den Abstand $r = 3 \cdot \sqrt{2}$. Aus

$$d(M; E_1) = \left| \frac{1}{\sqrt{18}}(3 + 3 + 4c - 12) \right| = 3 \cdot \sqrt{2}$$

folgt $|4c - 6| = 18$ bzw. $c_1 = -3$; $c_2 = 6$. Mit $c > 0$ ergibt sich also $M(3|3|6)$. Also ist

$$K\colon \left[\vec{x} - \begin{pmatrix} 3 \\ 3 \\ 6 \end{pmatrix} \right]^2 = 18$$

eine Gleichung der Kugel K.

d) Koordinaten von Z

Die Mittelpunkte M_2 und M_3 der beiden Kugeln liegen auf der Geraden k durch $Q(4|4|1)$ orthogonal zu E_1 (vgl. Figur).

$$k\colon\ \vec{x} = \begin{pmatrix} 4 \\ 4 \\ 1 \end{pmatrix} + r \begin{pmatrix} 1 \\ 1 \\ 4 \end{pmatrix};\quad r \in \mathbb{R}$$

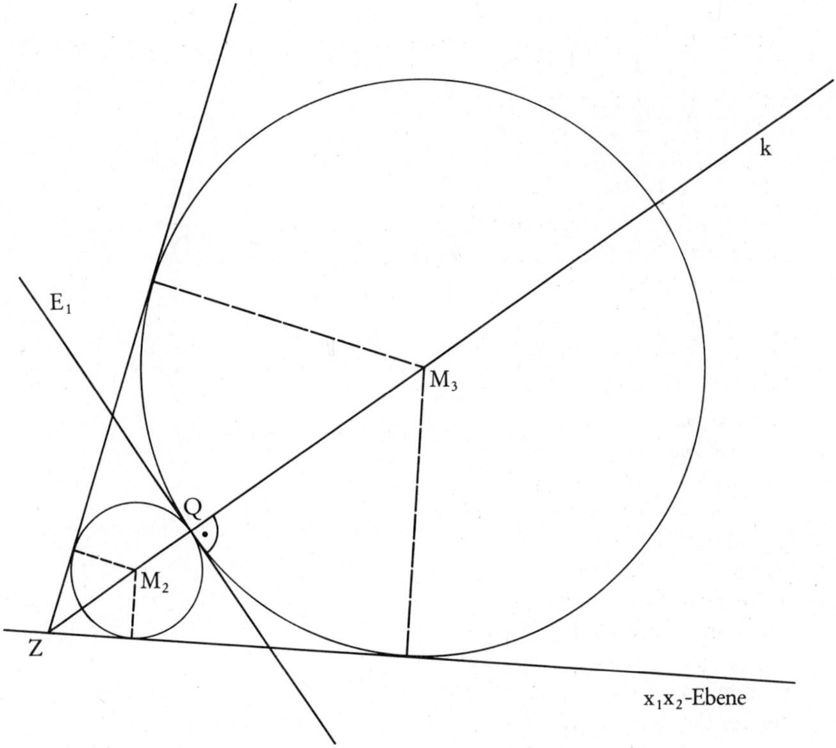

Der Schnittpunkt der Geraden k mit der x_1x_2-Ebene ist das gesuchte Zentrum Z.

Aus $0=1+4r$ folgt $r=-\frac{1}{4}$ und somit $Z\left(\frac{15}{4}\middle|\frac{15}{4}\middle|0\right)$.

Der Turm einer Burg hat die Form einer senkrechten quadratischen Säule, der eine Pyramide aufgesetzt ist (siehe Zeichnung auf Rückseite; Maße in Meter).

Drei Kanten des Turms liegen auf den Koordinatenachsen; der Burghof liegt in der horizontalen x_1x_2-Ebene.

a) Berechnen Sie den Winkel zwischen dem Dachboden $P_4P_5P_6P_7$ und der Dachfläche P_6P_7T.
Der Dachständer D_1D_2 der Länge 5 m steht senkrecht auf dem Dachboden und durchstößt im Schwerpunkt der Dachfläche P_6P_7T das Dach.
Welchen Abstand hat die Spitze D_2 des Dachständers von dieser Dachfläche?

b) Im pyramidenförmigen Dachraum soll ein kugelförmiger Behälter gelagert werden.
Welchen Radius kann dieser Behälter höchstens haben?
Untersuchen Sie, ob zur Lagerung dieses Behälters mit maximalem Radius der Dachständer (siehe Teilaufgabe a)) entfernt werden muß.

c) Im Punkt $F_1(3|20|0)$ des Burghofes steht ein 13 m hoher lotrechter Fahnenmast. Von der Spitze F_2 dieses Fahnenmastes soll ein Seil zur Turmspitze T gespannt werden. (Der Verlauf des Seils soll als geradlinig angenommen werden.)
Zeigen Sie, daß diesem Seil der Dachständer aus Teilaufgabe a) nicht im Weg ist.
Da man an dem Seil zur Dekoration Wimpel anbringen will, die auch beim Flattern im Wind den Dachständer nicht berühren sollen, interessiert man sich für den Abstand des Punktes D_2 vom Seil.
Bestimmen Sie diesen Abstand (auf Zentimeter gerundet).

d) Der Vektor $\vec{a} = \begin{pmatrix} 1 \\ -7 \\ -4 \end{pmatrix}$ gibt die Richtung von einfallendem Sonnenlicht an.

Zeigen Sie, daß dann der Schatten des Fahnenmastes F_1F_2 aus Teilaufgabe c) eine Turmwand trifft.
Berechnen Sie die gesamte Länge des Schattens.

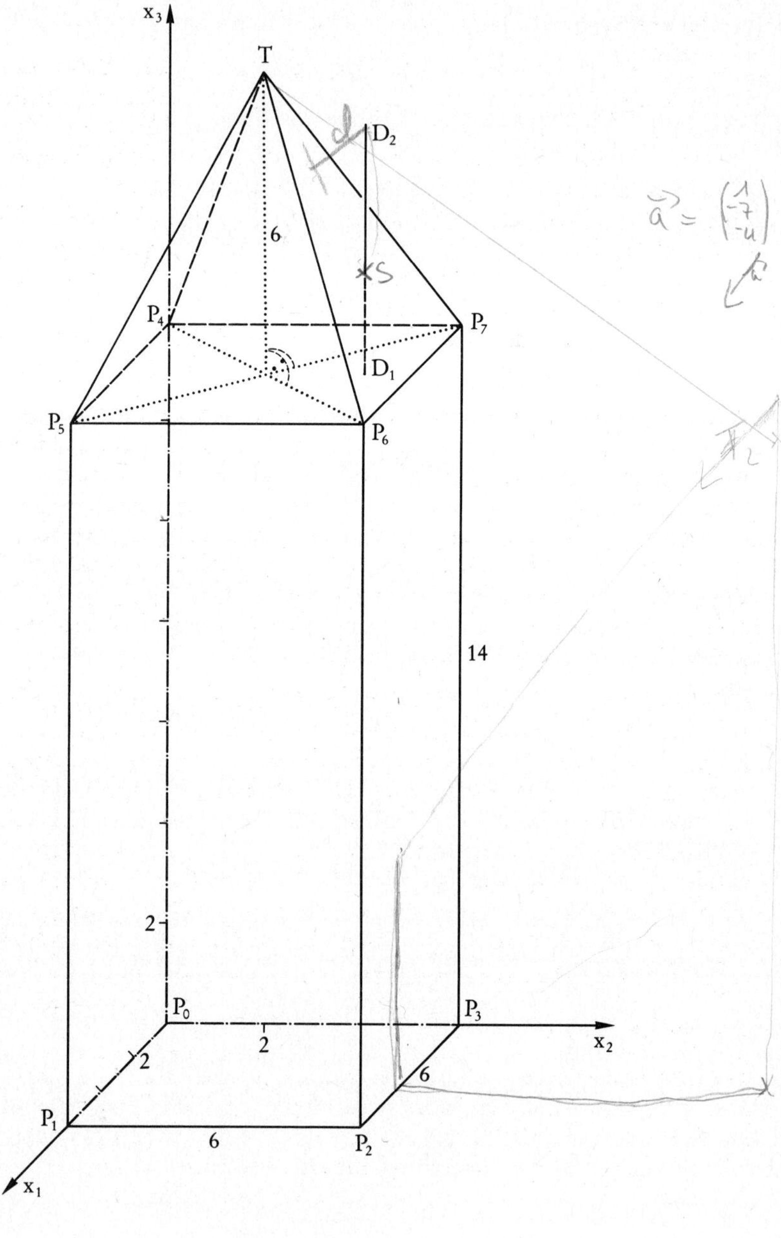

x₃
T
D₂
d
6
S
P₄
P₇
D₁
P₅
P₆
14
2
P₀
P₃
x₂
2
6
2
P₁
6
P₂
x₁

Lösungshinweise:

a) Notiere zunächst die Koordinaten aller Ecken des Turmes. Eine Koordinatengleichung des Dachbodens ist sofort angebbar. Um eine Koordinatengleichung der Dachfläche P_6P_7T zu gewinnen, notiere zunächst eine Parametergleichung dieser Ebene und eliminiere die Parameter. Wie berechnet man den Schnittwinkel zweier Ebenen, wenn diese in Koordinatenform vorliegen?
Wie berechnet man den Schwerpunkt eines Dreiecks, wenn die Koordinaten aller drei Ecken bekannt sind? Da der Dachständer senkrecht auf dem Dachboden steht, ergeben sich aus den Koordinaten des Schwerpunktes und der Länge des Dachständers sofort die Koordinaten von D_1 und D_2. Der Abstand der Spitze D_2 von der Dachfläche ergibt sich als Abstand eines Punktes von einer Ebene. Wie berechnet man einen solchen Abstand?

b) Aufgrund der Symmetrie des pyramidenförmigen Daches liegt der Kugelmittelpunkt senkrecht über dem Diagonalenschnittpunkt M_1 des Dachbodens. Legt man eine Schnittebene durch M_1 und T parallel zur x_2x_3-Ebene, so entsteht eine Schnittfigur aus dem Dach und der Kugel; skizziere diese.
Es sei r der maximale Radius der Kugel; notiere die Koordinaten des Kugelmittelpunktes M mit Hilfe von r. Die Kugel soll auch die Dachfläche P_6P_7T berühren. Hieraus ergibt sich eine Bedingung für r.
Der Dachständer steht senkrecht auf dem Dachboden. Vergleiche also den Kugelradius mit der Länge der Strecke M_1D_1.

c) Dachständer, Fahnenmast und Turmspitze liegen in derselben Ebene. Fertige eine Skizze; trage die Abstände von der x_1-Achse ein. Eine Gleichung der Geraden, die den Verlauf des Seiles durch die Punkte T und F_2 beschreibt, ist leicht angebbar. Die Verlängerung des Dachständers treffe die x_1x_2-Ebene in A. Welche Höhe hat das Seil an der Stelle A? Vergleiche diese Höhe mit der x_3-Koordinate von D_2.
Die Orthogonale zu TF_2 durch D_2 schneide TF_2 in Q. Q liegt also auf der Geraden durch T und F_2. Notiere die Koordinaten von Q in Abhängigkeit vom Parameter der Geraden. Da der Richtungsvektor der Geraden gegeben ist, ergibt sich mit Hilfe des Skalarproduktes eine Bedingung für diesen Parameter. Damit sind die Koordinaten von Q bekannt und der Abstand des Punktes D_2 vom Seil ist berechenbar.

d) Das einfallende Sonnenlicht durch F_2 kann durch eine Gerade beschrieben werden. Notiere eine Gleichung dieser Geraden. Diese Gerade schneide die Ebene, in der die „rechte" Turmwand liegt, im Punkt F_3. Welche Gleichung hat diese Ebene? Berechne hiermit die Koordinaten von F_3.

Der Schatten des Fahnenmastes knickt beim Übergang vom Burghof zur Burgwand um. Dieser Knickpunkt sei F_4. Gib seine Koordinaten an. Damit kann man die Schattenlänge aus der Länge zweier Teilstücke berechnen.

Lösung:

Die Koordinaten der Turmecken sind: $P_0(0|0|0)$, $P_1(6|0|0)$, $P_2(6|6|0)$, $P_3(0|6|0)$, $P_4(0|0|14)$, $P_5(6|0|14)$, $P_6(6|6|14)$, $P_7(0|6|14)$, $T(3|3|20)$.

a) **Winkel zwischen Dachboden und Dachfläche**

Es sei E_1 die Ebene, welche den Dachboden $P_4P_5P_6P_7$ enthält. E_1 ist parallel zur x_1x_2-Ebene.

$E_1: \; x_3 = 14$

Es sei E_2 die Ebene, welche die Dachfläche P_6P_7T enthält. Als Parametergleichung von E_2 ergibt sich:

$$E_2: \; \vec{x} = \begin{pmatrix} 0 \\ 6 \\ 14 \end{pmatrix} + r \begin{pmatrix} 1 \\ 0 \\ 0 \end{pmatrix} + s \begin{pmatrix} 1 \\ -1 \\ 2 \end{pmatrix}; \quad r, s \in \mathbb{R}.$$

Setzt man für $\vec{x} = \begin{pmatrix} x_1 \\ x_2 \\ x_3 \end{pmatrix}$ ein und eliminiert man r und s, so ergibt sich eine Koordinatengleichung:

$E_2: \; 2x_2 + x_3 = 26$.

Sei α der Winkel zwischen dem Dachboden $P_4P_5P_6P_7$ und der Dachfläche P_6P_7T.

$$\text{Aus } \cos\alpha = \left| \frac{\begin{pmatrix} 0 \\ 0 \\ 1 \end{pmatrix} \cdot \begin{pmatrix} 0 \\ 2 \\ 1 \end{pmatrix}}{1 \cdot \sqrt{5}} \right| = \frac{1}{\sqrt{5}} \text{ folgt } \alpha \approx 63{,}4°.$$

Abstand der Spitze D_2 von der Dachfläche P_6P_7T

Für den Ortsvektor des Schwerpunktes S der Dachfläche P_6P_7T gilt:

$$\overrightarrow{P_0S} = \frac{1}{3}(\overrightarrow{P_0P_6} + \overrightarrow{P_0P_7} + \overrightarrow{P_0T})$$

$$= \frac{1}{3}\left[\begin{pmatrix} 6 \\ 6 \\ 14 \end{pmatrix} + \begin{pmatrix} 0 \\ 6 \\ 14 \end{pmatrix} + \begin{pmatrix} 3 \\ 3 \\ 20 \end{pmatrix}\right] = \begin{pmatrix} 3 \\ 5 \\ 16 \end{pmatrix};$$

also ist $S(3|5|16)$ der Schwerpunkt.

Da der Dachständer D_1D_2 senkrecht auf dem Dachboden steht und die Länge 5 hat, ergibt sich: $D_1(3|5|14)$, $D_2(3|5|19)$.

Der gesuchte Abstand d ergibt sich als Abstand des Punktes D_2 von der Ebene E_2.

HNF von E_2: $\frac{1}{\sqrt{5}}(2x_2 + x_3 - 26) = 0$;

$$d(D_2; E_2) = \left|\frac{1}{\sqrt{5}}(2 \cdot 5 + 19 - 26)\right| = \frac{3}{\sqrt{5}} = \frac{3}{5}\sqrt{5} \approx 1{,}34.$$

b) Radius des Behälters

Es sei r der maximale Radius und M der Mittelpunkt des kugelförmigen Behälters. Schneidet man den pyramidenförmigen Dachraum einschließlich der Kugel parallel zur x_2x_3-Ebene durch die Spitze T, so entsteht die nebenstehende Schnittfigur. M liegt r Einheiten senkrecht über dem Schnittpunkt $M_1(3|3|14)$ der Diagonalen des Dachbodens. Damit gilt $M(3|3|14+r)$. Da die Kugel auch die Dachfläche P_6P_7T berühren soll, muß der Abstand des Punktes M von E_2 gleich r sein.

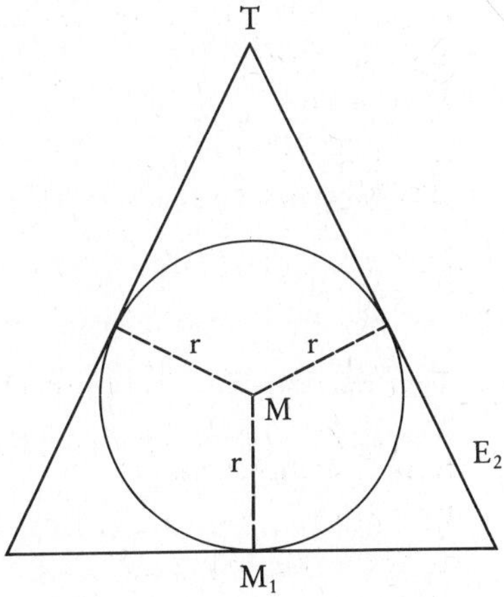

$$d(M; E_2) = \left|\frac{1}{\sqrt{5}}(2 \cdot 3 + 14 + r - 26)\right| = r;$$

$$\frac{1}{\sqrt{5}}|r - 6| = r;$$

$$|r - 6| = \sqrt{5} \cdot r.$$

Hieraus folgt $r - 6 = \sqrt{5} \cdot r$ oder $r - 6 = -\sqrt{5} \cdot r$ mit den Lösungen

$r_1 = \frac{6}{1-\sqrt{5}}$ und $r_2 = \frac{6}{1+\sqrt{5}}$.

Der Radius des Behälters ist also maximal $r = \frac{6}{1+\sqrt{5}} \approx 1{,}85$.

Untersuchung, ob der Dachständer entfernt werden muß

Der Abstand des Kugelmittelpunktes M von dem Dachständer ist gleich dem Abstand des Punktes M_1 von D_1. Da $|\overrightarrow{M_1D_1}| = 2 > r$ ist, muß der Dachständer nicht entfernt werden.

c) **Nachweis, daß der Dachständer dem Seil nicht im Weg ist**

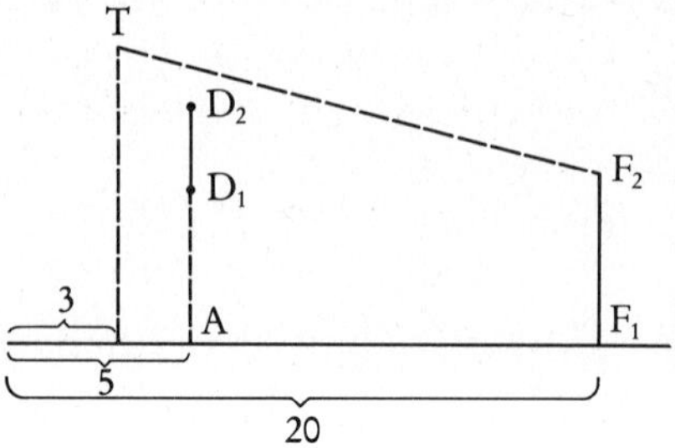

Dachständer, Fahnenmast und Turmspitze liegen alle in derselben Ebene (vgl. Figur). Es sei g die Gerade durch die Punkte $T(3|3|20)$ und $F_2(3|20|13)$.

$$g\colon \vec{x}=\begin{pmatrix}3\\3\\20\end{pmatrix}+k\begin{pmatrix}0\\17\\-7\end{pmatrix};\quad k\in\mathbb{R}$$

Für die Punkte D_1 bzw. D_2 gilt:

$x_2=5$.

Also folgt $5=3+k\cdot 17$ und hieraus $k=\frac{2}{17}$.

Damit hat an der Stelle $A(3|5|0)$ das Seil die Höhe

$$x_3=20+\frac{2}{17}(-7)=20-\frac{14}{17}\approx 19{,}18.$$

Da aber der Dachständer nur bis zur Höhe 19 reicht, ist er dem Seil nicht im Wege.

Abstand des Punktes D_2 vom Seil

Die Orthogonale zu TF_2 durch den Punkt D_2 schneide TF_2 in Q. Da $Q\in g$ ist, gilt $Q(3|3+17k|20-7k)$. Somit ist

$$\overrightarrow{QD_2}=\begin{pmatrix}0\\2-17k\\-1+7k\end{pmatrix}.$$

Aus $\overrightarrow{QD_2}\cdot\begin{pmatrix}0\\17\\-7\end{pmatrix}=0$ folgt $17(2-17k)-7(-1+7k)=0$ und hieraus $k=\frac{41}{338}$;

damit $Q\left(3\,\middle|\,\frac{1711}{338}\,\middle|\,\frac{6473}{338}\right)$. Für den Abstand des Punktes D_2 vom Seil folgt

somit $|\overrightarrow{QD_2}|=\sqrt{\left(5-\frac{1711}{338}\right)^2+\left(19-\frac{6473}{338}\right)^2}\approx 0{,}16$.

Der Abstand beträgt also rund 16 cm.

d) **Nachweis, daß der Schatten des Fahnenmastes eine Turmwand trifft**

Das einfallende Sonnenlicht durch F_2 wird beschrieben durch die Gerade

$$h:\ \vec{x} = \begin{pmatrix} 3 \\ 20 \\ 13 \end{pmatrix} + u \begin{pmatrix} 1 \\ -7 \\ -4 \end{pmatrix};\quad u \in \mathbb{R}.$$

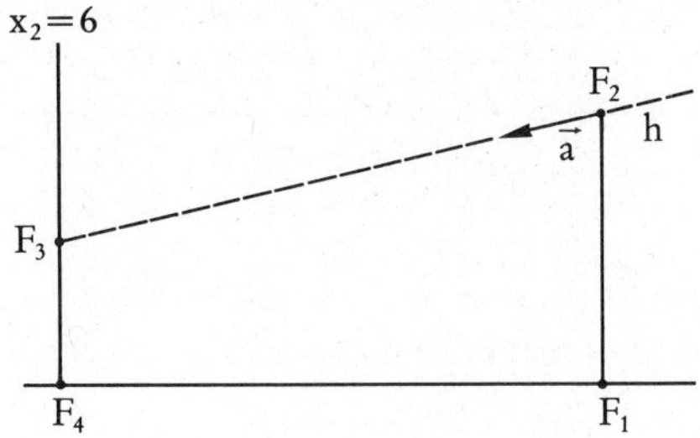

Der Schnittpunkt dieser Geraden h mit der Ebene $x_2 = 6$, in der eine Turmwand liegt, sei F_3 (vgl. Figur). Aus $6 = 20 + u(-7)$ folgt $u = 2$ und damit $F_3(5|6|5)$. Ein Vergleich dieser Koordinaten mit denen von P_2 und P_6 zeigt, daß der Schatten die Turmwand trifft.

Länge des Schattens

Der Knickpunkt F_4 (vgl. Figur) des Schattens hat die Koordinaten $F_4(5|6|0)$. Die Länge des Schattens an der Turmwand ist also 5. Hierzu kommt die Schattenlänge im Burghof. Diese ist

$$|\overrightarrow{F_4F_1}| = \sqrt{(-2)^2 + 14^2} = \sqrt{200} = 10\sqrt{2}.$$

Da $5 + 10\sqrt{2} \approx 19{,}14$ ist, ergibt sich eine gesamte Schattenlänge von etwa 19,14 m.

G

Aufgabe 91/3

In einem kartesischen Koordinatensystem legen der Punkt $P(7|-3)$ und sein Bildpunkt $P'(16|6)$ sowie die Fixpunkte $F_1(0|2)$ und $F_2(9|11)$ eine affine Abbildung α fest.

a) Konstruieren Sie das Bild des Punktes $Q(0|4)$ bei dieser Abbildung α.
(Querformat; LE 1 cm; Zeichenbereich: $-3 \leqq x_1 \leqq 17$, $-3 \leqq x_2 \leqq 11$)
Geben Sie die Konstruktionsschritte an.
Bestimmen Sie die Abbildungsgleichung von α.
Berechnen Sie die Koordinaten des Bildpunktes Q' von Q.

b) Ein Kreis mit Mittelpunkt $M(5|1)$ geht durch $R(2|0)$. Dieser Kreis wird durch die Abbildung α auf eine Ellipse abgebildet.
Konstruieren Sie den Mittelpunkt und die Scheitel dieser Ellipse.

c) Zu jedem $t \in \mathbb{R}$ ist eine affine Abbildung α_t gegeben durch

$$\alpha_t: \vec{x}' = \begin{pmatrix} \frac{7}{4} \\ \frac{t}{4} \end{pmatrix} x_1 + \begin{pmatrix} -\frac{t}{4} \\ \frac{1}{4} \end{pmatrix} x_2 + \begin{pmatrix} \frac{3}{2} \\ \frac{t}{2} \end{pmatrix}.$$

Untersuchen Sie α_t auf Fixpunkte in Abhängigkeit von t.
Zeigen Sie, daß alle Abbildungen α_t einen gemeinsamen Fixpunkt besitzen.
Untersuchen Sie die zu α_t gehörende Vektorabbildung auf Eigenwerte.
Geben Sie die Anzahl der Eigenwerte in Abhängigkeit von t an.

d) Geben Sie für α_t aus Teilaufgabe c) und $t=\sqrt{5}$ ein Koordinatensystem an, in dem die Abbildungsgleichung von $\alpha_{\sqrt{5}}$ eine besonders einfache Form hat.
Stellen Sie $\alpha_{\sqrt{5}}$ als Verkettung $\beta \circ \gamma$ von zwei Achsenaffinitäten γ und β dar.
Tragen Sie in einer neuen Figur in ein kartesisches Koordinatensystem den Punkt $S(0|-4)$ ein.
(Querformat; Ursprung in Blattmitte; LE 1 cm)
Zeichnen Sie das angepaßte Koordinatensystem ein.
Bestimmen Sie in diesem Koordinatensystem Näherungswerte für die Koordinaten von S mit Hilfe der Zeichnung.
Konstruieren Sie aus diesen Koordinaten den Bildpunkt $S'=\alpha_{\sqrt{5}}(S)$.
Geben Sie die Konstruktionsschritte an.

Lösungshinweise:

a) Von der Abbildung α sind zwei Fixpunkte gegeben. Was folgt hieraus für die Art der Abbildung? Weiterhin ist ein zugeordnetes Punktepaar P und P′ gegeben. Wie konstruiert man hiermit das Bild eines Punktes?
Zur Ermittlung der Abbildungsgleichung von α gibt es zwei Möglichkeiten. Entweder man benutzt die drei angegebenen Punktepaare oder aber man verwendet folgenden Satz: Eine Affinität α mit der Fixpunktgeraden $g\colon\ ax_1 + bx_2 + c = 0$ hat eine Koordinatendarstellung der Form

$$\alpha\colon \begin{cases} x_1' = x_1 + r(ax_1 + bx_2 + c) \\ x_2' = x_2 + s(ax_1 + bx_2 + c) \end{cases} \quad (r, s \in \mathbb{R}).$$

Zur Berechnung der Koordinaten von Q′ setze die gegebenen Koordinaten von Q in die Abbildungsgleichung ein.

b) Zur Konstruktion der Scheitel der Ellipse verwende ein invariantes Rechtwinkelpaar von α. Zeichne zunächst den Kreis um M durch R und konstruiere den Bildpunkt M′. Konstruiere anschließend den Schnittpunkt M* von g und der Mittelsenkrechten von MM′. Der Kreis um M* durch M und M′ schneidet g in den Fixpunkten S_3 und S_4. Folglich wird S_3M auf S_3M' und S_4M auf S_4M' abgebildet. Nach dem Satz des Thales gilt $S_3M \perp S_4M$ und $S_3M' \perp S_4M'$. Wie konstruiert man nun die Ellipsenscheitel?

c) Wie untersucht man eine gegebene Abbildung auf Fixpunkte? Bringe das LGS auf Dreiecksgestalt und führe eine Fallunterscheidung bezüglich t durch. Für zwei Werte von t gibt es Fixgeraden; haben diese Geraden einen gemeinsamen Punkt? Welche Gleichung ergibt die Eigenwerte einer gegebenen Abbildung? Führe auch hier eine Fallunterscheidung bezüglich t durch.

d) Für das angepaßte Koordinatensystem verwende als Ursprung den Fixpunkt und als Basisvektoren die Eigenvektoren. Wie lautet in diesem Koordinatensystem die Abbildung $\alpha_{\sqrt{5}}$? Die zugehörige Abbildungsmatrix läßt sich leicht in zwei Matrizen zerlegen, deren zugehörige Abbildungen Achsenaffinitäten sind. Wähle hierzu die y_1-Achse bzw. die y_2-Achse als Affinitätsachse.
Zeichne das angepaßte Koordinatensystem. Die Koordinatenachsen stehen nicht mehr senkrecht aufeinander. Die Parallele zur y_2-Achse durch S schneidet die y_1-Achse im Punkt A. Ermittle mit seiner Hilfe die 1. Koordinate von S. Entsprechend ergibt sich die 2. Koordinate von S. Die Abbildung $\alpha_{\sqrt{5}}$ hat die Eigenwerte $\frac{3}{2}$ und $\frac{1}{2}$. Wie konstruiert man hiermit den Bildpunkt S′?

Lösung:

a) **Konstruktion**

Siehe Figur.

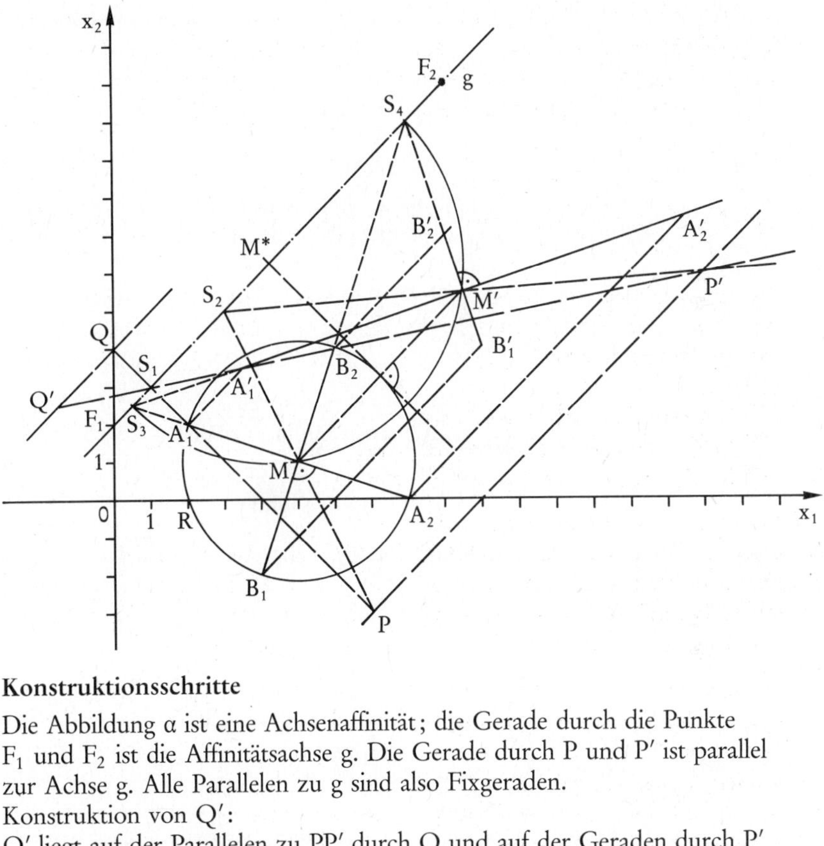

Konstruktionsschritte

Die Abbildung α ist eine Achsenaffinität; die Gerade durch die Punkte F_1 und F_2 ist die Affinitätsachse g. Die Gerade durch P und P′ ist parallel zur Achse g. Alle Parallelen zu g sind also Fixgeraden.
Konstruktion von Q′:
Q′ liegt auf der Parallelen zu PP′ durch Q und auf der Geraden durch P′ und dem Schnittpunkt S_1 von PQ mit der Achse g.

Abbildungsgleichung von α

1. Möglichkeit:

$$\alpha: \ \vec{x}' = x_1\begin{pmatrix} a \\ b \end{pmatrix} + x_2\begin{pmatrix} c \\ d \end{pmatrix} + \begin{pmatrix} e \\ f \end{pmatrix}$$

Zur Berechnung von a, b, c, d, e und f sind folgende Punktepaare gegeben: $P(7|-3) \mapsto P'(16|6)$; $F_1(0|2) \mapsto F_1'(0|2)$; $F_2(9|11) \mapsto F_2'(9|11)$.

$$\begin{array}{lll} 16 = 7a - 3c + e & \text{und} & 6 = 7b - 3d + f \\ 0 = 2c + e & \text{und} & 2 = 2d + f \\ 9 = 9a + 11c + e & \text{und} & 11 = 9b + 11d + f \end{array}$$

Daraus folgt:

$$\alpha:\ \vec{x}' = x_1\begin{pmatrix}1{,}75\\0{,}75\end{pmatrix} + x_2\begin{pmatrix}-0{,}75\\0{,}25\end{pmatrix} + \begin{pmatrix}1{,}5\\1{,}5\end{pmatrix}.$$

2. Möglichkeit:

Man verwendet folgenden Satz: Eine Affinität α mit der Fixpunktgeraden $g:\ ax_1 + bx_2 + c = 0$ hat eine Koordinatendarstellung der Form

$$\alpha:\ \left\{\begin{array}{l} x_1' = x_1 + r(ax_1 + bx_2 + c) \\ x_2' = x_2 + s(ax_1 + bx_2 + c) \end{array}\right. \quad (r, s \in \mathbb{R}).$$

Da die Punkte $F_1(0|2)$ und $F_2(9|11)$ Fixpunkte sind, ist $g:\ x_1 - x_2 + 2 = 0$ Fixpunktgerade.

$$\text{Aus } \alpha:\ \left\{\begin{array}{l} x_1' = x_1 + r(ax_1 + bx_2 + c) \\ x_2' = x_2 + s(ax_1 + bx_2 + c) \end{array}\right. \quad \text{folgt mit } \alpha(P) = P':$$

$$\left\{\begin{array}{l} 16 = 7 + r(7+3+2) \\ 6 = -3 + s(7+3+2) \end{array}\right. \quad \text{und hieraus } r = \frac{3}{4};\ s = \frac{3}{4}.$$

Damit ergibt sich als Abbildungsgleichung:

$$\alpha:\ \vec{x}' = x_1\begin{pmatrix}1{,}75\\0{,}75\end{pmatrix} + x_2\begin{pmatrix}-0{,}75\\0{,}25\end{pmatrix} + \begin{pmatrix}1{,}5\\1{,}5\end{pmatrix}.$$

Koordinaten von Q′

$$\text{Aus } \left\{\begin{array}{l} x_1' = 4(-0{,}75) + 1{,}5 \\ x_2' = 4 \cdot 0{,}25 \quad + 1{,}5 \end{array}\right. \quad \text{folgt } x_1' = -1{,}5;\ x_2' = 2{,}5;$$

also gilt: $Q'(-1{,}5|2{,}5)$.

b) Konstruktion des Mittelpunktes und der Scheitelpunkte der Ellipse

Die Konstruktion des Mittelpunktes M′ der Ellipse erfolgt entsprechend der Konstruktion von Q′ (vgl. Teilaufgabe a)).

Konstruktion der Scheitelpunkte A_1', A_2', B_1', B_2' mit Hilfe des invarianten Rechtwinkelpaares: Die Mittelsenkrechte von MM′ schneidet die Achse g in M*. Der Kreis um M* durch M und M′ schneidet die Achse g in S_3 und S_4. Die Gerade durch S_3 und M schneidet den Kreis in A_1 und A_2, die Gerade durch S_4 und M schneidet den Kreis in B_1 und B_2.

Die Bildpunkte A'_1, A'_2 bzw. B'_1, B'_2 sind die Scheitel der Ellipse. Siehe Figur.

c) **Fixpunkte von α_t**

Aus $\begin{cases} x_1 = \frac{7}{4}x_1 - \frac{1}{4}tx_2 + \frac{3}{2} \\ x_2 = \frac{1}{4}tx_1 + \frac{1}{4}x_2 + \frac{1}{2}t \end{cases}$ folgt

$\begin{cases} 3x_1 - tx_2 = -6 \\ tx_1 - 3x_2 = -2t \end{cases}$ bzw.

$\begin{cases} 3x_1 - tx_2 = -6 \\ (9-t^2)x_2 = 0. \end{cases}$

$t=0$ oder $t \neq \pm 3$: α_t hat genau einen Fixpunkt $F(-2|0)$.
$t=+3$: $\alpha_3 = \alpha$ hat die Fixpunktgerade $g: x_1 - x_2 = -2$.
$t=-3$: α_{-3} hat die Fixpunktgerade $h: x_1 + x_2 = -2$.

Nachweis, daß alle α_t einen gemeinsamen Fixpunkt besitzen

Da der für $t=0$ oder $t \neq \pm 3$ ermittelte Fixpunkt $F(-2|0)$ auch auf den Geraden g und h liegt, ist er gemeinsamer Fixpunkt aller Abbildungen α_t.

Untersuchung auf Eigenwerte

Aus Det $\begin{pmatrix} \frac{7}{4}-\lambda & -\frac{1}{4}t \\ \frac{1}{4}t & \frac{1}{4}-\lambda \end{pmatrix} = 0$ folgt die charakteristische Gleichung

$\left(\frac{7}{4}-\lambda\right)\cdot\left(\frac{1}{4}-\lambda\right) + \frac{1}{16}t^2 = 0$ mit den Lösungen $\lambda_{1;2} = 1 \pm \frac{1}{4}\sqrt{9-t^2}$.

$t=+3$: Die Vektorabbildung hat einen Eigenwert; $\lambda_{1;2} = 1$.
$t=-3$: Die Vektorabbildung hat einen Eigenwert; $\lambda_{1;2} = 1$.
$t>3$ oder $t<-3$: Die Vektorabbildung hat keine Eigenwerte.
$-3<t<+3$: Die Vektorabbildung hat zwei Eigenwerte, nämlich
$\lambda_1 = 1 + \frac{1}{4}\sqrt{9-t^2}$; $\lambda_2 = 1 - \frac{1}{4}\sqrt{9-t^2}$.

d) **Angepaßtes Koordinatensystem**

Für $t=\sqrt{5}$ ergeben sich die Eigenwerte $\lambda_1 = \frac{3}{2}$ und $\lambda_2 = \frac{1}{2}$.
Berechnung der zugehörigen Eigenvektoren:

G

$\lambda_1 = \frac{3}{2}$: Aus $\begin{cases} \frac{1}{4}x_1 - \frac{\sqrt{5}}{4}x_2 = 0 \\ \frac{\sqrt{5}}{4}x_1 - \frac{5}{4}x_2 = 0 \end{cases}$ folgt $x_1 = \sqrt{5}\,x_2$;

also sind $u\begin{pmatrix}\sqrt{5}\\1\end{pmatrix}$, $u \neq 0$, Eigenvektoren zum Eigenwert $\lambda_1 = \frac{3}{2}$.

$\lambda_2 = \frac{1}{2}$: Aus $\begin{cases} \frac{5}{4}x_1 - \frac{\sqrt{5}}{4}x_2 = 0 \\ \frac{\sqrt{5}}{4}x_1 - \frac{1}{4}x_2 = 0 \end{cases}$ folgt $x_2 = \sqrt{5}\,x_1$;

also sind $v\begin{pmatrix}1\\\sqrt{5}\end{pmatrix}$, $v \neq 0$, Eigenvektoren zum Eigenwert $\lambda_2 = \frac{1}{2}$.

Somit kann man $(F; \vec{b}_1, \vec{b}_2)$ mit $F(-2|0)$ und $\vec{b}_1 = \begin{pmatrix}\sqrt{5}\\1\end{pmatrix}$, $\vec{b}_2 = \begin{pmatrix}1\\\sqrt{5}\end{pmatrix}$ als neues Koordinatensystem wählen. In diesem Koordinatensystem hat $\alpha_{\sqrt{5}}$ die Darstellung:

$$\alpha_{\sqrt{5}}: \ \vec{y}\,' = \begin{pmatrix}\frac{3}{2} & 0\\0 & \frac{1}{2}\end{pmatrix}\vec{y}.$$

Achsenaffinitäten, deren Verkettung $\alpha_{\sqrt{5}}$ ergibt

Es ist $\begin{pmatrix}\frac{3}{2} & 0\\0 & \frac{1}{2}\end{pmatrix} = \begin{pmatrix}\frac{3}{2} & 0\\0 & 1\end{pmatrix} \cdot \begin{pmatrix}1 & 0\\0 & \frac{1}{2}\end{pmatrix}$.

Damit läßt sich $\alpha_{\sqrt{5}}$ als Verkettung der beiden Achsenaffinitäten β und γ darstellen, wobei gilt:

$$\beta: \ \vec{y}\,' = \begin{pmatrix}\frac{3}{2} & 0\\0 & 1\end{pmatrix}\vec{y}; \qquad \gamma: \ \vec{y}\,' = \begin{pmatrix}1 & 0\\0 & \frac{1}{2}\end{pmatrix}\vec{y}.$$

β ist eine Achsenaffinität mit der y_2-Achse als Affinitätsachse, γ ist eine Achsenaffinität mit der y_1-Achse als Affinitätsachse.

Zeichnung

Siehe Figur.

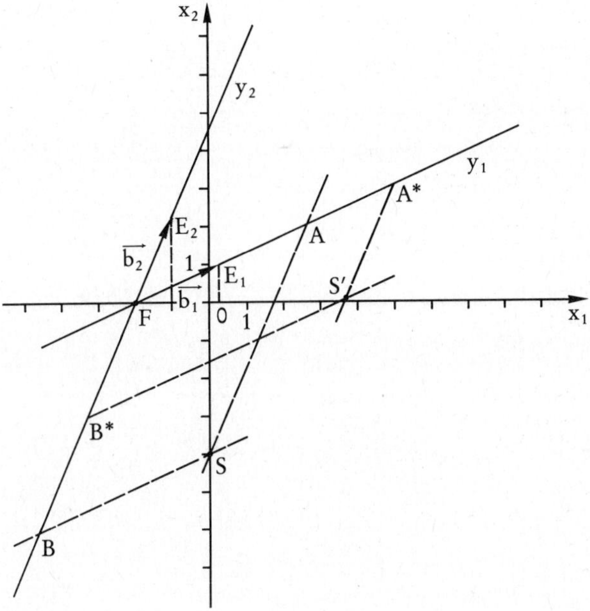

Koordinaten von S im angepaßten Koordinatensystem

Die y_1-Achse ist durch den Vektor $\vec{b}_1$, die y_2-Achse durch den Vektor $\vec{b}_2$ festgelegt. Die Parallele zur y_2-Achse durch S schneidet die y_1-Achse in A; die Parallele zur y_1-Achse durch S schneidet die y_2-Achse in B. Für die Koordinaten von S im angepaßten Koordinatensystem ergibt sich damit:

$$y_1 = \frac{|\overrightarrow{FA}|}{\sqrt{6}} \approx 2{,}1\,; \quad y_2 = -\frac{|\overrightarrow{FB}|}{\sqrt{6}} \approx -2{,}7\,.$$

Konstruktion des Bildpunktes S'

Siehe Figur.

Konstruktionsschritte

Im angepaßten Koordinatensystem muß jede y_1-Koordinate mit $\frac{3}{2}$ und jede y_2-Koordinate mit $\frac{1}{2}$ multipliziert werden. Also gilt $\overrightarrow{FA^*} = \frac{3}{2}\cdot\overrightarrow{FA}$ und $\overrightarrow{FB^*} = \frac{1}{2}\cdot\overrightarrow{FB}$. Die Parallelen zu den Achsen durch A^* und B^* schneiden sich in S'.

In einem kartesischen Koordinatensystem sind zwei Ebenen E_1 und E_2 gegeben durch

$E_1:\ 8x_1 - 4x_2 + x_3 - 81 = 0$ und

$E_2:\ 2x_1 + 2x_2 - x_3 - 9 = 0$.

Außerdem ist für jedes $a \in \mathbb{R}$ eine Kugel K_a gegeben durch

$K_a:\ (x_1 - a)^2 + (x_2 - 2a)^2 + x_3^2 - 81 = 0$.

a) Unter welchem Winkel schneiden sich E_1 und E_2?
Bestimmen Sie eine Gleichung der Schnittgeraden von E_1 und E_2.
Geben Sie eine Gleichung der Geraden an, auf der die Mittelpunkte aller Kugeln K_a liegen.
Begründen Sie, daß alle Kugeln K_a mit der x_1x_2-Ebene gleichgroße Schnittkreise aufweisen.
Für welche Werte von a hat die Kugel K_a mit der x_1x_3-Ebene mehr als einen Punkt gemeinsam?

b) Welche der Kugeln K_a liegt dem Punkt $Q(-3|14|8)$ am nächsten?
Wie groß ist der Mindestabstand des Punktes Q von einem Punkt dieser Kugel?
Welcher Zusammenhang besteht zwischen den Parameterwerten a_1 und a_2, wenn sich die zugehörigen Kugeln K_{a_1} und K_{a_2} in einem Kreis mit Radius $r = 6$ schneiden?

c) Gegeben ist die Gerade g mit der Gleichung

$$g:\ \vec{x} = \begin{pmatrix} 8 \\ -5 \\ -3 \end{pmatrix} + t \begin{pmatrix} 1 \\ 5 \\ 12 \end{pmatrix}; \quad t \in \mathbb{R}$$

sowie der Punkt $P(10|-3|-4)$.
Geben Sie eine Koordinatengleichung derjenigen Ebene durch g an, die den größtmöglichen Abstand vom Punkt P hat.

d) Auf der Kugel K_0 liegen die Punkte $A(8|4|-1)$ und $B(4|-4|7)$; der Kugelmittelpunkt sei M_0. Ein kleines Modellflugzeug fährt auf K_0 auf dem kürzesten Weg von A nach B, also auf dem Bogen eines Kreises mit Mittelpunkt M_0. Aufgrund seiner ständig wachsenden Geschwindigkeit hebt das Flugzeug in B von der Kugel ab und fliegt längs einer Kugeltangente t genau in der Richtung weiter, in der es in B angekommen ist.
Bestimmen Sie eine Gleichung dieser Tangente t.

G

Lösungshinweise:

a) Die beiden Ebenen E_1 und E_2 sind in Koordinatenform gegeben. Damit kennt man auch Normalenvektoren dieser Ebenen. Wie ermittelt man nun den Schnittwinkel? Zur Ermittlung einer Gleichung der Schnittgeraden von E_1 und E_2 löse das zugehörige LGS und setze z. B. $x_2 = u$. Welche Mittelpunkte M_a haben die Kugeln K_a? In welcher Ebene liegen also alle M_a? Die Koordinaten der Kugelmittelpunkte sind von a abhängig. Ist dies auch für die Radien der Kugeln der Fall? Welche Abstände von der x_1x_3-Ebene haben die Kugelmittelpunkte M_a? Vergleich mit dem festen Radius der Kugeln ergeben die gesuchten Werte für a.

b) Alle Kugeln bilden einen „Schlauch", wobei die Achse dieses „Schlauches" in der x_1x_2-Ebene liegt. Von allen diesen Kugeln ist diejenige gesucht, die dem Punkt Q am nächsten liegt. Vergleiche also die Vektoren $\overrightarrow{OM_a}$ und $\overrightarrow{M_aQ}$ bezüglich ihrer gegenseitigen Lage. Zur Ermittlung des Zusammenhanges zwischen a_1 und a_2 fertige zunächst eine Skizze an. Die Schnittebene dieser Skizze sollte durch die zugehörigen Kugelmittelpunkte gehen. Beachte die Symmetrie der entstandenen Figur und verwende den Satz des Pythagoras.

c) Es sei F der Fußpunkt des Lotes von P auf g. In welcher Beziehung steht der Vektor $\overrightarrow{PF}$ zu der gesuchten Ebene E_3, die durch g geht und den größtmöglichen Abstand von P hat? Aus dieser Überlegung ergibt sich eine Gleichung für E_3.

d) Fertige eine Skizze an! Zur Ermittlung einer Gleichung der Tangente t ergeben sich mehrere Möglichkeiten. Entweder man nutzt aus, daß ein Richtungsvektor von t orthogonal zu $\overrightarrow{M_0B}$ ist und in der Ebene E_4 liegt, welche die Punkte O, A und B enthält. Oder aber man stellt eine Tangentialebene an K_0 in B auf und schneidet diese mit E_4.

Lösung:

a) **Winkel zwischen E_1 und E_2**

Es sei α der Winkel zwischen den Ebenen E_1 und E_2.

Aus $\cos\alpha = \dfrac{\begin{pmatrix} 8 \\ -4 \\ 1 \end{pmatrix} \cdot \begin{pmatrix} 2 \\ 2 \\ -1 \end{pmatrix}}{\sqrt{81} \cdot \sqrt{9}} = \dfrac{7}{9 \cdot 3} = \dfrac{7}{27}$ folgt $\alpha \approx \mathbf{74{,}97°}$.

Gleichung der Schnittgeraden von E_1 und E_2

Es sei $E_1 \cap E_2 = s$.

Aus $\begin{cases} 8x_1 - 4x_2 + x_3 - 81 = 0 \\ 2x_1 + 2x_2 - x_3 - 9 = 0 \end{cases}$ folgt $\begin{cases} 8x_1 - 4x_2 + x_3 - 81 = 0 \\ 10x_1 - 2x_2 - 90 = 0. \end{cases}$

Setzt man $x_2 = u$, so ergibt sich hieraus

$$\begin{cases} x_1 = \frac{1}{5}u + 9 \\ x_2 = u \\ x_3 = \frac{12}{5}u + 9 \end{cases} \quad \text{bzw.} \quad s\colon\ \vec{x} = \begin{pmatrix} 9 \\ 0 \\ 9 \end{pmatrix} + u^* \begin{pmatrix} 1 \\ 5 \\ 12 \end{pmatrix}; \quad u^* \in \mathbb{R}.$$

Gleichung der Geraden, auf der die Mittelpunkte aller Kugeln liegen

Die Kugeln K_a haben die Mittelpunkte $M_a(a|2a|0)$. Also liegen sie alle auf der Geraden g mit der Gleichung $\vec{x} = a\begin{pmatrix} 1 \\ 2 \\ 0 \end{pmatrix}$; $a \in \mathbb{R}$.

Begründung, daß alle Kugeln mit der x_1x_2-Ebene gleichgroße Schnittkreise haben

Die Gerade g der Mittelpunkte aller Kugeln K_a liegt in der x_1x_2-Ebene. Weiterhin haben alle Kugeln K_a den von a unabhängigen Radius $r = 9$. Damit sind die Schnittkreise mit der x_1x_2-Ebene gleichgroß.

Berechnung der Werte von a

Eine Kugel K_a hat mit der x_1x_3-Ebene mehr als einen Punkte gemeinsam, wenn der Radius $r = 9$ größer ist als der Abstand d des Mittelpunktes $M_a(a|2a|0)$ von der x_1x_3-Ebene. Da $a \in \mathbb{R}$ ist, folgt $d = |2a|$. Aus $9 > |2a|$ ergibt sich $\mathbf{-4{,}5 < a < 4{,}5}$.

b) **Ermittlung der Kugel, die Q am nächsten liegt**

Alle Kugelmittelpunkte M_a liegen auf der Geraden g, die in der x_1x_2-Ebene liegt und durch O geht. Für $a = 0$ ist der Ursprung O der Kugelmittelpunkt. Der Ursprung hat von $Q(-3|14|8)$ den Abstand $\sqrt{269}$. Für $a \neq 0$ liegt diejenige der Kugeln K_a dem Punkt Q am nächsten, für die $\overrightarrow{OM_a} \perp \overrightarrow{M_aQ}$ gilt.

Aus $\begin{pmatrix} a \\ 2a \\ 0 \end{pmatrix} \cdot \begin{pmatrix} -3-a \\ 14-2a \\ 8 \end{pmatrix} = 0$ folgt die Gleichung $a(-3-a) + 2a(14-2a) = 0$.

Mit $a \neq 0$ folgt hieraus $a = 5$. Wegen $|\overrightarrow{M_5Q}| = \sqrt{144} = 12 < \sqrt{269}$ liegt die **Kugel K_5 dem Punkt Q am nächsten.**

Mindestabstand des Punktes Q

Da alle Kugeln den Radius $r=9$ haben, ist der Mindestabstand des Punktes Q von einem Punkte dieser Kugel $|\overrightarrow{M_5Q}|-9=12-9=\mathbf{3}$.

Zusammenhang zwischen a_1 und a_2

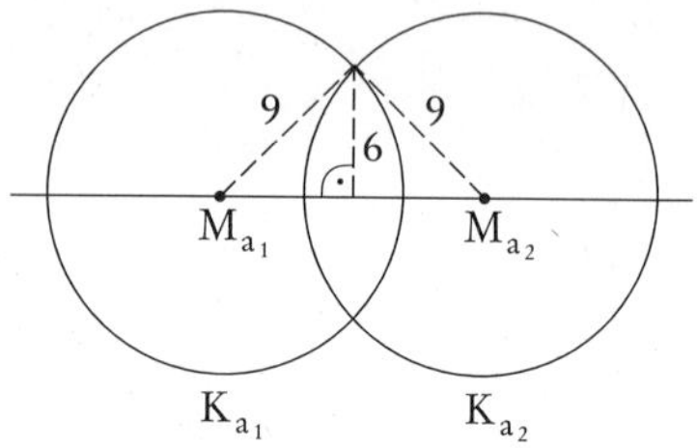

Zu den Parameterwerten a_1 und a_2 gehören die Kugelmittelpunkte $M_{a_1}(a_1|2a_2|0)$ und $M_{a_2}(a_2|2a_2|0)$. Der Abstand dieser beiden Kugelmittelpunkte ist

$$|\overrightarrow{M_{a_1}M_{a_2}}|=\left|\begin{pmatrix} a_2-a_1 \\ 2a_2-2a_1 \\ 0 \end{pmatrix}\right|=\sqrt{5(a_2-a_1)^2}.$$

Andererseits ergibt sich mit Hilfe des Satzes von Pythagoras (siehe Figur)

$$\frac{1}{2}\cdot|\overrightarrow{M_{a_1}M_{a_2}}|=\sqrt{9^2-6^2}=\sqrt{45}.$$

Aus $\sqrt{5(a_2-a_1)^2}=2\cdot\sqrt{45}$ folgt $5(a_2-a_1)^2=180$ oder $(a_2-a_1)^2=36$ oder $\mathbf{|a_2-a_1|=6}$.

c) **Koordinatengleichung der Ebene**

Es sei E_3 diejenige Ebene durch g, die den größtmöglichen Abstand vom Punkt P hat. Weiterhin sei F der Fußpunkt des Lotes von $P(10|-3|-4)$ auf g. Da F auf g liegt, gilt $F(8+t|-5+5t|-3+12t)$. Der Vektor $\overrightarrow{PF}$ ist ein Normalenvektor der Ebene E.

Aus $\overrightarrow{PF}\perp\begin{pmatrix} 1 \\ 5 \\ 12 \end{pmatrix}$ folgt $\begin{pmatrix} -2+t \\ -2+5t \\ 1+12t \end{pmatrix}\cdot\begin{pmatrix} 1 \\ 5 \\ 12 \end{pmatrix}=0$ bzw.

$-2+t+5(-2+5t)+12(1+12t)=0$. Hieraus ergibt sich $t=0$.

Also ist $F(8|-5|-3)$ der Lotfußpunkt und es gilt: $\overrightarrow{PF}=\begin{pmatrix} -2 \\ -2 \\ 1 \end{pmatrix}$.

Damit ist $\begin{pmatrix} -2 \\ -2 \\ 1 \end{pmatrix}\left[\vec{x}-\begin{pmatrix} 8 \\ -5 \\ -3 \end{pmatrix}\right]=0$ eine Normalenform der Ebenengleichung.

Setzt man für $\vec{x}=\begin{pmatrix} x_1 \\ x_2 \\ x_3 \end{pmatrix}$ ein, so ergibt sich eine Koordinatengleichung von

E_3: $\mathbf{2x_1+2x_2-x_3-9=0}$.

d) Gleichung der Tangente t

1. Möglichkeit

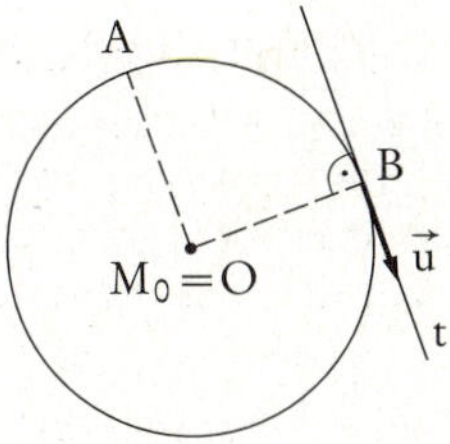

Der Mittelpunkt der Kugel K_0 ist $M_0 = O$. Die gesuchte Tangente t in $B(4|-4|7)$ hat den Stützvektor $\begin{pmatrix} 4 \\ -4 \\ 7 \end{pmatrix}$ und den Richtungsvektor $\vec{u} = \begin{pmatrix} u_1 \\ u_2 \\ u_3 \end{pmatrix}$. Der Richtungsvektor $\vec{u}$ muß orthogonal zu $\overrightarrow{M_0B}$ sein und in der Ebene E_4 durch den Ursprung liegen, die durch die Punkte A und B festgelegt ist (siehe Figur). Die Ebene E_4 hat als Parametergleichung

$$E_4: \ \vec{x} = r\begin{pmatrix} 8 \\ 4 \\ -1 \end{pmatrix} + s\begin{pmatrix} 4 \\ -4 \\ 7 \end{pmatrix}; \quad r, s \in \mathbb{R}.$$

Setzt man für $\vec{x} = \begin{pmatrix} x_1 \\ x_2 \\ x_3 \end{pmatrix}$ ein und eliminiert man r und s, so ergibt sich eine Koordinatengleichung:

$$E_4: \ 2x_1 - 5x_2 - 4x_3 = 0.$$

Also ist $\vec{n} = \begin{pmatrix} 2 \\ -5 \\ -4 \end{pmatrix}$ ein Normalenvektor von E_4.

Aus $\vec{u} \perp \overrightarrow{M_0B}$ folgt: $4u_1 - 4u_2 + 7u_3 = 0$;

aus $\vec{u} \perp \begin{pmatrix} 2 \\ -5 \\ -4 \end{pmatrix}$ folgt: $2u_1 - 5u_2 - 4u_3 = 0$.

Aus diesen beiden Gleichungen folgt $6u_2 + 15u_3 = 0$. Mit z. B. $u_3 = 2$ folgt $u_2 = -5$ und dann $u_1 = -8{,}5$. Also ist $\begin{pmatrix} -8{,}5 \\ -5 \\ 2 \end{pmatrix}$ ein Richtungsvektor von t.

Daraus folgt

$$t: \ \vec{x} = \begin{pmatrix} 4 \\ -4 \\ 7 \end{pmatrix} + \lambda\begin{pmatrix} -8{,}5 \\ -5 \\ 2 \end{pmatrix}; \quad \lambda \in \mathbb{R} \quad \text{bzw.}$$

$$\mathbf{t:} \ \vec{x} = \begin{pmatrix} 4 \\ -4 \\ 7 \end{pmatrix} + \lambda^*\begin{pmatrix} -17 \\ -10 \\ 4 \end{pmatrix}; \quad \lambda^* \in \mathbb{R}.$$

G

2. Möglichkeit:

Die gesuchte Tangente t ergibt sich als Schnittgerade zwischen der Tangentialebene T an K_0 in B und der Ebene E_4 durch die Punkte O, A und B. Die Tangentialebene an K_0 in $B(4|-4|7)$ hat die Gleichung

$$T:\ \vec{x}\cdot\begin{pmatrix}4\\-4\\7\end{pmatrix}=81 \quad \text{bzw.} \quad 4x_1-4x_2+7x_3=81\,.$$

Die Ebene E_4 hat als Parametergleichung

$$E_4:\ \vec{x}=r\begin{pmatrix}8\\4\\-1\end{pmatrix}+s\begin{pmatrix}4\\-4\\7\end{pmatrix}; \quad r, s \in \mathbb{R}\,.$$

$E_4 \cap T = t$: Aus $4(8r+4s)-4(4r-4s)+7(-r+7s)=81$ folgt $r=9-9s$.
Somit ist

$$\vec{x}=(9-9s)\begin{pmatrix}8\\4\\-1\end{pmatrix}+s\begin{pmatrix}4\\-4\\7\end{pmatrix} \quad \text{bzw.} \quad \vec{x}=\begin{pmatrix}72\\36\\-9\end{pmatrix}+s\begin{pmatrix}-68\\-40\\16\end{pmatrix} \quad \text{bzw.}$$

$$\vec{x}=\begin{pmatrix}72\\36\\-9\end{pmatrix}+s^*\begin{pmatrix}-17\\-10\\4\end{pmatrix}; \quad s^* \in \mathbb{R}$$

eine Gleichung für t.

Aufgabe 92/2

Der in dem kartesischen Koordinatensystem gegebene Körper stellt ein kompaktes Werkstück mit den Ecken $P(3|0|0)$, $Q(0|4|0)$, $R(0|0|0)$, $S(3|0|6)$, $T(0|4|7)$ und $U(0|0|8)$ dar. (Maße in cm)
Die Grundfläche PQR und die Deckfläche STU sind ebene Dreiecksflächen. Die Seitenflächen PQTS, QRUT und RPSU sind ebene Trapezflächen. (siehe Abbildung)

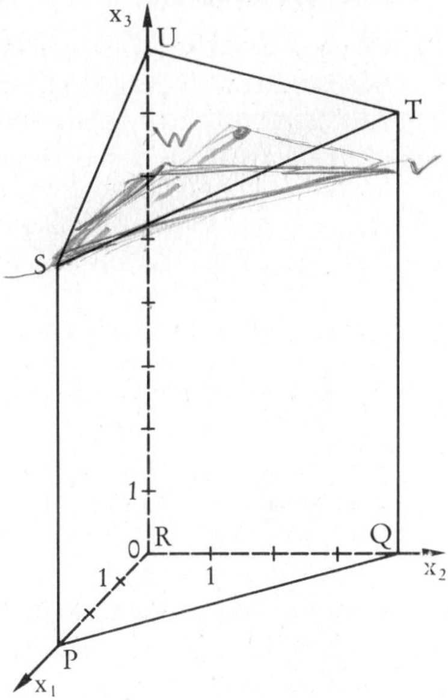

a) Geben Sie eine Koordinatengleichung der Ebene E an, in der die Deckfläche STU liegt.
Berechnen Sie den Innenwinkel im Werkstück zwischen der Deckfläche STU und der Seitenfläche PQTS.
Bestimmen Sie den Winkel zwischen der Kante RU und der Deckfläche STU.

b) Vom oberen Teil des Werkstücks wird nun so viel abgeschliffen, daß das verbleibende Werkstück ein dreiseitiges Prisma mit der Höhe 6 cm ist.
Berechnen Sie die Volumenabnahme, die das Werkstück durch das Abschleifen erfährt.
U' sei der durch das Abschleifen entstandene Eckpunkt des Prismas, der auf der x_3-Achse liegt.
Bestimmen Sie die Koordinaten des Punktes L auf der Werkstückskante PQ, der von U' minimale Entfernung hat.
Wie groß ist diese Entfernung?

c) Das abgeschliffene Werkstück wird parallel zur x_3-Achse zylindrisch durchbohrt. Die geringste Wandstärke zwischen Bohrlochrand und Seitenfläche soll bei allen drei Seitenflächen jeweils 0,6 cm betragen.
Welchen Durchmesser d hat das zylindrische Bohrloch?
Auf das obere Bohrloch wird zur Abdichtung eine Stahlkugel gelegt. Diese Kugel sinkt dabei 0,2 cm tief in das Bohrloch ein.
Berechnen Sie den Durchmesser der Kugel, und geben Sie die Koordinaten des Mittelpunkts an.
Untersuchen Sie rechnerisch, ob die Kugel vom Punkt $H(0|-7|0)$ aus teilweise sichtbar ist.

G

Lösungshinweise:

a) Notiere zunächst die Koordinaten aller Ecken des Werkstücks. Um eine Koordinatengleichung der Ebene E zu gewinnen, notiere eine Parametergleichung von E und eliminiere die Parameter. In welcher Ebene liegt die Seitenfläche PQTS? Welche Form der Ebenengleichung sollte man ermitteln, wenn man zunächst den Schnittwinkel mit der Ebene E berechnen muß? Wie erhält man nun den gesuchten Innenwinkel? Wie berechnet man den Schnittwinkel zwischen einem Vektor und einer Ebene, wenn die Ebene in Koordinatenform vorliegt?

b) Fertige ein Schrägbild des gegebenen Werkstücks und zeichne auch den Teil ein, der abgeschliffen wird. Der abgeschliffene Teil kann als Pyramide aufgefaßt werden. Welches ist dann die Grundfläche? Welche Gestalt hat sie? Wie groß ist die Höhe der Pyramide? Damit ist die Volumenabnahme berechenbar.
Die minimale Entfernung des Punktes U′ von der Kante PQ ergibt sich als Abstand des Punktes U′ von der Geraden durch die Punkte P und Q. Zur Berechnung dieses Abstandes arbeite entweder mit einer Hilfsebene senkrecht zu PQ durch U′ oder aber mit einer Lotgeraden zu der Geraden durch die Punkte P und Q.

c) Zeichne zunächst die Grundfläche des Werkstücks in einem x_1x_2-Koordinatensystem. Welche Gestalt hat diese Grundfläche? Wo liegt der Mittelpunkt M des Kreises, der bei der Bohrung entsteht? In welcher Beziehung steht dieser Kreis mit dem Inkreis des Dreiecks PQR? Die x_1- bzw. x_2-Koordinate des Mittelpunktes M muß gleich groß sein wie der Abstand des Punktes M von der Seitenfläche PQTS. Die zugehörige Bedingung ist eine Betragsgleichung. Es ergeben sich zwei Werte. Welche Bedeutung haben sie? Zur Ermittlung des Kugeldurchmessers fertige eine Zeichnung an. Welche Strecken sind bekannt? Der Kugelmittelpunkt M_K liegt senkrecht über dem Mittelpunkt M des Kreises in der x_1x_2-Ebene. Um wieviel cm ragt M_K über die Fläche ST′U′ hinaus? Zur Untersuchung der Sichtbarkeitsverhältnisse übertrage das Problem in eine geometrische Fragestellung.

Lösung:

Die Koordinaten der Ecken des Werkstücks sind: $P(3|0|0)$, $Q(0|4|0)$, $R(0|0|0)$, $S(3|0|6)$, $T(0|4|7)$, $U(0|0|8)$.

a) **Koordinatengleichung von E**

Als Parametergleichung von E ergibt sich:

$$E:\ \vec{x}=\begin{pmatrix}0\\0\\8\end{pmatrix}+u\begin{pmatrix}3\\0\\-2\end{pmatrix}+v\begin{pmatrix}0\\4\\-1\end{pmatrix};\quad u, v \in \mathbb{R}.$$

Setzt man für $\vec{x}=\begin{pmatrix}x_1\\x_2\\x_3\end{pmatrix}$ ein und eliminiert u und v, so ergibt sich als Koordinatengleichung:

E: $\mathbf{8x_1+3x_2+12x_3-96=0}$.

Innenwinkel zwischen der Deckfläche STU und der Seitenfläche PQTS

Die Deckfläche STU liegt in der Ebene E. Es sei E_1 die Ebene, welche die Seitenfläche PQTS enthält. Als Parametergleichung von E_1 ergibt sich:

$$E_1:\ \vec{x}=\begin{pmatrix}3\\0\\0\end{pmatrix}+r\begin{pmatrix}-3\\4\\0\end{pmatrix}+s\begin{pmatrix}0\\0\\6\end{pmatrix};\quad r, s \in \mathbb{R}.$$

Elimination von r und s ergibt als Koordinatengleichung:

E_1: $4x_1+3x_2-12=0$.

Es sei α der Winkel zwischen den Ebenen E und E_1.

Aus $\cos\alpha=\dfrac{\begin{pmatrix}8\\3\\12\end{pmatrix}\cdot\begin{pmatrix}4\\3\\0\end{pmatrix}}{\sqrt{217}\cdot\sqrt{25}}=\dfrac{41}{5\cdot\sqrt{217}}$ folgt $\alpha\approx 56{,}2°$.

Für den gesuchten Innenwinkel β zwischen der Deckfläche STU und der Seitenfläche PQTS ergibt sich:

$\mathbf{\beta=180°-\alpha\approx 123{,}8°}$.

Winkel zwischen der Kante RU und der Deckfläche STU

Es sei γ der Winkel zwischen der Kante RU und der Ebene E.

Mit $\overrightarrow{UR}=\begin{pmatrix}0\\0\\-8\end{pmatrix}$ folgt aus $\sin\gamma=\left|\dfrac{\begin{pmatrix}0\\0\\-8\end{pmatrix}\cdot\begin{pmatrix}8\\3\\12\end{pmatrix}}{8\cdot\sqrt{217}}\right|=\dfrac{12}{\sqrt{217}}$ der Winkel $\gamma\approx\mathbf{54{,}5°}$.

G

b) Berechnung der Volumenabnahme

Der Punkt S hat die x_3-Koordinate 6. Legt man also eine Ebene E_2 parallel zur x_1x_2-Ebene durch S, so schneidet E_2 die Seitenfläche RQTU in einer Strecke parallel zur x_2-Achse mit den Endpunkten $U'(0|0|6)$ und $T'(0|4|6)$ (siehe Figur). Der abgeschliffene Teil des Werkstücks kann aufgefaßt werden als eine Pyramide mit der Trapezfläche $U'T'TU$ als Grundfläche und der Strecke $U'S$ als Höhe. Damit gilt:

$$V = \frac{1}{3} \cdot \frac{1}{2}(2+1) \cdot 4 \cdot 3 = 6.$$

Das Werkstück erfährt also eine **Volumenabnahme von 6 cm³**.

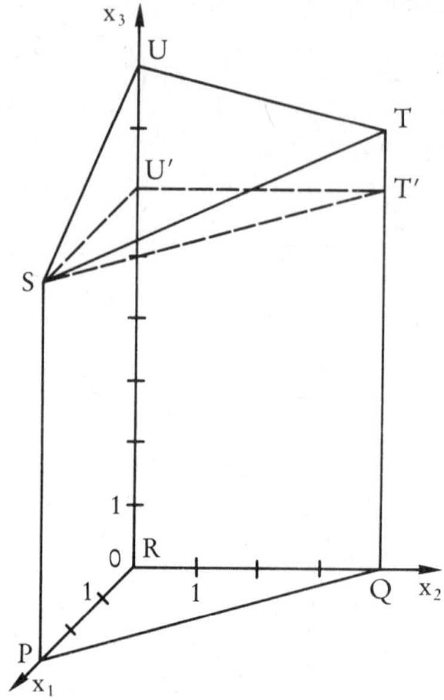

Koordinaten von L

1. Möglichkeit: Hilfsebene E_3 senkrecht zu der Geraden durch P und Q durch U′.

Die Gerade g durch P und Q hat die Gleichung:

$$g:\ \vec{x} = \begin{pmatrix} 3 \\ 0 \\ 0 \end{pmatrix} + t \begin{pmatrix} -3 \\ 4 \\ 0 \end{pmatrix};\quad t \in \mathbb{R}.$$

Die Hilfsebene E_3 hat den Richtungsvektor von g als Normalenvektor und geht durch U′:

$$E_3:\ \begin{pmatrix} -3 \\ 4 \\ 0 \end{pmatrix} \cdot \left[\vec{x} - \begin{pmatrix} 0 \\ 0 \\ 6 \end{pmatrix} \right] = 0 \quad \text{bzw.} \quad -3x_1 + 4x_2 = 0.$$

$$g \cap E_3 = \{L\}:\ -3(3-3t) + 4(4t) = 0.$$

Daraus folgt $t = \frac{9}{25}$ und somit $\mathbf{L}\left(\frac{48}{25} \middle| \frac{36}{25} \middle| 0\right)$.

2. Möglichkeit: Lotgerade zu g durch U′, wobei g die Gerade durch P und Q ist.

$$g:\ \vec{x} = \begin{pmatrix} 3 \\ 0 \\ 0 \end{pmatrix} + t \begin{pmatrix} -3 \\ 4 \\ 0 \end{pmatrix};\quad t \in \mathbb{R}$$

Die Lotgerade zu g durch U′ schneide g in L.

$$\overrightarrow{U'L} = \begin{pmatrix}3\\0\\0\end{pmatrix} + t\begin{pmatrix}-3\\4\\0\end{pmatrix} - \begin{pmatrix}0\\0\\6\end{pmatrix}$$

Aus $\left[\begin{pmatrix}3\\0\\-6\end{pmatrix} + t\begin{pmatrix}-3\\4\\0\end{pmatrix}\right] \cdot \begin{pmatrix}-3\\4\\0\end{pmatrix} = 0$ folgt $t = \frac{9}{25}$.

Damit ergeben sich wie oben die Koordinaten von L.

Berechnung der Entfernung

$$|\overrightarrow{U'L}| = \left|\frac{1}{25}\begin{pmatrix}48\\36\\-150\end{pmatrix}\right| = \frac{1}{25}\sqrt{48^2 + 36^2 + 150^2} \approx 6{,}46$$

Der Abstand des Punktes U′ von der Kante PQ beträgt **ungefähr 6,46 cm**.

c) **Durchmesser d des Bohrlochs**

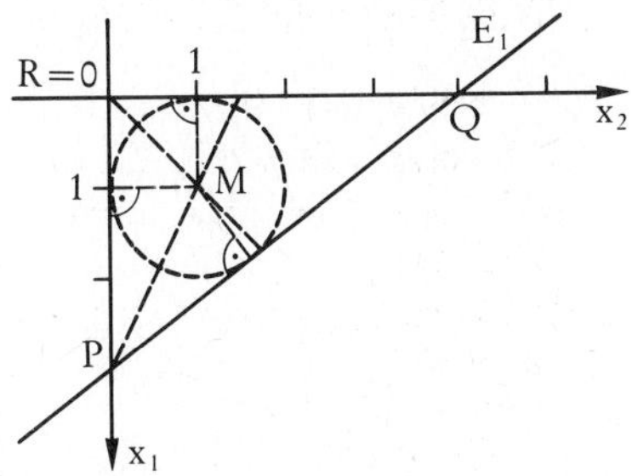

Die Grundfläche des Werkstücks ist das rechtwinklige Dreieck PQR in der x_1x_2-Ebene (siehe Figur). Die Schnittfigur der zylindrischen Bohrung parallel zur x_3-Achse mit der x_1x_2-Ebene ist ein Kreis mit dem Mittelpunkt M.

Da die geringste Wandstärke zwischen Bohrlochrand und den drei Seitenflächen jeweils gleich sein soll, ist M auch der Mittelpunkt des Inkreises des Dreiecks PQR. Also hat M die Koordinaten $M(m|m|0)$, wobei m der Abstand des Punktes M von der x_1- bzw. von der x_2-Achse ist. Andererseits ist m auch der Abstand des Punktes M von der Ebene E_1 (vgl. Teilaufgabe a)).

HNF von E_1: $\frac{1}{5}(4x_1 + 3x_2 - 12) = 0$

Abstand d des Punktes M von E_1: $d(M; E_1) = \left|\frac{1}{5}(4m + 3m - 12)\right|$.

Aus $\left|\frac{1}{5}(4m + 3m - 12)\right| = m$ folgt $\frac{1}{5}|7m - 12| = m$ und hieraus

$7m - 12 = 5m$ oder $7m - 12 = -5m$.

Also: $m_1 = 6$; $m_2 = 1$. Für $m_1 = 6$ ergibt sich der „Ankreis“, für $m_2 = 1$ der „Inkreis“.

Der Mittelpunkt des Inkreises ist somit $M(1|1|0)$. Mit der geringsten Wandstärke 0,6 cm folgt hieraus **0,8 cm für den Bohrlochdurchmesser**.

Durchmesser und Koordinaten des Mittelpunktes der Kugel

Es sei M_K der Mittelpunkt und r der Radius der Stahlkugel K (siehe Figur). Mit Hilfe des Satzes von Pythagoras gilt:

$(r-0{,}2)^2+0{,}4^2=r^2$.

Hieraus folgt $r=0{,}5$. Also beträgt der Durchmesser der Stahlkugel **1 cm**.

Der Kugelmittelpunkt M_K liegt 0,3 cm oberhalb der Deckfläche $ST'U'$ des abgeschliffenen Werkstücks: $\mathbf{M_K(1|1|6{,}3)}$.

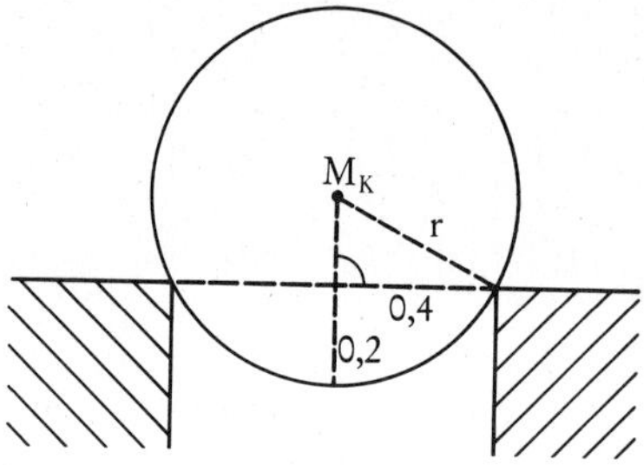

Untersuchung

Die Kugel K ist teilweise sichtbar, wenn die Ebene E_4 durch die Punkte H, S und U′ die Kugel K schneidet. Dies ist dann der Fall, wenn der Abstand des Kugelmittelpunktes M_K von E_4 kleiner ist als der Kugelradius $r=0{,}5$. Als Parametergleichung von E_4 ergibt sich:

$$E_4:\ \vec{x}=\begin{pmatrix}0\\-7\\0\end{pmatrix}+u\begin{pmatrix}3\\7\\6\end{pmatrix}+v\begin{pmatrix}0\\7\\6\end{pmatrix};\quad u,v\in\mathbb{R}.$$

Setzt man für $\vec{x}=\begin{pmatrix}x_1\\x_2\\x_3\end{pmatrix}$ ein und eliminiert man u und v, so ergibt sich eine Koordinatengleichung:

$E_4:\ -6x_2+7x_3-42=0$.

HNF von E_4: $\frac{1}{\sqrt{85}}(-6x_2+7x_3-42)=0$;

$$d(M_K;E_4)=\left|\frac{1}{\sqrt{85}}(-6\cdot 1+7\cdot 6{,}3-42)\right|=\frac{3{,}9}{\sqrt{85}}\approx 0{,}42.$$

Also ist die Kugel K vom Punkt H aus **teilweise sichtbar**.

Aufgabe 92/3

In einem kartesischen Koordinatensystem ist eine affine Abbildung α festgelegt durch die Fixpunktgerade $g\colon\ x_1 - 2x_2 + 6 = 0$
sowie durch den Punkt $P(2|1)$ und seinen Bildpunkt $\overline{P}(8|4)$.

a) Konstruieren Sie das Bild $\overline{A}$ des Punktes $A(1|2)$ bei dieser Abbildung α.
Geben Sie die Konstruktionsschritte an. (Buch: S207 Bsp.2)
Konstruieren Sie bezüglich der Abbildung α die Urbildgerade h zur Bildgeraden $\overline{h}\colon\ \vec{x}' = \begin{pmatrix} 0 \\ 1 \end{pmatrix} + r\begin{pmatrix} 1 \\ -1 \end{pmatrix};\quad r \in \mathbb{R}$. (Buch: S.209 Bsp.4)
Bestimmen Sie die Abbildungsgleichung von α.
Berechnen Sie die Koordinaten von $\overline{A}$.

b) Bestimmen Sie die Eigenvektoren der zu α gehörenden Vektorabbildung.
Zu welcher Art von Abbildungen gehört α?
Gegeben sind die Vektoren $\vec{u} = \begin{pmatrix} 2 \\ 1 \end{pmatrix}$ und $\vec{v} = \begin{pmatrix} 0 \\ 1 \end{pmatrix}$.
Bestimmen Sie die Bildvektoren $\vec{u}'$ und $\vec{v}'$ zu $\vec{u}$ und $\vec{v}$ bei der zu α gehörenden Vektorabbildung.
Geben Sie $\vec{v}'$ als Linearkombination von $\vec{u}$ und $\vec{v}$ an.
Geben Sie unter Verwendung der bisherigen Ergebnisse ein Koordinatensystem an, in dem α eine einfache Darstellung besitzt, und geben Sie diese Darstellung von α an; wählen Sie dabei den neuen Ursprung auf der x_2-Achse. ?

c) Zeichnen Sie in ein neues kartesisches Koordinatensystem das Viereck RSTU ein mit $R(0|3)$, $S(6|6)$; $T(6|9)$, $U(0|6)$.
Zeichnen Sie von R aus $\vec{u} = \begin{pmatrix} 2 \\ 1 \end{pmatrix}$, $\vec{v} = \begin{pmatrix} 0 \\ 1 \end{pmatrix}$ und $\vec{v}' = \begin{pmatrix} -2 \\ 0 \end{pmatrix}$ ein.
Die zu α gehörende Vektorabbildung bildet $\vec{u}$ auf sich und $\vec{v}$ auf $\vec{v}'$ ab.
Verwenden Sie von jetzt an ein neues Koordinatensystem $(R; \vec{u}, \vec{v})$ mit Ursprung R und den Basisvektoren $\vec{u}$ und $\vec{v}$.
Geben Sie in diesem System die Koordinaten der Punkte R, S, T, U an.
Im System $(R; \vec{u}, \vec{v})$ ist der Punkt $V(0|1)$ gegeben.
Bestimmen Sie in diesem System seinen Bildpunkt $\overline{V}$ unter der Abbildung α, und konstruieren Sie das Bildviereck $\overline{R}\,\overline{S}\,\overline{T}\,\overline{U}$.
Beschreiben Sie diese Konstruktion.

d) Die Abbildung α wird mit einer Verschiebung β verkettet.
Untersuchen Sie im Koordinatensystem $(R; \vec{u}, \vec{v})$ aus Teilaufgabe c), für welche Verschiebungen β gilt
$\beta \circ \alpha = \alpha \circ \beta$.

Lösungshinweise:

a) Von der Abbildung α ist die Fixpunktgerade und ein zugeordnetes Punktepaar P und $\overline{P}$ gegeben. Wie konstruiert man hiermit das Bild eines Punktes? Um die Urbildgerade h zu konstruieren, benötigt man neben einem Fixpunkt auf $\overline{h}$ bzw. h noch das Urbild eines Punktes der Geraden $\overline{h}$. Zur Ermittlung der Abbildungsgleichung von α gibt es zwei Möglichkeiten. Entweder man benutzt das angegebene Punktepaar und zwei Fixpunkte oder aber man verwendet folgenden Satz: Eine Affinität α mit der Fixpunktgeraden $g\colon\ ax_1 + bx_2 + c = 0$ hat eine Koordinatendarstellung der Form

$$\alpha\colon \begin{cases} x_1' = x_1 + r(ax_1 + bx_2 + c) \\ x_2' = x_2 + s(ax_1 + bx_2 + c) \end{cases} \quad (r, s \in \mathbb{R}).$$

Zur Berechnung der Koordinaten von $\overline{A}$ setze die gegebenen Koordinaten von A in die Abbildungsgleichung ein.

b) Wie ermittelt man Eigenwerte und Eigenvektoren einer zugehörigen Vektorabbildung? Was folgt hieraus für die Art der vorgegebenen Abbildung α? Zur Ermittlung von $\vec{u}'$ und $\vec{v}'$ setze $\vec{u}$ bzw. $\vec{v}$ in die zugehörige Vektorabbildung ein. Der Vektor $\vec{v}'$ soll als Linearkombination von $\vec{u}$ und $\vec{v}$ dargestellt werden. Welche Gleichung muß also gelten? Was folgt hieraus für die Koeffizienten? Für das angepaßte Koordinatensystem verwende als Ursprung den Fixpunkt, der auf der x_2-Achse liegt. Der Vektor $\vec{u}$ ist ein Eigenvektor der zugehörigen Vektorabbildung. Neben $\vec{u}$ als Basisvektor bietet sich $\vec{v}$ als weiterer Basisvektor an.

c) Zeichne in einem rechtwinkligen x_1x_2-Koordinatensystem die Punkte R, S, T und U ein. Da $\vec{u}$ und $\vec{v}$ Basisvektoren des neuen Koordinatensystems sind, werden die Achse g und die x_2-Achse die neuen Koordinatenachsen. Die Koordinaten von R, S, T und U im neuen Koordinatensystem lassen sich ohne Rechnung unmittelbar aus der Zeichnung ablesen. Die Koordinaten des Punktes V beziehen sich schon auf das neue System. Wie erhält man also die Bildkoordinaten im neuen System? Da die Achse g und mit V und $\overline{V}$ ein zugeordnetes Punktepaar gegeben sind, kann das Bildviereck $\overline{R}\,\overline{S}\,\overline{T}\,\overline{U}$ konstruiert werden.

d) Notiere nochmals die Abbildungsgleichungen von α im neuen System. Wie lauten die Gleichungen einer Verschiebung? Bilde $\beta \circ \alpha$ und $\alpha \circ \beta$. Setzt man die rechten Seiten der zugehörigen Gleichungen gleich, ergeben sich Bedingungen für die Koordinaten des Verschiebungsvektors.

Lösung:

a) **Konstruktion von $\overline{A}$**

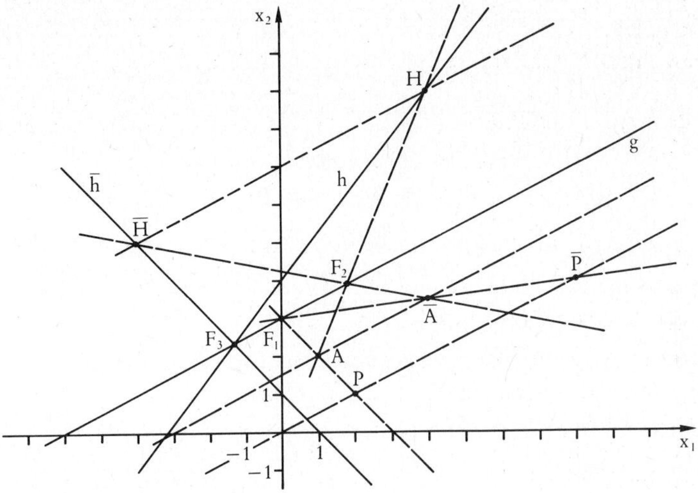

Konstruktionsschritte

Die Abbildung α ist eine Achsenaffinität mit der Affinitätsachse g. Die Gerade durch P und $\overline{P}$ ist parallel zur Achse g. Alle Parallelen zu g sind also Fixgeraden.

Konstruktion von $\overline{A}$:

$\overline{A}$ liegt auf der Parallelen zu $P\overline{P}$ durch A und auf der Geraden durch $\overline{P}$ und dem Schnittpunkt F_1 von PA mit der Achse g.

Konstruktion von h (Siehe Figur.)

Abbildungsgleichung von α

1. Möglichkeit:

$$\alpha: \ \vec{x}' = x_1 \begin{pmatrix} a \\ b \end{pmatrix} + x_2 \begin{pmatrix} c \\ d \end{pmatrix} + \begin{pmatrix} e \\ f \end{pmatrix}$$

Um a, b, c, d, e und f zu berechnen, kann man neben dem Punktepaar $P(2|1) \mapsto P'(8|4)$ z.B. die Fixpunkte $B(-6|0)$ und $C(0|3)$ verwenden:

$$\begin{aligned} 8 &= 2a + c + e \quad \text{und} \quad 4 = 2b + d + f \\ -6 &= -6a + e \quad \text{und} \quad 0 = -6b + f \\ 0 &= 3c + e \quad \text{und} \quad 3 = 3d + f. \end{aligned}$$

Hieraus folgt:

$$\alpha:\ \vec{x}' = \mathbf{x_1}\begin{pmatrix}2\\0{,}5\end{pmatrix} + \mathbf{x_2}\begin{pmatrix}-2\\0\end{pmatrix} + \begin{pmatrix}6\\3\end{pmatrix}.$$

2. Möglichkeit:

Man verwendet folgenden Satz: Eine Affinität α mit der Fixpunktgeraden $g:\ ax_1 + bx_2 + c = 0$ hat eine Koordinatendarstellung der Form

$$\alpha:\ \begin{cases} x_1' = x_1 + r(ax_1 + bx_2 + c) \\ x_2' = x_2 + s(ax_1 + bx_2 + c) \end{cases} \qquad (r, s \in \mathbb{R}).$$

Aus $\begin{cases} x_1' = x_1 + r(x_1 - 2x_2 + 6) \\ x_2' = x_2 + s(x_1 - 2x_2 + 6) \end{cases}$ folgt mit $\alpha(P) = P'$:

$\begin{matrix} 8 = 2 + r(2 - 2\cdot 1 + 6) \\ 4 = 1 + s(2 - 2\cdot 1 + 6) \end{matrix}$ und hieraus $r = 1;\ s = \frac{1}{2}$.

Damit ergibt sich als Abbildungsgleichung von

$$\alpha:\ \vec{x}' = \mathbf{x_1}\begin{pmatrix}2\\0{,}5\end{pmatrix} + \mathbf{x_2}\begin{pmatrix}-2\\0\end{pmatrix} + \begin{pmatrix}6\\3\end{pmatrix}.$$

Koordinaten von $\overline{A}$

Aus $\begin{cases} x_1' = 2 + 2\cdot(-2) + 6 \\ x_2' = 0{,}5 \qquad\qquad + 3 \end{cases}$ folgt $x_1' = 4;\ x_2' = 3{,}5;$

also gilt: $A'(4\,|\,3{,}5) = \mathbf{\overline{A}(4\,|\,3{,}5)}$.

b) Eigenvektoren

Aus $\operatorname{Det}\begin{pmatrix}2-\lambda & -2\\ 0{,}5 & -\lambda\end{pmatrix} = 0$ folgt die charakteristische Gleichung $\lambda^2 - 2\lambda + 1 = 0$ mit dem einzigen Eigenwert $\lambda = 1$.

Aus $\begin{cases} x_1 - 2x_2 = 0 \\ 0{,}5x_1 - x_2 = 0 \end{cases}$ folgt $x_1 = 2x_2$;

also sind $r\begin{pmatrix}2\\1\end{pmatrix}$, $r \neq 0$, Eigenvektoren zu dem Eigenwert $\lambda = 1$.

Art der Abbildung α

Es ist $\lambda = 1$ einziger Eigenwert; der Eigenraum besteht aus allen Vielfachen des Vektors $\begin{pmatrix}2\\1\end{pmatrix}$.

Satz: Ist $g: ax_1 + bx_2 + c = 0$ eine Fixpunktgerade von α, so besitzt α eine Darstellung der Form $x_1' = x_1 + k(ax_1 + bx_2 + c)$
$x_2' = x_2 + l(ax_1 + bx_2 + c)$
Dabei muß man noch die Zahlen k und l aus einem weiteren Punk P($\notin g$) und seinem Bildpunkt $\overline{P}$ bestimmen.

Also ist α eine **Scherung** mit g: $\vec{x}=\begin{pmatrix}0\\3\end{pmatrix}+t\begin{pmatrix}2\\1\end{pmatrix}$; $t \in \mathbb{R}$ als Achse.

Bildvektoren $\vec{u}'$ und $\vec{v}'$ zu $\vec{u}$ und $\vec{v}$

Die zu α gehörende Vektorabbildung α^* lautet:

$$\alpha^*:\ \vec{x}'=\begin{pmatrix}2 & -2\\0,5 & 0\end{pmatrix}\vec{x}.$$

Also: $\vec{u}'=\begin{pmatrix}2 & -2\\0,5 & 0\end{pmatrix}\cdot\begin{pmatrix}2\\1\end{pmatrix}=\begin{pmatrix}2\\1\end{pmatrix}$; $\vec{v}'=\begin{pmatrix}2 & -2\\0,5 & 0\end{pmatrix}\cdot\begin{pmatrix}0\\1\end{pmatrix}=\begin{pmatrix}-2\\0\end{pmatrix}$.

wo ist die Verschiebung? => siehe Aufgabe Vektorraum.

G

Linearkombination von $\vec{v}'$

Aus $\begin{pmatrix}-2\\0\end{pmatrix}=p\begin{pmatrix}2\\1\end{pmatrix}+q\begin{pmatrix}0\\1\end{pmatrix}$ folgt $p=-1$; $q=1$. Also gilt: $\vec{v}'=-\vec{u}+\vec{v}$.

Abbildungsgleichung von α im neuen Koordinatensystem

Der Fixpunkt $F_1(0|3)$ liegt auf g und auf der x_2-Achse. Man kann also $(F_1;\vec{u},\vec{v})$ als neues Koordinatensystem wählen. In diesem Koordinatensystem hat α die Darstellung:

$$\alpha:\ \vec{y}'=\begin{pmatrix}1 & -1\\0 & 1\end{pmatrix}\vec{y}.$$

c) **Zeichnung**

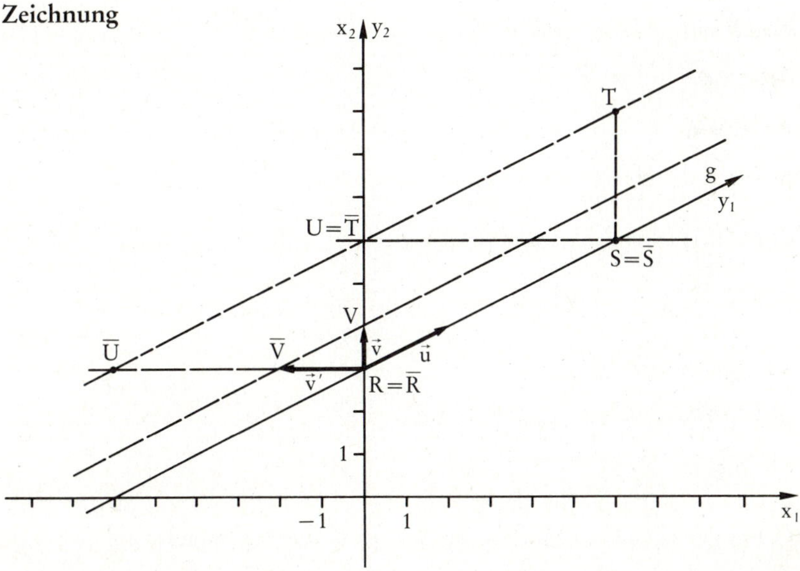

Koordinaten von R, S, T, U im neuen Koordinatensystem

Unmittelbar aus der Zeichnung kann man die neuen Koordinaten ablesen.
Altes Koordinatensystem: $R(0|3)$; $S(6|6)$; $T(6|9)$, $U(0|6)$;
neues Koordinatensystem: $R(0|0)$; $S(3|0)$; $T(3|3)$, $U(0|3)$.

Koordinaten von $\overline{V}$ im neuen Koordinatensystem

Im neuen Koordinatensystem hat α die Abbildungsgleichung

$$\vec{y}\,' = y_1 \begin{pmatrix} 1 \\ 0 \end{pmatrix} + y_2 \begin{pmatrix} -1 \\ 1 \end{pmatrix}.$$

Setzt man in diese Abbildungsgleichung die Koordinaten von $V(0|1)$ ein, so ergibt sich: $V'(-1|1) = \overline{\mathbf{V}}(-1|1)$.

Konstruktion

Siehe Figur.

Konstruktionsbeschreibung

R und S liegen auf der Fixpunktgeraden g und sind somit Fixpunkte. Der Punkt $V(0|1)$ wird auf $\overline{V}(-1|1)$ abgebildet. Also liegt $\overline{U}$ auf der Parallelen zu RS durch U und auf der Geraden durch R und $\overline{V}$. Entsprechend liegt $\overline{T}$ auf der Parallelen zu RS durch T und auf der Parallelen zu $\overline{U}\overline{R}$ durch $\overline{S}$.

d) **Untersuchung**

Nach Teilaufgabe b) gilt:

$$\alpha: \begin{cases} y_1' = y_1 - y_2 \\ y_2' = \quad\; y_2. \end{cases}$$

Es sei

$$\beta: \begin{cases} y_1' = y_1 + a \\ y_2' = y_2 + b \end{cases}$$

eine Verschiebung β. Hieraus folgt:

$$\beta \circ \alpha: \begin{cases} y_1' = y_1 - y_2 + a \\ y_2' = \quad\; y_2 + b, \end{cases}$$

$$\alpha \circ \beta: \begin{cases} y_1' = y_1 + a - (y_2 + b) \\ y_2' = \quad\; y_2 + b. \end{cases}$$

Aus $\beta \circ \alpha = \alpha \circ \beta$ ergibt sich:

$$\begin{cases} y_1 - y_2 + a = y_1 - y_2 + a - b \\ \quad\; y_2 + b = y_2 + b. \end{cases}$$

Dieses Gleichungssystem ist erfüllt für $\mathbf{b = 0}$ **und beliebiges** $\mathbf{a \neq 0}$.

In einem kartesischen Koordinatensystem sind die Punkte $A(1|2|3)$, $B(5|0|-1)$ und $D(-1|6|-1)$ gegeben.

a) Zeigen Sie, daß es einen Punkt C gibt, für den das Viereck ABCD ein Quadrat ist, und bestimmen Sie die Koordinaten von C.
Das Quadrat ABCD ist die Grundfläche einer Pyramide mit der Höhe 6; der Fußpunkt der Höhe ist der Mittelpunkt dieses Quadrates.
Bestimmen Sie die Koordinaten der beiden möglichen Pyramidenspitzen S und S′, und zeichnen Sie ein Schrägbild dieser beiden Pyramiden.
(LE 1 cm; Verkürzungsfaktor in x_1-Richtung $\frac{1}{2}\sqrt{2}$)

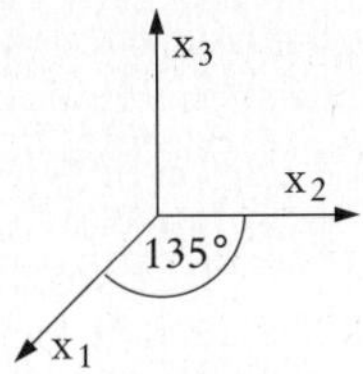

b) Gegeben ist die Ebene $E: \; 10x_1 + 4x_2 - x_3 - 51 = 0$, welche den Punkt B und den Punkt C aus Teilaufgabe a) enthält. Die Ebene E zerschneidet die Pyramide ABCDS aus Teilaufgabe a) in zwei Teilkörper.
Zeigen Sie, daß die Schnittfläche ein gleichschenkliges Trapez ist.
Berechnen Sie das Volumen des Teilkörpers mit der Spitze S.

c) Berechnen Sie das Volumen der Pyramide ABCDS aus Teilaufgabe a).

Gegeben sind die Geraden $g: \; \vec{x} = \begin{pmatrix} 6 \\ 7 \\ 1 \end{pmatrix} + s \begin{pmatrix} -2 \\ 1 \\ 2 \end{pmatrix}; \quad s \in \mathbb{R}$

und $h: \; \vec{x} = \begin{pmatrix} 6 \\ 7 \\ 1 \end{pmatrix} + t \begin{pmatrix} 5 \\ 5 \\ -2 \end{pmatrix}; \quad t \in \mathbb{R}.$

Zeigen Sie, daß sich das Volumen der Pyramide nicht ändert, wenn ihre Spitze auf der Geraden g wandert.
Bestimmen Sie die Koordinaten der Punkte S^* auf der Geraden h so, daß das Volumen V^* von jeder der Pyramiden $ABCDS^*$ doppelt so groß wird wie das Volumen der Pyramide ABCDS.

d) Die Pyramide ABCDS aus Teilaufgabe a) besitzt eine Inkugel; diese berührt also die Grundfläche und alle vier Seitenflächen der Pyramide. Der Pyramide wird ein möglichst großer Kreiskegel mit der Spitze S einbeschrieben.
Begründen Sie, daß die Inkugel der Pyramide sowohl den Mantel des Kegels als auch seine Grundfläche berührt.
Beschrieben Sie die Menge aller Punkte, in denen die Inkugel den Kegel berührt.

G

Lösungshinweise:

a) Welche Bedingungen müssen Vektoren erfüllen, damit sie ein Quadrat aufspannen? Wie läßt sich der Ortsvektor von C darstellen? Zur Ermittlung der Koordinaten von S und S′ benötigt man einen Vektor $\vec{n}$, der senkrecht zu dem Quadrat ABCD ist. Einen solchen Vektor kann man auf zwei Arten bestimmen: Entweder mit Hilfe des Skalarproduktes oder aber über eine Koordinatengleichung der zugehörigen Ebene.
Danach lassen sich die Ortsvektoren von S und S′ mit Hilfe des Einheitsvektors $\vec{n_0}$ darstellen.

b) Der Nachweis, daß die Schnittfläche ein gleichschenkliges Trapez ist, läßt sich geometrisch oder rechnerisch führen. Geometrischer Nachweis: Die Pyramide hat eine besonders einfache Gestalt. Welche? Die Ebene E enthält die Punkte B und C und zerschneidet die Pyramide in zwei Teilkörper. Also werden die Kanten AS und DS von E geschnitten. Was läßt sich über die Lage dieser beiden Schnittpunkte sagen? Aus Symmetriegründen folgt, daß das Trapez gleichschenklig ist.
Rechnerischer Nachweis: Man berechnet zunächst die Koordinaten der Schnittpunkte von E mit den Kanten AS und DS. Es zeigt sich, daß die Schnittpunkte eine spezielle Lage haben. Welche? Bei dem Teilkörper, dessen Volumen gesucht ist, handelt es sich um eine Pyramide, die aber nicht regelmäßig ist. Wie lautet die Flächenformel für den Inhalt eines Trapezes? Wie erhält man die Höhe der Pyramide?

c) Von der Pyramide ABCDS sind die Grundfläche und die Höhe bekannt (vgl. Teilaufgabe a)). Also kann man das Volumen berechnen. Das Volumen ändert sich nicht, wenn sich die Höhe nicht ändert. Bei welcher Lage von g bezüglich der Grundfläche ABCD bleibt die Höhe konstant? Wann ist das Volumen einer Pyramide ABCDS* doppelt so groß wie das Volumen der Pyramide ABCDS? Die Höhe der Pyramide ABCDS ist bekannt, also auch die Höhe von ABCDS*. Abstandsüberlegungen führen zu den gesuchten Koordinaten.

d) Die gegebene Pyramide ABCDS ist regelmäßig. Welche Gestalt hat die Grundfläche? Von welcher besonderen Form ist der möglichst große Kreiskegel mit Spitze S? Wo berührt also die Inkugel die Grundfläche des Kegels? Der Kegel hat vier besondere Mantellinien. Welche? Wo berührt also die Inkugel den Mantel des Kegels? Sind dies alle Punkte, wo die Inkugel den Mantel berührt?

Lösung:

a) Nachweis, daß es einen Punkt C gibt, für den ABCD ein Quadrat ist

Aus $\overrightarrow{AB}=\begin{pmatrix}4\\-2\\-4\end{pmatrix}$ und $\overrightarrow{AD}=\begin{pmatrix}-2\\4\\-4\end{pmatrix}$ folgt $|\overrightarrow{AB}|=|\overrightarrow{AD}|=6$;

weiterhin ist $\overrightarrow{AB}\cdot\overrightarrow{AD}=\begin{pmatrix}4\\-2\\-4\end{pmatrix}\cdot\begin{pmatrix}-2\\4\\-4\end{pmatrix}=0$.

Also haben die Vektoren $\overrightarrow{AB}$ und $\overrightarrow{AD}$ den gleichen Betrag und sind orthogonal. Es gibt somit einen Punkt C, für den ABCD ein Quadrat ist.

G

Koordinaten von C

Für den Ortsvektor von C gilt:

$\overrightarrow{OC}=\overrightarrow{OB}+\overrightarrow{AD}=\begin{pmatrix}5\\0\\-1\end{pmatrix}+\begin{pmatrix}-2\\4\\-4\end{pmatrix}=\begin{pmatrix}3\\4\\-5\end{pmatrix}$; damit **C(3|4|−5)**.

Koordinaten von S und S′

Es sei M der Mittelpunkt des Quadrates ABCD. Dann gilt:

$\overrightarrow{x_M}=\frac{1}{2}(\overrightarrow{x_A}+\overrightarrow{x_C})=\begin{pmatrix}2\\3\\-1\end{pmatrix}$; damit: M(2|3|−1).

Weiterhin benötigt man einen Vektor $\vec{n}$, der senkrecht zu dem Quadrat ABCD ist.

1. Möglichkeit zur Bestimmung von $\vec{n}$:

Mit $\vec{n}=\begin{pmatrix}n_1\\n_2\\n_3\end{pmatrix}$ muß gelten: $\vec{n}\cdot\overrightarrow{MB}=0$ und $\vec{n}\cdot\overrightarrow{MC}=0$.

Aus $\vec{n}\cdot\begin{pmatrix}3\\-3\\0\end{pmatrix}=0$ folgt $3n_1-3n_2=0$ bzw. $n_1-n_2=0$;

aus $\vec{n}\cdot\begin{pmatrix}1\\1\\-4\end{pmatrix}=0$ folgt $n_1+n_2-4n_3=0$.

Aus den beiden Gleichungen folgt $2n_2-4n_3=0$ bzw. $n_2-2n_3=0$.

Wählt man $n_3=1$, so folgt $n_2=n_1=2$.

Also ist $\vec{n}=\begin{pmatrix}2\\2\\1\end{pmatrix}$ ein Normalenvektor.

2. Möglichkeit zur Bestimmung von $\vec{n}$:

Einen Normalenvektor $\vec{n}$ kann man auch mit Hilfe einer Koordinatengleichung der Ebene E_1 durch die Punkte A, B und D ermitteln. Da diese drei Punkte gegeben sind, ergibt sich sofort eine Parametergleichung von

$$E_1: \ \vec{x} = \begin{pmatrix} 1 \\ 2 \\ 3 \end{pmatrix} + r \begin{pmatrix} 4 \\ -2 \\ -4 \end{pmatrix} + s \begin{pmatrix} -2 \\ 4 \\ -4 \end{pmatrix}; \quad r, s \in \mathbb{R}.$$

Setzt man für $\vec{x} = \begin{pmatrix} x_1 \\ x_2 \\ x_3 \end{pmatrix}$ ein und eliminiert man r und s, so ergibt sich eine Koordinatengleichung:

$E_1: \ 2x_1 + 2x_2 + x_3 - 9 = 0.$

Hieraus folgt: $\vec{n} = \begin{pmatrix} 2 \\ 2 \\ 1 \end{pmatrix}$.

Zu dem Vektor $\vec{n}$ gehört der Einheitsvektor $\vec{n_0} = \frac{1}{3}\vec{n}$.

Da die Pyramiden die Höhen 6 haben sollen, ergibt sich für die Ortsvektoren von S und S':

$$\overrightarrow{OS} = \overrightarrow{OM} + 6 \cdot \frac{1}{3}\vec{n} = \begin{pmatrix} 2 \\ 3 \\ -1 \end{pmatrix} + 6 \cdot \frac{1}{3} \begin{pmatrix} 2 \\ 2 \\ 1 \end{pmatrix} = \begin{pmatrix} 6 \\ 7 \\ 1 \end{pmatrix},$$

$$\overrightarrow{OS'} = \overrightarrow{OM} - 6 \cdot \frac{1}{3}\vec{n} = \begin{pmatrix} 2 \\ 3 \\ -1 \end{pmatrix} + 6 \cdot \frac{1}{3} \begin{pmatrix} 2 \\ 2 \\ 1 \end{pmatrix} = \begin{pmatrix} -2 \\ -1 \\ -3 \end{pmatrix}.$$

Damit sind **S(6|7|1)** und **S'(−2|−1|−3)** die beiden möglichen Pyramidenspitzen.

Zeichnung

Siehe Figur.

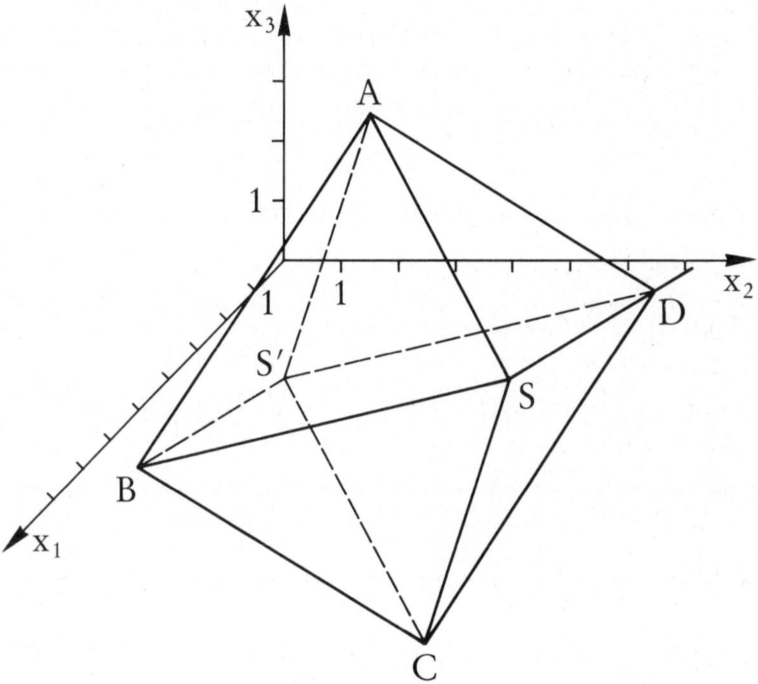

b) Nachweis, daß die Schnittfläche ein gleichschenkliges Trapez ist

1. Möglichkeit:
(Geometrischer Nachweis)
Nach Teilaufgabe a) ist die Pyramide ABCDS eine regelmäßige Pyramide (d. h., die Spitze S befindet sich senkrecht über der Mitte der Grundfläche) mit der quadratischen Grundfläche ABCD. Laut Aufgabe enthält die Ebene E die Gerade durch die Punkte B und C. Weiterhin zerschneidet sie die Pyramide in zwei Teilkörper. D. h., die Ebene E schneidet die Strecken AS und DS. Die Schnittpunkte seien G und H.

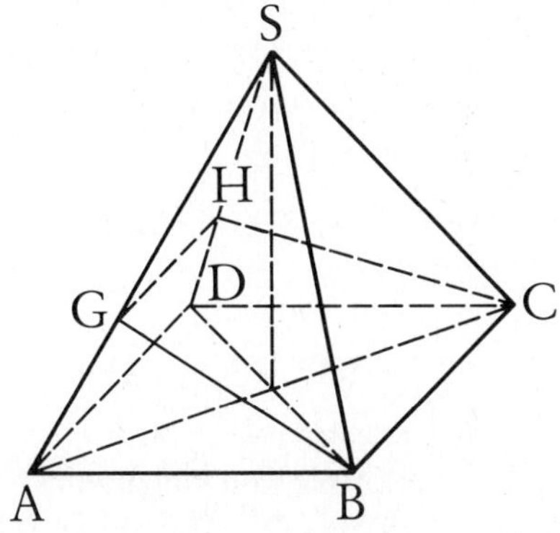

Die Strecke GH ist parallel zu BC und AD (vgl. die Figur).

Aufgrund des Strahlensatzes teilen G und H die Strecke AS bzw. DS im gleichen Verhältnis; G und H haben also von S den gleichen Abstand. Wegen der Symmetrie sind die Strecken BG und CH gleich lang. Also ist die Schnittfläche BCHG ein gleichschenkliges Trapez.

2. Möglichkeit: (Rechnerischer Nachweis)
Die Ebene E schneide AS in G und DS in H (vgl. die obige Figur).
Die Gerade durch die Punkte A und S hat die Gleichung:

$$\vec{x} = \begin{pmatrix} 1 \\ 2 \\ 3 \end{pmatrix} + p \begin{pmatrix} 5 \\ 5 \\ -2 \end{pmatrix}; \quad p \in \mathbb{R}.$$

Aus $10(1+5p)+4(2+5p)-(3-2p)-51=0$ folgt $p=\frac{1}{2}$.

Also gilt: $G(3{,}5\,|\,4{,}5\,|\,2)$; G ist somit die Mitte von AS.
Die Gerade durch die Punkte D und S hat die Gleichung:

$$\vec{x} = \begin{pmatrix} -1 \\ 6 \\ -1 \end{pmatrix} + q \begin{pmatrix} 7 \\ 1 \\ 2 \end{pmatrix}; \quad q \in \mathbb{R}.$$

Aus $10(-1+7q)+4(6+q)-(-1+2q)-51=0$ folgt $q=\frac{1}{2}$.
Also gilt: $H(2{,}5\,|\,6{,}5\,|\,0)$; H ist die Mitte von DS.

Wegen $\overrightarrow{GH} = \begin{pmatrix} -1 \\ 2 \\ -2 \end{pmatrix}$ und $\overrightarrow{BC} = \begin{pmatrix} -2 \\ 4 \\ -4 \end{pmatrix} = 2 \cdot \overrightarrow{GH}$ ist $GH \parallel BC$.

Weiterhin ist

$$|\overrightarrow{BG}| = \left|\begin{pmatrix} -1{,}5 \\ 4{,}5 \\ 4 \end{pmatrix}\right| = \sqrt{31{,}5} \quad \text{und} \quad |\overrightarrow{CH}| = \left|\begin{pmatrix} -0{,}5 \\ 2{,}5 \\ 5 \end{pmatrix}\right| = \sqrt{31{,}5} = |\overrightarrow{BG}|.$$

Damit ist die Schnittfläche BCHG ein gleichschenkliges Trapez.

Volumen des Teilkörpers mit der Spitze S

In dem gleichschenkligen Trapez ist:

$\overline{BC}=6$; $\overline{GH}=3$;

$\overline{BG}=\sqrt{31{,}5}$ und $\overline{BF}=1{,}5$.

Damit ergibt sich für die Höhe h_T des Trapezes:

$h_T=\sqrt{31{,}5-2{,}25}=\frac{3}{2}\sqrt{13}$.

Der Trapezinhalt ist also:

$A_T = m \cdot h_T$ (m: Mittelparallele)

$\quad = \frac{1}{2}(6+3)\cdot\frac{3}{2}\sqrt{13} = \frac{27}{4}\sqrt{13}$.

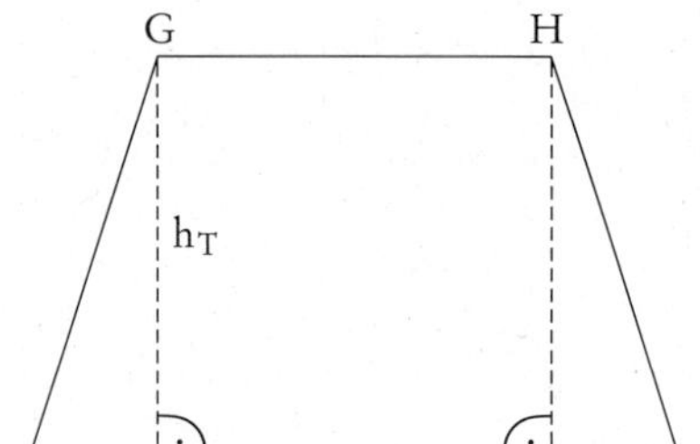

Die Höhe h_P der Pyramide BCHGS ist der Abstand des Punktes S von der Ebene E.

HNF von E: $\frac{1}{\sqrt{117}}(10x_1+4x_2-x_3-51)=0$;

$h_P = d(S;E) = \frac{1}{\sqrt{117}}(10\cdot 6+4\cdot 7-1-51) = \frac{36}{\sqrt{117}} = \frac{12}{\sqrt{13}}$

Damit ergibt sich für das Volumen des Teilkörpers:

$V_P = \frac{1}{3}\cdot\frac{27}{4}\sqrt{13}\cdot\frac{12}{\sqrt{13}} = \mathbf{27}.$

c) **Volumen der Pyramide ABCDS**

Es sei h die Höhe der Pyramide ABCDS. Aus Teilaufgabe a) ist bekannt: $\overline{AB}=6$; $h=\overline{MS}=6$.

Damit gilt: $V=\frac{1}{3}\cdot 6^2\cdot 6=\mathbf{72}$.

Nachweis, daß sich das Volumen der Pyramide nicht ändert, wenn ihre Spitze auf g wandert

Das Volumen der Pyramide ändert sich nicht, wenn sich die Höhe nicht ändert. Diese wiederum ändert sich nicht, wenn g parallel zur Grundfläche ABCD ist. In Teilaufgabe a) wurde ein Normalenvektor $\vec{n}$ der Grundfläche berechnet: $\vec{n}=\begin{pmatrix}2\\2\\1\end{pmatrix}$.

Da $\begin{pmatrix}2\\2\\1\end{pmatrix}\cdot\begin{pmatrix}-2\\1\\2\end{pmatrix}=0$ ist, sind $\vec{n}$ und der Richtungsvektor von g orthogonal, d. h., g liegt parallel zur Grundfläche.

Koordinaten der Punkte S^*

Die Volumina der Pyramiden ABCDS* sind doppelt so groß wie das Volumen der Pyramide ABCDS, wenn die jeweiligen Höhen doppelt so groß sind wie die Höhe h von ABCDS. Die Pyramide ABCDS hat die Höhe $h=6$ (vgl. Teilaufgabe a)). Also müssen die Punkte S^* von der Ebene E_1 den Abstand 12 haben.

HNF von E_1: $\frac{1}{3}(2x_1+2x_2+x_3-9)=0$

Die Punkte S^* liegen auf h: $S^*(6+5t\,|\,7+5t\,|\,1-2t)$.

$d(S^*;E_1)=\left|\frac{1}{3}[2(6+5t)+2(7+5t)+(1-2t)-9]\right|=|6t+6|$

Aus $|6t+6|=12$ folgt $|t+1|=2$ und hieraus $t_1=1$ bzw. $t_2=-3$.

Somit sind $\mathbf{S_1^*(11\,|\,12\,|\,-1)}$ und $\mathbf{S_2^*(-9\,|\,-8\,|\,7)}$ die gesuchten Punkte.

d) **Begründung, daß die Inkugel der Pyramide sowohl den Mantel des Kegels als auch seine Grundfläche berührt**

Die Pyramide ABCDS ist eine regelmäßige Pyramide mit der quadratischen Grundfläche ABCD. Der Mittelpunkt M (vgl. Teilaufgabe a)) von ABCD ist der Mittelpunkt des Inkreises dieser Grundfläche. Der Inkreis berühre das Quadrat in den Punkten P, Q, R, T. Der möglichst große Kreiskegel mit Spitze S ist ein senkrechter Kreiskegel mit dem Inkreis als Grundfläche. Die Strecken PS, QS, RS und TS sind Mantellinien des Kegels und gleichzeitig Symmetrieachsen der Seitenflächen der Pyramide. Der Mittelpunkt der Inkugel liegt auf der Strecke MS. Diese Kugel berührt die Grundfläche der Pyramide und die Grundfläche des Kegels in M. Weiterhin berührt die Inkugel die vier Seitenflächen der Pyramide. Die vier Berührpunkte liegen auf den Strecken PS, QS, RS und TS, den Mantellinien des Kegels.

Beschreibung der Punktmenge

Die Menge aller Punkte, in denen die Inkugel den Kegel berührt, besteht aus einem „Berührkreis" und dem Mittelpunkt M der Pyramidengrundfläche ABCD. Der „Berührkreis" liegt in der Ebene parallel zur Grundfläche der Pyramide, in der auch die Berührpunkte mit den Seitenflächen der Pyramide liegen.

In einem kartesischen Koordinatensystem sind die Punkte $A(0|2|3)$, $B(1|-2|6)$ und $C(-4|2|15)$ gegeben sowie für jedes $a \in \mathbb{R}$ eine Gerade g_a mit der Gleichung $\vec{x} = \begin{pmatrix} -1 \\ 2 \\ 6 \end{pmatrix} + s \begin{pmatrix} a \\ 1 \\ a-2 \end{pmatrix}$; $s \in \mathbb{R}$.

a) Bestimmen Sie eine Koordinatengleichung der Ebene E durch A, B und C.
Geben Sie die Koordinaten der Schnittpunkte S_1, S_2 und S_3 der Ebene E mit der x_1-, x_2- bzw. x_3-Achse an.
Zeichnen Sie das Dreieck $S_1S_2S_3$ in ein Koordinatensystem ein. (LE 1 cm; Verkürzungsfaktor in x_1-Richtung $\frac{1}{2}\sqrt{2}$)

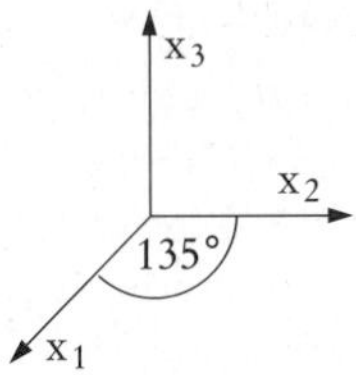

Zeigen Sie, daß keine der Geraden g_a die Ebene E rechtwinklig schneidet.
Für welchen Wert von a ist die Gerade g_a parallel zur Ebene E?
Zeichnen Sie diese Gerade in das vorhandene Koordinatensystem ein.
Prüfen Sie, ob diese Gerade sogar in E enthalten ist.

b) Berechnen Sie die Koordinaten des Bildpunktes $\overline{B}$ von B bei der Spiegelung an der Geraden durch A und C.
Bestimmen Sie den Flächeninhalt des Drachenvierecks $ABC\overline{B}$.
Welches Volumen hat die Pyramide, die das Viereck $ABC\overline{B}$ mit dem Ursprung O bildet?

c) Die Punkte S_1, S_2, S_3 aus Teilaufgabe a) und $O(0|0|0)$ sind die Eckpunkte eines pyramidenförmigen Hohlkörpers. Im Innern des Hohlkörpers befindet sich ein kugelförmiger Luftballon.
Bis zu welchem Radius r kann man diesen Luftballon höchstens aufblasen, bis er alle vier Seitenflächen der Pyramide von innen berührt?
Bestimmen Sie die Koordinaten des Punktes T, in dem der Luftballon dann die Ebene E aus Teilaufgabe a) berührt.

d) Im folgenden ist die von den Punkten S_1, S_2 und S_3 gebildete Seitenfläche der Pyramide aus Teilaufgabe c) wie eine Klappe um die Achse durch S_2 und S_3 drehbar; die restlichen Seitenflächen bleiben fest. Die Ebene E_b, welche die gedrehte Seitenfläche enthält, schneidet die x_1-Achse im Punkt $P(b|0|0)$ mit $b > 0$.
Stellen Sie eine Koordinatengleichung der Ebene E_b auf.

G

Der Luftballon aus Teilaufgabe c) wird nun aufgeblasen, wobei er weiterhin die drei festen Seitenflächen sowie die gedrehte Seitenfläche der Pyramide berührt und kugelförmig bleibt.
Dabei platzt der Luftballon, wenn der Radius 1 erreicht wird.
Berechnen Sie für den zugehörigen Punkt P die erste Koordinate b.

Lösungshinweise:

a) Die drei Punkte A, B und C liegen in der Ebene E. Man kann also eine Parametergleichung von E aufstellen und dann durch Elimination der Parameter eine Koordinatengleichung ermitteln. Wie erhält man aus der Koordinatenform einer Ebene die Koordinaten der Schnittpunkte mit den Koordinatenachsen? Welche Beziehung besteht zwischen einem Richtungsvektor einer Geraden und einem Normalenvektor einer Ebene, wenn die Gerade rechtwinklig zur Ebene steht? Wie zeigt man nun, daß keine der Geraden g_a die Ebene E rechtwinklig schneidet? Entsprechende Überlegungen mit Hilfe eines Richtungsvektors von g_a und eines Normalenvektors von E führen zu dem Wert von a, für den die Gerade parallel zur Ebene verläuft. Zur Prüfung, ob die Gerade sogar in E enthalten ist, ersetze die Koordinaten in der Koordinatenform von E durch diejenigen der Geraden.

b) Die Lotgerade k durch B zu der Geraden h durch A und C schneide h in L; also ist $L \in h$. Zur Ermittlung der Koordinaten von L überlegt man sich, wie der Vektor $\overrightarrow{BL}$ und der Richtungsvektor von h zueinander stehen. Welche Beziehung ergibt sich somit? Wie ergibt sich der Ortsvektor des Bildpunktes $\overline{B}$, wenn man die Koordinaten von L kennt? Wie lautet die Flächenformel für ein Drachenviereck, wie die Formel für das Volumen einer Pyramide?

c) Der Ballon soll außer der Ebene E alle drei Koordinatenebenen berühren. Wie sind also die Koordinaten des Mittelpunktes M anzusetzen? Aus der Bedingung, daß M von E ebenfalls den Abstand r hat, ergibt sich eine Betragsgleichung. Welche Lösungen hat diese? Durch welche Überlegung erhält man den gesuchten Radius? Der Berührpunkt T ergibt sich als Schnittpunkt der Lotgeraden zu E durch M.

d) Fertige eine Skizze an, welche die Punkte S_2, S_3 und P enthält. Notiere eine Parametergleichung von E_b und eliminiere die Parameter. Da der Radius 1 gegeben ist, sind die Koordinaten von M bekannt. Die Bedingung für b ergibt sich aus der Überlegung, daß M von E_b auch den Abstand 1 haben muß.

Lösung:

a) **Koordinatengleichung von E**

Als Parametergleichung von E ergibt sich:

$$E:\ \vec{x} = \begin{pmatrix} 0 \\ 2 \\ 3 \end{pmatrix} + u \begin{pmatrix} 1 \\ -4 \\ 3 \end{pmatrix} + v \begin{pmatrix} -4 \\ 0 \\ 12 \end{pmatrix}; \quad u, v \in \mathbb{R}.$$

Setzt man für $\vec{x} = \begin{pmatrix} x_1 \\ x_2 \\ x_3 \end{pmatrix}$ ein und eliminiert man u und v, so ergibt sich als Koordinatengleichung:

E: $\mathbf{6x_1 + 3x_2 + 2x_3 - 12 = 0}$.

Koordinaten der Schnittpunkte von E mit den Achsen

Schnittpunkt S_1 mit x_1-Achse: $x_2 = x_3 = 0$; $x_1 = 2$; $\mathbf{S_1(2|0|0)}$.
Schnittpunkt S_2 mit x_2-Achse: $x_1 = x_3 = 0$; $x_2 = 4$; $\mathbf{S_2(0|4|0)}$.
Schnittpunkt S_3 mit x_3-Achse: $x_1 = x_2 = 0$; $x_3 = 6$; $\mathbf{S_3(0|0|6)}$.

Zeichnung

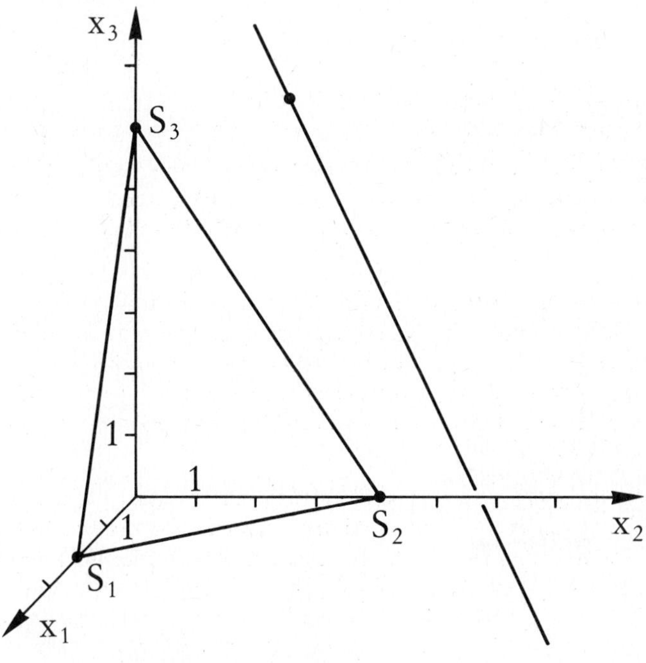

G

Nachweis, daß keine der Geraden g_a die Ebene E rechtwinklig schneidet

Eine der Geraden g_a schneidet die Ebene E rechtwinklig, wenn ein Richtungsvektor von g_a sich als Vielfaches des Normalenvektors von E darstellen läßt.

Aus $\begin{pmatrix} a \\ 1 \\ a-2 \end{pmatrix} = r \begin{pmatrix} 6 \\ 3 \\ 2 \end{pmatrix}$ folgt $r = \frac{1}{3}$, $a = 2$ bzw. $a = \frac{8}{3}$.

Dies ist ein **Widerspruch**, d. h., keine der Geraden g_a schneidet E rechtwinklig.

Berechnung des Wertes von a

Eine der Geraden g_a ist parallel zu E, wenn das Skalarprodukt aus einem Richtungsvektor von g_a und dem Normalenvektor von E gleich null ist.

Aus $\begin{pmatrix} a \\ 1 \\ a-2 \end{pmatrix} \cdot \begin{pmatrix} 6 \\ 3 \\ 2 \end{pmatrix} = 0$ folgt $6a + 3 + 2(a-2) = 0$ und hieraus $\mathbf{a = \frac{1}{8}}$.

Zeichnung

Siehe Figur.

Prüfung, ob die Gerade sogar in E liegt

$$g_{\frac{1}{8}}: \ \vec{x} = \begin{pmatrix} -1 \\ 2 \\ 6 \end{pmatrix} + s^* \begin{pmatrix} 1 \\ 8 \\ -15 \end{pmatrix}; \quad s^* \in \mathbb{R}$$

Die Gleichung $6(-1+s^*) + 3(2+8s^*) + 2(6-15s^*) - 12 = 0$ ist erfüllt für $s^* \in \mathbb{R}$. **Also liegt $g_{\frac{1}{8}}$ in E.**

b) **Koordinaten des Bildpunktes $\overline{B}$**

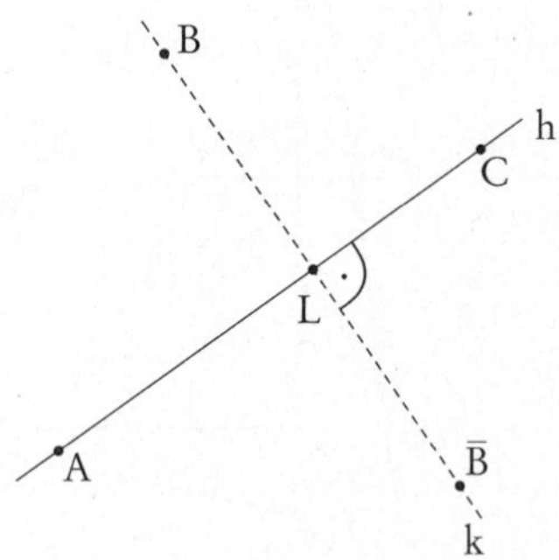

Die Gerade h durch die Punkte A und C hat die Gleichung

$$h: \ \vec{x} = \begin{pmatrix} 0 \\ 2 \\ 3 \end{pmatrix} + p \begin{pmatrix} -1 \\ 0 \\ 3 \end{pmatrix}; \quad p \in \mathbb{R}.$$

Die Lotgerade k zu h durch B schneide h in L. Also ist $L \in h$ und der Vektor $\overrightarrow{BL}$ steht senkrecht auf dem Richtungsvektor von h:

$$L(-p \,|\, 2 \,|\, 3+3p); \quad \begin{pmatrix} -p-1 \\ 4 \\ 3p-3 \end{pmatrix} \cdot \begin{pmatrix} -1 \\ 0 \\ 3 \end{pmatrix} = 0.$$

Aus $-(-p-1)+3(3p-3)=0$ folgt $p=\frac{4}{5}$ und

somit $L\left(-\frac{4}{5}\middle|2\middle|\frac{27}{5}\right)$.

Aus $\overrightarrow{O\overline{B}}=\overrightarrow{OL}+\overrightarrow{\overline{B}L}=\frac{1}{5}\begin{pmatrix}-4\\10\\27\end{pmatrix}+\frac{1}{5}\begin{pmatrix}-9\\20\\-3\end{pmatrix}=\frac{1}{5}\begin{pmatrix}-13\\30\\24\end{pmatrix}$ folgt $\overline{\mathbf{B}}\left(-\frac{\mathbf{13}}{\mathbf{5}}\middle|\mathbf{6}\middle|\frac{\mathbf{24}}{\mathbf{5}}\right)$.

Flächeninhalt des Drachenvierecks $ABC\overline{B}$

Das Drachenviereck $ABC\overline{B}$ hat den Flächeninhalt

$A_{\text{Drachen}}=|\overrightarrow{AC}|\cdot|\overrightarrow{BL}|=\sqrt{160}\cdot\sqrt{19{,}6}=\mathbf{56}$.

Volumen der Pyramide $ABC\overline{B}O$

Die Höhe der Pyramide ergibt sich als Abstand des Ursprungs von der Ebene E.

HNF von E: $\frac{1}{7}(6x_1+3x_2+2x_3-12)=0$;

Abstand d des Ursprungs von E:

$d(O;E)=\left|\frac{1}{7}(-12)\right|=\frac{12}{7}$.

Damit hat die Pyramide das Volumen

$V_{\text{Pyramide}}=\frac{1}{3}\cdot 56\cdot\frac{12}{7}=\mathbf{32}$.

c) **Radius des kugelförmigen Luftballons**

Der Mittelpunkt des Ballons hat von den drei Koodinatenebenen jeweils den Abstand r: $M(r|r|r)$. Der Ballon berührt auch die Ebene E, wenn M von E ebenfalls den Abstand r hat.

Aus $\left|\frac{1}{7}(6r+3r+2r-12)\right|=r$ folgt $\frac{1}{7}(11r-12)=r$ oder $\frac{1}{7}(11r-12)=-r$ bzw. $r=3$ oder $r=\frac{2}{3}$.

Für $r=3$ liegen $M(3|3|3)$ und $O(0|0|0)$ auf verschiedenen Seiten von E, also ist $\mathbf{r=\frac{2}{3}}$ der gesuchte Radius.

Koordinaten des Berührpunktes T

Der Berührpunkt T ergibt sich als Schnittpunkt der Lotgeraden h_1 zu E durch $M\left(\frac{2}{3}\middle|\frac{2}{3}\middle|\frac{2}{3}\right)$ mit E. Ein Normalenvektor von E ist also Richtungsvektor von h_1.

G

$h_1: \; \vec{x} = \frac{1}{3}\begin{pmatrix}2\\2\\2\end{pmatrix} + q\begin{pmatrix}6\\3\\2\end{pmatrix}; \qquad q \in \mathbb{R}$

$h_1 \cap E = \{T\}: \; 6\left(\frac{2}{3} + 6q\right) + 3\left(\frac{2}{3} + 3q\right) + 2\left(\frac{2}{3} + 2q\right) - 12 = 0;$

hieraus folgt $q = \frac{2}{21}$ und somit $\mathbf{T}\left(\frac{26}{21} \middle| \frac{20}{21} \middle| \frac{6}{7}\right)$.

d) **Koordinatengleichung von E_b**

Mit Hilfe der Punkte $S_2(0|4|0)$, $S_3(0|0|6)$ und $P(b|0|0)$ ergibt sich eine Parametergleichung von

$E_b: \; \vec{x} = \begin{pmatrix}0\\4\\0\end{pmatrix} + u\begin{pmatrix}0\\-4\\6\end{pmatrix} + v\begin{pmatrix}b\\-4\\0\end{pmatrix}; \qquad u, v \in \mathbb{R}.$

Setzt man für $\vec{x} = \begin{pmatrix}x_1\\x_2\\x_3\end{pmatrix}$ ein und eliminiert man u und v, so ergibt sich eine Koordinatengleichung:

$E_b: \; \mathbf{12x_1 + 3bx_2 + 2bx_3 - 12b = 0}.$

Berechnung der ersten Koordinate b

Der Ballon platzt, wenn der Mittelpunkt $M(1|1|1)$ von der Ebene E_b den Abstand 1 hat.

HNF von E_b: $\frac{1}{\sqrt{144 + 13b^2}}(12x_1 + 3bx_2 + 2bx_3 - 12b) = 0;$

$d(M; E_b) = \frac{1}{\sqrt{144 + 13b^2}}\,|(12 + 3b + 2b - 12b)| = \frac{1}{\sqrt{144 + 13b^2}}\,|(12 - 7b)|$

Aus $\frac{1}{\sqrt{144 + 13b^2}}\,|(12 - 7b)| = 1$ folgt

$(12 - 7b)^2 = 144 + 13b^2$ bzw. $36b^2 - 168b = 0.$

Wegen der Bedingung $b > 0$ ergibt sich: $\mathbf{b = \frac{14}{3}}$.

Aufgabe 93/3

In einem kartesischen Koordinatensystem legen die Fixpunkte $F_1(0|-1)$ und $F_2(8|1)$ sowie der Punkt $M(2|3)$ und sein Bildpunkt $M'(9|-4)$ eine affine Abbildung α fest.

a) Konstruieren Sie das Bild P' des Punktes $P(3|-4)$ bei der Abbildung α.
(Querformat; LE 1 cm; Zeichenbereich: $-6 \leqq x_1 \leqq 10$; $-6 \leqq x_2 \leqq 5$)
Geben Sie die Konstruktionsschritte an.
Konstruieren Sie die Bildgerade g' der Geraden g: $x_2 = x_1 + 3$ bei der Abbildung α.
Bestimmen Sie die Abbildungsgleichung von α.
Berechnen Sie die Koodinaten von P', und bestimmen Sie eine Gleichung von g'.

b) Übertragen Sie die Punkte F_1, F_2, M und M' in ein neues Achsenkreuz.
(Querformat; LE 1 cm; Zeichenbereich: $-2 \leqq x_1 \leqq 16$; $-7 \leqq x_2 \leqq 7$)
Konstruieren Sie die zueinander orthogonalen Geraden a und b durch M, deren Bildgeraden a' und b' bei α ebenfalls zueinander orthogonal sind.
Geben Sie die Konstruktionsschritte an.
Ein Quadrat $ABCD$ hat den Mittelpunkt M; die Länge der Diagonalen ist 6.
Dieses Quadrat wird durch α auf die Raute $A'B'C'D'$ abgebildet.
Konstruieren Sie diese Raute.
Berechnen Sie den Flächeninhalt der Raute.

c) Bestimmen Sie die Eigenwerte und Eigenvektoren der zu α gehörenden Vektorabbildung.
Geben Sie ein angepaßtes Koordinatensystem an, in dem sich α durch eine besonders einfache Abbildungsgleichung darstellen läßt, und geben Sie diese Darstellung an.
(neuer Ursprung F_1; Variablen für die neuen Koordinaten y_1 und y_2; Affinitätsachse $y_2 = 0$)
In diesem angepaßten Koordinatensystem hat die zentrische Streckung β die Abbildungsgleichung

$$\vec{y}\,' = \begin{pmatrix} k \\ 0 \end{pmatrix} y_1 + \begin{pmatrix} 0 \\ k \end{pmatrix} y_2 + \begin{pmatrix} c_1 \\ c_2 \end{pmatrix}; \quad k \in \mathbb{R} \setminus \{0; 1\}; \quad c_1, c_2 \in \mathbb{R}.$$

Bestimmen Sie die Koordinaten des Streckzentrums Z von β in Abhängigkeit von k, c_1 und c_2.
Zeigen Sie: Genau dann ist $\alpha \circ \beta = \beta \circ \alpha$, wenn Z auf der Affinitätsachse von α liegt.

Lösungshinweise:

a) Von der Abbildung α ist die Fixpunktgerade und ein zugeordnetes Punktepaar M und M′ gegeben. Wie konstruiert man hiermit das Bild eines Punktes? Nachdem man g gezeichnet hat, kennt man einen Punkt von g′. Welchen? Wähle danach einen zweiten Punkt auf g und bilde diesen ab. Zur Ermittlung der Abbildungsgleichung von α gibt es zwei Möglichkeiten. Entweder man benutzt das angegebene Punktepaar und zwei Fixpunkte oder aber man verwendet folgenden Satz: Eine Affinität α mit der Fixpunktgeraden $ax_1 + bx_2 + c = 0$ hat eine Koordinatendarstellung der Form

$$\alpha: \begin{cases} x_1' = x_1 + r(ax_1 + bx_2 + c) \\ x_2' = x_2 + s(ax_1 + bx_2 + c) \end{cases} \quad (r, s \in \mathbb{R}).$$

Zur Berechnung der Koordinaten von P′ setze die gegebenen Koordinaten von P in die Abbildungsgleichung ein. Eine Gleichung von g′ kann man ermitteln, indem man mit Vektorgleichungen oder mit Koordinatengleichungen arbeitet. Die Gerade g ist in Koordinatenform gegeben. Wie erhält man hieraus eine Gleichung in Parameterform?

b) Konstruiert werden soll ein invariantes Rechtwinkelpaar. Konstruiere zunächst den Schnittpunkt M^* der Fixpunktgeraden (Affinitätsachse) und der Mittelsenkrechten von MM′. Der Kreis um M^* durch M und M′ schneidet die Fixpunktgerade in R und S. Folglich wird RM auf RM′ und SM auf SM′ abgebildet. Nach dem Satz des Thales gilt $RM \perp SM$ und $RM' \perp SM'$. Die Richtungen der Diagonalen des Quadrates und der Raute sind nun bekannt. Zeichne das Quadrat ABCD und konstruiere die Bildpunkte. Wie erhält man bei einer affinen Abbildung den Flächeninhalt einer Bildfigur?

c) Wie ermittelt man Eigenwerte und Eigenvektoren einer zugehörigen Vektorabbildung? Für das angepaßte Koordinatensystem ist der neue Ursprung vorgegeben, als Basisvektoren verwende die Eigenvektoren. Die Koordinaten von Z ergeben sich aus der Bedingung $\beta(Z) = Z$. Was ist zu zeigen, wenn eine Bedingung mit „genau dann" formuliert ist? Wie ermittelt man die Matrixdarstellungen der Verkettungen $\alpha \circ \beta$ und $\beta \circ \alpha$?

Lösung:

a) Konstruktion von P'

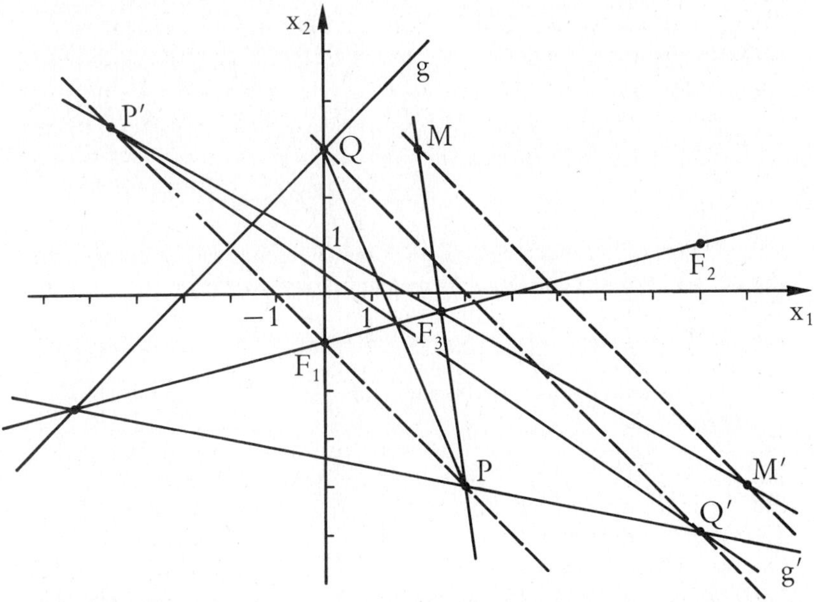

Konstruktionsschritte

Die Abbildung α ist eine Achsenaffinität; die Gerade durch die Punkte F_1 und F_2 ist die Affinitätsachse.

Konstruktion von P': PM schneidet die Affinitätsachse in F_3. Die Parallele zu MM' durch P schneidet $M'F_3$ in P'.

Konstruktion der Bildgeraden g'

Siehe Figur.

Abbildungsgleichung von α

1. Möglichkeit:

$$\alpha:\ \vec{x}' = x_1 \begin{pmatrix} a \\ b \end{pmatrix} + x_2 \begin{pmatrix} c \\ d \end{pmatrix} + \begin{pmatrix} e \\ f \end{pmatrix}$$

Zur Berechnung von a, b, c, d, e und f sind folgende Punktepaare gegeben: $M(2|3) \mapsto M'(9|-4)$; $F_1(0|-1) \mapsto F_1'(0|-1)$; $F_2(8|1) \mapsto F_2'(8|1)$.

$9 = 2a + 3c + e$ und $-4 = 2b + 3d + f$
$0 = \quad - c + e$ und $-1 = \quad - d + f$
$8 = 8a + c + e$ und $1 = 8b + d + f$

Hieraus folgt:

$$\alpha:\ \vec{x}' = x_1\begin{pmatrix}0{,}5\\0{,}5\end{pmatrix} + x_2\begin{pmatrix}2\\-1\end{pmatrix} + \begin{pmatrix}2\\-2\end{pmatrix}.$$

2. Möglichkeit:

Man verwendet folgenden Satz: Eine Affinität α mit der Fixpunktgeraden $ax_1 + bx_2 + c = 0$ hat eine Koordinatendarstellung der Form

$$\alpha:\ \begin{cases} x_1' = x_1 + r(ax_1 + bx_2 + c) \\ x_2' = x_2 + s(ax_1 + bx_2 + c) \end{cases} \quad (r, s \in \mathbb{R}).$$

Die Fixpunktgerade durch die Fixpunkte F_1 und F_2 hat die Gleichung $x_1 - 4x_2 - 4 = 0$.

Aus $\begin{cases} x_1' = x_1 + r(x_1 - 4x_2 - 4) \\ x_2' = x_2 + s(x_1 - 4x_2 - 4) \end{cases}$ folgt mit $\alpha(M) = M'$:

$\begin{aligned} 9 &= 2 + r(2 - 4\cdot 3 - 4) \\ -4 &= 3 + s(2 - 4\cdot 3 - 4) \end{aligned}$ und hieraus $r = -\frac{1}{2}$; $s = \frac{1}{2}$.

Damit ergibt sich die Abbildungsgleichung

$$\alpha:\ \vec{x}' = x_1\begin{pmatrix}0{,}5\\0{,}5\end{pmatrix} + x_2\begin{pmatrix}2\\-1\end{pmatrix} + \begin{pmatrix}2\\-2\end{pmatrix}.$$

Koordinaten von P′

Aus $\begin{cases} x_1' = 3\cdot 0{,}5 + (-4)\cdot 2 + 2 \\ x_2' = 3\cdot 0{,}5 + (-4)\cdot(-1) - 2 \end{cases}$ folgt $x_1' = -4{,}5$; $x_2' = 3{,}5$;

also gilt: **P′(−4,5 | 3,5)**.

Gleichung von g′

1. Möglichkeit:

Die Gerade g hat die Koordinatengleichung $x_2 = x_1 + 3$. Setzt man $x_1 = t$,

so folgt aus $\begin{cases} x_1 = t \\ x_2 = t + 3 \end{cases}$ die Parametergleichung

$$g:\ \vec{x} = \begin{pmatrix}0\\3\end{pmatrix} + t\begin{pmatrix}1\\1\end{pmatrix}; \quad t \in \mathbb{R}.$$

Als Gleichung der Bildgeraden g′ ergibt sich:

$$g'\colon\ \vec{x}' = \begin{pmatrix} 0{,}5 & 2 \\ 0{,}5 & -1 \end{pmatrix} \cdot \begin{pmatrix} t \\ 3+t \end{pmatrix} + \begin{pmatrix} 2 \\ -2 \end{pmatrix}$$

$$= \begin{pmatrix} 0{,}5t + 2(3+t) \\ 0{,}5t - (3+t) \end{pmatrix} + \begin{pmatrix} 2 \\ -2 \end{pmatrix}$$

$$= \begin{pmatrix} 8 \\ -5 \end{pmatrix} + t \begin{pmatrix} 2{,}5 \\ -0{,}5 \end{pmatrix}.$$

2. Möglichkeit:

Aus $\begin{cases} x_1' = 0{,}5x_1 + 2x_2 + 2 \\ x_2' = 0{,}5x_1 - x_2 - 2 \end{cases}$ folgt mit $x_2 = x_1 + 3$:

$$\begin{cases} x_1' = 0{,}5x_1 + 2(x_1+3) + 2 = 2{,}5x_1 + 8 \\ x_2' = 0{,}5x_1 - (x_1+3) - 2 = -0{,}5x_1 - 5 \end{cases}$$

und hieraus

$$g'\colon\ \mathbf{x_2' = -\frac{1}{5}x_1' - \frac{17}{5}}.$$

b) Konstruktion der Geraden (invariantes Rechtwinkelpaar)

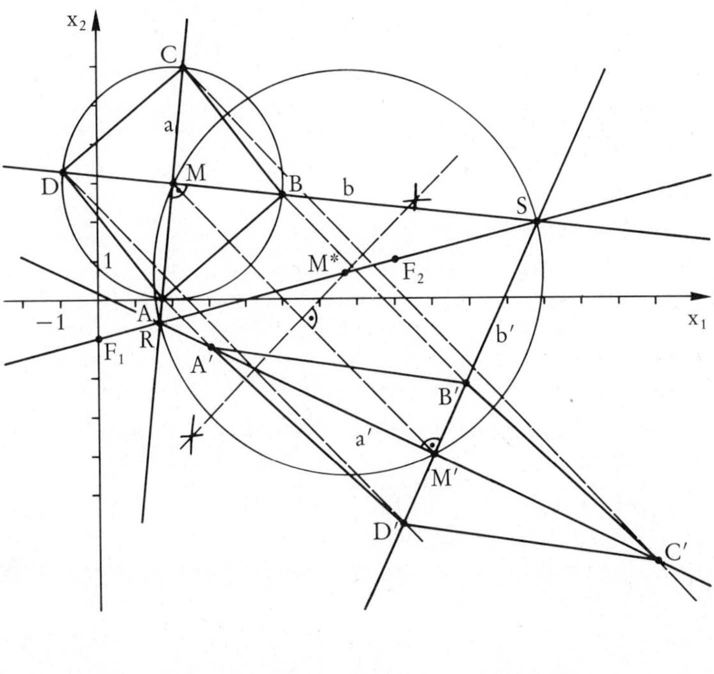

Konstruktionsschritte

Die Mittelsenkrecht von MM' schneidet die Fixpunktgerade in M^*. Der Kreis um M^* durch M und M' schneidet die Fixpunktgerade in R und S. Nun ist $MR=a$, $MS=b$, $M'R=a'$, $M'S=b'$.

Konstruktion der Raute

Siehe Figur.

Flächeninhalt der Raute

Ist I_{ABCD} der Flächeninhalt des Quadrates $ABCD$, so gilt für den Flächeninhalt der Raute:

$$\begin{aligned} I_{A'B'C'D'} &= |\det(\alpha)| \cdot I_{ABCD} \\ &= |-1{,}5| \cdot 18 = \mathbf{27}. \end{aligned}$$

c) **Eigenwerte und Eigenvektoren der zu α gehörenden Vektorabbildung**

Aus $\operatorname{Det}\begin{pmatrix} 0{,}5-\lambda & 2 \\ 0{,}5 & -1-\lambda \end{pmatrix}=0$ folgt die charakteristische Gleichung

$\lambda^2+0{,}5\lambda-1{,}5=0$ mit den beiden Eigenwerten $\boldsymbol{\lambda_1=1}$; $\boldsymbol{\lambda_2=-1{,}5}$.

$\lambda_1=1$: Aus $\begin{cases} -0{,}5x_1+2x_2=0 \\ 0{,}5x_1-2x_2=0 \end{cases}$ folgt $x_1=4x_2$;

also sind $\mathbf{r}\begin{pmatrix}4\\1\end{pmatrix}$, $r\neq 0$, Eigenvektoren zum Eigenwert $\lambda_1=1$.

$\lambda_2=-1{,}5$: Aus $\begin{cases} 2x_1+\ \ 2x_2=0 \\ 0{,}5x_1+0{,}5x_2=0 \end{cases}$ folgt $x_1=-x_2$;

also sind $\mathbf{s}\begin{pmatrix}1\\-1\end{pmatrix}$, $s\neq 0$, Eigenvektoren zum Eigenwert $\lambda_2=-1{,}5$.

Angepaßtes Koordinatensystem

Als neues Koordinatensystem kann man wählen:

$(F_1;\overrightarrow{b_1},\overrightarrow{b_2})$ mit $F_1(0|-1)$, $\overrightarrow{b_1}=\begin{pmatrix}4\\1\end{pmatrix}$, $\overrightarrow{b_2}=\begin{pmatrix}1\\-1\end{pmatrix}$.

Abbildungsgleichung von α im angepaßten Koordinatensystem

Im neuen Koordinatensystem hat α die Darstellung:

$$\alpha:\ \vec{y}\,'=\begin{pmatrix}1 & 0\\ 0 & -1{,}5\end{pmatrix}\vec{y}.$$

Koordinaten des Streckzentrums Z von β

Es sei $Z(y_1|y_2)$ das Streckzentrum von β. Aus $\beta(Z)=Z$ folgt

$\begin{cases} y_1 = ky_1 + c_1 \\ y_2 = ky_2 + c_2 \end{cases}$ und hieraus $Z\left(\frac{c_1}{1-k}\middle|\frac{c_2}{1-k}\right)$.

Nachweis

Im neuen Koordinatensystem gilt:

$$\alpha: \quad \vec{y}' = \begin{pmatrix} 1 & 0 \\ 0 & -1{,}5 \end{pmatrix}\vec{y}\,; \qquad \beta: \ \vec{y}' = \begin{pmatrix} k & 0 \\ 0 & k \end{pmatrix}\vec{y} + \begin{pmatrix} c_1 \\ c_2 \end{pmatrix};$$

$$\alpha \circ \beta: \ \vec{y}' = \begin{pmatrix} k & 0 \\ 0 & -1{,}5k \end{pmatrix}\vec{y} + \begin{pmatrix} c_1 \\ -1{,}5c_2 \end{pmatrix};$$

$$\beta \circ \alpha: \ \vec{y}' = \begin{pmatrix} k & 0 \\ 0 & -1{,}5k \end{pmatrix}\vec{y} + \begin{pmatrix} c_1 \\ c_2 \end{pmatrix}.$$

Aus $\alpha \circ \beta = \beta \circ \alpha$ folgt $-1{,}5c_2 = c_2$ und hieraus $c_2 = 0$.

Also gilt: $Z\left(\frac{c_1}{1-k}\middle|0\right)$. Somit liegt Z auf der y_1-Achse, der Affinitätsachse von α.

Liegt umgekehrt Z auf der Achse $y_2=0$, so folgt $c_2=0$ und damit ist $\alpha \circ \beta = \beta \circ \alpha$.

Register

G

Wahrscheinlichkeits-
rechnung
und
Statistik

Wahrscheinlichkeitsrechnung und Statistik

Lehrplanänderungen

Zentral gestellte Abituraufgaben aus dem Gebiet der Wahrscheinlichkeitsrechnung und Statistik gibt es erst ab dem Abitur 1984.

Nach dem am 1. 8. 1984 in Kraft getretenen „Bildungsplan für das Gymnasium" von Baden-Württemberg entfallen Aufgaben zum Vertrauensintervall.

Inhaltsverzeichnis

Auf-gabe	Inhalt der Aufgabe
89/3	a) Spezieller Multiplikationssatz bzw. Pfadregel b) Wahrscheinlichkeitsverteilung einer Zufallsvariablen; Erwartungswert und Varianz c) Identisch verteilte Zufallsvariablen; Zentraler Grenzwertsatz; Näherungsrechnung d) Wahrscheinlichkeit für einen Fehler 2. Art
90/1	a) Arithmetisches Mittel von Stichproben; Varianz einer Stichprobe b) Wahrscheinlichkeit bei Binomialverteilung (Formel von Bernoulli); Näherung durch Normalverteilung; spezieller Multiplikationssatz c) Identisch verteilte Zufallsvariablen; Zentraler Grenzwertsatz; Näherungsrechnung d) Untersuchung von Strategien bei einem Glücksspiel mit Hilfe von Erwartungswerten
90/2	a) Wahrscheinlichkeit bei Binomialverteilung (Formel von Bernoulli); Näherungsrechnung mit Hilfe der Normalverteilung b) Wahrscheinlichkeit bei Normalverteilung; spezieller Multiplikationssatz; Summe normalverteilter Zufallsvariablen c) Wahrscheinlichkeiten bei Normalverteilung und Binomialverteilung; Näherungsrechnung d) Differenz normalverteilter Zufallsvariablen; bedingte Wahrscheinlichkeiten
90/3	a) Wahrscheinlichkeiten bei Normalverteilung b) Wahrscheinlichkeit bei Binomialverteilung (Formel von Bernoulli) c) Näherungsrechnung für Mindestanzahl mit Hilfe der Normalverteilung d) Signifikanztest für den Erwartungswert einer Normalverteilung bei unbekannter Standardabweichung
91/1	a) Wahrscheinlichkeiten bei Binomialverteilungen; Näherungsrechnung mit Hilfe der Normalverteilung b) Wahrscheinlichkeit bei Normalverteilung; bedingte Wahrscheinlichkeit c) Baumdiagramme; Pfadregel d) Näherungsrechnung für Mindestanzahl mit Hilfe der Normalverteilung

Aufgabe	Inhalt der Aufgabe
91/2	a) Wahrscheinlichkeiten bei Normalverteilung und Binomialverteilung b) Berechnung einer Standardabweichung bei einer Normalverteilung; Differenz normalverteilter Zufallsvariablen c) Baumdiagramme; Pfadregel; bedingte Wahrscheinlichkeiten d) Alternativtest; Wahrscheinlichkeiten für Fehler 1. bzw. 2. Art; durchschnittlicher Schaden
91/3	a) Wahrscheinlichkeiten bei Binomialverteilungen; Näherungsrechnung mit Hilfe der Normalverteilung b) Differenz normalverteilter Zufallsvariablen c) Alternativtest; Erwartungswert für den Erlös d) Ermittlung des Ablehnungsbereiches bei einem Alternativtest durch Maximierung des Gewinns
92/1	a) Gemeinsame Wahrscheinlichkeitsverteilung; Berechnung von Wahrscheinlichkeiten mit Hilfe der gemeinsamen Verteilung b) Wahrscheinlichkeiten bei Binomialverteilungen; Näherungsrechnungen mit Hilfe von Normalverteilungen; spezieller Multiplikationssatz c) Bedingte Wahrscheinlichkeiten
92/2	a) Baumdiagramme; Pfadregel; bedingte Wahrscheinlichkeiten b) Wahrscheinlichkeiten bei Binomialverteilungen; Formel von Bernoulli und Näherungsrechnung mit Hilfe einer Normalverteilung c) Baumdiagramm; Pfadregel d) Baumdiagramm; Pfadregel
92/3	a) Wahrscheinlichkeiten bei Normalverteilungen b) Zweiseitiger Signifikanztest für den Erwartungswert einer Normalverteilung bei bekannter Standardabweichung; Wahrscheinlichkeit für den Fehler 2. Art c) Summen normalverteilter Zufallsvariablen; Wahrscheinlichkeit bei Binomialverteilung; Näherungsrechnung mit Hilfe einer Normalverteilung d) Baumdiagramm; bedingte Wahrscheinlichkeiten; Wahrscheinlichkeit bei Binomialverteilung (Formel von Bernoulli)

Aufgabe	Inhalt der Aufgabe
93/1	a) Multiplikations- und Additionssatz; bedingte Wahrscheinlichkeit, Wahrscheinlichkeit bei Binomialverteilung (Formel von Bernoulli) b) Erwartungswerte von Gewinnen c) Wahrscheinlichkeiten bei Normalverteilungen; Differenz normalverteilter Zufallsvariablen d) Linksseitiger und rechtsseitiger Signifikanztest für den Erwartungswert einer Normalverteilung bei bekannter Standardabweichung
93/2	a) Wahrscheinlichkeiten bei Normalverteilungen; Näherungsrechnung für Mindestanzahl mit Hilfe der Normalverteilung b) Wahrscheinlichkeit bei Binomialverteilung; Erwartungswert einer Verteilung c) Wahrscheinlichkeitsverteilung und Erwartungswert einer Zufallsvariablen
93/3	a) Wahrscheinlichkeiten bei Normalverteilungen; Wahrscheinlichkeiten bei Binomialverteilungen; bedingte Wahrscheinlichkeit b) Summe normalverteilter Zufallsvariablen; allgemeiner Additionssatz c) Abschätzung einer Standardabweichung bei Normalverteilung; Signifikanztest für den Erwartungswert einer Normalverteilung bei bekannter Standardabweichung d) Näherungsrechnung für Mindestanzahl mit Hilfe der Normalverteilung; bedingte Wahrscheinlichkeit; Formel von Bernoulli

Aufgabe 88/1

Von einem Glücksspielautomaten erhält man nach Einwurf des Einsatzes ein Los, auf das eine siebenstellige Zahl aufgedruckt worden ist, die nur aus den Ziffern 1 oder 6 besteht (z. B. 1 161 116). Der Automat erzeugt dabei die Ziffern 1 und 6 mit den Wahrscheinlichkeiten 0,7 bzw. 0,3.

a) Bestimme die Wahrscheinlichkeiten der Ereignisse
   A: Die aufgedruckte Zahl endet mit 111
   B: Die aufgedruckte Zahl enthält genau viermal die Ziffer 6, die vorderen beiden Ziffern sind verschieden, und die restlichen beiden Ziffern 1 stehen unmittelbar nebeneinander
   C: Die aufgedruckte Zahl ist größer als 6 661 666.

b) Ein Los erzielt eine Auszahlung, wenn die aufgedruckte Zahl mehr als dreimal die Ziffer 6 enthält; es heißt dann Gewinnlos.
   Wie groß ist die Wahrscheinlichkeit, ein solches Gewinnlos zu erhalten?
   Für Gewinnlose sind die folgenden Auszahlungen vorgesehen.

Anzahl der Ziffern 6 in der aufgedruckten Zahl	4	5	6	7
Auszahlung in DM	2	10	50	1000

   Der Besitzer des Glücksspielautomaten möchte pro Los durchschnittlich mindestens 10 Pf verdienen.
   Berechne den dafür nötigen Mindesteinsatz.

c) Es wird vermutet, daß der Glücksspielautomat zu viele Gewinnlose ausgibt. Zur Überprüfung sollen 200 Lose ausgedruckt werden.
   Beschreibe einen geeigneten Test und bestimme den Ablehnungsbereich bei einer Irrtumswahrscheinlichkeit von 10 %.
   Berechne die Wahrscheinlichkeit für den Fehler 2. Art, falls die Gewinnlose tatsächlich mit der Wahrscheinlichkeit 15 % ausgedruckt werden.

d) Ein Los mit genau zwei Einsen auf den vorderen vier Stellen heißt Sonderlos.
   Wie groß ist die Wahrscheinlichkeit, ein solches Sonderlos zu erhalten?
   Mit welcher Wahrscheinlichkeit ist ein Los zugleich Gewinnlos und Sonderlos?
   Wie groß ist die Wahrscheinlichkeit, daß ein Gewinnlos zugleich ein Sonderlos ist?

Um ein Glücksspiel attraktiver zu gestalten, wird die Spielregel geändert: Wer ein Sonderlos erhalten hat, bekommt einmalig ein weiteres Los unentgeltlich als Freilos. (Sollte dieses wiederum Sonderlos sein, gibt es also kein zweites Freilos dafür.)
Wie groß ist jetzt die Wahrscheinlichkeit, mit einem Einsatz mindestens ein Gewinnlos zu erhalten?

Lösungshinweise:

a) Wie viele Stufen hat das Zufallsexperiment, und wie könnte man die Ergebnisse notieren? Welche spezielle Form haben die Ergebnisse, die zu A gehören? Zur Ermittlung von P(B) notiere B in aufzählender Schreibweise. Das Ereignis C kann ebenfalls in aufzählender Schreibweise notiert werden. Schneller aber ergibt sich P(C), wenn man sich überlegt, welche Bedingung eine Zahl erfüllen muß, um größer als 6 661 666 zu sein.

b) Das Ereignis, ein „Gewinnlos" zu sein, kann mit Hilfe einer Zufallsvariablen beschrieben werden. Wie ist diese Zufallsvariable verteilt? Zur Berechnung des Mindesteinsatzes führe eine Zufallsvariable ein und ermittle deren Wahrscheinlichkeitsverteilung. Aus dem Erwartungswert dieser Zufallsvariablen ergibt sich eine Bedingung für den Mindesteinsatz.

c) Führe eine Zufallsvariable ein und stelle Hypothesen auf. Wie ist die Zufallsvariable bei wahrer Nullhypothese verteilt? Um was für einen Test handelt es sich, und wie ermittelt man in diesem Fall den Ablehnungsbereich mit Hilfe einer Näherungsrechnung? Ist die Faustformel erfüllt? Was versteht man unter einem Fehler 2. Art? Welche Wahrscheinlichkeit ist also zu berechnen?

d) Das Ereignis, ein „Sonderlos" zu sein, kann mit Hilfe einer Zufallsvariablen beschrieben werden. Wie ist diese Zufallsvariable verteilt? Zur Ermittlung der Wahrscheinlichkeit dafür, daß ein Los zugleich Gewinnlos und Sonderlos ist, überlege genau, was in den einzelnen Komponenten der 7-Tupel stehen muß. Beachte dabei, welche Fälle kombinatorisch möglich sind. Welcher Unterschied besteht zwischen der Wahrscheinlichkeit, daß ein Los zugleich Gewinnlos und Sonderlos ist, und der Wahrscheinlichkeit, daß ein Gewinnlos zugleich ein Sonderlos ist? Zur Berechnung der Wahrscheinlichkeit, mit einem Einsatz mindestens ein Gewinnlos zu erhalten, zeichne ein Mengendiagramm.

Lösung:

a) **Berechnung der Wahrscheinlichkeiten**

Es handelt sich um ein siebenstufiges Zufallsexperiment. Jedes Ergebnis kann als 7-Tupel notiert werden. Das Ereignis A tritt genau dann ein, wenn in den letzten drei Komponenten jeweils die Ziffer 1 steht.

$P(A) = 0{,}7^3 = 0{,}343$

Da $B = \{6\,111\,666;\ 1\,611\,666;\ 6\,161\,166;\ 1\,661\,166;\ 6\,166\,116;\ 1\,666\,116;\ 6\,166\,611;\ 1\,666\,611\}$ gilt, ergibt sich:

$P(B) = 8 \cdot 0{,}7^3 \cdot 0{,}3^4 \approx 0{,}0222.$

Da $C = \{6\,666\,111;\ 6\,666\,611;\ 6\,666\,161;\ 6\,666\,116;\ 6\,666\,661;\ 6\,666\,616;\ 6\,666\,166;\ 6\,666\,666\}$ gilt, ergibt sich:

$P(C) = 0{,}3^4 \cdot 0{,}7^3 + 3 \cdot 0{,}3^5 \cdot 0{,}7^2 + 3 \cdot 0{,}3^6 \cdot 0{,}7 + 0{,}3^7 = 0{,}3^4 = 0{,}0081.$

Kürzer aber ist die Überlegung, daß C genau dann eintritt, wenn in den ersten vier Komponenten die Ziffer 6 steht:

$P(C) = 0{,}3^4 = 0{,}0081.$

b) **Wahrscheinlichkeit für ein Gewinnlos**

Das Ereignis D: „Die aufgedruckte Zahl enthält mehr als dreimal die Ziffer 6" kann mit Hilfe der Zufallsvariablen X: „Anzahl der Ziffern 6 auf einem Los" beschrieben werden: $P(D) = P(X \geqq 4)$. X ist $B_{7;0,3}$-verteilt. Also ergibt sich:

$P(D) = P(X \geqq 4) = 1 - P(X \leqq 3) = 1 - 0{,}8740 = 0{,}1260.$

Berechnung des Mindesteinsatzes

Die Zufallsvariable G beschreibe den Gewinn (in DM) pro Los für den Automatenbesitzer. Es sei k der Mindesteinsatz (in DM) pro Los. Für G ergibt sich die folgende Wahrscheinlichkeitsverteilung.

g_i	$k-2$	$k-10$	$k-50$	$k-1000$	k
$P(G=g_i)$	$B_{7;0,3}(4)$ $=0{,}0972$	$B_{7;0,3}(5)$ $=0{,}0250$	$B_{7;0,3}(6)$ $=0{,}0036$	$B_{7;0,3}(7)$ $=0{,}0002$	$\sum_{i=0}^{3} B_{7;0,3}(i)$ $=0{,}8740$

Damit ergibt sich als Erwartungswert der Zufallsvariablen G:

$$E(G) = (k-2) \cdot 0{,}0972 + (k-10) \cdot 0{,}0250 + (k-50) \cdot 0{,}0036 + (k-1000) \cdot 0{,}0002 + k \cdot 0{,}8740$$
$$= k - 0{,}8244.$$

Aus $E(G) = k - 0{,}8244 \geqq 0{,}1$ folgt $k \geqq 0{,}9244$.

Der Mindesteinsatz pro Los beträgt also 0,93 DM.

W

c) **Bestimmung des Ablehnungsbereiches**

Die Prüfvariable Y beschreibe die Anzahl der Gewinnlose bei 200 ausgedruckten Losen. Über die Wahrscheinlichkeit für ein Gewinnlos werden folgende Hypothesen aufgestellt:

Nullhypothese: $H_0 : p \leqq 0{,}126$;
Gegenhypothese: $H_1 : p > 0{,}126$.

Es handelt sich um einen rechtsseitigen Test. Y ist bei wahrer Nullhypothese im ungünstigsten Fall $B_{200;0,126}$-verteilt. Da die Faustformel erfüllt ist ($200 \cdot 0{,}126 \cdot 0{,}874 \approx 22{,}02 > 9$), kann die Binomialverteilung durch die Normalverteilung mit $\mu = 200 \cdot 0{,}126 = 25{,}2$ und $\sigma = \sqrt{200 \cdot 0{,}126 \cdot 0{,}874}$ approximiert werden. Es sei $K = \{g; \ldots; 200\}$. Zu bestimmen ist also g als kleinste ganze Zahl mit $P(Y \leqq g-1) \geqq 0{,}9$.

Da $P(Y \leqq g-1) \approx \Phi\left(\frac{g-1+0{,}5-25{,}2}{\sqrt{200 \cdot 0{,}126 \cdot 0{,}874}}\right)$ ist, folgt aus

$\Phi\left(\frac{g-25{,}7}{\sqrt{200 \cdot 0{,}126 \cdot 0{,}874}}\right) \geqq 0{,}9$ dann

$g \geqq 1{,}2816 \cdot \sqrt{200 \cdot 0{,}126 \cdot 0{,}874} + 25{,}7 \approx 31{,}7$.

Als Ablehnungsbereich ergibt sich somit $K = \{32; \ldots; 200\}$.
(Ohne Korrekturglied: $K = \{33; \ldots; 200\}$.)

Wahrscheinlichkeit für den Fehler 2. Art

Einen Fehler 2. Art begeht man, wenn eine falsche Hypothese nicht abgelehnt wird. Also ist $P(Y \leqq 31)$ für $p = 0{,}15$ zu berechnen:

$\beta \approx \Phi\left(\frac{31+0{,}5-200 \cdot 0{,}15}{\sqrt{200 \cdot 0{,}15 \cdot 0{,}85}}\right) \approx \Phi(0{,}297) \approx 0{,}6168$.

Das Risiko 2. Art beträgt etwa 62 %.
(Ohne Korrekturglied: Das Risiko 2. Art beträgt etwa 65 %.)

d) **Berechnung der Wahrscheinlichkeiten**

Das Ereignis E: „Die aufgedruckte Zahl hat auf den vorderen vier Stellen genau zwei Einsen" kann mit Hilfe der Zufallsvariablen Z: „Anzahl der Einsen auf den vorderen vier Stellen" beschrieben werden: $P(E) = P(Z=2)$.
Z ist $B_{4;0,7}$-verteilt. Also ergibt sich: $P(E) = P(Z=2) = 0{,}2646$.

Das Ereignis „Genau zwei Einsen auf den vorderen vier Stellen und höchstens eine Eins auf den hinteren drei Stellen" kann durch $D \cap E$ bezeichnet werden, wobei D das Ereignis aus Teilaufgabe b) ist. Mit Hilfe des speziellen Additionssatzes und des speziellen Multiplikationssatzes ergibt sich:

$$P(D \cap E) = \binom{4}{2} \cdot 0{,}7^2 \cdot 0{,}3^2 \cdot 0{,}3^3 + \binom{4}{2} \cdot 0{,}7^2 \cdot 0{,}3^2 \cdot \binom{3}{1} \cdot 0{,}7 \cdot 0{,}3^2$$
$$= \binom{4}{2} \cdot 0{,}7^2 \cdot 0{,}3^5 + 3 \cdot \binom{4}{2} \cdot 0{,}7^3 \cdot 0{,}3^4 \approx 0{,}0572.$$

Die Wahrscheinlichkeit, daß ein Gewinnlos zugleich ein Sonderlos ist, ist eine bedingte Wahrscheinlichkeit. Mit Hilfe der Definition einer bedingten Wahrscheinlichkeit ergibt sich:

$$P_D(E) = \frac{P(E \cap D)}{P(D)} \approx \frac{0{,}0572}{0{,}1260} \approx 0{,}4540.$$

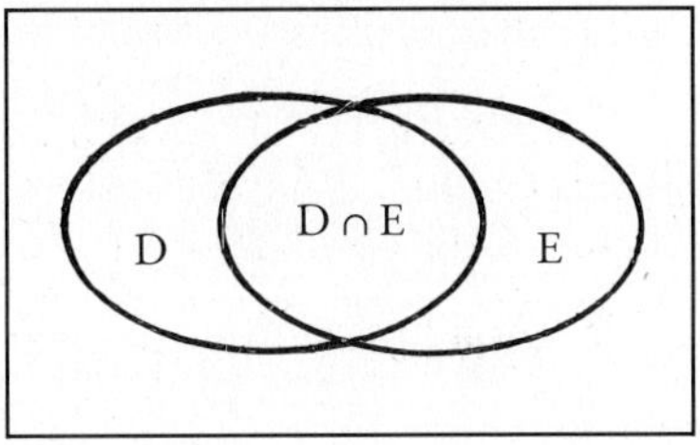

Die Wahrscheinlichkeit, mit einem Einsatz mindestens ein Gewinnlos zu erhalten, ist

$$P(D) + [P(E) - P(D \cap E)] \cdot P(D)$$
$$\approx 0{,}1260 + (0{,}2646 - 0{,}0572) \cdot 0{,}1260$$
$$\approx 0{,}1521.$$

W

Ein Kaufhaus verkauft aus einem großen Vorrat bedruckte Hemden in den Farben rot, blau, grün mit den Wahrscheinlichkeiten 0,4; 0,3; 0,3.

a) Es werden fünf Hemden nacheinander verkauft.
Berechne die Wahrscheinlichkeiten der Ereignisse
A: Mindestens drei Hemden sind blau
B: Mindestens die ersten drei Hemden sind blau
C: Höchstens zwei Hemden sind grün
D: Unter den letzten drei Hemden ist keines grün.

b) Der Geschäftsführer des Kaufhauses hat den Verdacht, daß das Käuferinteresse für rote Hemden nachgelassen hat. Zur Überprüfung dieser Vermutung stellt er fest, daß unter den nächsten 150 verkauften Hemden 53 rot sind. Spricht dies für die Vermutung (Irrtumswahrscheinlichkeit 8 %)?

c) Die Fertigung der Hemden erfolgt in den beiden voneinander unabhängigen Arbeitsgängen „Nähen" und „Bedrucken". Nach dem Nähen haben 92 % der Hemden keine Nähfehler, 5 % weisen kleine Nähfehler auf und 3 % sind durch grobe Nähfehler Ausschußware.
Sämtliche Hemden werden anschließend bedruckt. Danach haben 94 % der Hemden keine Druckfehler, 4 % weisen kleine Druckfehler auf und 2 % sind durch starke Druckfehler Ausschußware.
Fehlerfreie Hemden werden zum vollen Preis, Hemden mit kleinen Näh- oder Druckfehlern zum halben Preis verkauft. Jedes Ausschußstück bringt dem Hersteller durch Weiterverwertung noch brauchbarer Stoffteile eine Einnahme von 0,90 DM.
Wie hoch muß der Preis für ein fehlerfreies Hemd sein, wenn die durchschnittliche Einnahme für jedes gefertigte Hemd 11 DM betragen soll?

d) Nach einer Verbesserung in der Herstellung sind durchschnittlich 90 % der gefertigten Hemden fehlerfrei.
Für eine Großlieferung werden mindestens 800 fehlerfreie Stücke benötigt. Wie viele Hemden müssen in Auftrag gegeben werden, so daß mit einer Wahrscheinlichkeit von mindestens 95 % genügend fehlerfreie Hemden geliefert werden können?

Lösngshinweise:

a) Wie viele Stufen hat das Zufallsexperiment, und wie könnte man die Ergebnisse notieren? Zur Beschreibung des Ereignisses A führe eine Zufallsvariable ein. Wie ist diese verteilt? Zur Berechnung von P(B) überlege, welche spezielle Form die Ergebnisse haben, die zu B gehören. Das Ereignis C kann wiederum durch eine Zufallsvariable beschrieben werden. Wie ist diese verteilt? Zur Berechnung von P(D) überlege wieder, welche spezielle Form die Ergebnisse haben, die zu D gehören.

b) Führe eine Zufallsvariable ein und stelle Hypothesen auf. Wie ist die Zufallsvariable bei wahrer Nullhypothese verteilt? Um was für einen Test handelt es sich, und wie ermittelt man in diesem Fall den Ablehnungsbereich mit Hilfe einer Näherungsrechnung? Ist die Faustformel erfüllt?

c) Führe für die Einnahme (in DM) pro Hemd eine Zufallsvariable ein. Welche Werte kann diese Zufallsvariable annehmen, wenn a der Verkaufspreis (in DM) für ein fehlerfreies Hemd ist? Mit welchen Wahrscheinlichkeiten nimmt die Zufallsvariable diese Werte an, wenn man beachtet, daß die beiden Arbeitsgänge „Nähen" und „Bedrucken" unabhängig sind? Die durchschnittliche Einnahme für jedes gefertigte Hemd soll 11 DM betragen. Welche Bedingung ergibt sich hieraus für a?

d) Führe für die Anzahl der fehlerfreien unter n Hemden eine Zufallsvariable ein. Wie ist diese verteilt? Welche Ungleichung ergibt sich aus der angegebenen Bedingung? Ist für $n \geqq 800$ die Faustformel erfüllt? Wie ermittelt man die Mindestanzahl von Hemden mit Hilfe einer Näherungsrechnung?

Lösung:

a) **Berechung der Wahrscheinlichkeiten**

Es handelt sich um ein fünfstufiges Zufallsexperiment. Jedes Ergebnis kann als 5-Tupel notiert werden. Die Zufallsvariable X beschreibe die Anzahl der blauen Hemden unter fünf verkauften Hemden. X ist $B_{5;0,3}$-verteilt.

$P(A) = P(X \geqq 3) = 1 - P(X \leqq 2) = 1 - 0{,}8369 = 0{,}1631$

Das Ereignis B tritt genau dann ein, wenn in den ersten drei Komponenten „blau" steht. Mit Hilfe des speziellen Multiplikationssatzes ergibt sich:

$P(B) = 0{,}3^3 = 0{,}027.$

Beschreibt die Zufallsvariable Y die Anzahl der grünen Hemden unter fünf verkauften Hemden, so ist Y binomialverteilt mit $n = 5$ und $p = 0{,}3$.

$P(C) = P(Y \leqq 2) = 0{,}8369.$

Das Ereignis D tritt genau dann ein, wenn in den letzten drei Komponenten „nicht-grün" steht. Mit Hilfe des speziellen Multiplikationssatzes folgt: $P(D) = 0{,}7^3 = 0{,}343$.

b) **Linksseitiger Test**

Die Prüfvariable Z beschreibe die Anzahl der roten Hemden unter 150 verkauften Hemden. Über die Wahrscheinlichkeit für „rotes Hemd" werden folgende Hypothesen aufgestellt:

Nullhypothese: $H_0: p \geqq 0{,}4$;
Gegenhypothese: $H_1: p < 0{,}4$.

Es handelt sich um einen linksseitigen Test. Z ist bei wahrer Nullhypothese im ungünstigsten Fall $B_{150;0,4}$-verteilt. Da die Faustformel erfüllt ist ($150 \cdot 0{,}4 \cdot 0{,}6 = 36 > 9$), kann die Binomialverteilung durch die Normalverteilung mit $\mu = 150 \cdot 0{,}4 = 60$ und $\sigma = \sqrt{150 \cdot 0{,}4 \cdot 0{,}6} = 6$ approximiert werden.

Es sei $K = \{0; \ldots; g\}$. Zu bestimmen ist also g als größte ganze Zahl mit $P(Z \leqq g) \leqq 0{,}08$.

Da $P(Z \leqq g) \approx \Phi\left(\frac{g + 0{,}5 - 60}{6}\right)$ ist, folgt aus $\Phi\left(\frac{g - 59{,}5}{6}\right) \leqq 0{,}08$ dann

$g \leqq -1{,}4051 \cdot 6 + 59{,}5 \approx 51{,}1$.

Als Ablehnungsbereich ergibt sich somit $K = \{0; \ldots; 51\}$.

Ermittelt man g ohne Berücksichtigung des Korrekturgliedes, so ergibt sich der gleiche Ablehnungsbereich.

Entscheidung: Da $53 \notin K$ ist, kann H_0 nicht abgelehnt werden, d. h., das Ergebnis spricht nicht für die Vermutung.

c) **Preis für ein fehlerfreies Hemd**

Die Zufallsvariable U beschreibe die Einnahme (in DM) für ein Hemd. Es sei a der Verkaufspreis (in DM) eines fehlerfreien Hemdes. Dann kann U die Werte a; $\frac{a}{2}$ und 0,9 annehmen. Mit Hilfe des speziellen Multiplikationssatzes erhält man:

$P(U = a) = 0{,}92 \cdot 0{,}94 = 0{,}8648$;

$P\left(U = \frac{a}{2}\right) = 0{,}92 \cdot 0{,}04 + 0{,}05 \cdot 0{,}94 + 0{,}05 \cdot 0{,}04 = 0{,}0858$;

$P(U = 0{,}9) = 1 - 0{,}8648 - 0{,}0858 = 0{,}0494$.

Damit ergibt sich als Erwartungswert der Zufallsvariablen U:

$E(U) = a \cdot 0{,}8648 + \frac{a}{2} \cdot 0{,}0858 + 0{,}9 \cdot 0{,}0494 = a \cdot 0{,}9077 + 0{,}04446.$

W

Aus $E(U) = a \cdot 0{,}9077 + 0{,}04446 = 11$ folgt $a \approx 12{,}07$.
Der Preis für ein fehlerfreies Hemd muß also 12,07 DM betragen.

d) **Berechnung der Mindestanzahl der Hemden**

Es sei n die Anzahl der Hemden, die in Auftrag gegeben werden müssen. Die Zufallsvariable W beschreibe die Anzahl der fehlerfreien unter den n Hemden. W ist $B_{n;0,9}$-verteilt mit $\mu_W = 0{,}9n$ und $\sigma_W = \sqrt{n \cdot 0{,}9 \cdot 0{,}1} = 0{,}3 \cdot \sqrt{n}$.
Aus $P(W \geqq 800) \geqq 0{,}95$ folgt $P(W \leqq 799) \leqq 0{,}05$.
Für $n \geqq 800$ ist die Faustformel erfüllt, denn es gilt:
$\sigma_W^2 = 800 \cdot 0{,}9 \cdot 0{,}1 = 72 > 9$.

Da $P(W \leqq 799) \approx \Phi\left(\frac{799 + 0{,}5 - 0{,}9n}{0{,}3 \cdot \sqrt{n}}\right)$ ist, folgt aus $\Phi\left(\frac{799 + 0{,}5 - 0{,}9n}{0{,}3 \cdot \sqrt{n}}\right) \leqq 0{,}05$

dann $\frac{799{,}5 - 0{,}9n}{0{,}3 \cdot \sqrt{n}} \leqq -1{,}6449$ und hieraus $0{,}9n - 0{,}4935 \cdot \sqrt{n} - 799{,}5 \geqq 0$ bzw.

$n \geqq 904{,}83$.

Es müssen also mindestens 905 Hemden in Auftrag gegeben werden.
Ermittelt man n ohne Berücksichtigung des Korrekturgliedes, erhält man das gleiche Ergebnis.

Aufgabe 88/3

Eine Firma stellt drei verschiedene elektrische Bausteine der Typen B_1, B_2 und B_3 her. Von den Bausteinen vom Typ B_1 sind durchschnittlich 14 % defekt.

a) Der laufenden Produktion werden sechs Bausteine von Typ B_1 entnommen. Mit welcher Wahrscheinlichkeit ist hiervon höchstens ein Baustein defekt? Wie groß ist die Wahrscheinlichkeit für höchstens einen defekten Baustein, wenn man einer bereits produzierten Tageseinheit von 100 Stück, die genau 14 defekte Teile enthält, sechs Stück entnimmt?

b) Ein defekter Baustein vom Typ B_1 wird von einem Prüfgerät mit einer Wahrscheinlichkeit von 95 % als defekt erkannt. Das Prüfgerät zeigt allerdings auch einwandfreie Bausteine fälschlicherweise mit einer Wahrscheinlichkeit von 2 % als defekt an.
Mit welcher Wahrscheinlichkeit zeigt das Prüfgerät einen der laufenden Produktion entnommenen Baustein vom Typ B_1 als defekt an?
Wie groß ist die Wahrscheinlichkeit, daß das Prüfgerät die richtige Entscheidung trifft?
Mit welcher Wahrscheinlichkeit ist ein Baustein vom Typ B_1 tatsächlich defekt, wenn das Prüfgerät einen Defekt anzeigt?

c) Die Firma fertigt Geräte an, die jeweils aus je einem Baustein vom Typ B_1, B_2 und B_3 montiert werden. Fällt ein ursprünglich funktionierendes Gerät aus, so kann nach der bisherigen Erfahrung davon ausgegangen werden, daß genau ein Baustein defekt ist. Der Fehler steckt bei einem defekten Gerät mit der Wahrscheinlichkeit p im Baustein vom Typ B_3; die beiden anderen Bausteine gelten als gleich anfällig.
Der Techniker A prüft bei einem Geräteausfall zunächst den Baustein vom Typ B_1. Ist dieser Baustein in Ordnung, prüft er den Typ B_2; ist dieser Baustein auch in Ordnung, muß der Fehler bei Typ B_3 liegen.
Der Techniker B prüft zuerst Typ B_3 und dann – falls erforderlich – Typ B_1.
Der Techniker C schließlich prüft zuerst Typ B_2 und dann – falls erforderlich – Typ B_3.
Die Prüfungen der Typen B_1 und B_2 kosten je 5 DM, die von B_3 kostet 7,50 DM.
Untersuche in Abhängigkeit von p, welcher Techniker langfristig am kostengünstigsten arbeitet.

d) Die Firma behauptet, daß ein Gerät mit mindestens 80 %iger Wahrscheinlichkeit das erste Betriebsjahr ohne Defekt übersteht.
Sie überprüft diese Behauptung an Hand einer Stichprobe vom Umfang 50. Bestimme den Ablehnungsbereich bei einer Irrtumswahrscheinlichkeit von 8 %.

W

Wie groß ist bei diesem Ablehnungsbereich die Wahrscheinlichkeit für eine Fehlentscheidung, wenn ein Gerät tatsächlich mit 70 % bzw. mit 90 % Wahrscheinlichkeit das erste Betriebsjahr ohne Defekt übersteht?
Um welche Art von Fehler handelt es sich dann jeweils?

Lösungshinweise:

a) Zunächst werden der laufenden Produktion Bausteine entnommen. Um was für ein Zufallsexperiment handelt es sich also? Führe eine Zufallsvariable ein. Wie ist diese verteilt? Anschließend werden einer bereits produzierten Tageseinheit mit genau 14 defekten Teilen Bausteine entnommen. Handelt es sich um Ziehungen mit oder ohne Zurücklegen? Spielt die Anordnung eine Rolle?

b) Führe Ereignisse ein und zeichne ein Baumdiagramm. Pfadregel! Welche bedingte Wahrscheinlichkeit ist gesucht?

c) Der Fehler steckt mit der Wahrscheinlichkeit p im Baustein vom Typ B_3; die beiden anderen Bausteine gelten als gleich anfällig. Welche Wahrscheinlichkeitsverteilung folgt hieraus? Untersucht werden soll, bei welcher Art des Prüfens die Kosten langfristig am günstigsten sind. Mit Hilfe welchen Begriffes aus der Wahrscheinlichkeitsrechnung läßt sich eine solche Frage entscheiden?

d) Führe eine Zufallsvariable ein und stelle Hypothesen auf. Wie ist die Zufallsvariable bei wahrer Nullhypothese verteilt? Um was für einen Test handelt es sich? Muß eine Näherungsrechnung durchgeführt werden oder kann der Ablehnungsbereich mit Hilfe einer Tabelle ermittelt werden? Die angegebenen Wahrscheinlichkeiten, mit der Geräte tatsächlich das erste Betriebsjahr ohne Defekt überstehen, liegen in verschiedenen Bereichen der möglichen Werte von p. Gibt es für Werte von p mit $p \geqq 0{,}8$ einen Fehler 2. Art?

Lösung:

a) Berechnung der Wahrscheinlichkeiten

Das Ereignis A: „Von sechs der laufenden Produktion entnommenen Bausteine vom Typ B_1 ist höchstens ein Baustein defekt" kann mit Hilfe der Zufallsvariablen X: „Anzahl der defekten Bausteine vom Typ B_1 unter sechs entnommenen" beschrieben werden: $P(A) = P(X \leqq 1)$. Da die Bausteine der laufenden Produktion entnommen werden, handelt es sich um eine Bernoulli-Kette mit $p = 0{,}14$. X ist also $B_{6;0,14}$-verteilt. Damit ergibt sich:

$$P(A) = P(X \leqq 1) = P(X=0) + P(X=1) = \binom{6}{0} \cdot 0{,}14^0 \cdot 0{,}86^6 + \binom{6}{1} \cdot 0{,}14^1 \cdot 0{,}86^5 \approx 0{,}7997.$$

Gesucht ist die Wahrscheinlichkeit des Ereignisses B: „Höchstens ein defekter Baustein bei sechs Ziehungen aus einer Tageseinheit von 100 Stück, die genau 14 defekte Teile enthält". Es handelt sich um eine ungeordnete Stichprobe ohne Zurücklegen. Damit ergibt sich:

$$P(B)=\frac{\binom{14}{0}\binom{86}{6}}{\binom{100}{6}}+\frac{\binom{14}{1}\binom{86}{5}}{\binom{100}{6}}\approx 0{,}8034.$$

b) Wahrscheinlichkeiten bei Qualitätsüberprüfungen

Folgende Ereignisse werden eingeführt:

C: Baustein ist defekt;

D: Prüfgerät zeigt Defekt an;

E: Prüfgerät entscheidet richtig.

Das zweistufige Zufallsexperiment kann durch das folgende Baumdiagramm beschrieben werden.

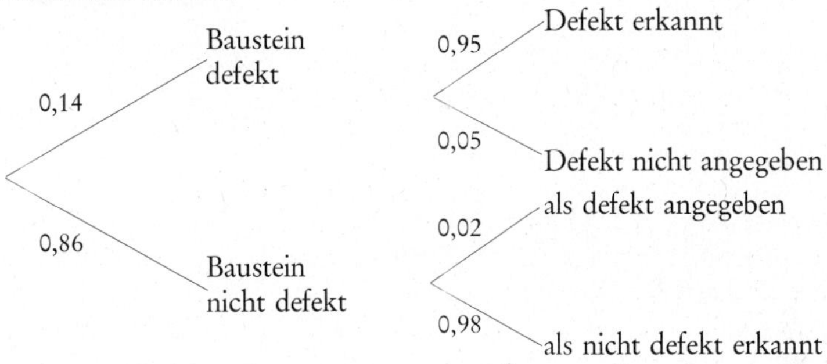

Mit Hilfe der Pfadregel erhält man:

$P(D)=0{,}14\cdot 0{,}95+0{,}86\cdot 0{,}02=0{,}1502;$

$P(E)\ =0{,}14\cdot 0{,}95+0{,}86\cdot 0{,}98=0{,}9758.$

Die Wahrscheinlichkeit, daß ein Baustein vom Typ B_1 tatsächlich defekt ist, wenn das Prüfgerät einen Defekt anzeigt, ist eine bedingte Wahrscheinlichkeit.

Mit Hilfe der Definition einer bedingten Wahrscheinlichkeit ergibt sich:

$$P_D(C)=\frac{P(D\cap C)}{P(D)}=\frac{0{,}14\cdot 0{,}95}{0{,}1502}\approx 0{,}8855.$$

c) Untersuchung der Prüfkosten

Da der Fehler mit der Wahrscheinlichkeit p im Baustein vom Typ B_3 steckt und die beiden anderen Bausteine als gleich anfällig gelten, ergibt sich folgende Wahrscheinlichkeitsverteilung:

W

Baustein B_i	B_1	B_2	B_3
Defektwahrscheinlichkeit	$\frac{1-p}{2}$	$\frac{1-p}{2}$	p

Da untersucht werden soll, bei welcher Art des Prüfens die Kosten langfristig am günstigsten sind, werden für die Prüfkosten Zufallsvariablen eingeführt und deren Erwartungswerte berechnet.
Prüfkosten (in DM) bei Techniker A: U
Prüfkosten (in DM) bei Techniker B: V
Prüfkosten (in DM) bei Techniker C: W

U:

u_i	5	10
$P(U=u_i)$	$\frac{1-p}{2}$	$1-\frac{1-p}{2}$

V:

v_i	7,5	12,5
$P(V=v_i)$	p	$1-p$

W:

w_i	5	12,5
$P(W=w_i)$	$\frac{1-p}{2}$	$1-\frac{1-p}{2}$

$$E(U)=5\cdot\frac{1-p}{2}+10\cdot\left(1-\frac{1-p}{2}\right)=7{,}5+2{,}5p$$
$$E(V)=7{,}5p+12{,}5\cdot(1-p)=12{,}5-5p$$
$$E(W)=5\cdot\frac{1-p}{2}+12{,}5\cdot\left(1-\frac{1-p}{2}\right)=8{,}75+3{,}75p$$

Für alle $p\in[0;1]$ arbeitet also A langfristig kostengünstiger als C.
Vergleich der Prüfkosten bei A und B:
$E(V)-E(U)=5-7{,}5p$; damit ergibt sich:
Für $p=\frac{2}{3}$ arbeiten A und B langfristig kostengleich;

für $p<\frac{2}{3}$ arbeitet A langfristig kostengünstiger als B;

für $p>\frac{2}{3}$ arbeitet B langfristig kostengünstiger als A.

d) **Bestimmung des Ablehnungsbereiches**

Die Prüfvariable X beschreibe die Anzahl der Geräte unter 50, die das erste Betriebsjahr ohne Defekt überstehen. Über die Wahrscheinlichkeit p, mit der ein Gerät das erste Betriebsjahr ohne Defekt übersteht, werden folgende Hypothesen aufgestellt:

Nullhypothese: $H_0: p \geqq 0{,}8$;
Gegenhypothese: $H_1: p < 0{,}8$.

Es handelt sich im einen linksseitigen Test. X ist bei wahrer Nullhypothese im ungünstigsten Fall $B_{50;0,8}$-verteilt. Es sei $K = \{0; \ldots; g\}$. Zu bestimmen ist also g als größte ganze Zahl mit $P(X \leqq g) \leqq 0{,}08$. Mit Hilfe einer Tabelle ergibt sich $g = 35$. Also ist $K = \{0; \ldots; 35\}$ der Ablehnungsbereich.

Fehlerbetrachtungen

Ist $p = 0{,}9$, so trifft die Nullhypothese zu. Es handelt sich dann um einen Fehler 1. Art. Die Wahrscheinlichkeit für diesen Fehler ist

$$\sum_{i=0}^{35} B_{50;0,9}(i) = 0{,}0001.$$

Ist $p = 0{,}7$, so trifft die Nullhypothese nicht zu. Es handelt sich dann um einen Fehler 2. Art. Die Wahrscheinlichkeit für diesen Fehler ist

$$\sum_{i=36}^{50} B_{50;0,7}(i) = 1 - 0{,}5532 = 0{,}4468.$$

W

Eine Sportartikelfirma stellt Bälle her. Zwei Drittel der Bälle sind weiß, die übrigen rot. Im Schnitt haben 5 % der Bälle einen Fehler, der bei der Endkontrolle mit Sicherheit festgestellt wird. Die Firma verkauft die Bälle an den Einzelhandel nur in Fünferpackungen.

a) Die Bälle kommen bei der Endkontrolle nacheinander an, weiße und rote in zufälliger Reihenfolge. Sieben der nacheinander ankommenden Bälle werden betrachtet.
Berechnen Sie die Wahrscheinlichkeiten der Ereignisse
A: Genau drei Bälle sind rot
B: Mindestens einer der Bälle ist rot
C: Nur die ersten drei Bälle sind rot
D: Die Farben treten abwechselnd auf.

b) Pro Arbeitstag werden 5 100 Bälle hergestellt. Alle Bälle werden kontrolliert; die fehlerhaften werden dabei in Behälter geworfen, die jeweils 45 Bälle fassen. Mit welcher Wahrscheinlichkeit reichen 6 Behälter aus, um die fehlerhaften Bälle einer Tagesproduktion aufzunehmen?
Wie viele Behälter müssen pro Arbeitstag bereitgestellt werden, damit sie den Ausschuß mit mindestens 99 %iger Wahrscheinlichkeit fassen?

c) Die Herstellung eines Balls kostet 2,05 DM. Die Endkontrolle kostet zusätzlich 0,23 DM pro Ball. Fünferpackungen mit lauter fehlerfreien Bällen werden für 17,50 DM verkauft. Nun prüft die Firma, ob sie durch Verzicht auf die Endkontrolle einen höheren Gewinn erzielen kann. Um dem Einzelhandel die Abnahme einer Sendung schmackhaft zu machen, obwohl diese möglicherweise fehlerhafte Bälle enthält, werden folgende Preisnachlässe gewährt: Enthält eine Fünferpackung genau einen fehlerhaften Ball, werden für diese Packung 30 % des Preises erstattet, bei zwei fehlerhaften Bällen 50 % und bei mehr als zwei fehlerhaften Bällen 90 %.
Untersuchen Sie, ob der Verzicht auf die Endkontrolle für die Firma günstiger ist.

d) Ein Einzelhändler benötigt 270 fehlerfreie Bälle. Er kauft Fünferpackungen ohne Endkontrolle.
Wie viele Fünferpackungen muß er bestellen, damit er mit einer Wahrscheinlichkeit von mindestens 90 % genügend fehlerfreie Bälle geliefert bekommt?

Lösungshinweise:

a) Zur Ermittlung der Wahrscheinlichkeiten P(A) und P(B) führe eine Zufallsvariable ein. Wie ist diese verteilt? Die Wahrscheinlichkeit P(C) ergibt sich mit Hilfe der Pfadregel und des speziellen Additionssatzes.

b) Wie viele Bälle fassen 6 Behälter? Wie berechnet man näherungsweise „Intervallwahrscheinlichkeiten" bei Binomialverteilungen, wenn diese nicht tabelliert vorliegen? Ist die Faustformel erfüllt? Zur Berechnung der Anzahl k der pro Arbeitstag bereitzustellenden Behälter notiere die Bedingung in Form einer Ungleichung und löse diese mit Hilfe einer Tabelle der Standardnormalverteilung.

c) Führe für den Gewinn der Firma pro Ball mit Endkontrolle eine Zufallsvariable ein und notiere deren Verteilung. Welcher Erwartungswert ergibt sich? Anschließend führe für den Gewinn der Firma pro Ball ohne Endkontrolle ebenfalls eine Zufallsvariable ein und ermittle auch deren Verteilung. Berechne den Erwartungswert und vergleiche!

d) Führe für die Anzahl der fehlerfreien Bälle unter n Bällen eine Zufallsvariable ein. Wie ist diese verteilt? Welche Ungleichung ergibt sich aus der angegebenen Bedingung? Ist für $n \geqq 270$ die Faustformel erfüllt? Wie ermittelt man nun n mit Hilfe einer Näherungsrechnung?

Lösung:

a) **Berechnung von Wahrscheinlichkeiten**

Die Ereignisse A und B lassen sich mit Hilfe einer binomialverteilten Zufallsvariablen beschreiben. Zählt X die Anzahl der roten Bälle bei 7 Entnahmen, so ist diese Zufallsvariable $B_{7;\frac{1}{3}}$-verteilt. Damit gilt:

$P(A)=P(X=3)=0{,}2561;$

$P(B)=P(X\geqq 1)=1-P(X=0)=1-0{,}0585=0{,}9415.$

Mit Hilfe der Pfadregel ergibt sich:

$$P(C)=\left(\frac{1}{3}\right)^3\cdot\left(\frac{2}{3}\right)^4\approx 0{,}0073.$$

Mit Hilfe der Pfadregel und dem speziellen Additionssatz ergibt sich:

$$P(D)=\left(\frac{1}{3}\right)^4\cdot\left(\frac{2}{3}\right)^3+\left(\frac{1}{3}\right)^3\cdot\left(\frac{2}{3}\right)^4=\left(\frac{1}{3}\right)^3\cdot\left(\frac{2}{3}\right)^3\approx 0{,}0110.$$

b) Näherungsrechnung für die Wahrscheinlichkeit

Die Zufallsvariable Y beschreibe die Anzahl der fehlerhaften Bälle pro Arbeitstag. Y ist $B_{5100;0,05}$-verteilt. Bei 6 Behältern mit einem Fassungsvermögen von jeweils 45 Bällen ist $P(Y \leqq 270)$ gesucht. Da die Verteilung von Y nicht tabelliert vorliegt, bleibt nur, eine Näherungsrechnung durchzuführen. Da die Faustformel $n \cdot p \cdot q > 9$ erfüllt ist $(5100 \cdot 0{,}05 \cdot 0{,}95 = 242{,}25 > 9)$, kann man die „Globale Näherungsformel von De Moivre-Laplace“ mit $\mu_Y = 255$ und $\sigma_Y = \sqrt{5100 \cdot 0{,}05 \cdot 0{,}95} = \sqrt{242{,}25}$ anwenden:

$$P(Y \leqq 270) \approx \Phi\left(\frac{270 + 0{,}5 - 255}{\sqrt{242{,}25}}\right) \approx \Phi(0{,}996) \approx 0{,}8404.$$

Näherungsrechnung für die Anzahl der Behälter

Es sei k die Anzahl der pro Arbeitstag bereitzustellenden Behälter.

Aus $\Phi\left(\frac{k + 0{,}5 - 255}{\sqrt{242{,}25}}\right) \geqq 0{,}99$ folgt $\frac{k - 254{,}5}{\sqrt{242{,}25}} \geqq 2{,}3263$

und somit $k \geqq 2{,}3263 \cdot \sqrt{242{,}25} + 254{,}5 \approx 290{,}7$.

Wegen $290{,}7 : 45 = 6{,}46$ sind 7 Behälter bereitzustellen.

c) Gewinn der Firma pro Ball mit Endkontrolle

Es sei G Zufallsvariable für den Gewinn der Firma pro Ball mit Endkontrolle. Für G ergibt sich die folgende Wahrscheinlichkeitsverteilung.

g_i	$3{,}50 - 2{,}28$	$-2{,}28$
$P(G = g_i)$	0,95	0,05

Damit ergibt sich als Erwartungswert der Zufallsvariablen G:
$E(G) = (3{,}50 - 2{,}28) \cdot 0{,}95 - 2{,}28 \cdot 0{,}05 \approx 1{,}05$.

Gewinn der Firma pro Ball ohne Endkontrolle

V beschreibe die Zahl der fehlerhaften Bälle pro Fünferpackung. Diese Zufallsvariable ist $B_{5;0,05}$-verteilt:

v_i	0	1	2	>2
$P(V = v_i)$	0,7738	0,2036	0,0214	0,0012

Die Zufallsvariable G′ für den Gwinn der Firma pro Ball ohne Endkontrolle hat damit die folgende Verteilung.

g'_i	$3{,}50 - 2{,}05$	$2{,}45 - 2{,}05$	$1{,}75 - 2{,}05$	$0{,}35 - 2{,}05$
$P(G' = g'_i)$	0,7738	0,2036	0,0214	0,0012

W

Für den Erwartungswert von G′ ergibt sich:

$$E(G') = (3{,}50-2{,}05)\cdot 0{,}7738 + (2{,}45-2{,}05)\cdot 0{,}2036 + (1{,}75-2{,}05)\cdot 0{,}0214 + (0{,}35-2{,}05)\cdot 0{,}0012 \approx 1{,}19.$$

Wegen $E(G') > E(G)$ ist für die Firma der Verzicht auf die Endkontrolle günstig.

d) **Berechnung der Mindestanzahl von Fünferpackungen**

Die Zufallsvariable Z beschreibe die Anzahl der fehlerfreien Bälle unter n Bällen. Z ist $B_{n;0,95}$-verteilt mit $\mu_Z = 0{,}95n$ und $\sigma_Z = \sqrt{n\cdot 0{,}95\cdot 0{,}05}$. Aus $P(Z \geqq 270) \geqq 0{,}9$ folgt $P(Z \leqq 269) \leqq 0{,}1$. Für $n \geqq 270$ ist die Faustformel erfüllt, denn es gilt:

$$\sigma_Z^2 = 270\cdot 0{,}95\cdot 0{,}05 = 12{,}825 > 9.$$

Da $P(Z \leqq 269) \approx \Phi\left(\frac{269+0{,}5-0{,}95n}{\sqrt{n\cdot 0{,}95\cdot 0{,}05}}\right)$ ist, folgt aus $\Phi\left(\frac{269{,}5-0{,}95n}{\sqrt{n\cdot 0{,}95\cdot 0{,}05}}\right) \leqq 0{,}1$, dann $\frac{269{,}5-0{,}95n}{\sqrt{n\cdot 0{,}95\cdot 0{,}05}} \leqq -1{,}2816$ und hieraus $0{,}95n - 0{,}279\sqrt{n} - 269{,}5 \geqq 0$ bzw. $n \geqq 288{,}7$.

Da $288{,}7 : 5 \approx 57{,}7$ ist, muß der Einzelhändler 58 Fünferpackungen bestellen. (Ermittelt man n ohne Berücksichtigung des Korrekturgliedes, erhält man das gleiche Ergebnis.)

Die Verkehrsbetriebe einer Großstadt gehen davon aus, daß ein gewisser Anteil p aller männlichen Fahrgäste schon einmal „schwarz gefahren" ist. Um genaueren Aufschluß zu erhalten, wird zufällig ausgewählten männlichen Fahrgästen die Frage vorgelegt:

„Sind Sie jemals schwarz gefahren?"

Damit der Fahrgast sicher ist, daß ihm aus der Antwort „ja" keine Nachteile entstehen, wird folgendes auf Diskretion bedachtes Verfahren vorgesehen:
Der Befragte wirft einen Laplace-Würfel. Die geworfene Augenzahl sieht nur er. Erzielt er eine der Augenzahlen 1, 2, 3, 4, soll er ehrlich mit „ja" oder „nein" antworten. Bei der Augenzahl 5 soll er immer „ja", und bei der Augenzahl 6 soll er immer „nein" sagen.
Es wird davon ausgegangen, daß alle Befragten das Verfahren korrekt befolgen.

a) Aus den männlichen Fahrgästen, die zum Teil schon einmal schwarz gefahren sind, zum Teil nicht, wird zufällig einer ausgewählt. Diese Wahl und das anschließende Würfeln kann als ein zweistufiges Zufallsexperiment angesehen werden.
Es sei $p = 0{,}1$.
Zeichnen Sie ein Baumdiagramm dieses zweistufigen Zufallsexperiments.
Berechnen Sie die Wahrscheinlichkeit für die Antwort „ja".
Mit welcher Wahrscheinlichkeit ist ein Fahrgast, der mit „ja" antwortet, schon einmal schwarz gefahren?
Mit welcher Wahrscheinlichkeit ist ein Fahrgast, der mit „nein" antwortet, schon einmal schwarz gefahren?

b) Nun soll der Anteil p unbekannt sein.
Geben Sie die Wahrscheinlichkeit für die Antwort „ja" in Abhängigkeit von p an.
22,8 % der befragten Fahrgäste antworten mit „ja".
Was läßt sich damit über p sagen?

c) Es sei nun wieder $p = 0{,}1$.
Berechnen Sie die Wahrscheinlichkeiten der Ereignisse
A: Unter 20 Befragten sind höchstens 3 Fahrgäste, die schon einmal schwarz gefahren sind
B: Unter 625 Befragten sind höchstens 150 Fahrgäste, die mit „ja" antworten
C: Unter 10 Befragten sind 2 Fahrgäste, die schon einmal schwarz gefahren sind und mit „ja" antworten, sowie 8 Fahrgäste, die noch nie schwarz gefahren sind und mit „nein" antworten.

W

d) Jemand befürchtet, daß unter den weiblichen Fahrgästen der Anteil p_w der Personen, die schon einmal schwarz gefahren sind, größer als 5 % ist.
Was bedeutet diese Befürchtung für die Wahrscheinlichkeit $p_{w;ja}$, daß ein weiblicher Fahrgast bei dem eingangs geschilderten Verfahren mit „ja" antwortet?
Zur Überprüfung soll ein Test mit dem Stichprobenumfang 1000 auf dem Signifikanzniveau 10 % durchgeführt werden.
Wie lautet das Testergebnis, wenn 220 weibliche Fahrgäste mit „ja" antworten?

Lösungshinweise:

a) Führe Ereignisse ein! Die Wahrscheinlichkeit für die Antwort „ja" ergibt sich unmittelbar aus dem Baumdiagramm mit Hilfe der Pfadregel. Die restlichen Wahrscheinlichkeiten sind bedingte Wahrscheinlichkeiten. Wie ist eine bedingte Wahrscheinlichkeit definiert?

b) Ersetze im Baumdiagramm in Teilaufgabe a) die Wahrscheinlichkeit 0,1 allgemein durch p und verwende wieder die Pfadregel.

c) Zur Berechnung von P(A) führe eine Zufallsvariable ein. Wie ist diese verteilt? Liegt die Verteilung tabelliert vor? Zur Berechnung von P(B) führe ebenfalls eine Zufallsvariable ein. Wie ist diese Zufallsvariable verteilt? Wie berechnet man näherungsweise „Intervallwahrscheinlichkeiten" bei Binomialverteilungen, wenn diese nicht tabelliert vorliegen? Ist die Faustformel erfüllt? Zur Berechnung von P(C) führe Ereignisse ein und ermittle zunächst deren Wahrscheinlichkeiten mit Hilfe des Baumdiagramms aus Teilaufgabe a).

d) Eine Abschätzung der Wahrscheinlichkeit $p_{w;ja}$ ergibt sich aus Teilaufgabe b). Für den Test führe eine Zufallsvariable als Prüfvariable ein und stelle Hypothesen auf. Wie ist die Prüfvariable bei wahrer Nullhypothese verteilt? Um was für einen Test handelt es sich, und wie ermittelt man in diesem Fall den Ablehnungsbereich mit Hilfe einer Näherungsrechnung? Ist die Faustformel erfüllt?

Lösung:

a) **Baumdiagramm**

Mit A: „Schwarzfahrer" ergibt sich das folgende Baumdiagramm.

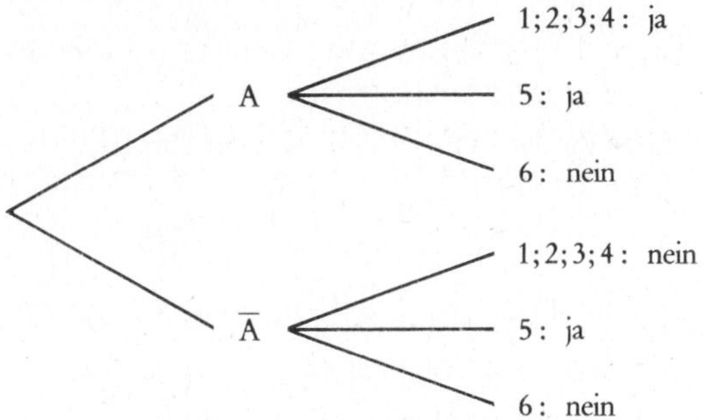

Berechnung von Wahrscheinlichkeiten

Es sei B das Ereignis „Antwort ist ja". Dann gilt:

$$P(B) = 0{,}1 \cdot \frac{5}{6} + 0{,}9 \cdot \frac{1}{6} = \frac{7}{30};$$

$$P_B(A) = \frac{P(A \cap B)}{P(B)} = \frac{0{,}1 \cdot \frac{5}{6}}{\frac{7}{30}} = \frac{5}{14};$$

$$P_{\overline{B}}(A) = \frac{P(A \cap \overline{B})}{P(\overline{B})} = \frac{0{,}1 \cdot \frac{1}{6}}{\frac{23}{30}} = \frac{1}{46}.$$

b) **Wahrscheinlichkeit für die Antwort „ja" in Abhängigkeit von p**

Es sei p der Anteil aller männlichen Fahrgäste, die schon einmal „schwarz gefahren" sind. Dann ergibt sich (vgl. Teilaufgabe a)):

$$P(B) = p \cdot \frac{5}{6} + (1-p) \cdot \frac{1}{6} = \frac{2}{3}p + \frac{1}{6}.$$

Berechnung von p

Mit $P(B) = 0{,}228$ folgt $p = \frac{3}{2} \cdot 0{,}228 - \frac{1}{4} = 0{,}092$.

W

c) **Wahrscheinlichkeit bei Binomialverteilung**

Die Zufallsvariable X beschreibe die Anzahl der männlichen Fahrgäste, die schon einmal „schwarz gefahren" sind, unter 20 Befragten. X ist $B_{20;0,1}$-verteilt. Mit Hilfe einer Tafel findet man

$P(A) = P(X \leqq 3) = 0{,}8670.$

Näherungsrechnung

Die Zufallsvariable Y beschreibe die Anzahl der männlichen Fahrgäste, die mit „ja" antworten, unter 625 Befragten. Y ist $B_{625;\frac{7}{30}}$-verteilt. Da diese Verteilung nicht tabelliert vorliegt, bleibt nur, eine Näherungsrechnung durchzuführen.

Da die Faustformel $n \cdot p \cdot q > 9$ erfüllt ist $\left(625 \cdot \frac{7}{30} \cdot \frac{23}{30} \approx 111{,}8 > 9\right)$, kann man die „Globale Näherungsformel von De Moivre-Laplace" anwenden mit

$\mu_Y = \frac{875}{6}$ und $\sigma_Y = \frac{5}{6}\sqrt{161}$:

$$P(B) = P(Y \leqq 150) \approx \Phi\left(\frac{150 - \frac{875}{6}}{\frac{5}{6} \cdot \sqrt{161}}\right) \approx \Phi(0{,}394) \approx 0{,}6532.$$

Anwendung der Pfadregel

Einführung von Ereignissen:

C_1: Fahrgast ist schon einmal schwarz gefahren und antwortet mit „ja";

C_2: Fahrgast ist noch nie schwarz gefahren und antwortet mit „nein".

Aus dem Baumdiagramm in Teilaufgabe a) folgt:

$$P(C_1) = 0{,}1 \cdot \frac{5}{6} = \frac{1}{12};$$

$$P(C_2) = 0{,}9 \cdot \frac{5}{6} = \frac{3}{4}.$$

Damit ergibt sich:

$$P(C) = \binom{10}{2} \cdot \left(\frac{1}{12}\right)^2 \cdot \left(\frac{3}{4}\right)^8 \approx 0{,}0313.$$

d) **Abschätzung für die Wahrscheinlichkeit $p_{w;ja}$**

Nach Teilaufgabe b) ist $p_{w;ja} = \frac{2}{3} p_w + \frac{1}{6}$.

Mit $p_w > 0{,}05$ folgt also

$$p_{w;ja} > \frac{2}{3} \cdot 0{,}05 + \frac{1}{6} = \frac{1}{5} = 0{,}2.$$

Rechtsseitiger Test

Die Prüfvariable Z beschreibe die Anzahl bei 1000 weiblichen Fahrgästen, die mit „ja" antworten. Über die Wahrscheinlichkeit $p_{w;ja}$, daß ein weiblicher Fahrgast mit „ja" antwortet, werden folgende Hypothesen aufgestellt:

Nullhypothese: $H_0: p_{w;ja} \leqq 0{,}2$
Gegenhypothese: $H_1: p_{w;ja} > 0{,}2$.

Es handelt sich um einen rechtsseitigen Test. Z ist bei wahrer Nullhypothese im ungünstigsten Fall $B_{1000;0,2}$-verteilt. Da die Faustformel erfüllt ist ($1000 \cdot 0{,}2 \cdot 0{,}8 = 160 > 9$), kann man die $B_{1000;0,2}$-Verteilung durch die Normalverteilung mit $\mu = 1000 \cdot 0{,}2 = 200$ und $\sigma = \sqrt{1000 \cdot 0{,}2 \cdot 0{,}8} = \sqrt{160}$ approximieren.

Ermittlung des Ablehnungsbereiches K:
Es sei $K = \{g; \ldots; 1000\}$. Zu bestimmen ist also g als kleinste ganze Zahl mit $P(Z \leqq g-1) \geqq 0{,}9$.

Aus $\Phi\left(\frac{g-1-200}{\sqrt{160}}\right) \geqq 0{,}9$ folgt $\frac{9-201}{\sqrt{160}} \geqq 1{,}2816$ und damit

$g \geqq 1{,}2816 \cdot \sqrt{160} + 201 \approx 217{,}2$.

Also ist $K = \{218; \ldots; 1000\}$ der Ablehnungsbereich.

(Verwendet man die Näherungsformel mit Korrekturglied, so ergibt sich der Ablehnungsbereich $\{217; \ldots; 1000\}$.)

Entscheidung: Da $220 \in K$ ist, wird H_0 zugunsten von H_1 verworfen.

W

In einer alten Spielanleitung wird das „Glocke-und-Hammer-Spiel" als ein Würfelspiel so erläutert: Es kann sich eine beliebige Anzahl von Personen daran beteiligen. Eine dieser Personen übernimmt das Amt des Kassierers; er würfelt nicht mit, sammelt aber bei jedem seiner Mitspieler den Einsatz von 0,30 DM pro Spiel ein. Nach Ende eines Spiels zahlt er den Gewinn aus oder kassiert den Verlust der Mitspieler. Es wird mit 5 idealen Würfeln gespielt, die folgendes Aussehen haben: Bei jedem Würfel sind 5 Flächen leer. Die 6. Fläche zeigt bei zwei Würfeln ein Bild, und zwar bei einem Würfel eine Glocke, beim anderen einen Hammer. Die restlichen drei Würfel sind auf der 6. Fläche mit einer Zahl beschriftet, einer mit 1, einer mit 3, einer mit 6.
Der Reihe nach würfelt jeder Mitspieler (außer dem Kassierer) einmal mit allen fünf Würfeln gleichzeitig.
Ein solcher Wurf mit fünf Würfeln heißt Fünferwurf.

a) Berechnen Sie die Wahrscheinlichkeiten der Ereignisse
   A: Es wird Glocke und Hammer geworfen
   B: Es wird mindestens eine Zahl geworfen
   C: Es wird weder Bild noch Zahl geworfen
   D: Es wird Glocke und mindestens eine Zahl, aber nicht Hammer geworfen.

b) Der Kassierer geht nach folgendem Auszahlungsplan vor:

Ereignis	Auszahlung in DM
Glocke und Hammer und mindestens eine Zahl	+ 8,00
Glocke und mindestens eine Zahl, aber nicht Hammer	+ 2,10
Hammer und mindestens eine Zahl, aber nicht Glocke	− 1,00
Weder Bild noch Zahl	+ 0,10
Alle übrigen Fälle	0

Geben Sie die Wahrscheinlichkeitverteilung des Auszahlungsbetrags X nach einem Fünferwurf an.
Berechnen Sie E(X) und V(X).
Ist es bei längerer Spieldauer günstiger, Kassierer oder Mitspieler zu sein?

c) Y beschreibe die Gewinnsumme des Kassierers bei n Fünferwürfen mit $n > 50$.
Bestimmen Sie E(Y) und V(Y).
Wie viele Fünferwürfe müssen mindestens ausgeführt werden, damit der Kassierer mit einer Wahrscheinlichkeit von mindestens 95 % keinen Verlust erleidet?

W

d) Einer der Mitspieler behauptet, daß der Kassierer mit gefälschten Würfeln arbeite; er habe deshalb eine größere Gewinnerwartung als die bei idealen Würfeln errechnete von rund 0,10 DM pro Fünferwurf ($\sigma \approx \sqrt{1{,}03}$ DM). Um diese Streitigkeit zu klären, schlägt der Kassierer den folgenden Test vor: Es sollen 1000 Fünferwürfe ausgeführt werden; das Signifikanzniveau soll 10 % betragen.
Berechnen Sie die Wahrscheinlichkeit für den Fehler 2. Art, wenn die Gewinnerwartung des Kassierers 0,15 DM pro Fünferwurf beträgt.
Nehmen Sie Stellung dazu, ob der Mitspieler den vorgeschlagenen Test akzeptieren sollte.

Lösungshinweise:

a) Führe Ereignisse ein und notiere die gegebenen Wahrscheinlichkeiten mit Hilfe dieser Ereignisse. Drücke die gesuchten Wahrscheinlichkeiten mit Hilfe der Wahrscheinlichkeiten der eingeführten Ereignisse aus. Welcher Satz führt zur Lösung der Aufgaben? Sind die Voraussetzungen erfüllt?

b) Die Werte, welche die Zufallsvariable X annehmen kann, sind gegeben. Die zugehörigen Wahrscheinlichkeiten ergeben sich aus Teilaufgabe a). Wie sind Erwartungswert und Varianz einer Zufallsvariablen definiert? Welche zwei Zahlenwerte muß man vergleichen, um zu entscheiden, ob es bei längerer Spieldauer günstiger ist, Kassierer oder Mitspieler zu sein?

c) Führe für jedes Spiel eine Zufallsvariable für die Auszahlung des Kassierers ein. Wie sind diese verteilt? Drücke die Gewinnsumme Y des Kassierers bei n Spielen mit Hilfe des Einsatzes und den eingeführten Zufallsvariablen aus. Berechne den Erwartungswert und die Varianz von Y mit Hilfe der Sätze über den Erwartungswert bzw. die Varianz bei Summen von Zufallsvariablen. Welcher Satz gibt Auskunft darüber, wie Y näherungsweise verteilt ist? Notiere die angegebene Bedingung in Form einer Ungleichung und löse diese.

d) Führe für die Gewinnsumme des Kassierers bei 1000 Spielen eine Zufallsvariable ein. Stelle Hypothesen auf und berechne näherungsweise den Ablehnungsbereich. Was versteht man unter einem Fehler 2. Art? Wie berechnet man die zugehörige Wahrscheinlichkeit? Ergibt sich ein relativ großer oder kleiner Wert?

Lösung:

a) **Berechnung von Wahrscheinlichkeiten**

Folgende Ereignisse werden eingeführt:

A_1 : Der Würfel mit der Glocke zeigt Glocke;
A_2 : Der Würfel mit dem Hammer zeigt Hammer;
B_1 : Der Würfel mit der 1 zeigt 1;
B_2 : Der Würfel mit der 2 zeigt 2;
B_3 : Der Würfel mit der 3 zeigt 3.

Dann ist $P(A_1)=P(A_2)=P(B_1)=P(B_2)=P(B_3)=\frac{1}{6}$.

Da die eingeführten Ereignisse voneinander unabhängig sind, folgt mit Hilfe des speziellen Multiplikationssatzes:

$$P(A)=P(A_1 \cap A_2)=P(A_1)\cdot P(A_2)=\left(\frac{1}{6}\right)^2 \approx 0{,}0278;$$

$$P(B)=1-P(\overline{B}_1 \cap \overline{B}_2 \cap \overline{B}_3)=1-P(\overline{B}_1)\cdot P(\overline{B}_2)\cdot P(\overline{B}_3)=1-\left(\frac{5}{6}\right)^3 \approx 0{,}4213;$$

$$P(C)=P(\overline{A}_1 \cap \overline{A}_2 \cap \overline{B}_1 \cap \overline{B}_2 \cap \overline{B}_3)=P(\overline{A}_1)\cdot P(\overline{A}_2)\cdot P(\overline{B}_1)\cdot P(\overline{B}_2)\cdot P(\overline{B}_3)$$
$$=\left(\frac{5}{6}\right)^2\cdot\left(\frac{5}{6}\right)^3=\left(\frac{5}{6}\right)^5 \approx 0{,}4019;$$

$$P(D)=P(A_1)\cdot[1-P(\overline{B}_1 \cap \overline{B}_2 \cap \overline{B}_3)]\cdot P(\overline{A}_2)$$
$$=P(A_1)\cdot[1-P(\overline{B}_1)\cdot P(\overline{B}_2)\cdot P(\overline{B}_3)]\cdot P(\overline{A}_2)=\frac{1}{6}\cdot\left[1-\left(\frac{5}{6}\right)^3\right]\cdot\frac{5}{6} \approx 0{,}0585.$$

b) **Wahrscheinlichkeitsverteilung des Auszahlungsbetrags X**

Aufgrund der Teilaufgabe a) nimmt die Zufallsvariable X ihre Werte mit den folgenden Wahrscheinlichkeiten an.

$$P(X=8)=P(A \cap B)=P(A)\cdot P(B)=\left(\frac{1}{6}\right)^2\cdot\left[1-\left(\frac{5}{6}\right)^3\right] \approx 0{,}0117;$$
$$P(X=2{,}1)=P(D) \approx 0{,}0585;$$
$$P(X=-1)=P(X=2{,}1)=P(D) \approx 0{,}0585;$$
$$P(X=0{,}1)=P(C) \approx 0{,}4019;$$
$$P(X=0)=1-[P(X=8)+P(X=2{,}1)+P(X=-1)+P(X=0{,}1)] \approx 0{,}4694.$$

Damit hat X näherungsweise die folgende Wahrscheinlichkeitsverteilung.

x_i	8	2,1	0,1	0	−1
$P(X=x_i)$	0,0117	0,0585	0,4019	0,4694	0,0585

W

Erwartungswert und Varianz

$E(X) = 8 \cdot 0{,}0117 + 2{,}1 \cdot 0{,}0585 + 0{,}1 \cdot 0{,}4019 - 1 \cdot 0{,}0585 \approx 0{,}1981 \approx 0{,}20$

$$V(X) \approx (8-0{,}1981)^2 \cdot 0{,}0117 + (2{,}1-0{,}1981)^2 \cdot 0{,}0585 + (0{,}1-0{,}1981)^2 \cdot 0{,}4019 + (0-0{,}1981)^2 \cdot 0{,}4694 + (-1-0{,}1981)^2 \cdot 0{,}0585 \approx 1{,}0300 \approx 1{,}03$$

Also beträgt der Erwartungswert näherungsweise 0,20 DM und die Varianz näherungsweise 1,03 DM².

Vergleich zwischen Einsatz und Auszahlung

Der Einsatz beträgt 0,30 DM. Auf lange Sicht erzielt man eine mittlere Auszahlung von rund 0,20 DM. Also ist es günstiger, Kassierer zu sein.

c) **Erwartungswert und Varianz der Gewinnsumme des Kassierers bei n Fünferwürfen**

X_i beschreibe die Auszahlung (in DM) des Kassierers beim i. Spiel; $i=1; \ldots; n$ und $n>50$. Die Zufallsvariablen X_i sind identisch verteilt wie X (vgl. Teilaufgabe b)). Die Gewinnsumme Y (in DM) des Kassierers bei n Spielen läßt sich mit Hilfe der X_i darstellen:

$Y = 0{,}3 \cdot n - (X_1 + X_2 + \ldots + X_n)$.

Für den Erwartungswert und die Varianz ergeben sich:

$E(Y) \approx 0{,}3 \cdot n - 0{,}2 \cdot n = 0{,}1 \cdot n$;

$V(Y) \approx 1{,}03 \cdot n$.

Mindestanzahl von Fünferwürfen

Nach dem Zentralen Grenzwertsatz ist Y näherungsweise normalverteilt mit $\mu_Y = 0{,}1 \cdot n$ und $\sigma_Y = \sqrt{1{,}03 \cdot n}$.

Aus $P(Y \geqq 0) \geqq 0{,}95$ folgt $P(Y<0) \leqq 0{,}05$.

Da $P(Y<0) \approx \Phi\left(\frac{0-0{,}1n}{\sqrt{1{,}03n}}\right)$ ist, folgt aus $\Phi\left(\frac{-0{,}1n}{\sqrt{1{,}03n}}\right) \leqq 0{,}05$ zunächst $\frac{-0{,}1n}{\sqrt{1{,}03n}} \leqq -1{,}6449$ und hieraus $n \geqq 278{,}7$.

Man sollte also etwa 280 oder noch mehr Fünferwürfe ausführen.

d) **Wahrscheinlichkeit für den Fehler 2. Art**

Die Zufallsvariable Z beschreibe die Gewinnsumme (in DM) des Kassierers bei 1000 Spielen. Über den Erwartungswert von Z werden folgende Hypothesen aufgestellt:

Nullhypothese: $H_0: \mu = 100$;

Gegenhypothese: $H_1: \mu > 100$.

Bei wahrer Nullhypothese ist Z näherungsweise $N(100;\sqrt{1030})$-verteilt.

Aus $P(Z \leqq g) \approx \Phi\left(\frac{g-100}{\sqrt{1030}}\right) = 0{,}9$ folgt $\frac{g-100}{\sqrt{1030}} \approx 1{,}2816$ und hieraus $g \approx 141{,}1$.

Also ist $K = \{z \mid z > 141{,}1\}$ der Ablehnungsbereich.

Im Falle $\mu = 150$ ist Z näherungsweise $N(150;\sqrt{1030})$-verteilt.

Die Wahrscheinlichkeit für den Fehler 2. Art ist

$$\beta \approx P(Z \leqq 141{,}1) \approx \Phi\left(\frac{141{,}1-150}{\sqrt{1030}}\right) \approx 0{,}39.$$

Interpretation

Die Wahrscheinlichkeit für den Fehler 2. Art beträgt fast 40 %. D. h., bei diesem Test wird der betrügende Kassierer mit fast 40 %iger Wahrscheinlichkeit nicht entlarvt. Deshalb sollte der Mitspieler diesen Test ablehnen.

Das Glücksrad G_1 hat die Felder mit den Nummern 1 bzw. 2 bzw. 3.
Das Glücksrad G_2 hat die Felder 1 und 2. Bei G_2 erscheint das Feld 1 mit der Wahrscheinlichkeit 0,4 und das Feld 2 mit der Wahrscheinlichkeit 0,6.

a) G_1 wurde 100mal gedreht. Es traten 32mal der Ausgang 1 und 51mal der Ausgang 2 auf.
Berechnen Sie das arithmetische Mittel und die Varianz der erzielten Feldnummern.
Das Glücksrad G_1 wurde anschließend 200mal gedreht. Dabei ergab sich für die Feldnummern das arithmetische Mittel 1,90.
Fassen Sie das 100malige und das 200malige Drehen zu einem 300maligen Drehen des Glücksrades G_1 zusammen und ermitteln Sie das arithmetische Mittel der dabei erhaltenen Feldnummern.

b) Das Glücksrad G_2 wird bei einem Spiel 5mal gedreht. Der Spieler gewinnt, wenn er mindestens 4mal den Ausgang 2 erzielt.
Jemand macht das Spiel zunächst 10mal und anschließend noch 500mal.
Berechnen Sie für die 10er Serie und für die 500er Serie jeweils die Wahrscheinlichkeit, daß der Spieler mindestens 30 % der Spiele gewinnt.
Wie groß ist die Wahrscheinlichkeit, daß man beim 10. Spiel zum dritten Mal gewinnt?

c) Beim Glücksrad G_1 treten die Ausgänge 1, 2, 3 mit den Wahrscheinlichkeiten 0,3 bzw. 0,5 bzw. 0,2 auf.
Die Glücksräder G_1 und G_2 werden je 100mal gedreht und die Summe der 200 erzielten Feldnummern festgestellt.
Wie groß ist die Wahrscheinlichkeit, daß man dabei eine im Intervall [340; 355] liegende Summe erhält?
(Hinweis: Die Summe ist annähernd normalverteilt.)

d) In einer Gastwirtschaft hängt ein Glücksspielautomat, der als Zufallsgerät das Glücksrad G_1 enthält, das die Ausgänge 1, 2, 3 mit den Wahrscheinlichkeiten 0,3 bzw. 0,5 bzw. 0,2 liefert.
Bei einem Spiel wird für einen Einsatz von 1 DM das Glücksrad gedreht und der Ausgang festgestellt.
Beim Ausgang 3 erhält der Spieler 2 DM ausbezahlt. Beim Ausgang 2 darf er wählen zwischen der Erstattung des Einsatzes und dem nochmaligen, diesmal kostenlosen Drehen des Glücksrades. Der Ausgang 1 gilt als Niete, es wird also nichts ausbezahlt.

Die zahlreichen Stammgäste in dieser Wirtschaft beraten, welche der folgenden Strategien für den Automatenbesitzer ungünstiger ist:

Strategie I: Jeder einzelne Stammgast hört nach jedem der Ausgänge 1, 2, 3 sofort auf, fordert nach dem Ausgang 2 den Einsatz zurück und überläßt seinen Platz dem nächsten Spieler.

Strategie II: Beim Ausgang 1 bzw. 3 hört der Spieler wie in Strategie I auf. Beim Ausgang 2 entscheidet er sich für nochmaliges Drehen; ergibt sich dabei wieder der Ausgang 2, fordert er den Einsatz zurück und überläßt seinen Platz dem nächsten Spieler.

Welche dieser beiden Strategien ist für den Automatenbesitzer ungünstiger? Begründen Sie die Antwort.
Untersuchen Sie, ob es für den Automatenbesitzer günstiger ist, wenn man die Strategie II dahingehend abändert, daß man den Einsatz bei aufeinanderfolgenden Ausgängen 2 nicht bereits nach dem 2. Mal zurückfordert.

Lösungshinweise:

a) Notiere eine Häufigkeitsverteilung für die absoluten Häufigkeiten der Feldnummern bei den 100 Drehungen. Wie sind das arithmetische Mittel und die Varianz einer Häufigkeitsverteilung definiert? Gegeben sind die Stichprobenwerte $x_1, \ldots, x_n$ einer ersten Stichprobe und die Stichprobenwerte $y_1, \ldots, y_m$ einer zweiten Stichprobe. Wie ermittelt man aus den arithmetischen Mittelwerten der einzelnen Stichproben das arithmetische Mittel aller Stichprobenwerte $x_1, \ldots, x_n, y_1, \ldots, y_m$?

b) Ein Spiel besteht aus 5 Drehungen. Mit welcher Wahrscheinlichkeit p gewinnt man bei einem Spiel? Führe anschließend für die Anzahl der Gewinnspiele bei 10 Spielen eine Zufallsvariable ein. Wie ist diese verteilt? Damit ist die gesuchte Wahrscheinlichkeit für 10er Serien mit Hilfe der Formel von Bernoulli berechenbar. Wie ist die Zufallsvariable für die Anzahl der Gewinnspiele bei 500 Spielen verteilt? Wie berechnet man näherungsweise „Intervallwahrscheinlichkeiten" bei Binomialverteilungen, wenn diese nicht tabelliert vorliegen? Ist die Faustformel erfüllt? Wie viele Gewinne müssen bei den ersten 9 Spielen eingetreten sein, um beim 10. Spiel zum dritten Mal zu gewinnen?

c) Notiere zunächst jeweils für die Glücksräder G_1 und G_2 die Wahrscheinlichkeitsverteilungen für die erzielte Feldnummer und berechne die zugehörigen Erwartungswerte und Varianzen. Wie erhält man hieraus die Erwartungswerte und Varianzen für die Summe der Feldnummern bei 100 Drehungen von G_1 bzw. G_2? Führe für die Summe aller 200 erzielten Feldnummern eine

Zufallsvariable ein. Welcher Satz gibt Auskunft darüber, wie diese Zufallsvariable näherungsweise verteilt ist? Berechne die gesuchte Wahrscheinlichkeit mit Hilfe der Φ-Funktion.

d) Was versteht man bei einem Spiel unter dem Gewinn? Bei Strategie I handelt es sich um ein einstufiges Zufallsexperiment. Zeichne ein Baumdiagramm und berechne den Erwartungswert für den Gewinn. Bei Strategie II ergibt sich ein Baumdiagramm mit Pfaden unterschiedlicher Länge. Zeichne auch dieses Baumdiagramm und berechne wiederum den Erwartungswert für den Gewinn. Zur Beantwortung der gestellten Frage vergleiche beide Erwartungswerte. Zur Untersuchung der abgeänderten Strategie II gibt es zwei Möglichkeiten.
Entweder man zeichnet auch hierfür einen Baum und betrachtet wiederum den Erwartungswert für den Gewinn oder aber man betrachtet nochmals die Gewinnerwartung bei Strategie I. Welches Vorzeichen hatte diese? Was folgt hieraus?

Lösung:

a) **Arithmetisches Mittel und Varianz bei 100 Drehungen**

Häufigkeitsverteilung für die absoluten Häufigkeiten:

Nummer des Feldes	1	2	3
absolute Häufigkeit	32	51	17

Arithmetisches Mittel $\bar{x}$ der Häufigkeitsverteilung:

$$\bar{x} = \frac{1}{100} \cdot (1 \cdot 32 + 2 \cdot 51 + 3 \cdot 17) = 1{,}85.$$

Varianz $\bar{s}^2$ der Häufigkeitsverteilung:

$$\bar{s}^2 = \frac{1}{100} \cdot [(1-1{,}85)^2 \cdot 32 + (2-1{,}85)^2 \cdot 51 + (3-1{,}85)^2 \cdot 17] = 0{,}4675.$$

Arithmetisches Mittel bei 300 Drehungen

Es gilt der folgende Satz: Haben die Stichprobenwerte $x_1, \ldots, x_n$ das arithmetische Mittel $\bar{x}$ und die Stichprobenwerte $y_1, \ldots, y_m$ das arithmetische Mittel $\bar{y}$, so gilt für das arithmetische Mittel $\bar{z}$ aller Stichprobenwerte:

$$\bar{z} = \frac{n\bar{x} + m\bar{y}}{n+m}.$$

Hieraus folgt sofort: $\bar{z} = \frac{100 \cdot 1{,}85 + 200 \cdot 1{,}90}{100 + 200} \approx 1{,}8833.$

b) Gewinnwahrscheinlichkeit bei einer 10er Serie

Ein Spiel besteht aus 5 Drehungen. Die Zufallsvariable X beschreibe die Anzahl der Ausgänge 2 bei einem Spiel. Damit gewinnt man bei einem Spiel mit der Wahrscheinlichkeit

$$p = P(X \geqq 4) = P(X=4) + P(X=5)$$
$$= \binom{5}{4} \cdot 0{,}6^4 \cdot 0{,}4 + 0{,}6^5 = 0{,}33696.$$

Die Zufallsvariable Y beschreibe die Anzahl der Gewinnspiele bei 10 Spielen. Y ist $B_{10;\,0,33696}$-verteilt. 30 % von 10 Spielen sind 3 Spiele.

$$P(Y \geqq 3) = 1 - P(Y \leqq 2) = 1 - \sum_{i=0}^{2} \binom{10}{i} \cdot 0{,}33696^i \cdot 0{,}66304^{10-i}$$
$$\approx 1 - 0{,}2907 = 0{,}7093$$

Bei einer 10er Serie gewinnt der Spieler mindestens 30 % der Spiele ungefähr mit der Wahrscheinlichkeit 0,71.

Gewinnwahrscheinlichkeit bei einer 500er Serie

Die Zufallsvariable Z beschreibe die Anzahl der Gewinnspiele bei 500 Spielen. Z ist $B_{500;\,0,33696}$-verteilt. 30 % von 500 Spielen sind 150 Spiele. Gesucht ist also die Wahrscheinlichkeit $P(Z \geqq 150)$. Da mit $500 \cdot 0{,}33696 \cdot 0{,}66304 \approx 111{,}7 > 9$ die Faustformel erfüllt ist, kann die Binomialverteilung durch die Normalverteilung mit $\mu = 500 \cdot 0{,}33696 = 168{,}48$ und $\sigma = \sqrt{500 \cdot 0{,}33696 \cdot 0{,}66304}$ approximiert werden.

$$P(Z \geqq 150) = 1 - P(Z \leqq 149) \approx 1 - \Phi\left(\frac{149 + 0{,}5 - 168{,}48}{\sqrt{500 \cdot 0{,}33696 \cdot 0{,}66304}}\right)$$
$$\approx 1 - \Phi(-1{,}796) = \Phi(1{,}796) \approx 0{,}9638.$$

(Ohne Korrekturglied ergibt sich die Wahrscheinlichkeit 0,9673.)
Bei einer 500er Serie gewinnt der Spieler mindestens 30 % der Spiele ungefähr mit der Wahrscheinlichkeit 0,96.

Wahrscheinlichkeit dafür, beim 10. Spiel zum dritten Mal zu gewinnen

Um beim 10. Spiel zum dritten Mal zu gewinnen, müssen bei den ersten 9 Spielen 2 Gewinne und beim 10. Spiel der dritte Gewinn eintreten. Dies ist mit der Wahrscheinlichkeit $\binom{9}{2} \cdot 0{,}33696^2 \cdot 0{,}66304^7 \cdot 0{,}33696 \approx 0{,}0776$ der Fall.

c) Wahrscheinlichkeit für die Summe

X sei Zufallsvariable für die erzielte Feldnummer beim Glücksrad G_1. Dann hat X die folgende Verteilung.

x_i	1	2	3
$P(X=x_i)$	0,3	0,5	0,2

Als Erwartungswert und Varianz von X ergeben sich:

$E(X) = 1 \cdot 0{,}3 + 2 \cdot 0{,}5 + 3 \cdot 0{,}2 = 1{,}9;$

$V(X) = (1-1{,}9)^2 \cdot 0{,}3 + (2-1{,}9)^2 \cdot 0{,}5 + (3-1{,}9)^2 \cdot 0{,}2 = 0{,}49.$

Die Zufallsvariable Z_1 beschreibe die Summe der erzielten Feldnummern bei 100 Drehungen von G_1. Dann läßt sich Z_1 darstellen als $Z_1 = X_1 + \ldots + X_{100}$, wobei die X_i unabhängige Kopien von X sind. Also ist

$E(Z_1) = 100 \cdot 1{,}9 = 190;$

$V(Z_1) = 100 \cdot 0{,}49 = 49.$

Y sei Zufallsvariable für die erzielte Feldnummer beim Glücksrad G_2.
Dann hat Y die folgende Verteilung.

y_j	1	2
$P(Y=y_j)$	0,4	0,6

$E(Y) = 1 \cdot 0{,}4 + 2 \cdot 0{,}6 = 1{,}6;$

$V(Y) = (1-1{,}6)^2 \cdot 0{,}4 + (2-1{,}6)^2 \cdot 0{,}6 = 0{,}24.$

Die Zufallsvariable Z_2 beschreibe die Summe der erzielten Feldnummern bei 100 Drehungen von G_2. Mit $Z_2 = Y_1 + \ldots + Y_{100}$ ergibt sich:

$E(Z_2) = 100 \cdot 1{,}6 = 160;$

$V(Z_2) = 100 \cdot 0{,}24 = 24.$

Die Zufallsvariable S beschreibe die Summe aller 200 erzielten Feldnummern. S läßt sich darstellen als $S = Z_1 + Z_2$, wobei Z_1 und Z_2 voneinander unabhängig sind.

$E(S) = E(Z_1 + Z_2) = E(Z_1) + E(Z_2) = 190 + 160 = 350;$

$V(S) = V(Z_1 + Z_2) = V(Z_1) + V(Z_2) = 49 + 24 = 73.$

Nach dem „Zentralen Grenzwertsatz" ist also S näherungsweise normalverteilt mit $\mu_S = 350$ und $\sigma_S = \sqrt{73}$. Damit ergibt sich:

$$\begin{aligned} P(340 \leqq S \leqq 355) &\approx \Phi\left(\frac{355-350}{\sqrt{73}}\right) - \Phi\left(\frac{340-350}{\sqrt{73}}\right) \\ &\approx \Phi(0{,}585) - \Phi(-1{,}170) \\ &\approx 0{,}7207 - (1 - 0{,}8790) \approx 0{,}6. \end{aligned}$$

Die Wahrscheinlichkeit, daß die Summe der 200 erzielten Feldnummern im Intervall $[340; 355]$ liegt, ist näherungsweise 0,6.

W

d) Untersuchung der beiden Strategien

Unter dem Gewinn bei einem Spiel versteht man die Differenz von Auszahlung und Einsatz. Die Zufallsvariable G_I beschreibe den Gewinn (in DM), den ein Spieler bei einem Spiel mit der Strategie I erzielt. Bei Strategie I ist das Zufallsexperiment einstufig. Es ergibt sich das folgende Baumdiagramm.

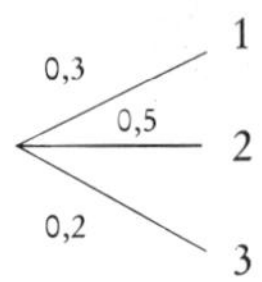

Ergebnis	Gewinn	Wahrscheinlichkeit
1	-1	0,3
2	0	0,5
3	$+1$	0,2

Hieraus folgt der Erwartungswert

$E(G_I) = -1 \cdot 0{,}3 + 0 \cdot 0{,}5 + 1 \cdot 0{,}2 = -0{,}1.$

Die Zufallsvariable G_{II} beschreibe den Gewinn (in DM), den ein Spieler bei einem Spiel mit der Strategie II erzielt. Bei Strategie II ergeben sich im Baumdiagramm Pfade unterschiedlicher Länge.

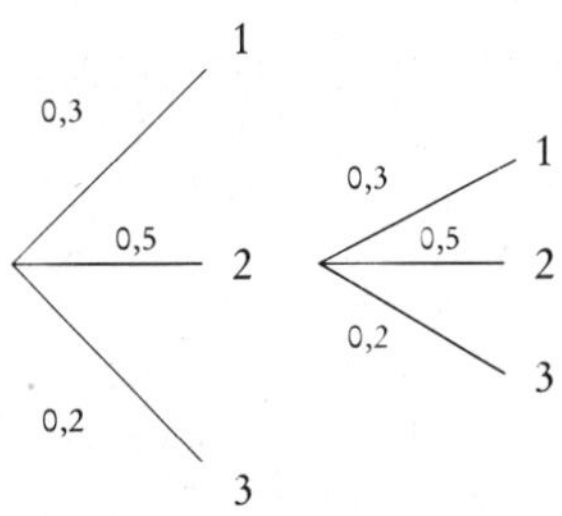

Ergebnis	Gewinn	Wahrscheinlichkeit
1	-1	0,3
(2; 1)	-1	$0{,}5 \cdot 0{,}3$
(2; 2)	0	$0{,}5 \cdot 0{,}5$
(2; 3)	$+1$	$0{,}5 \cdot 0{,}2$
3	$+1$	0,2

Die Zufallsvariable G_{II} hat also die folgende Verteilung.

g_{II}	-1	0	$+1$
$P(G_{II} = g_{II})$	$0{,}3 + 0{,}5 \cdot 0{,}3$ $= 0{,}45$	$0{,}5^2$ $= 0{,}25$	$0{,}5 \cdot 0{,}2 + 0{,}2$ $= 0{,}3$

$E(G_{II}) = -1 \cdot 0{,}45 + 0 \cdot 0{,}25 + 1 \cdot 0{,}3 = -0{,}15$

Bei beiden Strategien verliert ein Spieler langfristig. Da aber $E(G_I) > E(G_{II})$ ist, ist für den Automatenbesitzer die Strategie I ungünstiger.

Untersuchung der abgeänderten Strategie II

1. Möglichkeit:

Die Zufallsvariable G_{II}^n beschreibe den Gewinn (in DM), den ein Spieler bei einem Spiel erzielt, wenn er erst nach n aufeinanderfolgenden Ergebnissen 2 den Einsatz zurückfordert. Zu diesem Zufallsexperiment gehört das folgende Baumdiagramm.

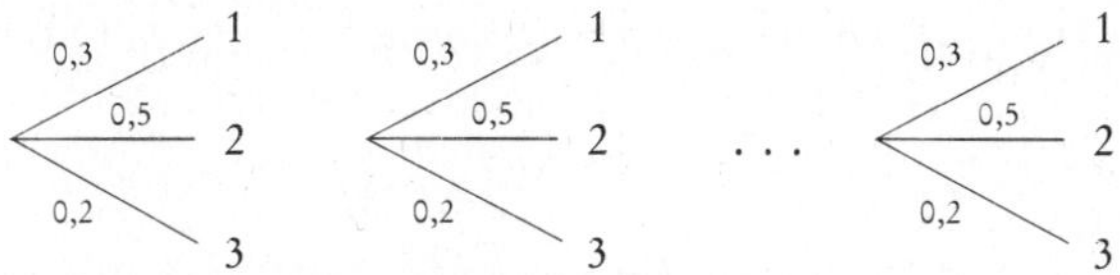

$$E(G_{II}^n) = (-1\cdot 0{,}3 + 1\cdot 0{,}2) + 0{,}5(-1\cdot 0{,}3 + 1\cdot 0{,}2) + \ldots + 0{,}5^{n-1}(-1\cdot 0{,}3 + 1\cdot 0{,}2)$$
$$= -0{,}1 - 0{,}5\cdot 0{,}1 - 0{,}5^2\cdot 0{,}1 - \ldots - 0{,}5^{n-1}\cdot 0{,}1$$

Es ist also $E(G_{II}^n) > E(G_{II}^{n+1})$.

Für einen Spieler wird also die Gewinnerwartung mit wachsendem n kleiner. Somit ist es für den Automatenbesitzer günstiger, wenn man die Strategie II wie angegeben abändert.

2. Möglichkeit:

Zu dem gleichen Ergebnis gelangt man auch durch folgende Überlegung: Schon bei Strategie I ist die Gewinnerwartung für einen Spieler negativ. Wenn man den Einsatz bei aufeinanderfolgenden Ergebnissen 2 nicht bereits nach dem 2. Mal zurückfordert, so wird für den Automatenbesitzer die Gewinnerwartung bei wachsendem n größer.

a) Eine große Lieferung von Glühbirnen enthält aufgrund eines Produktionsfehlers versehentlich 28 % defekte Glühbirnen. Jemand kauft 10 Glühbirnen, die aus dieser Lieferung zufällig herausgegriffen werden.
Berechnen Sie die Wahrscheinlichkeiten der Ereignisse
A: Er erhält genau 3 defekte Glühbirnen
B: Er erhält mindestens 2 defekte Glühbirnen.
Der Händler verkauft nun 400 Glühbirnen aus dieser Lieferung.
Berechnen Sie die Wahrscheinlichkeit dafür, daß mehr als 30 % der 400 Glühbirnen defekt sind.

b) Ein Händler verkauft Glühbirnen der Güteklassen I und II.
Ihre Brenndauer (in Stunden) ist näherungsweise normalverteilt mit $\mu_1 = 1320$ und $\sigma_1 = 80$ in der Güteklasse I und mit $\mu_2 = 1090$ und $\sigma_2 = 95$ in der Güteklasse II.

(Hinweis: Dann sind auch Summe und Differenz der Brenndauern dieser Glühbirnen näherungsweise normalverteilt.)

In eine Deckenleuchte wird links, in der Mitte und rechts je eine Glühbirne Güteklasse II eingeschraubt.
Mit welcher Wahrscheinlichkeit brennt die linke Glühbirne länger als 1200 Stunden?
Mit welcher Wahrscheinlichkeit brennen alle drei Glühbirnen länger als 1200 Stunden?
In einem Flur brennt dauernd eine Lampe mit einer Glühbirne der Güteklasse I. Immer wenn eine Glühbirne durchbrennt, wird sie durch eine neue ersetzt.
Mit welcher Wahrscheinlichkeit reichen 7 Glühbirnen für die Beleuchtung während eines ganzen Jahres aus?

c) Der Händler erhält den Auftrag, für einen Vergnügungspark 10 000 Glühbirnen zu liefern, die dort alle dauernd brennen sollen. Der Händler trifft mit dem Besitzer des Vergnügungsparks folgende Vereinbarung:
Innerhalb der ersten 50 Tage werden durchgebrannte Glühbirnen nicht ersetzt. Nach Ablauf dieser 50 Tage wird die Anzahl der ausgefallenen Glühbirnen festgestellt. Sollten es mehr als 7,5 % aller Glühbirnen sein, so ist lediglich der Preis für Glühbirnen der Güteklasse II (vgl. Teilaufgabe b)) zu zahlen.
Mit welcher Wahrscheinlichkeit wird nur der Preis für Güteklasse II bezahlt, obwohl ausschließlich Glühbirnen der Güteklasse I geliefert worden sind?

d) Jemand kauft je eine Glühbirne der in Teilaufgabe b) beschriebenen Güteklasse I bzw. II.
Mit welcher Wahrscheinlichkeit brennt die Glühbirne der Güteklasse II länger als die der Güteklasse I?
Eine der beiden Glühbirnen wird zufällig ausgewählt. Sie brennt länger als 50 volle Tage.
Mit welcher Wahrscheinlichkeit handelt es sich um die Glühbirne der Güteklasse I?

Lösungshinweise:

a) Führe eine Zufallsvariable für die Anzahl der defekten unter zehn Glühbirnen ein und drücke die Wahrscheinlichkeiten der Ereignisse A und B mit Hilfe dieser Zufallsvariablen aus. Wie ist die Zufallsvariable verteilt? Die zugehörige Verteilung liegt nicht tabelliert vor. Berechne also die gesuchten Wahrscheinlichkeiten mit der Formel von Bernoulli. Wie berechnet man näherungsweise „Intervallwahrscheinlichkeiten" bei Binomialverteilungen für große Werte von n?

b) Die Brenndauer einer Glühbirne ist näherungsweise normalverteilt. Erwartungswert und Standardabweichung sind gegeben. Damit ergibt sich sofort die Wahrscheinlichkeit dafür, daß eine Glühbirne länger als 1200 Stunden brennt. Die Wahrscheinlichkeit dafür, daß alle drei Glühbirnen länger als 1200 Stunden brennen, ergibt sich dann mit Hilfe des speziellen Multiplikationssatzes. Um die gesuchte Wahrscheinlichkeit für die Brenndauer von 7 Glühbirnen zu berechnen, führe für jede der 7 Glühbirnen eine Zufallsvariable ein und berechne den Erwartungswert und die Standardabweichung der Summe aller 7 Zufallsvariablen mit Hilfe des gegebenen Hinweises.

c) Es wurden ausschließlich Glühbirnen der Güteklasse I geliefert. Aufgrund der Angaben aus Teilaufgabe b) ist die Wahrscheinlichkeit dafür, daß eine Glühbirne der Güteklasse I innerhalb der ersten 50 Tage durchbrennt, berechenbar. Der Preis für Güteklasse II wird bezahlt, wenn 7,5 % von 10 000 Glühbirnen innerhalb der ersten 50 Tage durchbrennen. Führe also eine Zufallsvariable für die Anzahl von 10 000 Glühbirnen der Güteklasse I ein, welche innerhalb der ersten 50 Tage durchbrennen. Wie ist diese verteilt? Zur Berechnung der gesuchten Wahrscheinlichkeit führe eine Näherungsrechnung durch.

d) Um die Brenndauern vergleichen zu können, führe die Differenz D zweier Zufallsvariablen ein und berechne E(D) und V(D). Für welche Werte von D brennt eine Glühbirne der Güteklasse II länger als eine der Güteklasse I?

Zur Berechnung der bedingten Wahrscheinlichkeit führe Ereignisse ein und notiere die gegebenen Wahrscheinlichkeiten (vgl. die Teilaufgaben b) und c)). Zeichne ein Baumdiagramm einschließlich Wahrscheinlichkeiten. Wie ist die Wahrscheinlichkeit von G unter der Bedingung F definiert? Zur Berechnung der Wahrscheinlichkeit des Und-Ereignisses verwende den allgemeinen Multiplikationssatz. Die Wahrscheinlichkeit P(F) ergibt sich mit Hilfe des speziellen Additionssatzes und des allgemeinen Multiplikationssatzes.

Lösung:

a) **Berechnung der Wahrscheinlichkeiten**

Die Zufallsvariable X beschreibe die Anzahl der defekten unter zehn gekauften Glühbirnen. X ist $B_{10;0,28}$-verteilt. Mit Hilfe der Formel von Bernoulli ergibt sich:

$$P(A)=P(X=3)=\binom{10}{3}\cdot 0{,}28^3\cdot 0{,}72^7\approx 0{,}2642;$$

$$\begin{aligned}P(B)&=P(X\geqq 2)=1-P(X\leqq 1)=1-[P(X=0)+P(X=1)]\\&=1-\left[\binom{10}{0}\cdot 0{,}28^0\cdot 0{,}72^{10}+\binom{10}{1}\cdot 0{,}28\cdot 0{,}72^9\right]\\&\approx 0{,}8170.\end{aligned}$$

Die Zufallsvariable Y beschreibe die Anzahl der defekten unter 400 verkauften Glühbirnen. Y ist $B_{400;0,28}$-verteilt. Da die Faustformel $n\cdot p\cdot q>9$ erfüllt ist $(400\cdot 0{,}28\cdot 0{,}72=80{,}64>9)$, kann man die „Globale Näherungsformel von De Moivre-Laplace" mit $\mu_Y=400\cdot 0{,}28=112$ und $\sigma_Y=\sqrt{400\cdot 0{,}28\cdot 0{,}72}=\sqrt{80{,}64}$ anwenden:

$$\begin{aligned}P(Y>120)&=1-P(Y\leqq 120)\approx 1-\Phi\left(\frac{120+0{,}5-112}{\sqrt{80{,}64}}\right)\\&\approx 1-\Phi(0{,}947)\approx 0{,}17.\end{aligned}$$

b) **Wahrscheinlichkeit der Brenndauer bei einer Glühbirne**

Die Zufallsvariable Z_{II} beschreibe die Brenndauer (in Std.) einer Glühbirne der Güteklasse II. Dann ist Z_{II} näherungsweise $N(1090;95)$-verteilt.

$$\begin{aligned}P(Z_{II}>1200)&=1-P(Z_{II}\leqq 1200)\approx 1-\Phi\left(\frac{1200-1090}{95}\right)\\&\approx 1-\Phi(1{,}158)\approx 0{,}1234\end{aligned}$$

Wahrscheinlichkeit der Brenndauer bei drei Glühbirnen

Es sei C das Ereignis „Alle drei Glühbirnen brennen länger als 1200 Stunden". Dann ergibt sich mit Hilfe des speziellen Multiplikationssatzes:

$$P(C)=[P(Z_{II}>1200)]^3\approx 0{,}12^3\approx 0{,}002.$$

W

Wahrscheinlichkeit der Brenndauer bei sieben Glühbirnen

Die Zufallsvariable $Z_{I;i}$ beschreibe die Brenndauer (in Std.) der i-ten Glühbirne der Güteklasse I; $i=1,2,3,4,5,6,7$. Die Zufallsvariable Z beschreibe die Summe der Brenndauern (in Std.) aller 7 Glühbirnen der Güteklasse I. Somit läßt sich Z darstellen als $Z=Z_{I;1}+Z_{I;2}+\ldots+Z_{I;7}$. Die Zufallsvariable Z ist $N(\mu_Z;\sigma_Z)$-verteilt mit $\mu_Z=7\cdot 1320=9240$ und $\sigma_Z^2=7\cdot 80^2$ bzw. $\sigma_Z=80\cdot\sqrt{7}$.

$$P(Z\geqq 365\cdot 24)=P(Z\geqq 8760)=1-P(Z<8760)$$
$$\approx 1-\Phi\left(\frac{8760-9240}{80\cdot\sqrt{7}}\right)\approx 1-\Phi(-2{,}268)=\Phi(2{,}268)\approx 0{,}9883$$

c) **Wahrscheinlichkeit für den Preis für Güteklasse II**

Die Zufallsvariable Z_I beschreibe die Brenndauer (in Std.) einer Glühbirne der Güteklasse I. Dann ist Z_I nach Teilaufgabe b) näherungsweise $N(1320;80)$-verteilt. Damit läßt sich die Wahrscheinlichkeit dafür, daß eine Glühbirne der Güteklasse I innerhalb der ersten 50 Tage durchbrennt, berechnen:

$$P(Z_I\leqq 1200)\approx\Phi\left(\frac{1200-1320}{80}\right)=\Phi(-1{,}5)=1-\Phi(1{,}5)$$
$$\approx 1-0{,}9332=0{,}0668.$$

Die Zufallsvariable W beschreibe die Anzahl von 10 000 Glühbirnen der Güteklasse I, welche innerhalb der ersten 50 Tage durchbrennen. W ist also $B_{10\,000;\,0{,}0668}$-verteilt mit

$\mu_W=10\,000\cdot 0{,}0668=668$ und $\sigma_W=\sqrt{10\,000\cdot 0{,}0668\cdot 0{,}9332}$.

Da die Faustformel $n\cdot p\cdot q>9$ erfüllt ist $(10\,000\cdot 0{,}0668\cdot 0{,}9332\approx 623{,}4>9)$, kann man die „Globale Näherungsformel von De Moivre-Laplace" anwenden. 7,5 % von 10 000 Glühbirnen sind 750 Glühbirnen.

$$P(W>750)=1-P(W\leqq 750)\approx 1-\Phi\left(\frac{750+0{,}5-668}{\sqrt{10\,000\cdot 0{,}0668\cdot 0{,}9332}}\right)$$
$$\approx 1-\Phi(3{,}30)\approx 1-0{,}995\approx 0;$$

d. h., die Wahrscheinlichkeit, daß nur der Preis für Güteklasse II bezahlt wird, obwohl ausschließlich Glühbirnen der Güteklasse I geliefert worden sind, ist praktisch null.

d) **Vergleich der Brenndauern**

Es sei $D=Z_{II}-Z_I$. Die Zufallsvariable D ist näherungsweise $N(\mu_D;\sigma_D)$-verteilt mit $\mu_D=E(Z_{II})-E(Z_I)=1090-1320=-230$ und

$\sigma_D^2=V(Z_{II})+V(Z_I)=95^2+80^2=15425$ bzw. $\sigma_D=\sqrt{15425}$.

Die Glühbirne der Güteklasse II brennt länger als die der Güteklasse I, wenn $D > 0$ ist. Die Wahrscheinlichkeit hierfür ist

$$P(D > 0) = 1 - P(D \leqq 0) \approx 1 - \Phi\left(\frac{0 + 230}{\sqrt{15425}}\right)$$
$$\approx 1 - \Phi(1{,}852) \approx 1 - 0{,}9680 = 0{,}0320.$$

Mit der Wahrscheinlichkeit von rund 3,2 % brennt die Glühbirne der Güteklasse II länger als die der Güteklasse I.

Berechnung der bedingten Wahrscheinlichkeit

Folgende Ereignisse werden eingeführt:
F: Die Glühbirne brennt länger als 50 Tage;
G: Die Glühbirne ist Güteklasse I.

Mit diesen Ereignissen sind folgende Wahrscheinlichkeiten gegeben:
$P(G) = 0{,}5$; $P_G(F) \approx 0{,}93$ (vgl. Teilaufgabe c)),
$P(\overline{G}) = 0{,}5$; $P_{\overline{G}}(F) \approx 0{,}12$ (vgl. Teilaufgabe b)).

Gesucht ist $P_F(G)$. Die Figur zeigt das zugehörige Baumdiagramm.

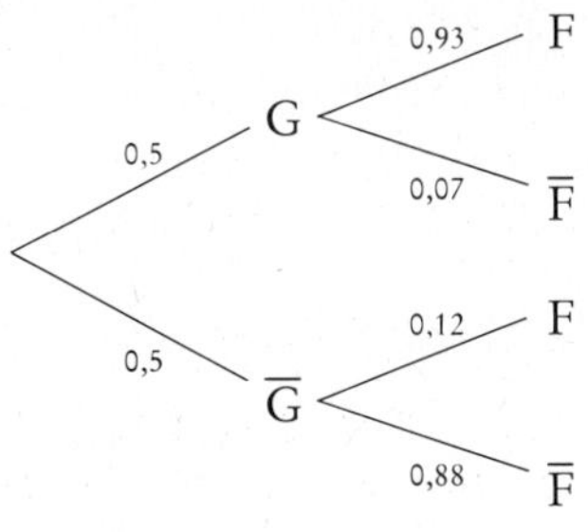

Mit Hilfe der Definition der bedingten Wahrscheinlichkeit erhält man:

$$P_F(G) = \frac{P(G \cap F)}{P(F)} = \frac{P(G) \cdot P_G(F)}{P(F)}.$$

Dieser Sachverhalt ist auch als Satz von Bayes bekannt (nach Thomas Bayes; 1702–1761).

Mit $P(F) = P(G \cap F) + P(\overline{G} \cap F) = P_G(F) + P(\overline{G}) \cdot P_{\overline{G}}(F)$ folgt

$$P_F(G) = \frac{P(G) \cdot P_G(F)}{P(G) \cdot P_G(F) + P(\overline{G}) \cdot P_{\overline{G}}(F)}.$$

Setzt man die gegebenen Wahrscheinlichkeiten ein, ergibt sich:

$$P_F(G) = \frac{0{,}5 \cdot 0{,}93}{0{,}5 \cdot 0{,}93 + 0{,}5 \cdot 0{,}12} \approx 0{,}89,$$

d. h., mit fast 90 % handelt es sich um Glühbirnen der Güteklasse I.

W

Die Maschinen A und B stellen Dichtungsringe her. Die Dicke X (in mm) der von Maschine A hergestellten Dichtungsringe kann als normalverteilt angesehen werden, ebenso die Dicke Y (in mm) der von Maschine B hergestellten Ringe. Es gilt: $\mu_X = 5{,}80$ und $\mu_Y = 3{,}60$ (Sollwerte) und $\sigma_X = 0{,}12$.

a) Wie groß ist bei Maschine A die Wahrscheinlichkeit, daß die Dicke eines Dichtungsringes höchstens 5,59 beträgt?
Dichtungsringe, die zu dick oder zu dünn sind, sind Ausschuß. Die Maschine A liefert 5 % Ausschuß.
Bestimmen Sie die zu μ_X symmetrischen Toleranzgrenzen.
Maschine B stellt mit einer Wahrscheinlichkeit von 0,7 % Dichtungsringe mit einer Dicke von weniger als 3,25 her.
Bestimmen Sie σ_Y.

b) Die Maschine B produziert 4,5 % Ausschuß. Die von B produzierten Ringe werden ohne Prüfung in Tüten zu je 50 Stück abgepackt. 20 Tüten ergeben ein Paket.
Wie groß ist die Wahrscheinlichkeit, daß in einer Tüte höchstens 2 unbrauchbare Ringe sind?
Wie groß ist die Wahrscheinlichkeit, daß genau 18 Tüten eines Pakets höchstens 2 unbrauchbare Ringe enthalten?

c) Die Maschine B liefert nach wie vor durchschnittlich 4,5 % Ausschuß. Ein Kunde benötigt mindestens 10 000 brauchbare Ringe von Maschine B.
Wie viele Tüten muß er mindestens bestellen, damit er mit einer Wahrscheinlichkeit von mindestens 95 % genügend viele brauchbare Ringe erhält?

d) Bei einer dritten Maschine C wird aufgrund bisheriger Erfahrungen vermutet, daß die Dicke Z der damit hergestellten Dichtungsringe den Erwartungswert $\mu_Z = 6{,}40$ hat. Zur Überprüfung dieses Wertes wird ein Test mit dem Stichprobenumfang 100 auf dem 5 % Signifikanzniveau durchgeführt. Dabei erhält man folgende Daten:

Dicke in mm:	6,0	6,1	6,2	6,3	6,4	6,5	6,6	6,7	6,8
Anzahl:	3	4	3	9	20	20	15	15	11

Welche Entscheidung legt der Test nahe?

(Hinweis: Verwenden Sie die Standardabweichung der Stichprobenwerte.)

W

Lösung:

a) Formuliere die gesuchte Wahrscheinlichkeit mit Hilfe der eingeführten Zufallsvariablen X. Wie ist X verteilt? Welche Beziehung gilt für $\Phi(-z)$? Die Toleranzgrenzen liegen symmetrisch zu μ_X. Drücke die Grenzen mit Hilfe der Abweichung c vom Erwartungswert μ_X aus. Welcher Term ergibt sich bei einer Normalverteilung für die Wahrscheinlichkeit $P(|X-\mu_X| \leqq c)$? Diese Wahrscheinlichkeit ist aufgrund der Aufgabe gegeben. Wie berechnet sich nun c? Zur Berechnung von σ_Y drücke die Wahrscheinlichkeit $P(Y<3{,}25)$ mit Hilfe der Φ-Funktion aus. Da diese Wahrscheinlichkeit gegeben ist, läßt sich σ_Y berechnen.

b) Führe Zufallsvariablen für die verschiedenen in Frage kommenden Anzahlen ein und gib die zugehörigen Wahrscheinlichkeitsverteilungen an. Berechne die einzelnen Wahrscheinlichkeiten mit Hilfe der Formel von Bernoulli unter Verwendung eines Taschenrechners.

c) Führe für die Anzahl der brauchbaren unter n Ringen eine Zufallsvariable ein. Wie ist diese verteilt? Welche Ungleichung ergibt sich aus der angegebenen Bedingung? Ist für $n \geqq 10\,000$ die Faustformel erfüllt? Wie ermittelt man die Mindestanzahl von Tüten mit Hilfe einer Näherungsrechnung?

d) Führe neben der Zufallsvariablen Z eine Zufallsvariable für das arithmetische Mittel der Dicke bei 100 Messungen ein. Welche Zufallsvariable ist dann näherungsweise $N(0;1)$-verteilt? Welcher Ablehnungsbereich ergibt sich? Die Standardabweichung σ_Z ist nicht bekannt; wie verfährt man in solchen Fällen?

Lösung:

a) **Wahrscheinlichkeit bei Normalverteilung**

Die Zufallsvariable X beschreibt die Dicke (in mm) der von Maschine A hergestellten Dichtungsringe. Sie ist näherungsweise $N(5{,}80; 0{,}12)$-verteilt.

$$P(X \leqq 5{,}59) \approx \Phi\left(\frac{5{,}59-5{,}80}{0{,}12}\right) = \Phi(-1{,}75) = 1-\Phi(1{,}75)$$
$$\approx 1-0{,}9599 = 0{,}0401$$

Rund 4 % der Dichtungsringe der Maschine A haben eine Dicke von höchstens 5,59 mm.

Berechnung der Toleranzgrenzen

Die Toleranzgrenzen seien $5{,}80-c$ und $5{,}80+c$. Für eine normalverteilte Zufallsvariable X gilt:

$P(|X-\mu_X|\leqq c)=2\cdot\Phi\left(\frac{c}{\sigma_X}\right)-1.$

Aus $2\cdot\Phi\left(\frac{c}{0{,}12}\right)-1=0{,}95$ folgt $\Phi\left(\frac{c}{0{,}12}\right)=0{,}975$ bzw. $\frac{c}{0{,}12}=1{,}96$ und hieraus $c=1{,}96\cdot 0{,}12\approx 0{,}24$.

Die Toleranzgrenzen sind somit 5,56 mm und 6,04 mm.

Berechnung von σ_Y

Die Zufallsvariable Y beschreibt die Dicke (in mm) der von Maschine B hergestellten Dichtungsringe. Sie ist näherungsweise $N(3{,}60;\sigma_Y)$-verteilt.

$P(Y<3{,}25)\approx\Phi\left(\frac{3{,}25-3{,}60}{\sigma_Y}\right)=\Phi\left(-\frac{0{,}35}{\sigma_Y}\right)$

Aus $\Phi\left(-\frac{0{,}35}{\sigma_Y}\right)=0{,}007$ folgt $-\frac{0{,}35}{\sigma_Y}\approx -2{,}46$ bzw. $\sigma_Y\approx\frac{0{,}35}{2{,}46}\approx 0{,}14.$

Die Standardabweichung σ_Y beträgt also ungefähr 0,14 mm.

W

b) **Wahrscheinlichkeit, daß in einer Tüte höchstens 2 Ringe unbrauchbar sind**

Die Zufallsvariable R beschreibe die Anzahl der unbrauchbaren in einer Tüte mit 50 Ringen. R ist $B_{50;\,0{,}045}$-verteilt. Mit Hilfe der Formel von Bernoulli ergibt sich:

$$\begin{aligned}P(R\leqq 2)&=P(R=0)+P(R=1)+P(R=2)\\&=0{,}955^{50}+\binom{50}{1}\cdot 0{,}045\cdot 0{,}955^{49}+\binom{50}{2}\cdot 0{,}045^2\cdot 0{,}955^{48}\\&\approx 0{,}10004+0{,}23569+0{,}27210\\&\approx 0{,}6078.\end{aligned}$$

Die Wahrscheinlichkeit, daß in einer Tüte höchstens 2 Ringe unbrauchbar sind, ist also ungefähr 0,61.

Wahrscheinlichkeit, daß in 18 Tüten eines Pakets höchstens 2 Ringe unbrauchbar sind

T sei Zufallsvariable für die Anzahl der Tüten in einem Paket mit höchstens 2 unbrauchbaren Ringen. T ist näherungsweise $B_{20;\,0{,}6078}$-verteilt.

$P(T=18)=\binom{20}{18}\cdot 0{,}6078^{18}\cdot 0{,}3922^2\approx 0{,}0037$

Die gesuchte Wahrscheinlichkeit ist also ungefähr 0,004.

c) **Berechnung der Mindestanzahl der Tüten**

Die Zufallsvariable U beschreibe die Anzahl der brauchbaren unter n Ringen. U ist $B_{n;0,955}$-verteilt mit $\mu_U = 0{,}955n$ und $\sigma_U = \sqrt{n \cdot 0{,}955 \cdot 0{,}045}$.

Aus $P(U \geqq 10\,000) \geqq 0{,}95$ folgt $P(U \leqq 9999) \leqq 0{,}05$. Für $n \geqq 10\,000$ ist die Faustformel erfüllt, denn es gilt: $\sigma_U^2 = 10\,000 \cdot 0{,}955 \cdot 0{,}045 = 429{,}75 > 9$.

Da $P(U \leqq 9999) \approx \Phi\left(\frac{9999 + 0{,}5 - 0{,}955n}{\sqrt{n \cdot 0{,}955 \cdot 0{,}045}}\right)$ ist, folgt aus

$\Phi\left(\frac{9999{,}5 - 0{,}955n}{\sqrt{n \cdot 0{,}955 \cdot 0{,}045}}\right) \leqq 0{,}05$ dann $\frac{9999{,}5 - 0{,}955n}{\sqrt{n \cdot 0{,}955 \cdot 0{,}045}} \leqq -1{,}6449$

und hieraus $0{,}955n - 0{,}341 \cdot \sqrt{n} - 9999{,}5 \geqq 0$

bzw. $n \geqq 10\,508$.

Da $10\,508 : 50 = 210{,}16$ ist, muß der Kunde mindestens 211 Tüten bestellen. (Ermittelt man n ohne Berücksichtigung des Korrekturgliedes, erhält man das gleiche Ergebnis.)

d) **Signifikanztest für den Erwartungswert bei unbekannter Standardabweichung.**

Die Zufallsvariable Z beschreibt die Dicke (in mm) der von Maschine C hergestellten Dichtungsringe. Über den Erwartungswert von Z werden folgende Hypothesen aufgestellt:

Nullhypothese: $H_0: \mu_Z = 6{,}40$;

Gegenhypothese: $H_1: \mu_Z \neq 6{,}40$.

Es handelt sich um einen zweiseitigen Test über den Erwartungswert einer Normalverteilung bei unbekannter Standardabweichung.

Lösung mit Hilfe der standardisierten Testvariablen W:

$\overline{Z}$: Arithmetisches Mittel der Dicke bei einer Stichprobe vom Umfang 100.

Da σ_Z unbekannt ist, wird der aus der Stichprobe errechnete Schätzwert s anstelle von σ_Z verwendet. Die Zufallsvariable $W = \frac{\overline{Z} - \mu_Z}{s} \cdot \sqrt{100}$ ist bei wahrer Nullhypothese näherungsweise $N(0;1)$-verteilt.

Aus $\Phi(c) = 1 - \frac{\alpha}{2} = 1 - \frac{0{,}05}{2} = 0{,}975$ folgt $c = 1{,}96$.

Also ist $K = \{w \mid w < -1{,}96 \text{ oder } w > 1{,}96\}$ der Ablehnungsbereich.

Entscheidung: Aus der Stichprobe ergeben sich die Werte $\overline{z} = 6{,}5$ und $s = 0{,}2$. Da $\frac{6{,}5 - 6{,}4}{0{,}2} \cdot 10 = 5$ ist, und dieser Wert in den Ablehnungsbereich fällt, ist die Nullhypothese zu verwerfen.

Aufgabe 91/1

Beim Verkauf von Milch soll in einem Marktversuch die Wiedereinführung von Mehrwegflaschen untersucht werden. Dazu werden die Flaschen durchnumeriert und in Kästen zu je 20 Stück ausgegeben. Die Wahrscheinlichkeit, daß eine Milchflasche nach Gebrauch zurückgegeben wird, heißt Rückgabewahrscheinlichkeit p.

a) Alle numerierten Flaschen werden verkauft.
Berechnen Sie für $p = 0{,}9$ die Wahrscheinlichkeiten der Ereignisse
A: Von einem Kasten werden mehr als 3 Flaschen nicht zurückgegeben
B: Von 15 Kästen werden mehr als 35 Flaschen nicht zurückgegeben
C: Von mindestens einem von 15 Kästen kommen alle Flaschen zurück, die in diesem Kasten waren.

b) Zum Abfüllen werden 70 % weiße und 30 % braune Flaschen bereitgestellt. Das Leergewicht X (in g) der weißen Flaschen ist näherungsweise normalverteilt mit $\mu_x = 700$ und $\sigma_x = 4$, das Leergewicht Y (in g) der braunen Flaschen ist näherungsweise normalverteilt mit $\mu_y = 710$ und $\sigma_y = 6$.
Mit welcher Wahrscheinlichkeit hat eine Flasche ein Leergewicht von mehr als 705 g?
Mit welcher Wahrscheinlichkeit ist eine leere Flasche, die mehr als 705 g wiegt, braun?

c) Bei den Mehrwegflaschen handle es sich um Literflaschen, und es sei $p = 0{,}96$. Jede zurückgegebene Flasche wird wieder gefüllt und verkauft.
Berechnen Sie die Wahrscheinlichkeiten der Ereignisse
D: Mit einer Flasche lassen sich insgesamt genau 4 Liter Milch verkaufen
E: Mit einer Flasche lassen sich insgesamt höchstens 4 Liter Milch verkaufen
F: Mit zwei Flaschen lassen sich insgesamt genau 5 Liter Milch verkaufen.

d) Von der Rückgabewahrscheinlichkeit p ist nun nur bekannt, daß sie zwischen 0,01 und 0,99 liegt.
Wie viele Milchflaschen müssen mindestens verkauft und deren Rückgabe kontrolliert werden, damit für jedes p der Anteil der zurückgegebenen Flaschen mit einer Wahrscheinlichkeit von mindestens 90 % um höchstens 0,02 von p abweicht?
(Beachten Sie: $p(1-p) \leqq \frac{1}{4}$; approximieren sie mit einer Normalverteilung.)

W

Lösungshinweise:

a) Führe für die Anzahl der nicht zurückgegebenen Flaschen eines Kastens eine Zufallsvariable ein und drücke die Wahrscheinlichkeit des Ereignisses A mit Hilfe dieser Zufallsvariablen aus. Wie ist die Zufallsvariable verteilt? Liegt die zugehörige Verteilung tabelliert vor?

Führe für die Anzahl der nicht zurückgegebenen Flaschen von 15 Kästen eine Zufallsvariable ein. Wie ist diese verteilt? Da die zugehörige Verteilung nicht tabelliert vorliegt, muß eine Näherungsrechnung durchgeführt werden. Ist die Faustformel erfüllt? Drücke die Wahrscheinlichkeit des Ereignisses B mit Hilfe der Zufallsvariablen aus und verwende die „Globale Näherungsformel De Moivre-Laplace".

Drücke auch das Ereignis C mit Hilfe einer weiteren binomialverteilten Zufallsvariablen aus. Jetzt ist $n=15$, wie ermittelt man p?

b) Es werden 70 % weiße und 30 % braune Flaschen bereitgestellt. Damit ist die gesuchte Wahrscheinlichkeit mit Hilfe der im Aufgabentext eingeführten Zufallsvariablen X und Y ausdrückbar. Die Verteilungen von X bzw. Y sind bekannt. Zu beachten ist noch die Beziehung $\Phi(-z)=1-\Phi(z)$.

Zur Berechnung der bedingten Wahrscheinlichkeit führe Ereignisse ein und drücke die gesuchte Wahrscheinlichkeit mit Hilfe dieser Ereignisse aus.

c) Wie oft muß man eine Flasche zurückgeben, damit mit dieser Flasche genau 4 Liter Milch verkauft werden können? Zur Berechnung von P(E) und P(F) zeichne Baumdiagramme und verwende die Pfadregel. Beachte dabei, daß bei dem Ereignis F zwei Flaschen verwendet werden.

d) Führe für die Anzahl der zurückgegebenen unter n verkauften Flaschen eine Zufallsvariable ein. Wie ist diese verteilt? Wie drückt sich mit Hilfe dieser Zufallsvariablen die Zufallsvariable für die relative Häufigkeit aus? Wie ist diese neue Zufallsvariable verteilt?

Welche Formel gilt bei einer $N(\mu;\sigma)$-verteilten Zufallsvariablen X für die Wahrscheinlichkeit $P(|X-\mu| \leqq c)$?

Übertrage diese Formel auf die Zufallsvariable für die relative Häufigkeit. Welche Ungleichung folgt aus $\Phi(z) \geqq 0{,}95$?

Verwende diese und benutze $p(1-p) \leqq \frac{1}{4}$.

Lösung:

a) **Berechnung von P(A)**

Die Zufallsvariable Z_1 beschreibt die Anzahl der nicht zurückgegebenen Flaschen eines Kastens. Z_1 ist $B_{20;0,1}$-verteilt. Mit Hilfe einer Tafel findet man:

$P(A) = P(Z_1 > 3) = 1 - P(Z_1 \leqq 3) \approx 1 - 0{,}8670 = 0{,}1330.$

Berechnung von P(B)

Die Zufallsvariable Z_2 beschreibt die Anzahl der nicht zurückgegebenen Flaschen von 15 Kästen. Ein Kasten enthält 20 Flaschen. Z_2 ist also $B_{300;0,1}$-verteilt. Da diese Verteilung nicht tabelliert vorliegt, ist eine Näherungsrechnung durchzuführen. Die Faustformel $n \cdot p \cdot q > 9$ ist erfüllt ($300 \cdot 0{,}1 \cdot 0{,}9 = 27 > 9$). Man kann also die „Globale Näherungsformel von De Moivre–Laplace" anwenden ($\mu_{Z_2} = 300 \cdot 0{,}1 = 30$; $\sigma_{Z_2} = \sqrt{300 \cdot 0{,}1 \cdot 0{,}9} = \sqrt{27}$).

$$P(B) = P(Z_2 > 35) = 1 - P(Z_2 \leqq 35) \approx 1 - \Phi\left(\frac{35 + 0{,}5 - 30}{\sqrt{27}}\right)$$
$$\approx 1 - \Phi(1{,}058)$$
$$\approx 1 - 0{,}8550 = 0{,}1450$$

Berechnung von P(C)

Die Zufallsvariable Z_3 beschreibt die Anzahl der Kästen unter 15, von denen alle Flaschen zurückkommen. Bei einem Kasten werden alle Flaschen zurückgegeben mit der Wahrscheinlichkeit $P(Z_1 = 0) = 0{,}9^{20} \approx 0{,}1216$. Z_3 ist also näherungsweise $B_{15;0,1216}$-verteilt.

$P(C) = P(Z_3 \geqq 1) = 1 - P(Z_3 = 0) = 1 - (1 - 0{,}9^{20})^{15} \approx 0{,}8569$

b) **Wahrscheinlichkeit bei Normalverteilung**

Die Zufallsvariable G beschreibt das Leergewicht (in g) einer beliebigen Flasche. Das Leergewicht X (in g) einer weißen Flasche ist näherungsweise N(700; 4)-verteilt; das Leergewicht Y (in g) einer braunen Flasche ist näherungsweise N(710; 6)-verteilt. Da 70 % weiße und 30 % braune Flaschen bereitgestellt werden, gilt:

$$P(G > 705) = 0{,}7 \cdot P(X > 705) + 0{,}3 \cdot P(Y > 705)$$
$$= 0{,}7 \cdot (1 - P(X \leqq 705)) + 0{,}3 \cdot (1 - P(Y \leqq 705))$$
$$\approx 0{,}7 \cdot \left(1 - \Phi\left(\frac{705 - 700}{4}\right)\right) + 0{,}3 \cdot \left(1 - \Phi\left(\frac{705 - 710}{6}\right)\right)$$
$$\approx 0{,}7 \cdot (1 - \Phi(1{,}25)) + 0{,}3 \cdot (1 - \Phi(-0{,}833))$$
$$\approx 0{,}7 \cdot 0{,}1056 + 0{,}3 \cdot 0{,}7976$$
$$= 0{,}3132.$$

Berechnung der bedingten Wahrscheinlichkeit

Folgende Ereignisse werden eingeführt:
H: Eine Flasche ist braun;
K: Eine Flasche hat ein Leergewicht von mehr als 705 g.
Mit diesen Ereignissen ist $P_K(H)$ gesucht.
Mit Hilfe der Definition der bedingten Wahrscheinlichkeit erhält man:

$$P_K(H) = \frac{P(H \cap K)}{P(K)} = \frac{0{,}3 \cdot P(Y > 705)}{P(G > 705)} \approx \frac{0{,}3 \cdot 0{,}7976}{0{,}3132} \approx 0{,}7640.$$

c) **Berechnung von P(D)**

Um mit einer Flasche genau 4 Liter Milch verkaufen zu können, muß diese dreimal zurückgegeben werden, danach ist keine Füllung mehr möglich.

$P(D) = 0{,}96^3 \cdot 0{,}04 \approx 0{,}0354$

Berechnung von P(E)

Das Zufallsexperiment läßt sich durch das folgende Baumdiagramm beschreiben.

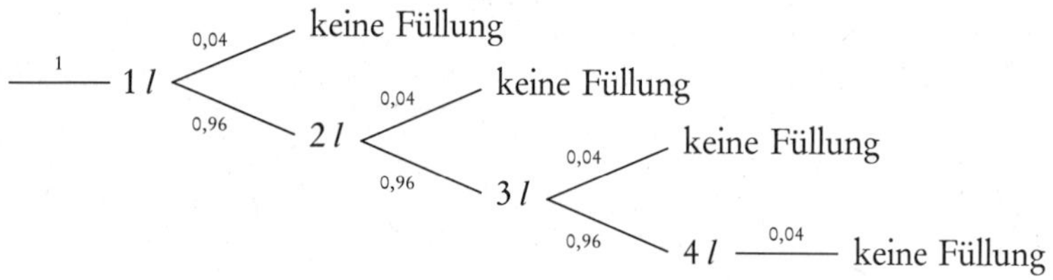

Mit Hilfe der Pfadregel ergibt sich:

$P(E) = 0{,}04 + 0{,}96 \cdot 0{,}04 + 0{,}96^2 \cdot 0{,}04 + 0{,}96^3 \cdot 0{,}04 \approx 0{,}1507.$

Berechnung von P(F)

Die folgenden Pfade im Baumdiagramm für zwei Flaschen führen zu genau 5 Liter verkaufter Milch.

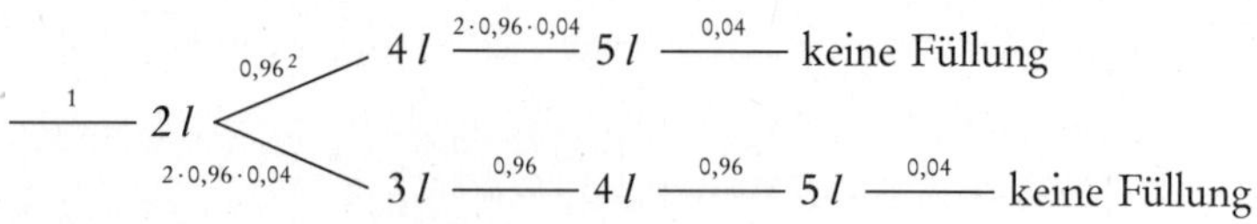

Also ergibt sich mit Hilfe der Pfadregel:

$$P(F) = 0{,}96^2 \cdot 2 \cdot 0{,}96 \cdot 0{,}04 \cdot 0{,}04 + 2 \cdot 0{,}96 \cdot 0{,}04 \cdot 0{,}96 \cdot 0{,}96 \cdot 0{,}04$$
$$= 4 \cdot 0{,}96^3 \cdot 0{,}04^2 \approx 0{,}0057.$$

d) Berechnung der Mindestanzahl der Flaschen, deren Rückgabe kontrolliert werden muß

Die Zufallsvariable V beschreibt die Anzahl der zurückgegebenen unter n verkauften Flaschen. V ist $B_{n;p}$-verteilt und für hinreichend großes n näherungsweise $N(np; \sqrt{np(1-p)})$-verteilt. Damit ist $\overline{V} = \frac{1}{n} \cdot V$ näherungsweise $N\left(p; \sqrt{\frac{p(1-p)}{n}}\right)$-verteilt.

Für eine $N(\mu; \sigma)$-verteilte Zufallsvariable X gilt: $P(|X-\mu| \leqq c) = 2 \cdot \Phi\left(\frac{c}{\sigma}\right) - 1$ (vgl. Formelsammlung).

Aus der Bedingung $P(|\overline{V}-p| \leqq 0{,}02) \geqq 0{,}9$ folgt somit

$$P(|\overline{V}-p| \leqq 0{,}02) \approx 2 \cdot \Phi\left(\frac{0{,}02 \cdot \sqrt{n}}{\sqrt{p(1-p)}}\right) - 1 \geqq 0{,}9 \quad \text{bzw.}$$

$$\Phi\left(\frac{0{,}02 \cdot \sqrt{n}}{\sqrt{p(1-p)}}\right) \geqq 0{,}95 .$$

Aus $\frac{0{,}02 \cdot \sqrt{n}}{\sqrt{p(1-p)}} \geqq 1{,}645$ folgt $\sqrt{n} \geqq \frac{1{,}645}{0{,}02} \cdot \sqrt{p(1-p)}$ für jedes p.

Da $p(1-p)$ für $p = \frac{1}{2}$ das Maximum $\frac{1}{4}$ annimmt, folgt

$$n \geqq \left(\frac{1{,}645}{0{,}02} \cdot \frac{1}{2}\right)^2 \approx 1691{,}3 .$$

Man sollte also bei etwa 1700 oder noch mehr Flaschen die Rückgabe kontrollieren.

W

Bestimmte technische Anlagen laufen nach dem Anschalten im Dauerbetrieb eine gewisse Zeit ohne Störungen. Die Zeit bis zur ersten Störung heißt Betriebszeit.

a) Die Betriebszeit (in h) bei einer Anlage vom Typ A wird näherungsweise durch die normalverteilte Zufallsvariable X mit dem Erwartungswert 7000 und der Standardabweichung 500 beschrieben.
Berechnen Sie die Wahrscheinlichkeit, daß die Betriebszeit einer solchen Anlage mindestens 45 Wochen beträgt.
Berechnen Sie die Wahrscheinlichkeit, daß von zwei unabhängig voneinander arbeitenden Anlagen wenigstens eine mindestens 45 Wochen ohne Störungen läuft.
Nach welcher Zeit müßte eine Anlage dieses Typs abgeschaltet werden, damit mit der Wahrscheinlichkeit 0,999 noch kein Störfall eingetreten ist?

b) Andere technische Anlagen vom Typ B haben eine näherungsweise normalverteilte Betriebszeit Y (in h) mit dem Erwartungswert 7100. Die Betriebszeit weicht dabei mit der Wahrscheinlichkeit 0,55 um höchstens 390 von ihrem Erwartungswert ab.
Berechnen Sie die zugehörige Standardabweichung.
Mit welcher Wahrscheinlichkeit läuft eine Anlage vom Typ B mindestens eine Woche länger störungsfrei als eine Anlage vom Typ A (siehe Teilaufgabe a)), wenn beide gleichzeitig angeschaltet werden und wenn sie unabhängig voneinander arbeiten?

c) Für den Bau dieser Anlagen werden Bauteile von einer Zulieferfirma hergestellt. Ein gewisser Anteil der produzierten Teile ist defekt. Deshalb durchlaufen alle Teile eine Kontrolle, bei der 90 % der defekten, aber auch 15 % der intakten Teile aussortiert werden.
Wie groß ist der Anteil der defekten Teile an der Produktion, wenn 18 % aller Teile bei der Kontrolle aussortiert werden?
Die nicht aussortierten Teile durchlaufen die Kontrolle ein zweites Mal.
Mit welcher Wahrscheinlichkeit wird bei dieser zweifachen Kontrolle ein defektes Teil aussortiert?
Ein Bauteil durchläuft die zweifache Kontrolle unbeanstandet.
Mit welcher Wahrscheinlichkeit ist es dennoch defekt?

d) Von einer großen Lieferung anderer Bauteile ist bekannt, daß sie entweder 2,5 % oder 7,5 % defekte Teile enthält. Es wird mit 100 entnommenen Teilen ein Test durchgeführt. Falls diese Stichprobe mehr als drei defekte Teile enthält, nimmt man an, daß die Lieferung 7,5 % defekte Teile enthält.

Wird eine Lieferung mit 2,5 % defekten Teilen irrtümlich als eine Lieferung mit 7,5 % defekten Teilen angesehen, so entsteht der Lieferfirma ein Schaden von 100 DM.
Wird eine Lieferung mit 7,5 % defekten Teilen irrtümlich als eine Lieferung mit 2,5 % defekten Teilen angesehen, so entsteht der Lieferfirma ein Schaden von 500 DM.
Wie groß ist der Schaden, der beim Prüfen vieler Lieferungen dieser Art durchschnittlich zu erwarten ist, wenn die Lieferungen mit 2,5 % defekten bzw. 7,5 % defekten Teilen gleich häufig sind?

Lösungshinweise:

a) Die Zufallsvariable X beschreibt die Betriebszeit einer Anlage vom Typ A in Stunden. Wie viele Stunden entsprechen also 45 Wochen? Damit ist die Wahrscheinlichkeit mit Hilfe einer N(7000; 500)-Verteilung berechenbar.
Führe für die Anzahl der Anlagen von zweien, deren Betriebszeit mindestens 45 Wochen beträgt, eine neue Zufallsvariable ein. Wie ist diese verteilt? Liegt die Verteilung tabelliert vor? Notiere die gesuchte Wahrscheinlichkeit mit Hilfe der eingeführten Zufallsvariablen.
Für die gesuchte Zeit a ergibt sich aus dem Aufgabentext eine Bedingung. Formuliere diese mit Hilfe der Zufallsvariablen X und gehe zum Gegenereignis über.

b) Die Zufallsvariable Y ist ebenfalls normalverteilt. Der Erwartungswert μ_Y ist gegeben, die Standardabweichung σ_Y ist gesucht. Die Formel für $P(|Y-\mu_Y| \leqq c)$ mit $c \in \mathbb{R}$ ist bekannt. Wie lautet sie? Damit ist eine Bedingung mit Hilfe der Φ-Funktion formulierbar; aus ihr ergibt sich das gesuchte σ_Y.
Um die Anlagen beider Typen hinsichtlich der Betriebszeiten zu vergleichen, führe eine neue Zufallsvariable als Differenz von Y und X ein. Welchen Erwartungswert und welche Standardabweichung hat diese neue Zufallsvariable? Wie viele Stunden entsprechen 1 Woche?

c) Führe Ereignisse ein und zeichne ein Baumdiagramm zunächst für die einmalige Kontrolle. Mit Hilfe der Pfadregel ergibt sich der Anteil der defekten Teile an der Produktion.
Für die Berechnung der bedingten Wahrscheinlichkeiten zeichne ein neues Baumdiagramm für die zweimalige Kontrolle. Führe das Ereignis „Bauteil wird bei der zweifachen Kontrolle aussortiert“ ein. Notiere beide gesuchten Wahrscheinlichkeiten mit Hilfe dieses Ereignisses und beachte die Definition einer bedingten Wahrscheinlichkeit. Die nun benötigten Wahrscheinlichkeiten ergeben sich aus dem Baumdiagramm mit Hilfe der Pfadregel.

d) Es handelt sich um einen sogenannten Alternativtest. Führe eine Zufallsvariable ein und stelle zwei Hypothesen auf. Der Ablehnungsbereich der Nullhypothese ist durch den Aufgabentext gegeben. Berechne damit die Wahrscheinlichkeiten für einen α-Fehler bzw. für einen β-Fehler. Da die Verteilungen nicht tabelliert sind, verwende die Formel von Bernoulli. Die Schäden der Lieferfirma bei α- bzw. β-Fehler sind gegeben. Da Lieferungen mit den in Frage kommenden Anteilen defekter Teile gleich häufig sind, ist der Erwartungswert des Schadens als arithmetisches Mittel zu berechnen.

Lösung:

a) **Wahrscheinlichkeit bei Normalverteilung**

Die Zufallsvariable X beschreibt die Betriebszeit (in h) bei einer Anlage vom Typ A. Sie ist näherungsweise N(7000; 500)-verteilt. Da 45 Wochen 7560 Stunden entsprechen, gilt:

$$P(X \geqq 7560) = 1 - P(X < 7560) \approx 1 - \Phi\left(\frac{7560-7000}{500}\right)$$
$$= 1 - \Phi(1{,}12)$$
$$\approx 1 - 0{,}8686$$
$$= 0{,}1314\,.$$

Wahrscheinlichkeit bei Binomialverteilung

Die Zufallsvariable Z beschreibt die Anzahl der Anlagen von zweien, deren Betriebszeit mindestens 45 Wochen beträgt. Z ist näherungsweise $B_{2;0,1314}$-verteilt.

$$P(Z \geqq 1) = 1 - P(Z=0) \approx 1 - (1-0{,}1314)^2 \approx 0{,}2455$$

Berechnung der Zeit

Aus der Bedingung $P(X > a) = 0{,}999$ bzw. $P(X \leqq a) = 1 - 0{,}999 = 0{,}001$ folgt

$$\Phi\left(\frac{a-7000}{500}\right) = 0{,}001 \text{ und hieraus}$$
$$\frac{a-7000}{500} \approx -3{,}09 \text{ bzw.}$$
$$a \approx 5455\,.$$

Die Anlage müßte nach ungefähr 5455 Stunden abgeschaltet werden.

W

b) Berechnung der Standardabweichung von Y

Die Zufallsvariable Y beschreibt die Betriebszeit (in h) bei einer Anlage vom Typ B. Sie ist näherungsweise $N(7100; \sigma_Y)$-verteilt.

Aus der Bedingung $P(|Y-7100| \leqq 390) = 0{,}55$ folgt

$$2 \cdot \Phi\left(\frac{390}{\sigma_Y}\right) - 1 = 0{,}55 \quad \text{und hieraus}$$

$$\Phi\left(\frac{390}{\sigma_Y}\right) = 0{,}775 \quad \text{bzw.}$$

$$\frac{390}{\sigma_Y} \approx 0{,}755 \quad \text{bzw.}$$

$$\sigma_Y \approx 517\,.$$

Wahrscheinlichkeit bei Differenz von Normalverteilungen

Es sei $D = Y - X$. Die Zufallsvariable D ist näherungsweise $N(\mu_D; \sigma_D)$-verteilt mit $\mu_D = \mu_Y - \mu_X = 7100 - 7000 = 100$ und $\sigma_D^2 = \sigma_Y^2 + \sigma_X^2 \approx 517^2 + 500^2$ bzw. $\sigma_D \approx 719$.

Eine Anlage vom Typ B läuft mindestens eine Woche länger störungsfrei als eine Anlage von Typ A, wenn $D \geqq 168$ ist. Die Wahrscheinlichkeit hierfür ist

$$\begin{aligned} P(D \geqq 168) = 1 - P(D < 168) &\approx 1 - \Phi\left(\frac{168-100}{719}\right) \\ &\approx 1 - \Phi(0{,}095) \\ &\approx 1 - 0{,}5378 \\ &= 0{,}4622\,. \end{aligned}$$

Mit der Wahrscheinlichkeit von rund 46 % läuft eine Anlage vom Typ B mindestens eine Woche länger störungsfrei als eine Anlage vom Typ A.

c) Berechnung des Anteils der defekten Teile an der Produktion

Folgende Ereignisse werden eingeführt:

A: Bauteil ist defekt;

B_i: Bauteil wird bei der i. Kontrolle aussortiert; $i = 1; 2$.

Der Anteil der defekten Teile an der Produktion sei p.

Für die einmalige Kontrolle ergibt sich das folgende Baumdiagramm.

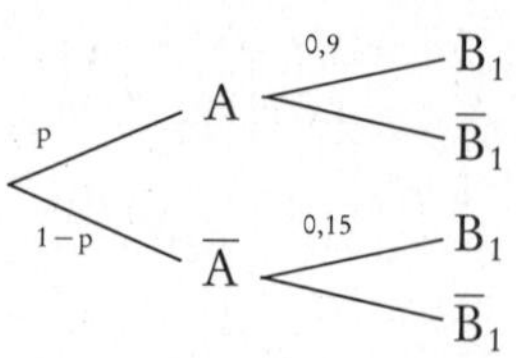

Mit Hilfe der Pfadregel ergibt sich:

$p \cdot 0{,}9 + (1-p) \cdot 0{,}15 = 0{,}18$.

Hieraus folgt $p = 0{,}04$.

Wahrscheinlichkeiten bei zweifacher Kontrolle

Für die zweifache Kontrolle ergibt sich mit $p = 0{,}04$ das folgende Baumdiagramm.

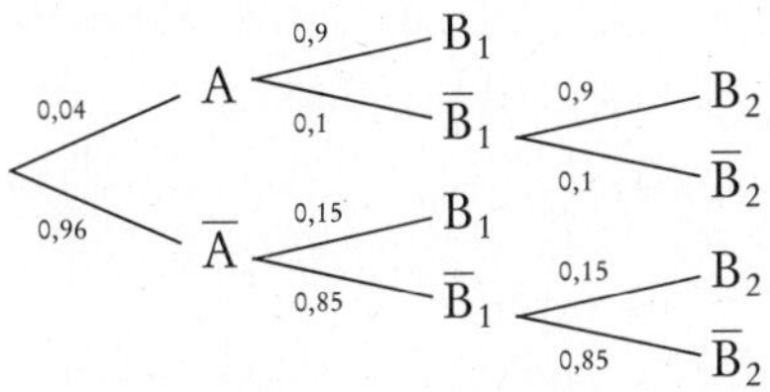

Führt man noch das Ereignis C: „Bauteil wird bei der zweifachen Kontrolle aussortiert" ein, so ist die bedingte Wahrscheinlichkeit $P_A(C) = \frac{P(A \cap C)}{P(A)}$ gesucht. Mit Hilfe des Baumdiagramms ergibt sich:

$$P_A(C) = \frac{P(A \cap C)}{P(A)} = \frac{0{,}04 \cdot 0{,}9 + 0{,}04 \cdot 0{,}1 \cdot 0{,}9}{0{,}04} = 0{,}9 + 0{,}1 \cdot 0{,}9 = 0{,}99.$$

Weiterhin ist die bedingte Wahrscheinlichkeit $P_{\overline{C}}(A) = \frac{P(A \cap \overline{C})}{P(\overline{C})}$ gesucht. Wiederum mit Hilfe des Baumdiagramms ergibt sich:

$$P_{\overline{C}}(A) = \frac{P(A \cap \overline{C})}{P(\overline{C})} = \frac{0{,}04 \cdot 0{,}1 \cdot 0{,}1}{0{,}04 \cdot 0{,}1 \cdot 0{,}1 + 0{,}96 \cdot 0{,}85 \cdot 0{,}85} \approx 0{,}0006.$$

d) Berechnung des durchschnittlichen Schadens bei einem Alternativtest

Die Zufallsvariable U beschreibt die Anzahl der defekten Teile von 100.
Über die Wahrscheinlichkeit für „defektes Teil" werden folgende Hypothesen aufgestellt:

Nullhypothese: H_0: $p = 0{,}025$;
Gegenhypothese: H_1: $p = 0{,}075$.

Es handelt sich um einen sogenannten Alternativtest bei Binomialverteilungen.
Der Ablehnungsbereich der Nullhypothese ist $K = \{4; 5; \ldots; 100\}$.

Die Wahrscheinlichkeit ist einen Fehler 1. Art ist

$$\alpha = P(U \geqq 4) = 1 - P(U \leqq 3)$$
$$= 1 - [P(U=0) + P(U=1) + P(U=2) + P(U=3)]$$
$$= 1 - \left[0{,}975^{100} + 100 \cdot 0{,}025 \cdot 0{,}975^{99} + \binom{100}{2} \cdot 0{,}025^2 \cdot 0{,}975^{98} + \binom{100}{3} \cdot 0{,}025^3 \cdot 0{,}975^{97}\right]$$
$$\approx 1 - (0{,}0795 + 0{,}2039 + 0{,}2588 + 0{,}2168)$$
$$= 0{,}2410 .$$

Die Wahrscheinlichkeit für einen Fehler 2. Art ist $(p = 0{,}075)$

$$\beta = P(U \leqq 3) = P(U=0) + P(U=1) + P(U=2) + P(U=3)$$
$$= 0{,}925^{100} + 100 \cdot 0{,}075 \cdot 0{,}925^{99} + \binom{100}{2} \cdot 0{,}075^2 \cdot 0{,}925^{98} + \binom{100}{3} \cdot 0{,}075^3 \cdot 0{,}925^{97}$$
$$\approx 0{,}0004 + 0{,}0033 + 0{,}0134 + 0{,}0355$$
$$= 0{,}0526 .$$

Bei einem α-Fehler entsteht der Lieferfirma ein Schaden von 100 DM, bei einem β-Fehler ein Schaden von 500 DM. Da Lieferungen mit den obigen Anteilen defekter Teile gleich häufig sind, ist der durchschnittlich zu erwartende Schaden

$$\frac{1}{2}(100 \text{ DM} \cdot \alpha + 500 \text{ DM} \cdot \beta)$$
$$\approx \frac{1}{2}(100 \text{ DM} \cdot 0{,}2410 + 500 \text{ DM} \cdot 0{,}0526)$$
$$= 25{,}20 \text{ DM} .$$

Aufgabe 91/3

Ein Betrieb stellt Kunststoffplatten her, die entweder einwandfrei oder fehlerhaft sind. Die Platten werden in Pakete zu je 10 Stück verpackt. Die Pakete werden in den Qualitätsstufen 1. Wahl, 2. Wahl und 3. Wahl verkauft.
Ein Paket 1. Wahl enthält lauter einwandfreie Platten. In den Paketen 2. Wahl ist jede Platte mit der Wahrscheinlichkeit 0,1 fehlerhaft; in den Paketen 3. Wahl ist diese Wahrscheinlichkeit 0,3.

a) Aus dem Lager werden ein Paket 2. Wahl und ein Paket 3. Wahl entnommen. Berechnen Sie die Wahrscheinlichkeiten der Ereignisse
   A: Alle Platten des Pakets 2. Wahl sind einwandfrei
   B: In jedem der beiden Pakete weicht die Zahl der fehlerhaften Platten um höchstens 1 von ihrem jeweiligen Erwartungswert ab.
   Berechnen Sie die Wahrscheinlichkeit, daß sich in 60 Paketen 2. Wahl mehr als 65 fehlerhafte Platten befinden.

b) Wie groß ist die Wahrscheinlichkeit, daß sich in 50 Paketen 2. Wahl mehr fehlerhafte Platten befinden als in 20 Paketen 3. Wahl?

c) Der Betrieb hat einige Posten mit Paketen 2. Wahl und ebenso viele Posten mit Paketen 3. Wahl. Ein Posten mit Paketen 2. Wahl kostet 1400 DM, ein Posten mit Paketen 3. Wahl kostet 200 DM. Infolge einer Unachtsamkeit ist nicht mehr bekannt, welche Posten aus Paketen 2. Wahl und welche Posten aus Paketen 3. Wahl bestehen. Um zu entscheiden, zu welchem Preis die einzelnen Posten verkauft werden können, wird bei jedem die Nullhypothese

   H_0: Der Posten besteht aus Paketen 2. Wahl

   getestet. Beim α-Fehler nimmt der Betrieb pro Posten lediglich den Preis für Ware 3. Wahl ein. Beim β-Fehler (diesen decken die Kunden stets auf und reklamieren) muß nicht nur der für Ware 3. Wahl unberechtigte Preis von 1400 DM auf 200 DM reduziert werden, sondern der Kunde erhält außerdem noch eine Entschädigung von 1000 DM pro Posten.
   Zeigen Sie, daß für den Erwartungswert μ (in DM) für den Erlös beim Verkauf eines Posten gilt:

   $\mu = 800 - 600\,\alpha - 500\,\beta$.

d) Die Nullhypothese

   H_0: Der Posten besteht aus Paketen 2. Wahl

   wird getestet (siehe Teilaufgabe c)). Dazu wird dem Posten ein Paket entnommen und die Anzahl der darin enthaltenen fehlerhaften Platten festgestellt. Wie ist der Ablehnungsbereich festzulegen, damit der Erwartungswert μ aus Teilaufgabe c) möglichst groß wird?
   (Anleitung: Legen Sie eine Tabelle an.)

Lösungshinweise:

a) Führe für die Anzahl der fehlerhaften Platten eines Pakets 2. bzw. 3. Wahl jeweils eine Zufallsvariable ein. Wie sind diese verteilt? Bei dem Ereignis B handelt es sich jeweils um Intervalle um die Erwartungswerte. Welche Formel gilt bei einer $B_{n;p}$-verteilten Zufallsvariablen für den Erwartungswert?
Notiere die Ereignisse zunächst als Abweichungen von den Erwartungswerten. Anschließend stelle fest, welche Werte der Zufallsvariablen tatsächlich angenommen werden können. Die zugehörigen Wahrscheinlichkeiten können einer Tabelle entnommen werden.
Zur Berechnung der nächsten Wahrscheinlichkeit führe ebenfalls eine Zufallsvariable ein. Wie ist diese verteilt, wenn 1 Paket 10 Platten enthält? Wie berechnet man näherungsweise die gesuchte „Intervallwahrscheinlichkeit" bei einer Binomialverteilung, wenn diese nicht tabelliert vorliegt und die Anwendung der Formel von Bernoulli zu mühsam ist? Ist die Faustformel erfüllt?

b) Um die Anzahlen fehlenhafter Platten in 50 Paketen 2. Wahl und 20 Paketen 3. Wahl mit Hilfe von Wahrscheinlichkeiten vergleichen zu können, führe die Differenz D zweier Zufallsvariablen ein und berechne μ_D und σ_D. Für welche Werte von D befinden sich in 50 Paketen 2. Wahl mehr fehlerhafte Platten als in 20 Paketen 3. Wahl?

c) Beschrieben wird ein Test; auch die Nullhypothese ist angegeben. Handelt es sich um einen Test bei Binomialverteilungen oder bei Normalverteilungen? Wie lauten die Hypothesen? Ist der Ablehnungsbereich festgelegt? Wann begeht man einen Fehler 1. Art oder α-Fehler, wann einen Fehler 2. Art oder β-Fehler?
Zeichne ein Baumdiagramm; berücksichtige dabei, daß ein Paket nur 2. oder 3. Wahl sein kann und daß eine Entscheidung aufgrund eines Testes richtig oder falsch sein kann.

d) In Teilaufgabe c) wurde der Term für den Erwartungswert μ ermittelt. Der Ablehnungsbereich war noch nicht festgelegt. Da es sich um einen Alternativtest handelt, führt man einen rechtsseitigen Test durch. Welche Ablehnungsbereiche kommen also prinzipiell in Frage? Berechne für jeden von diesen die Wahrscheinlichkeiten für einen Fehler 1. Art bzw. 2. Art. Setzt man jedesmal diese Werte in den Term für μ ein, ergibt sich eine Wertetabelle für μ. Aus dem Maximum von μ ergibt sich der gesuchte Ablehnungsbereich.

Lösung:

a) Berechnung von P(A)

Die Zufallsvariable X beschreibt die Anzahl der fehlerhaften Platten eines Pakets 2. Wahl. X ist $B_{10;0,1}$-verteilt mit $\mu_X = 10 \cdot 0{,}1 = 1$.

$P(A) = P(X=0) = 0{,}9^{10} \approx 0{,}3487$

Berechnung von P(B)

Die Zufallsvariable Y beschreibt die Anzahl der fehlerhaften Platten eines Pakets 3. Wahl. Y ist $B_{10;0,3}$-verteilt mit $\mu_Y = 10 \cdot 0{,}3 = 3$.

$$\begin{aligned} P(B) &= P(|X-\mu_X| \leqq 1) \cdot P(|Y-\mu_Y| \leqq 1) \\ &= [P(X=0)+P(X=1)+P(X=2)] \cdot [P(Y=2)+P(Y=3)+P(Y=4)] \\ &= P(X \leqq 2) \cdot [P(Y \leqq 4) - P(Y \leqq 1)] \end{aligned}$$

Mit Hilfe einer Tabelle erhält man hierfür

$$\begin{aligned} P(B) &= 0{,}9298 \cdot (0{,}8497 - 0{,}1493) \\ &\approx 0{,}6512. \end{aligned}$$

Näherungsrechnung

Die Zufallsvariable Z beschreibt die Anzahl der fehlerhaften Platten in 60 Paketen 2. Wahl. 60 Pakete enthalten 600 Platten; Z ist also $B_{600;0,1}$-verteilt mit $\mu_Z = 600 \cdot 0{,}1 = 60$ und $\sigma_Z = \sqrt{600 \cdot 0{,}1 \cdot 0{,}9} = \sqrt{54}$. Da diese Verteilung nicht tabelliert vorliegt, bleibt nur, eine Näherungsrechnung durchzuführen. Da die Faustformel $n \cdot p \cdot q > 9$ erfüllt ist ($600 \cdot 0{,}1 \cdot 0{,}9 = 54 > 9$), kann man die „Globale Näherungsformel von De Moivre-Laplace" anwenden mit $\mu_Z = 60$ und $\sigma_Z = \sqrt{54}$:

$$\begin{aligned} P(Z > 65) = 1 - P(Z \leqq 65) &\approx 1 - \Phi\left(\frac{65 + 0{,}5 - 60}{\sqrt{54}}\right) \\ &\approx 1 - \Phi(0{,}748) \\ &\approx 1 - 0{,}7728 \\ &= 0{,}2272. \end{aligned}$$

b) Vergleich der Anzahlen fehlerhafter Platten in 50 Paketen 2. Wahl und 20 Paketen 3. Wahl

Die Zufallsvariable W_I beschreibt die Anzahl der fehlerhaften Platten unter 500 Platten 2. Wahl; die Zufallsvariable W_{II} beschreibt die Anzahl der fehlerhaften Platten unter 200 Platten 3. Wahl. W_I ist $B_{500;0,1}$-verteilt; W_{II} ist $B_{200;0,3}$-verteilt. Die Zufallsvariable $D = W_I - W_{II}$ ist näherungsweise $N(\mu_D; \sigma_D)$-verteilt mit $\mu_D = E(W_I) - E(W_{II}) = 50 - 60 = -10$ und $\sigma_D^2 = V(W_I) + V(W_{II}) = 500 \cdot 0{,}1 \cdot 0{,}9 + 200 \cdot 0{,}3 \cdot 0{,}7 = 87$ bzw. $\sigma_D = \sqrt{87}$.

W

In 50 Paketen 2. Wahl befinden sich mehr fehlerhafte Platten als in 20 Paketen 3. Wahl, wenn $D > 0$ ist. Die Wahrscheinlichkeit hierfür ist

$$P(D>0) = 1 - P(D \leqq 0) \approx 1 - \Phi\left(\frac{0+10}{\sqrt{87}}\right) \approx 1 - \Phi(1{,}072) \approx 1 - 0{,}8581 = 0{,}1419\,.$$

Mit der Wahrscheinlichkeit von rund 14,2 % befinden sich in 50 Paketen 2. Wahl mehr fehlerhafte Platten als in 20 Paketen 3. Wahl.

c) **Berechnung des Erwartungswertes μ**

Bei dem Test handelt es sich um einen Alternativtest bei Binomialverteilungen. Ein Posten kann nur 2. oder 3. Wahl sein. Es werden also die folgenden Hypothesen aufgestellt.

Nullhypothese: $H_0: p = 0{,}1$;
Gegenhypothese: $H_1: p = 0{,}3$.

Der Ablehnungsbereich ist noch nicht festgelegt (vgl. Teilaufgabe d)).
Man begeht einen Fehler 1. Art oder α-Fehler, wenn die Nullhypothese abgelehnt wird, obwohl sie in Wirklichkeit richtig ist. Man begeht einen Fehler 2. Art oder β-Fehler, wenn die Nullhypothese nicht abgelehnt wird, obwohl sie in Wirklichkeit falsch ist. Da der Betrieb ebenso viele Posten 2. wie 3. Wahl hat, ergibt sich das folgende Baumdiagramm.

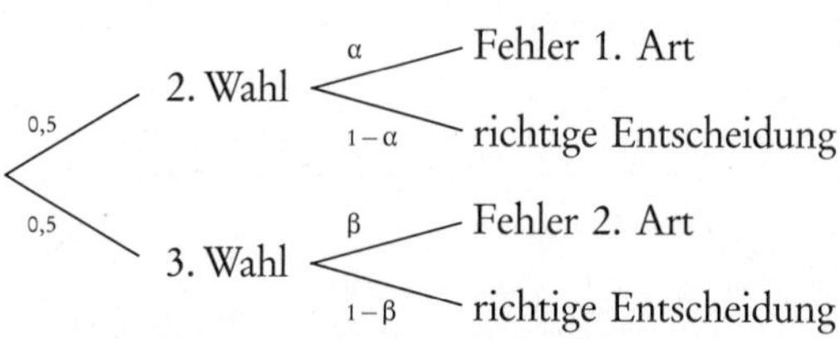

	Wahrsch.	Erlös (in DM)
Fehler 1. Art	$0{,}5 \cdot \alpha$	200
richtige Entscheidung	$0{,}5(1-\alpha)$	1400
Fehler 2. Art	$0{,}5 \cdot \beta$	−800
richtige Entscheidung	$0{,}5(1-\beta)$	200

Hiermit ergibt sich für den Erwartungswert μ (in DM) für den Erlös beim Verkauf eines Postens:

$$\mu = 0{,}5 \cdot \alpha \cdot 200 + 0{,}5 \cdot (1-\alpha) \cdot 1400 + 0{,}5 \cdot \beta \cdot (-800) + 0{,}5 \cdot (1-\beta) \cdot 200$$
$$= 800 - 600\,\alpha - 500\,\beta\,.$$

d) Bestimmung des Ablehnungsbereiches

Die Testvariable Z beschreibt die Anzahl der fehlerhaften Platten in einem Paket. Bei wahrer Nullhypothese (vgl. Teilaufgabe c)) ist Z binomialverteilt mit $n=10$ und $p=0,1$. Der Ablehnungsbereich kann in der Form $Z \leqq k$ mit $k \in \{0;1;2;\ldots;10\}$ geschrieben werden.

Ist z.B. $k=1$, so ergeben sich die folgenden Wahrscheinlichkeiten.
$\alpha = P(Z \geqq 1) = 0,6513$ für $p=0,1$;
$\beta = P(Z=0) = 0,0282$ für $p=0,3$.

Ist z.B. $k=2$, so gilt:
$\alpha = P(Z \geqq 2) = 0,2639$ für $p=0,1$;
$\beta = P(Z \leqq 1) = 0,1493$ für $p=0,3$.

Für $k=0$ ist $\alpha=1$ und $\beta=0$.

Insgesamt ergeben sich für α, β und μ die folgenden Werte.

k	α	β	μ
0	1	0	200
1	0,6513	0,0282	395,12
2	0,2639	0,1493	567,01
3	0,0702	0,3828	566,48
4	0,0128	0,6496	467,52
5	0,0016	0,8497	374,19
6	0,0001	0,9527	323,59
7	0,0000	0,9894	305,30
8	0,0000	0,9984	300,80
9	0,0000	0,9999	300,05
10	0,0000	1,0000	300,00

Der Erwartungswert μ ist für $k=2$ am größten. Damit ist der Ablehnungsbereich mit $K=\{2;3;\ldots;10\}$ festzulegen.

W

Zwei Spieler A und B vereinbaren das folgende Spiel:

Der Spieler A wirft gleichzeitig drei ideale Würfel, der Spieler B wirft gleichzeitig zwei ideale Würfel. Gewonnen hat der Spieler, der die meisten Sechsen gewürfelt hat.

a) Dieses Spiel wird einmal durchgeführt. Die Zufallsvariable X beschreibe die Anzahl der Sechsen des Spielers A, die Zufallsvariable Y beschreibe die Anzahl der Sechsen des Spielers B.
Bestimmen Sie die gemeinsame Wahrscheinlichkeitsverteilung von X und Y.
Mit welcher Wahrscheinlichkeit gewinnt A das Spiel?
Mit welcher Wahrscheinlichkeit endet das Spiel unentschieden?

Dieses Spiel wird nun fünfmal durchgeführt.
Mit welcher Wahrscheinlichkeit gewinnt A dreimal und B zweimal?

b) Der Spieler B vermutet, daß nicht alle Würfel von A ideal sind. Er erfährt, daß genau einer der drei Würfel die Augenzahl „6“ mit der Wahrscheinlichkeit 0,25 zeigt und die beiden anderen ideal sind. Um herauszufinden, welcher der drei Würfel gefälscht ist, wirft er jeden von ihnen 300mal. Zeigt ein Würfel mehr als 70mal eine „6“, so gilt er als gefälscht.

Mit welcher Wahrscheinlichkeit wird der gefälschte Würfel als gefälscht und jeder der beiden idealen Würfel als nicht gefälscht eingestuft?

c) Das eingangs beschriebene Spiel mit idealen Würfeln wird wie folgt abgeändert:
A wirft zuerst und gibt zunächst nur die Anzahl der geworfenen geraden Augenzahlen bekannt. B darf dann entscheiden, ob das Spiel fortgesetzt oder abgebrochen und damit nicht gewertet wird.
Mit welcher Wahrscheinlichkeit hat A drei Sechsen geworfen, wenn er bekanntgegeben hat, drei gerade Augenzahlen erzielt zu haben?

B bricht ein Spiel immer dann ab, wenn er erfährt, daß A zwei oder drei gerade Augenzahlen geworfen hat.
Mit welcher Wahrscheinlichkeit gewinnt B bei dieser Strategie ein gewertetes Spiel?

Lösungshinweise:

a) Welche Wahrscheinlichkeitsverteilungen haben X bzw. Y? Was kann aufgrund der unabhängigen Durchführungen der Würfe bezüglich X und Y angenommen werden? Notiere nun die gemeinsame Wahrscheinlichkeitstabelle. Bei welchen Werten der Zufallsvariablen X und Y gewinnt der Spieler A? Wann endet ein Spiel unentschieden? Hieraus ergibt sich die Wahrscheinlichkeit mit der Spieler B gewinnt. Auf wie viele Arten kann man bei 5 Spielen 3 Gewinnspiele für A auswählen?

b) Führe für die Anzahl der Sechsen bei 300 Würfen bei einem idealen bzw. gefälschten Würfel Zufallsvariablen ein. Wie sind diese verteilt? Liegen die Verteilungen tabelliert vor? Ist in beiden Fällen die Faustformel erfüllt? Führe also eine Näherungsrechnung durch und wende den speziellen Multiplikationssatz an.

c) Bei beiden gesuchten Wahrscheinlichkeiten handelt es sich um bedingte Wahrscheinlichkeiten. Wie ist eine bedingte Wahrscheinlichkeit definiert? Führe also jeweils Ereignisse ein; welche Ereignisse beschreiben die Bedingungen? Zur Untersuchung der Fälle, bei denen B gewinnt, stelle den Ergebnissen von A die entsprechenden Ergebnisse von B gegenüber. Die zugehörigen Wahrscheinlichkeiten ergeben sich mit Hilfe des speziellen Multiplikationssatzes.

Lösung:

a) **Gemeinsame Wahrscheinlichkeitsverteilung von X und Y**

Die Zufallsvariable X ist $B_{3;\frac{1}{6}}$-verteilt, die Zufallsvariable Y ist $B_{2;\frac{1}{6}}$-verteilt.

Die Wahrscheinlichkeitsverteilungen von X bzw. Y sind also:

x_i	0	1	2	3
$P(X=x_i)$	$\frac{125}{6^3}$	$\frac{75}{6^3}$	$\frac{15}{6^3}$	$\frac{1}{6^3}$

,

y_j	0	1	2
$P(Y=y_j)$	$\frac{25}{6^2}$	$\frac{10}{6^2}$	$\frac{1}{6^2}$

.

Da die Spieler ihre Würfel unabhängig voneinander werfen, können X und Y als unabhängig voneinander angenommen werden. Damit gilt für alle Paare $(x_i\,;\,y_j)$:

$P(X=x_i\,;\,Y=y_j)=P(X=x_i)\cdot P(Y=y_j)$.

Es ergibt sich also die folgende gemeinsame Wahrscheinlichkeitsverteilung.

x_i \ y_j	0	1	2	
0	3125a	1250a	125a	4500a
1	1875a	750a	75a	2700a
2	375a	150a	15a	540a
3	25a	10a	1a	36a
	5400a	2160a	216a	

$a = \left(\frac{1}{6}\right)^5$

Gewinnwahrscheinlichkeit für Spieler A

Es sei C das Ereignis: A gewinnt das Spiel. Dann gilt:

$$\begin{aligned} P(C) = {} & P(X=1;\, Y=0) \\ & + P(X=2;\, Y=0) + P(X=2;\, Y=1) \\ & + P(X=3;\, Y=0) + P(X=3;\, Y=1) + P(X=3;\, Y=2) \\ = {} & \frac{1}{6^5}(1875+375+150+25+10+1) \\ = {} & \frac{2436}{6^5} = \frac{203}{648} \approx 0{,}3133\,. \end{aligned}$$

Wahrscheinlichkeit für „Unentschieden"

Es sei D das Ereignis: Das Spiel endet unentschieden. Dann gilt:

$$\begin{aligned} P(D) &= P(X=0;\, Y=0) + P(X=1;\, Y=1) + P(X=2;\, Y=2) \\ &= \frac{1}{6^5}(3125+750+15) \\ &= \frac{3890}{6^5} = \frac{1945}{3888} \approx 0{,}5003\,. \end{aligned}$$

Wahrscheinlichkeit, daß A dreimal und B zweimal gewinnt

Es sei E das Ereignis: A gewinnt dreimal und B zweimal. Die Gewinnwahrscheinlichkeit für Spieler B bei einmaliger Durchführung ist

$$1 - P(C) - P(D) = 1 - \frac{2436}{6^5} - \frac{3890}{6^5} = \frac{1450}{6^5} = \frac{725}{3888}\,.$$

Da es bei 5 Spielen $\binom{5}{3}$ Möglichkeiten für 3 Gewinnspiele für A gibt, gilt:

$$P(E) = \binom{5}{3} \cdot \left(\frac{203}{648}\right)^3 \cdot \left(\frac{725}{3888}\right)^2 \approx 0{,}0107\,.$$

W

b) **Berechnung der Wahrscheinlichkeit**

Es werden die folgenden Zufallsvariablen eingeführt:
Z_1: Anzahl der Sechsen bei 300 Würfen mit einem gefälschten Würfel,
Z_2: Anzahl der Sechsen bei 300 Würfen mit einem idealen Würfel.
Z_1 ist $B_{300;\,0{,}25}$-verteilt. Da diese Verteilung nicht tabelliert vorliegt, bleibt nur, eine Näherungsrechnung durchzuführen. Da die Faustformel $n \cdot p \cdot q > 9$ erfüllt ist ($300 \cdot 0{,}25 \cdot 0{,}75 = 56{,}25 > 9$), kann man die „Globale Näherungsformel von De Moivre–Laplace" anwenden mit $\mu_1 = 300 \cdot 0{,}25 = 75$ und $\sigma_1 = \sqrt{300 \cdot 0{,}25 \cdot 0{,}75} = 7{,}5$. Z_2 ist $B_{300;\,\frac{1}{6}}$-verteilt. Auch für Z_2 ist die Faustformel erfüllt $\left(300 \cdot \frac{1}{6} \cdot \frac{5}{6} \approx 41{,}7 > 9\right)$, also kann man wiederum die „Globale Näherungsformel" anwenden mit $\mu_2 = 300 \cdot \frac{1}{6} = 50$ und $\sigma_2 = \sqrt{300 \cdot \frac{1}{6} \cdot \frac{5}{6}} = \frac{5}{3}\sqrt{15}$
Somit gilt:

$$
\begin{aligned}
P(Z_1 > 70) &= 1 - P(Z_1 \leqq 70)\\
&\approx 1 - \Phi\left(\frac{70 + 0{,}5 - 75}{7{,}5}\right)\\
&\approx 1 - \Phi(-0{,}6)\\
&\approx 1 - (1 - 0{,}7257)\\
&= 0{,}7257;
\end{aligned}
$$

$$P(Z_2 \leqq 70) \approx \Phi\left(\frac{70 + 0{,}5 - 50}{\frac{5}{3}\sqrt{15}}\right) \approx \Phi(3{,}18) \approx 0{,}9993.$$

Die Wahrscheinlichkeit dafür, daß der gefälschte Würfel als gefälscht und jeder der beiden idealen Würfel als nicht gefälscht eingestuft wird, ist nach dem speziellen Multiplikationssatz
$P(Z_1 > 70) \cdot [P(Z_2 \leqq 70)]^2 \approx 0{,}7257 \cdot 0{,}9993^2 \approx \mathbf{0{,}72}$.

c) **Wahrscheinlichkeit, daß A drei Sechsen geworfen hat, wenn er bekanntgegeben hat, drei gerade Augenzahlen erzielt zu haben**

Folgende Ereignisse werden eingeführt:
F: Spieler A würfelt drei Sechsen;
G: Spieler A würfelt drei gerade Augenzahlen.
Mit diesen Ereignissen ist $P_G(F)$ gesucht.
Mit Hilfe der Definition der bedingten Wahrscheinlichkeit erhält man:

$$P_G(F) = \frac{P(F \cap G)}{P(G)} = \frac{P(F)}{P(G)} = \frac{\left(\frac{1}{6}\right)^3}{\left(\frac{1}{2}\right)^3} = \frac{1}{27} \approx \mathbf{0{,}0370}.$$

Gewinnwahrscheinlichkeit für Spieler B

Spieler B bricht das Spiel ab, wenn A zwei oder drei gerade Augenzahlen geworfen hat. Dies ist mit der Wahrscheinlichkeit $3 \cdot \frac{1}{8} + \frac{1}{8} = \frac{4}{8} = \frac{1}{2}$ der Fall. Also wird ebenfalls mit der Wahrscheinlichkeit $\frac{1}{2}$ ein Spiel fortgesetzt und damit gewertet.

Die folgende Tabelle enthält die Ergebnisse der Spieler A und B, bei denen B gewinnt einschließlich der zugehörigen Wahrscheinlichkeiten (AZ: Augenzahlen).

Ergebnis von A	Ergebnis von B	Wahrscheinlichkeit
drei ungerade AZ	mindestens eine „6"	$\frac{1}{8} \cdot \frac{11}{36}$
zwei ungerade AZ und „2" oder „4"	mindestens eine „6"	$3 \cdot \left(\frac{1}{2}\right)^2 \cdot \frac{1}{3} \cdot \frac{11}{36}$
zwei ungerade AZ und „6"	zweimal „6"	$3 \cdot \left(\frac{1}{2}\right)^2 \cdot \frac{1}{6} \cdot \frac{1}{36}$

Mit den Ereignissen

K: Spieler B gewinnt bei der angegebenen Strategie,

L: Spiel wird gewertet

gilt:

$$P_L(K) = \frac{P(K \cap L)}{P(L)} = \frac{P(K)}{P(L)} = \frac{\frac{1}{8} \cdot \frac{11}{36} + 3 \cdot \left(\frac{1}{2}\right)^2 \cdot \frac{1}{3} \cdot \frac{11}{36} + 3 \cdot \left(\frac{1}{2}\right)^2 \cdot \frac{1}{6} \cdot \frac{1}{36}}{\frac{1}{2}}$$

$$= \frac{17}{72} \approx \mathbf{0{,}2361}\,.$$

W

Die Krankheit K wird entweder durch den Erreger E_1 oder durch den (von E_1 schwer unterscheidbaren) Erreger E_2 verursacht. Das Medikament M heilt die Krankheit K bei Vorliegen des Erregers E_1 bei 30 % der Erkrankten und bei Vorliegen des Erregers E_2 bei 90 % der Erkrankten. Das Medikament N heilt K bei Vorliegen des Erregers E_1 bei 60 % und bei Vorliegen des Erregers E_2 bei 40 % der Erkrankten.

a) Wir gehen davon aus, daß K in 40 % der Fälle von E_1 verursacht wird.
Ein Patient ist an K erkrankt; es ist nicht bekannt, ob die Krankheit durch E_1 oder E_2 verursacht wurde.
Mit welcher Wahrscheinlichkeit wird er bei einer Behandlung mit M geheilt?
Ein Patient wird mit N geheilt.
Mit welcher Wahrscheinlichkeit hatte er den Erreger E_1?

b) Das Medikament M heilt die Krankheit K im Schnitt bei 66 von 100 Patienten. Nach wie vor nehmen wir an, daß K in 40 % der Fälle von E_1 hervorgerufen wird und daß M in 30 % der Fälle Patienten, bei denen der Erreger E_1 vorliegt, heilt.
Berechnen Sie die Wahrscheinlichkeiten der Ereignisse
A: Von 10 an K erkrankten und mit M behandelten Patienten werden mindestens 7 geheilt
B: Von 200 an K erkrankten und mit M behandelten Patienten werden mindestens 70 % geheilt
C: Unter 4 an K erkrankten und mit M gehandelten Patienten sind zwei, die den Erreger E_1 haben und geheilt werden.

c) Unter den Patienten mit der Krankheit K ist nun der Anteil p derjenigen Fälle, die den Erreger E_1 haben, unbekannt. 1000 an K erkrankte Patienten werden mit M behandelt. Davon werden 657 Patienten geheilt.
Von welchem Wert für p wird man danach ausgehen?

d) Ein Arzt, dem der Anteil p derjenigen Krankheitsfälle, die der Erreger E_1 verursacht hat, unbekannt ist, verordnet einem Teil der an K erkrankten Patienten das Medikament M und den restlichen an K erkrankten Patienten das Medikament N. Jeder der Patienten erhält mit der Wahrscheinlichkeit r das Medikament M.
Geben Sie die Wahrscheinlichkeit, mit der ein an K erkrankter Patient geheilt wird, in Abhängigkeit von p und r an.
Nun wählt der Arzt r so, daß die Heilwahrscheinlichkeit nicht mehr von p abhängt.
Welche Heilwahrscheinlichkeit erzielt der Arzt bei diesem Vorgehen?

W

Lösungshinweise:

a) Führe Ereignisse für die Heilung durch das Medikament M bzw. durch das Medikament N ein. Zeichne Baumdiagramme für die Behandlung mit M bzw. mit N. Die Heilungswahrscheinlichkeit bei einer Behandlung mit M ergibt sich mit Hilfe der Pfadregel. Die zweite gesuchte Wahrscheinlichkeit ist eine bedingte Wahrscheinlichkeit. Wie ist eine bedingte Wahrscheinlichkeit definiert? Der Nenner in dem Bruch ergibt sich wiederum mit Hilfe der Pfadregel.

b) Alle drei gesuchten Wahrscheinlichkeiten ergeben sich mit Hilfe von Binomialverteilungen. Zur Berechnung von P(A) und P(B) führe Zufallsvariablen ein. Wie sind diese verteilt? Liegen die Verteilungen tabelliert vor? Bei P(A) hilft die Formel von Bernoulli weiter. Wie berechnet man näherungsweise „Intervallwahrscheinlichkeiten" für große Werte von n? Wie groß ist die „Trefferwahrscheinlichkeit" bei der Berechnung von P(C)?

c) Zeichne ein Baumdiagramm und verwende die Pfadregel!

d) Zeichne ein Baumdiagramm, welches Ereignisse für die beiden Erreger, für die beiden Medikamente und für die Heilung bzw. Nicht-Heilung enthält. Mit Hilfe der Pfadregel ergibt sich die Heilungswahrscheinlichkeit in Abhängigkeit von p und r. Forme den sich ergebenden Term so um, daß nur ein Summand p als Faktor enthält. Bei welchem r ist nun die Heilungswahrscheinlichkeit unabhängig von p?

Lösung:

a) **Heilungswahrscheinlichkeit bei einer Behandlung mit M**

Es sei H_M das Ereignis „Ein an K erkrankter Patient wird mit dem Medikament M geheilt". Dann ergibt sich das folgende Baumdiagramm.

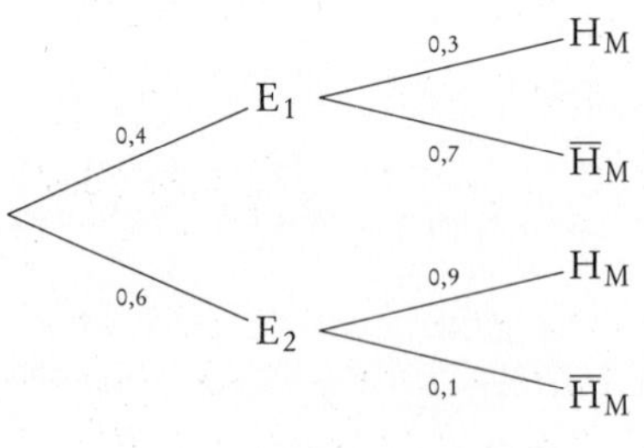

Mit Hilfe der Pfadregel ergibt sich:
$P(H_M) = 0{,}4 \cdot 0{,}3 + 0{,}6 \cdot 0{,}9 = \mathbf{0{,}66}$.

Wahrscheinlichkeit für den Erreger E_1

Es sei H_N das Ereignis „Ein an K erkrankter Patient wird mit dem Medikament N geheilt". Dann ist die Wahrscheinlichkeit $P_{H_N}(E_1)$ gesucht. Mit der Definition der gedingten Wahrscheinlichkeit ergibt sich:

$$P_{H_N}(E_1) = \frac{P(H_N \cap E_1)}{P(H_N)} = \frac{P(E_1 \cap H_N)}{P(H_N)} = \frac{P(E_1) \cdot P_{E_1}(H_N)}{P(H_N)}.$$

Die Wahrscheinlichkeiten $P(E_1) = 0{,}4$ und $P_{E_1}(H_N) = 0{,}6$ sind bekannt. Die Wahrscheinlichkeit $P(H_N)$ ergibt sich aus dem folgenden Baumdiagramm.

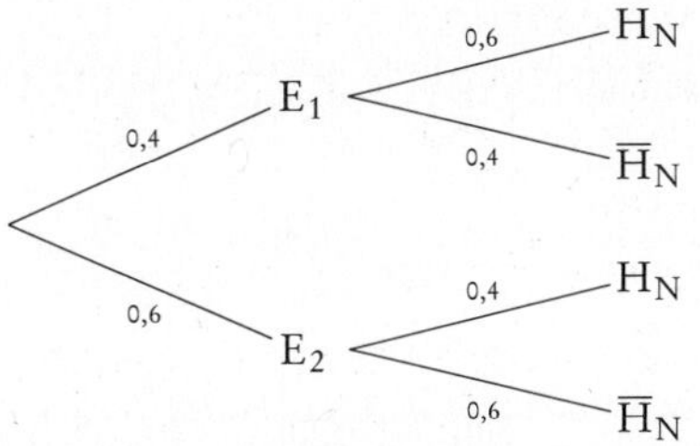

Also ist $P(H_N) = 0{,}4 \cdot 0{,}6 + 0{,}6 \cdot 0{,}4 = 0{,}48$. Daraus folgt:

$$P_{H_N}(E_1) = \frac{P(E_1) \cdot P_{E_1}(H_N)}{P(H_N)} = \frac{0{,}4 \cdot 0{,}6}{0{,}48} = \mathbf{0{,}5}.$$

b) Wahrscheinlichkeit von A (Formel von Bernoulli)

Die Zufallsvariable X beschreibe die Anzahl der von 10 an K erkrankten und mit M behandelten Patienten, die geheilt werden. X ist $B_{10;\,0{,}66}$-verteilt. Mit Hilfe der Formel von Bernoulli ergibt sich:

$$P(A) = (X \geqq 7) = \binom{10}{7} \cdot 0{,}66^7 \cdot 0{,}34^3 + \binom{10}{8} \cdot 0{,}66^8 \cdot 0{,}34^2 + \binom{10}{9} \cdot 0{,}66^9 \cdot 0{,}34^1 + \binom{10}{10} \cdot 0{,}66^{10} \cdot 0{,}34^0$$

$$= 120 \cdot 0{,}66^7 \cdot 0{,}34^3 + 45 \cdot 0{,}66^8 \cdot 0{,}34^2 + 10 \cdot 0{,}66^9 \cdot 0{,}34 + 0{,}66^{10}$$

$$\approx \mathbf{0{,}5411}.$$

Wahrscheinlichkeit von B (Näherungsrechnung)

Die Zufallsvariable Y beschreibe die Anzahl der von 200 an K erkrankten und mit M behandelten Patienten, die geheilt werden. Y ist $B_{200;\,0{,}66}$-verteilt.

Da diese Verteilung nicht tabelliert vorliegt und die oftmalige Anwendung der Formel von Bernoulli zu aufwendig ist, bleibt nur, eine Näherungsrechnung durchzuführen.

W

Da die Faustformel $n \cdot p \cdot q > 9$ erfüllt ist $(200 \cdot 0{,}66 \cdot 0{,}34 = 44{,}88 > 9)$, kann man die „Globale Näherungsformel von De Moivre–Laplace" anwenden mit $\mu_Y = 132$ und $\sigma_Y = 10 \cdot \sqrt{2 \cdot 0{,}66 \cdot 0{,}34}$:

$$P(B) = P(Y \geqq 140) = 1 - P(Y \leqq 139)$$
$$\approx 1 - \Phi\left(\frac{139 + 0{,}5 - 132}{10 \cdot \sqrt{2 \cdot 0{,}66 \cdot 0{,}34}}\right)$$
$$\approx 1 - \Phi(1{,}120)$$
$$\approx 1 - 0{,}8686 \approx \mathbf{0{,}13}.$$

Wahrscheinlichkeit von C (Formel von Bernoulli)

Nach Teilaufgabe a) ist die „Trefferwahrscheinlichkeit"
$p = P(E_1 \cap H_N) = 0{,}4 \cdot 0{,}3 = 0{,}12$. Also gilt:

$$P(C) = \binom{4}{2} \cdot 0{,}12^2 \cdot 0{,}88^2 \approx \mathbf{0{,}0669}.$$

c) **Berechnung des Wertes von p**

Mit den Bezeichnungen aus Teilaufgabe a) ergibt sich das folgende Baumdiagramm.

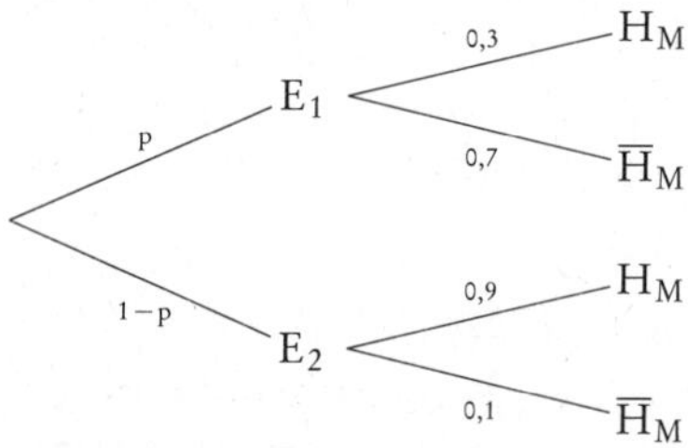

Mit Hilfe der Pfadregel erhält man:
$P(H_M) = p \cdot 0{,}3 + (1-p) \cdot 0{,}9 = 0{,}9 - 0{,}6p$.

Aus $0{,}9 - 0{,}6p = \frac{657}{1000}$ folgt $p = 0{,}405$.

Man wird also von $\mathbf{p \approx 0{,}4}$ ausgehen.

d) **Heilwahrscheinlichkeit in Abhängigkeit von p und r**

Mit den Bezeichnungen von Teilaufgabe a) ergibt sich nun das folgende Baumdiagramm.

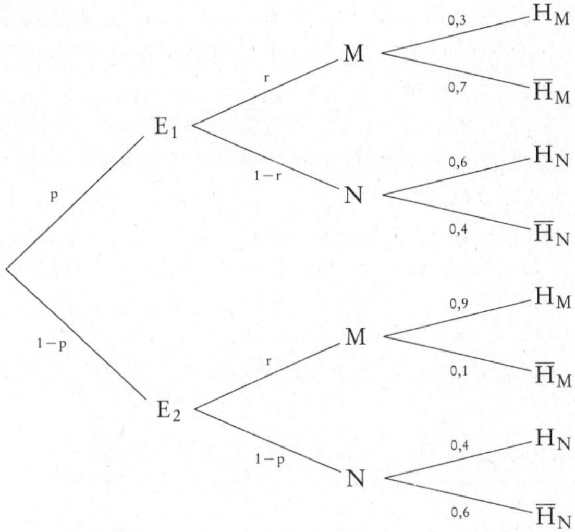

Mit H: „Ein an K erkrankter Patient wird geheilt" ergibt sich mit Hilfe der Pfadregel:

$$P(H) = p \cdot r \cdot 0{,}3 + p \cdot (1-r) \cdot 0{,}6 + (1-p) \cdot r \cdot 0{,}9 + (1-p) \cdot (1-r) \cdot 0{,}4$$
$$= -0{,}8\,p \cdot r + 0{,}2p + 0{,}5r + 0{,}4$$
$$= \mathbf{(0{,}2 - 0{,}8r)\,p + 0{,}5r + 0{,}4}\,.$$

Heilwahrscheinlichkeit unabhängig von p

Aus $0{,}2 - 0{,}8r = 0$ folgt $r = 0{,}25$. Daraus folgt $p = 0{,}525$.

Bei dem angegebenen Vorgehen erzielt der Arzt die Heilwahrscheinlichkeit **$p = 0{,}525$**.

W

Aufgabe 92/3

Eine Firma stellt Obstsäfte her. Bei jedem ihrer Abfüllautomaten kann die gewünschte Füllmenge eingestellt werden. Erfahrungsgemäß sind die tatsächlichen Füllmengen bei jedem Automaten näherungsweise normalverteilt, wobei der Erwartungswert μ mit der eingestellten Füllmenge übereinstimmt. Die Standardabweichung σ hängt nur von der Konstruktion des Automaten, aber nicht von dem eingestellten Wert μ ab.

a) Ein Automat mit $\sigma=4$ ist auf $\mu=1000$ (jeweils in cm^3) eingestellt.
Mit welcher Wahrscheinlichkeit enthält eine abgefüllte Packung mehr als $997\,cm^3$ und weniger als $1007\,cm^3$ Saft?
Ermitteln Sie das zu μ symmetrische Intervall, so daß die Füllmenge mit der Wahrscheinlichkeit 3% außerhalb dieses Intervalls fällt.
Wie muß der Automat eingestellt werden, damit Füllmengen unterhalb von $998\,cm^3$ mit einer Wahrscheinlichkeit von höchstens 2% auftreten?

b) Ein anderer Abfüllautomat mit $\sigma=2$ ist angeblich auf $\mu=250$ eingestellt. Da Zweifel an der korrekten Einstellung aufkommen, wird auf dem 5%-Niveau ein Test durchgeführt. Dabei werden die Füllmengen von 50 Packungen gemessen. Es ergibt sich ein Mittelwert von $249{,}3\,cm^3$.
Erscheinen die Zweifel an der Einstellung berechtigt?
Wie groß ist bei diesem Test die Wahrscheinlichkeit dafür, daß die Einstellung für korrekt gehalten wird, obwohl der Automat in Wirklichkeit auf $\mu=250{,}8$ eingestellt ist?

W

c) Je 24 der abgefüllten Saftpackungen werden in einen Karton verpackt. Das Gewicht der Füllmenge einer Saftpackung, das Gewicht einer leeren Saftpackung und das Gewicht eines leeren Kartons (jeweils in Gramm) sind angenähert $N(255;2)$- bzw. $N(20;0{,}6)$- bzw. $N(200;5)$-verteilt.
Mit welcher Wahrscheinlichkeit liegt das Gesamtgewicht eines gefüllten Kartons unter $6780\,g$?

In einer Stunde werden 700 Kartons abgepackt.
Mit welcher Wahrscheinlichkeit haben höchstens 2% davon ein Gesamtgewicht von weniger als $6780\,g$?

d) Ein Vorrat an Saftpackungen stammt von zwei Automaten A_1 und A_2. Ein Drittel der Saftpackungen kommt von A_1. Der Automat A_1 ist auf $\mu_1=1000$, A_2 auf $\mu_2=1002$ eingestellt; die Standardabweichung σ ist jeweils 4.
Mit welcher Wahrscheinlichkeit stammt eine Packung mit einer Füllmenge von weniger als $998\,cm^3$ von A_1?
Mit welcher Wahrscheinlichkeit stammen von vier Packungen mit einer Füllmenge von jeweils weniger als $998\,cm^3$ höchstens zwei von A_1?

Lösungshinweise:

a) Die Füllmenge einer Packung ist näherungsweise normalverteilt. Erwartungswert und Standardabweichung sind gegeben. Damit ergibt sich sofort die Wahrscheinlichkeit dafür, daß eine Packung mehr als $997\,cm^3$ und weniger als $1007\,cm^3$ Saft enthält. Wie kann man das zu μ symmetrische Intervall mit Hilfe der eingeführten Zufallsvariablen notieren? Welche Formel gilt für die zugehörige Wahrscheinlichkeit in diesem Fall? Bei der letzten Frage ist eine Wahrscheinlichkeit gegeben und μ gesucht. Aus welcher Ungleichung ergibt sich dieses μ?

b) Führe eine Zufallsvariable ein und stelle Hypothesen auf. Um welchen Test handelt es sich? Ist die Standardabweichung bekannt oder nicht? Die Durchführung des Tests ist auf zwei Arten möglich: Entweder mit dem Stichprobenmittel oder mit einer standardisierten Zufallsvariablen als Testvariable. Wie ermittelt man in beiden Fällen den Ablehnungsbereich? Liegt der angegebene Mittelwert im Ablehnungsbereich oder nicht? Was folgt hieraus? Was versteht man unter einem Fehler 2. Art? Wie berechnet man die zugehörige Wahrscheinlichkeit?

c) Um die gesuchte Wahrscheinlichkeit für das Gesamtgewicht eines gefüllten Kartons zu berechnen, führe für das Gewicht der Füllmenge und das Leergewicht der i. Saftpackung Zufallsvariablen ein. Außerdem werden Zufallsvariablen für einen leeren Karton und schließlich für das Gesamtgewicht benötigt. Welcher Satz gilt für den Erwartungswert und für die Standardabweichung einer Summe von normalverteilten Zufallsvariablen? Die letzte gesuchte Wahrscheinlichkeit läßt sich mit Hilfe einer Binomialverteilung berechnen. Wie berechnet man näherungsweise die gesuchte „Intervallwahrscheinlichkeit“ bei einer Binomialverteilung, wenn diese nicht tabelliert vorliegt und die Anwendung der Formel von Bernoulli zu mühsam ist? Ist die Faustformel erfüllt?

d) In diesem Teil der Aufgabe handelt es sich um bedingte Wahrscheinlichkeiten. Führe für die angegebene Füllmenge ein Ereignis ein und zeichne das zugehörige Baumdiagramm. Wie ist eine bedingte Wahrscheinlichkeit definiert? Wie lautet der allgemeine Multiplikationssatz? Die Wahrscheinlichkeit, daß von vier Packungen mit der angegebenen Füllmenge höchstens zwei von A_1 stammen, ist die typische Fragestellung bei einer Binomialverteilung. Führe also eine Zufallsvariable ein; wie ist diese verteilt? Welches ist die „Trefferwahrscheinlichkeit“?

Lösung:

a) **Wahrscheinlichkeit bei Normalverteilung**

Die Zufallsvariable X beschreibt die Füllmenge (in cm^3) einer Packung. Sie ist näherungsweise N(1000; 4)-verteilt.

$$P(997<X<1007)\approx\Phi\left(\frac{1007-1000}{4}\right)-\Phi\left(\frac{997-1000}{4}\right)$$
$$=\Phi(1{,}75)-\Phi(-0{,}75)$$
$$\approx 0{,}9599-(1-0{,}7734)$$
$$\approx 0{,}7333$$

Rund 73% der abgefüllten Packungen enthalten mehr als $997\,cm^3$ und weniger als $1007\,cm^3$ Saft.

Berechnung der Intervallgrenzen

Die Intervallgrenzen seien $1000-c$ und $1000+c$. Für eine normalverteilte Zufallsvariable X gilt:

$$P(|X-\mu_X|>c)=2\left[1-\Phi\left(\frac{c}{\sigma_X}\right)\right].$$

Aus $P(|X-1000|>c)=2\left[1-\Phi\left(\frac{c}{4}\right)\right]=0{,}03$ folgt $\Phi\left(\frac{c}{4}\right)=0{,}985$ bzw.

$\frac{c}{4}=2{,}17$ und hieraus $c\approx 8{,}7$.

Also ist **[991,3; 1008,7]** das gesuchte Intervall.

Berechnung von μ_X

Aus $P(X<998)=\Phi\left(\frac{998-\mu_X}{4}\right)\leqq 0{,}02$ folgt $\frac{998-\mu_X}{4}\leqq -2{,}054$ bzw. $\mu_X\geqq 1006{,}2$.

Der Automat muß also auf eine Füllmenge von **mindestens $1006{,}2\,cm^3$** eingestellt werden.

b) **Signifikanztest für den Erwartungswert bei bekannter Standardabweichung**

Die Zufallsvariable Y beschreibt die Füllmenge (in cm^3) einer Packung. Über den Erwartungswert von Y werden folgende Hypothesen aufgestellt:

Nullhypothese: H_0: $\mu_Y=250$;
Gegenhypothese: H_1: $\mu_Y\neq 250$.

Es handelt sich um einen zweiseitigen Test über den Erwartungswert einer Normalverteilung bei bekannter Standardabweichung $\sigma_Y=2$.

W

1. Möglichkeit: Lösung mit Hilfe der Testvariablen $\overline{Y}$

$\overline{Y}$: Mittlere Füllmenge in Stichproben von 50 Packungen.

$\overline{Y}$ ist bei wahrer Nullhypothese $N\left(250; \frac{2}{\sqrt{50}}\right)$-verteilt.

Ermittlung des Ablehnungsbereiches K:

Aus $\Phi(c) = 1 - \frac{\alpha}{2} = 1 - \frac{0{,}05}{2} = 0{,}975$ folgt $c = 1{,}96$.

Damit ergeben sich die Signifikanzgrenzen $g_k = 250 - 1{,}96 \cdot \frac{2}{\sqrt{50}} \approx 249{,}45$ und $g_r = 250 + 1{,}96 \cdot \frac{2}{\sqrt{50}} \approx 250{,}55$.

Also ist $K = \{\overline{y} \mid \overline{y} < 249{,}45 \text{ oder } \overline{y} > 250{,}55\}$ der Ablehnungsbereich.

Entscheidung: Da $249{,}3 \in K$ ist, wird H_0 abgelehnt.
Die Zweifel an der Einstellung erscheinen also berechtigt.

2. Möglichkeit: Lösung mit Hilfe der standardisierten Testvariablen Z

$\overline{Y}$: Mittlere Füllmenge in Stichproben von 50 Packungen.

Die Zufallsvariable $Z = \frac{\overline{Y} - 250}{2} \cdot \sqrt{50}$ ist bei wahrer Nullhypothese $N(0; 1)$-verteilt.

Aus $\Phi(c) = 1 - \frac{\alpha}{2} = 1 - \frac{0{,}05}{2} = 0{,}975$ folgt $c = 1{,}96$.

Also ist $K = \{z \mid z < -1{,}96 \text{ oder } z > 1{,}96\}$ der Ablehnungsbereich.

Entscheidung: Da $\frac{249{,}3 - 250}{2} \cdot \sqrt{50} \approx -2{,}47$ in den Ablehnungsbereich K fällt, wird H_0 abgelehnt.
Die Zweifel an der Einstellung erscheinen also berechtigt.

Wahrscheinlichkeit für den Fehler 2. Art

Einen Fehler 2. Art begeht man, wenn eine falsche Hypothese nicht abgelehnt wird. $\overline{Y}$ ist nun $N\left(250{,}8; \frac{2}{\sqrt{50}}\right)$-verteilt. Die Wahrscheinlichkeit für den Fehler 2. Art ist

$$\begin{aligned}\beta &= P(249{,}45 \leqq \overline{Y} \leqq 250{,}55)\\ &= \Phi\left(\frac{250{,}55 - 250{,}8}{2} \cdot \sqrt{50}\right) - \Phi\left(\frac{249{,}45 - 250{,}8}{2} \cdot \sqrt{50}\right)\\ &\approx \Phi(-0{,}884) - \Phi(-4{,}773)\\ &\approx 0{,}19.\end{aligned}$$

Die Wahrscheinlichkeit dafür, daß die Einstellung für korrekt gehalten wird, obwohl der Automat in Wirklichkeit auf $\mu = 250{,}8$ eingestellt ist, beträgt **ungefähr 19 %**.

c) **Wahrscheinlichkeit, daß das Gesamtgewicht eines gefüllten Kartons unter 6780 g liegt**

Folgende Zufallsvariablen werden eingeführt:

U_i: Gewicht (in g) der Füllmenge der i. Saftpackung, $i = 1, \ldots, 24$;
V_i: Gewicht (in g) der i. leeren Saftpackung, $i = 1, \ldots, 24$;
W: Gewicht (in g) eines leeren Kartons;
Z: Gesamtgewicht (in g) eines gefüllten Kartons.

Die Zufallsvariablen U_i sind angenähert $N(255; 2)$-verteilt;
die Zufallsvariablen V_i sind angenähert $N(20; 0{,}6)$-verteilt;
die Zufallsvariable W ist angenähert $N(200; 5)$-verteilt.

Für die Zufallsvariable Z gilt:
$Z = (U_1 + \ldots + U_{24}) + (V_1 + \ldots + V_{24}) + W$.

Z ist angenähert $N(\mu_Z; \sigma_Z)$-verteilt mit $\mu_Z = 24 \cdot 255 + 24 \cdot 20 + 200 = 6800$ und $\sigma_Z = \sqrt{24 \cdot 2^2 + 24 \cdot 0{,}6^2 + 5^2} \approx 11{,}39$. Gesucht ist $P(Z < 6780)$.

Für diese Wahrscheinlichkeit gilt:

$$P(Z < 6780) \approx \Phi\left(\frac{6780 - 6800}{11{,}39}\right) \approx \Phi(-1{,}756) \approx 0{,}0395.$$

Die Wahrscheinlichkeit, daß das Gesamtgewicht eines gefüllten Kartons unter 6780 g liegt, beträgt **ungefähr 4 %**.

Wahrscheinlichkeit, daß höchstens 2 % von 700 Kartons ein Gesamtgewicht von weniger als 6780 g haben

Die Zufallsvariable G beschreibt die Anzahl der Kartons mit einem Gesamtgewicht unter 6780 g von 700 Kartons. G ist also $B_{700;\,0{,}0395}$-verteilt mit $\mu_G = 700 \cdot 0{,}0395 = 27{,}65$ und $\sigma_G = \sqrt{700 \cdot 0{,}0395 \cdot 0{,}9605}$. Da die Faustformel $n \cdot p \cdot q > 9$ erfüllt ist ($700 \cdot 0{,}0395 \cdot 0{,}9605 \approx 26{,}6 > 9$), kann man die „Globale Näherungsformel von De Moivre–Laplace" anwenden. 2 % von 700 Kartons sind 14 Kartons. Also gilt:

$$P(G \leqq 14) \approx \Phi\left(\frac{14 - 27{,}65}{5{,}15}\right) \approx \Phi(-2{,}55) \approx 0{,}0054.$$

Die Wahrscheinlichkeit, höchstens 2 % von 700 Kartons haben ein Gesamtgewicht von weniger als 6780 g, beträgt **ungefähr 0,5 %**.

W

d) **Wahrscheinlichkeit, daß eine Packung mit einer Füllmenge von weniger als 998 cm³ von A_1 stammt**

Es sei B das Ereignis „Eine Packung hat eine Füllmenge von weniger als 998 cm³". Die bedingte Wahrscheinlichkeit, daß eine Packung, die von A_1 stammt, weniger als 998 cm³ Füllmenge hat, ist

$$P_{A_1}(B) \approx \Phi\left(\frac{998-1000}{4}\right) = \Phi(-0{,}5) \approx 0{,}3085.$$

Entsprechend ergibt sich für die bedingte Wahrscheinlichkeit, daß eine Packung, die von A_2 stammt, weniger als 998 cm³ Füllmenge hat,

$$P_{A_2}(B) \approx \Phi\left(\frac{998-1002}{4}\right) = \Phi(-1) \approx 0{,}1587.$$

Gesucht ist die bedingte Wahrscheinlichkeit $P_B(A_1)$.

Das Zufallsexperiment läßt sich durch das folgende Baumdiagramm beschreiben.

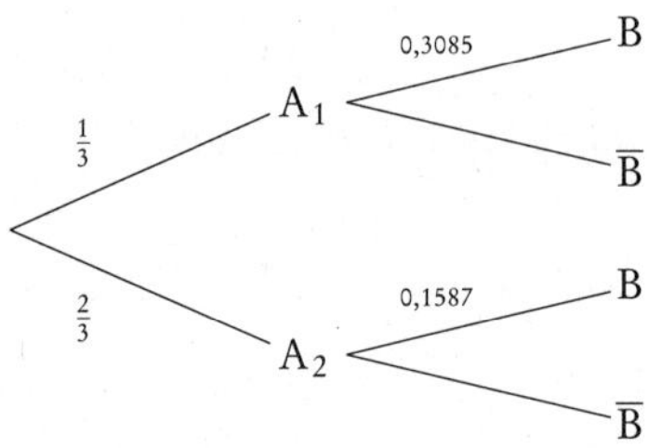

Mit Hilfe der Definition der bedingten Wahrscheinlichkeit und dem allgemeinen Multiplikationssatz ergibt sich:

$$P_B(A_1) = \frac{P(B \cap A_1)}{P(B)} = \frac{P(A_1 \cap B)}{P(B)} = \frac{P(A_1) \cdot P_{A_1}(B)}{P(B)}$$

$$= \frac{\frac{1}{3} \cdot 0{,}3085}{\frac{1}{3} \cdot 0{,}3085 + \frac{2}{3} \cdot 0{,}1587} \approx 0{,}4929.$$

Die Wahrscheinlichkeit, daß eine Packung mit einer Füllmenge von weniger als 998 cm³ von A_1 stammt, beträgt **ungefähr 49 %**.

Wahrscheinlichkeit, daß von vier Packungen mit einer Füllmenge von jeweils weniger als 998 cm^3 höchstens zwei von A_1 stammen

Die Zufallsvariable H beschreibt die Anzahl der „B-Packungen", die von A_1 stammen, von vier „B-Packungen". H ist $B_{4;\,0{,}4929}$-verteilt. Mit Hilfe der Formel von Bernoulli erhält man:

$$
\begin{aligned}
P(H \leqq 2) &= 1 - P(H \geqq 3) \\
&= 1 - [P(H=3) + P(H=4)] \\
&= 1 - \left[\binom{4}{3} \cdot 0{,}4929^3 \cdot 0{,}5071 + 0{,}4929^4\right] \\
&\approx 0{,}6981\,.
\end{aligned}
$$

Die Wahrscheinlichkeit, daß von vier Packungen mit einer Füllmenge von jeweils weniger als 998 cm^3 höchstens zwei von A_1 stammen, beträgt **ungefähr** 70 %.

Die Verbrauchermarktkette RENA bezieht Glühbirnen von den zwei Herstellern A und B und läßt sie mit ihrem eigenen Emblem versehen, so daß die Herstellerfirma nicht mehr zu erkennen ist. Von A werden 70 Prozent des Bedarfs bezogen, die restlichen 30 Prozent liefert B. Unter den von A hergestellten Glühbirnen sind im Mittel 3 Prozent bereits bei der Anlieferung defekt, bei den Glühbirnen aus dem Werk B beträgt der Anteil der defekten durchschnittlich sogar 6 Prozent.

a) Wieviel Prozent aller Glühbirnen, die RENA bezieht, sind bereits bei der Anlieferung defekt?
Dem Lagerbestand wird eine Glühbirne zufällig entnommen, und man stellt fest, daß sie defekt ist.
Mit welcher Wahrscheinlichkeit stammt sie vom Hersteller B?
Ein einzelner RENA-Markt bezieht eine Lieferung von 72 Glühbirnen, die sämtlich von A hergestellt wurden.
Mit welcher Wahrscheinlichkeit sind dabei mehr als 2 Glühbirnen defekt?

b) Der Einkaufspreis einer von A hergestellten Glühbirne beträgt 1,12 DM; bei B kostet sie 1,09 DM. Der Verkaufspreis einer Glühbirne in einem RENA-Markt beträgt 1,60 DM. Wegen Reklamationen der Kunden muß RENA erfahrungsgemäß bei 80 % der verkauften defekten Glühbirnen den Kaufpreis zurückerstatten.
Berechnen Sie den durchschnittlichen Gewinn pro verkaufter Glühbirne.
Untersuchen Sie, ob es für RENA im Mittel günstiger ist, eine von A oder eine von B hergestellte Glühbirne zu verkaufen.

c) Die Brenndauer einer intakten Glühbirne ist näherungsweise normalverteilt und beträgt bei Hersteller A durchschnittlich 1100 Stunden bei einer Standardabweichung von 120 Stunden; die von B hergestellten Glühbirnen brennen im Durchschnitt 1020 Stunden bei einer Standardabweichung von 80 Stunden.
Mit welcher Wahrscheinlichkeit brennt eine von A hergestellte Glühbirne länger als 1250 Stunden?
Ermitteln Sie das zum Erwartungswert symmetrische Intervall, so daß die Brenndauer einer von B hergestellten Glühbirne mit der Wahrscheinlichkeit 0,75 in dieses Intervall fällt.
Mit welcher Wahrscheinlichkeit brennt eine von B hergestellte Glühbirne länger als eine aus der Produktion von A?

d) Zur Angleichung der Netzspannungen in Europa wurde zu Beginn des Jahres 1992 die Netzspannung in den alten Bundesländern von 220 Volt auf 230 Volt erhöht. Dadurch brennen die Glühbirnen zwar etwas heller, ihre Brenndauer wird jedoch verkürzt.

Der Hersteller A behauptet, durch die Erhöhung der Netzspannung vermindere sich die mittlere Brenndauer seiner Glühbirnen um höchstens 10 Prozent des ursprünglichen Wertes (siehe Teilaufgabe c)).
Die Verbraucherverbände hingegen behaupten, die Veränderung der Netzspannung reduziere die mittlere Brenndauer der Glühbirnen von A um mindestens 15 Prozent.
In einem Dauertest werden 35 Glühbirnen untersucht. Dabei ergibt sich eine mittlere Brenndauer von 960 Stunden.
Beurteilen Sie hiermit die beiden Behauptungen auf dem 5 %-Niveau; dabei kann die Brenndauer weiterhin als näherungsweise normalverteilt bei unveränderter Standardabweichung von 120 Stunden betrachtet werden.

Lösungshinweise:

a) Führe Ereignisse für die Herkunft der Glühbirnen ein und interpretiere die gegebenen Prozente als Wahrscheinlichkeiten. Drücke danach die Wahrscheinlichkeiten mit Hilfe der eingeführten Ereignisse aus. Zeichne zur Verdeutlichung der Situation ein Baumdiagramm! Welche Sätze aus der Wahrscheinlichkeitsrechnung werden benötigt?
Die zweite Frage bezieht sich auf eine bedingte Wahrscheinlichkeit. Wie ist diese definiert?
Führe für die Anzahl der defekten Glühbirnen eine Zufallsvariable ein. Wie ist diese verteilt? Liegt die Verteilung tabelliert vor? Ist dies nicht der Fall, berechne die Wahrscheinlichkeiten mit dem Taschenrechner. Welche Formel wird benötigt?

b) Führe für die Reklamation ein Ereignis und für den Gewinn pro Glühbirne eine Zufallsvariable ein. Zeichne ein Baumdiagramm! Notiere am Ende eines jeden Pfades die zugehörige Wahrscheinlichkeit und den Gewinn. Wie ist der Erwartungswert einer Zufallsvariablen definiert? Mit Hilfe des Baumdiagramms läßt sich auch klären, ob es für RENA im Mittel günstiger ist, eine von A oder eine von B hergestellte Glühbirne zu verkaufen.

c) Die Zufallsvariable Y für die Brenndauer einer Glühbirne von A und Z für die Brenndauer einer Glühbirne von B sind näherungsweise normalverteilt; μ und σ sind jeweils bekannt. Wie lautet die Formel für $P(|Z-\mu_Z| \leqq c)$ mit $c \in \mathbb{R}$? Damit ist eine Bedingung für c mit Hilfe der Φ-Funktion formulierbar; aus ihr ergibt sich c. Um die Brenndauern zu vergleichen, führe eine neue Zufallsvariable als Differenz von Z und Y ein. Welchen Erwartungswert und welche Standardabweichung hat diese neue Zufallsvariable?

d) Getestet werden sollen zwei Behauptungen, die des Herstellers A und die der Verbraucherverbände. Stelle jeweils die Hypothesen auf. Um was für einen Test handelt es sich jeweils? Führe die Tests auf dem Stichprobenmittel oder mit standardisierten Zufallsvariablen durch. Wie ermittelt man die Ablehnungsbereiche? Liegt der angegebene Mittelwert in den Ablehnungsbereichen oder nicht? Was folgt hieraus? Bringt der Test eine Entscheidung?

Lösung:

a) **Anteil der defekten Glühbirnen**

Folgende Ereignisse werden eingeführt:
M: Glühbirne stammt vom Hersteller A;
N: Glühbirne stammt vom Hersteller B;
D: Glühbirne ist defekt.

Mit diesen Ereignissen sind folgende Wahrscheinlichkeiten gegeben:
$P(M) = 0{,}7$; $P_M(D) = 0{,}03$;
$P(N) = 0{,}3$; $P_N(D) = 0{,}06$.

Gesucht ist $P(D)$. Die Figur zeigt das zugehörige Baumdiagramm.

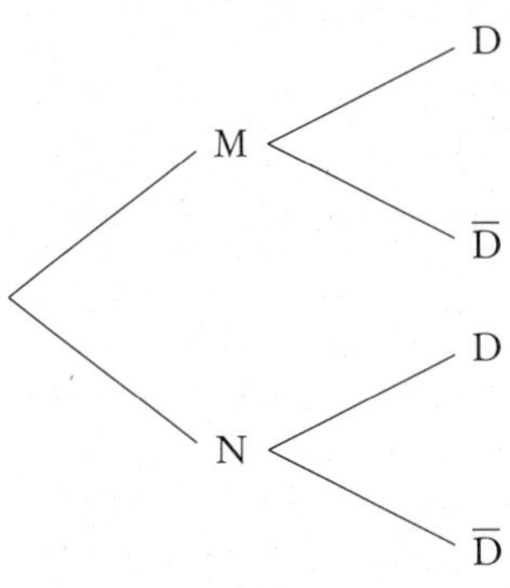

Mit Hilfe des allgemeinen Multiplikations- und des speziellen Additionssatzes ergibt sich:

$$\begin{aligned} P(D) &= P(M \cap D) + P(N \cap D) \\ &= P(M) \cdot P_M(D) + P(N) \cdot P_N(D) \\ &= 0{,}7 \cdot 0{,}03 + 0{,}3 \cdot 0{,}06 \\ &= \mathbf{0{,}039}. \end{aligned}$$

d. h., fast 4 % aller Glühbirnen sind bereits bei der Anlieferung defekt.

Bedingte Wahrscheinlichkeit

Gesucht ist $P_D(N)$. Mit Hilfe der Definition der bedingten Wahrscheinlichkeit erhält man:

$$P_D(N) = \frac{P(D \cap N)}{P(D)} = \frac{P(N \cap D)}{P(D)} = \frac{P(N) \cdot P_N(D)}{P(D)}$$

$$= \frac{0{,}3 \cdot 0{,}06}{0{,}039} \approx \mathbf{0{,}4615}\,.$$

Wahrscheinlichkeit bei Binomialverteilung

Die Zufallsvariable X beschreibt die Anzahl der defekten Glühbirnen unter 72 Glühbirnen vom Hersteller A. Die Zufallsvariable X ist $B_{72;\,0{,}03}$-verteilt. Gesucht ist $P(X > 2)$.

Mit Hilfe der Formel von Bernoulli ergibt sich:

$$P(X > 2) = 1 - P(X \leqq 2) = 1 - [P(X=0) + P(X=1) + P(X=2)]$$

$$= 1 - \binom{72}{0} \cdot 0{,}03^0 \cdot 0{,}97^{72} - \binom{72}{1} \cdot 0{,}03^1 \cdot 0{,}97^{71} - \binom{72}{2} \cdot 0{,}03^2 \cdot 0{,}97^{70}$$

$$\approx \mathbf{0{,}3672}\,.$$

b) **Durchschnittlicher Gewinn pro Glühbirne**

Führt man noch das Ereignis R: „Reklamation“ und die Zufallsvariable G: „Gewinn (in Pf) pro Glühbirne“ ein, läßt sich die beschriebene Situation durch das folgende Baumdiagramm beschreiben.

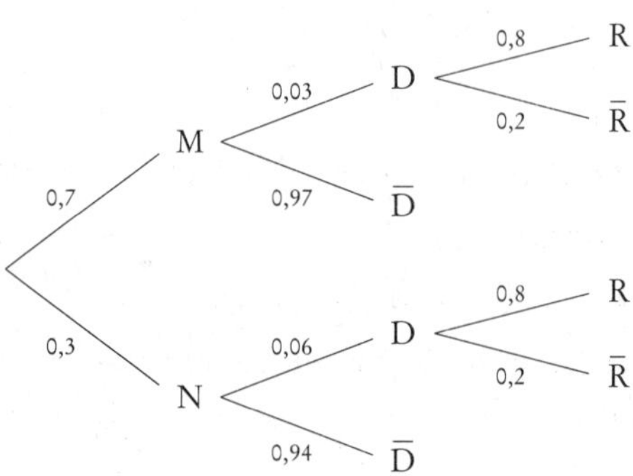

Wahrscheinlichkeit	Gewinn
$0{,}7 \cdot 0{,}03 \cdot 0{,}8$	-112
$0{,}7 \cdot 0{,}03 \cdot 0{,}2$	48
$0{,}7 \cdot 0{,}97$	48
$0{,}3 \cdot 0{,}06 \cdot 0{,}8$	-109
$0{,}3 \cdot 0{,}06 \cdot 0{,}2$	51
$0{,}3 \cdot 0{,}94$	51

Damit ergibt sich als Erwartungswert der Zufallsvariablen G:

$$E(G) = -112 \cdot 0{,}0168 + 48\,(0{,}0042 + 0{,}6790) - 109 \cdot 0{,}0144 + 51\,(0{,}0036 + 0{,}2820) \approx \mathbf{43{,}91}\,.$$

Der durchschnittliche Gewinn pro verkaufter Glühbirne beträgt fast 44 Pf.

Untersuchung

Für eine von A bzw. von B hergestellte Glühbirne gilt:

$E_A(G) = -112 \cdot 0{,}03 \cdot 0{,}8 + 48\,(0{,}03 \cdot 0{,}2 + 0{,}97) = 0{,}4416$;
$E_B(G) = -109 \cdot 0{,}06 \cdot 0{,}8 + 51\,(0{,}06 \cdot 0{,}2 + 0{,}94) = 0{,}4332$.

Es ist also für RENA günstiger, eine von A hergestellte Glühbirne zu verkaufen.

c) **Wahrscheinlichkeit bei Normalverteilung**

Die Zufallsvariable Y beschreibt die Brenndauer (in Stunden) einer Glühbirne von Hersteller A. Sie ist näherungsweise N(1100; 120)-verteilt.

$$P(Y > 1250) = 1 - P(Y \leqq 1250) = 1 - \Phi\left(\frac{1250 - 1100}{120}\right) = 1 - \Phi(1{,}25) \approx 1 - 0{,}8944 = \mathbf{0{,}1056}$$

Rund 10,6 % der Glühbirnen von A brennen länger als 1250 Stunden.

Ermittlung des Intervalls

Die Zufallsvariable Z beschreibt die Brenndauer (in Stunden) einer Glühbirne von Hersteller B. Sie ist näherungsweise N(1020; 80)-verteilt. Die Intervallgrenzen seien $\mu - c$ und $\mu + c$. Für die Zufallsvariable Z gilt:

$$P(|Z - \mu_Z| \leqq c) = 2 \cdot \Phi\left(\frac{c}{\sigma_Z}\right) - 1\,.$$

Aus $2 \cdot \Phi\left(\frac{c}{80}\right) - 1 = 0{,}75$ folgt $\Phi\left(\frac{c}{80}\right) = 0{,}875$ bzw. $\frac{c}{80} = 1{,}15$ und hieraus $c = 92$. Das gesuchte Intervall ist **[928; 1112]**.

Wahrscheinlichkeit bei Differenz von Normalverteilungen

Es sei $D = Z - Y$. Die Zufallsvariable D ist näherungsweise $N(\mu_D; \sigma_D)$-verteilt mit $\mu_D = \mu_Z - \mu_Y = 1020 - 1100 = -80$ und $\sigma_D^2 = \sigma_Z^2 + \sigma_Y^2 = 80^2 + 120^2$ bzw. $\sigma_D = \sqrt{20\,800}$.

W

Eine von B hergestellte Glühbirne brennt länger als eine aus der Produktion von A, wenn $D>0$ ist. Die Wahrscheinlichkeit hierfür ist

$$\begin{aligned} P(D>0)=1-P(D\leqq 0)&=1-\Phi\left(\frac{0-(-80)}{\sqrt{20\,800}}\right)\\ &\approx 1-\Phi(0{,}555)\\ &\approx 1-0{,}7106\\ &=\mathbf{0{,}2894}. \end{aligned}$$

Mit der Wahrscheinlichkeit von rund 29 % brennt eine von B hergestellte Glühbirne länger als eine aus der Produktion von A.

d) Untersuchung zweier Behauptungen

Die Zufallsvariable Y (vgl. Teilaufgabe c)) beschreibt die Brenndauer (in Stunden) einer Glühbirne von Hersteller A. Die Behauptung des Herstellers A kann wie folgt formuliert werden:

Nullhypothese: $H_0:\ \mu\geqq 990$;
Gegenhypothese: $H_1:\ \mu<990$.

Es handelt sich also um einen linksseitigen Test über den Erwartungswert einer Normalverteilung bei bekannter Standardabweichung $\sigma=120$.

Durchführung des Tests mit Hilfe der Testvariablen $\overline{Y}$:
$\overline{Y}$: Mittlere Brenndauer bei einer Stichprobe von 35 Glühbirnen.

$\overline{Y}$ ist bei wahrer Nullhypothese im Grenzfall $N\left(990;\ \frac{120}{\sqrt{35}}\right)$-verteilt.

Ermittlung des Ablehnungsbereiches K_1:
Aus $\Phi(c)=1-\alpha=1-0{,}05=0{,}95$ folgt $c=1{,}6449$. Damit ergibt sich die Signifikanzgrenze $g=990-1{,}6449\cdot\frac{120}{\sqrt{35}}\approx 956{,}6$.

Also ist $K_1=\{\overline{y}\,|\,\overline{y}<956{,}6\}$ der Ablehnungsbereich der Nullhypothese des Herstellers A.

Entscheidung: Da $960\notin K_1$ ist, kann die Behauptung des Herstellers nicht abgelehnt werden.

Die Behauptung der Verbraucherverbände ist:

Nullhypothese: $H_0:\ \mu\leqq 935$;
Gegenhypothese: $H_1:\ \mu>935$.

Es handelt sich in diesem Fall um einen rechtsseitigen Test.

Durchführung mit Hilfe der Testvariablen $\overline{Y}$:
$\overline{Y}$ ist bei wahrer Nullhypothese im Grenzfall $N\left(935;\ \frac{120}{\sqrt{35}}\right)$-verteilt.

Ermittlung des Ablehnungsbereiches K_2:

Als Signifikanzgrenze ergibt sich: $g = 935 + 1{,}6449 \cdot \frac{120}{\sqrt{35}} \approx 968{,}4$.

Also ist $K_2 = \{\bar{y} \mid \bar{y} > 968{,}4\}$ der Ablehnungsbereich der Nullhypothese der Verbraucherverbände.

Entscheidung: Da $960 \notin K_2$ ist, kann auch die Behauptung der Verbraucherverbände nicht abgelehnt werden. Insgesamt bringt der Test keine Entscheidung. Der Dauertest müßte mit einer größeren Anzahl von Glühbirnen wiederholt werden.

W

Auf einem Automaten werden Kugellagerkugeln serienmäßig hergestellt. Der Kugeldurchmesser (in mm) wird näherungsweise durch die normalverteilte Zufallsvariable X mit dem Erwartungswert 5 und der Standardabweichung 0,05 beschrieben.

Die Qualität der Kugeln wird auf folgende Weise festgestellt: Fällt eine Kugel durch eine kreisförmige Öffnung mit dem Durchmesser d_2 (in mm), jedoch nicht durch eine entsprechende Öffnung mit dem Durchmesser d_1 (in mm), so genügt die Kugel den Anforderungen. Ist eine der beiden Bedingungen nicht erfüllt, so ist die betreffende Kugel zu groß oder zu klein und gehört zum Ausschuß.

a) Berechnen Sie für $d_1 = 4{,}9$ und $d_2 = 5{,}1$ die Wahrscheinlichkeit, daß eine der Produktion zufällig entnommene Kugel zum Ausschuß gehört.
Zeigen Sie, daß sich die gleiche Ausschußwahrscheinlichkeit ergibt, wenn μ_X, σ_X, d_1 und d_2 zahlenmäßig nicht bekannt sind, sondern lediglich vorausgesetzt wird, daß die Zufallsvariable X normalverteilt ist mit
$\mu_X = \frac{d_1 + d_2}{2}$ und $\sigma_X = \frac{d_2 - d_1}{4}$.
Bei einer Tagesproduktion werden 10 000 Kugeln hergestellt. Kugeln, die zum Ausschuß gehören, fallen nach der Kontrolle in einen Behälter.
Wie viele Kugeln muß der Behälter mindestens fassen, damit er alle Ausschußkugeln einer Tagesproduktion mit einer Wahrscheinlichkeit von mindestens 99 % aufnehmen kann?

b) In einer anderen Produktionsserie beträgt der Ausschußanteil 10 %. Kugeln dieser Serie werden ungeprüft in Packungen zu je 100 Stück verkauft.
Mit welcher Wahrscheinlichkeit sind in einer Packung mindestens 85 einwandfreie Kugeln?
Der Kaufpreis pro Packung beträgt 10 DM. Mit einem Großabnehmer wird vereinbart, daß eine Packung zurückgegeben und der Kaufpreis erstattet wird, wenn mehr als k Kugeln der Packung fehlerhaft sind. Wird eine Packung zurückgenommen, so entstehen dem Hersteller Kosten von 5 DM.
Mit welchem durchschnittlichen Erlös pro Packung kann der Hersteller bei $k = 13$ rechnen?
Wie groß muß k mindestens sein, damit der durchschnittliche Erlös pro Packung mindestens 9 DM beträgt?

c) Bei einer weiteren Produktionsserie vom Umfang n gehört jede der nacheinander produzierten Kugeln mit der Wahrscheinlichkeit p mit $0 < p < 1$ zum Ausschuß. Die Zufallsvariable Y beschreibt die Anzahl der einwandfreien Kugeln, die anfallen, bevor die erste fehlerhafte Kugel auftritt. Sind alle Kugeln einwandfrei, so nimmt Y den Wert n an.

Ermitteln Sie für $n=5$ und $p=0{,}1$ die Wahrscheinlichkeitsverteilung und den Erwartungswert von Y.
Zeigen Sie, daß für allgemeines n und p mit $q=1-p$ gilt:
$E(Y)=\mu_Y=q+q^2+q^3+\ldots+q^n$.

Lösungshinweise:

a) Der Kugeldurchmesser ist näherungsweise normalverteilt. Erwartungswert μ und Standardabweichung σ sind gegeben. Welche Formel gilt bei einer $N(\mu;\sigma)$-verteilten Zufallsvariablen X für die Wahrscheinlichkeit $P(d_1 < X \leqq d_2)$?
Führe für die Anzahl der Ausschußkugeln unter 10 000 Kugeln eine Zufallsvariable ein. Wie ist diese näherungsweise verteilt? Da die zugehörige Verteilung nicht tabelliert vorliegt, muß eine Näherungsrechnung durchgeführt werden. Ist die Faustformel erfüllt? Mit Hilfe der „Globalen Näherungsformel von De Moivre–Laplace“ ergibt sich eine Bedingung für die Mindestanzahl der Kugeln, die der Behälter fassen muß.

b) Wie ist die Anzahl der Ausschußkugeln in einer Packung verteilt? Liegt die zugehörige Verteilung tabelliert vor?
Die Zufallsvariable U beschreibe den Erlös (in DM) pro Packung. Welche Werte kann U annehmen? Wie ist U verteilt? Wie ist der Erwartungswert einer Zufallsvariablen definiert?

c) Welche Werte kann die Zufallsvariable Y für allgemeines n annehmen?
Die zugehörigen Wahrscheinlichkeiten ergeben sich mit Hilfe des speziellen Multiplikationssatzes. Notiere also die Wahrscheinlichkeitsverteilung von Y für allgemeines n. Hieraus ergibt sich die Verteilung und der Erwartungswert für $n=5$ und $p=0{,}1$. Die angegebene Formel ergibt sich, wenn man p durch $1-q$ ersetzt.

Lösung:

a) **Wahrscheinlichkeit für Ausschuß**

Eine Kugel genügt den Anforderungen, wenn X einen Wert aus dem Intervall $[d_1; d_2]$ annimmt. Ist A das Ereignis „Kugel ist Ausschuß“, so gilt:

$$P(A)=1-P(d_1<X\leqq d_2)$$
$$=1-\left[\Phi\left(\frac{d_2-\mu_X}{\sigma_X}\right)\right]-\Phi\left(\frac{d_1-\mu_X}{\sigma_X}\right)$$
$$=1-\left[\Phi\left(\frac{5{,}1-5}{0{,}05}\right)-\Phi\left(\frac{4{,}9-5}{0{,}05}\right)\right]$$
$$=1-[\Phi(2)-\Phi(-2)]$$
$$=1-[0{,}9772-0{,}0228]$$
$$=\mathbf{0{,}0456}.$$

Im allgemeinen Fall gilt:

$$P(A)=1-P(d_1<X\leqq d_2)$$
$$=1-\left[\Phi\left(\frac{d_2-\frac{1}{2}(d_1+d_2)}{\frac{1}{4}(d_2-d_1)}\right)-\Phi\left(\frac{d_1-\frac{1}{2}(d_1+d_2)}{\frac{1}{4}(d_2-d_1)}\right)\right]$$
$$=1-\left[\Phi\left(\frac{\frac{1}{2}(d_2-d_1)}{\frac{1}{4}(d_2-d_1)}\right)-\Phi\left(\frac{-\frac{1}{2}(d_2-d_1)}{\frac{1}{4}(d_2-d_1)}\right)\right.$$
$$=1-[\Phi(2)-\Phi(-2)$$
$$=\mathbf{0{,}0456}.$$

Auch im allgemeinen Fall ist die Ausschußwahrscheinlichkeit rund 4,6 %.

Berechnung der Mindestanzahl an Kugeln, die der Behälter fassen muß

Es sei k die Anzahl der Kugeln, die der Behälter mindestens fassen muß. Die Zufallsvariable Y beschreibe die Anzahl der Ausschußkugeln unter 10 000 Kugeln. Y ist näherungsweise binomialverteilt mit $n=10\,000$ und $p=0{,}0456$. Da die Faustformel $n\cdot p\cdot q>9$ erfüllt ist $(10\,000\cdot 0{,}0456\cdot 0{,}9544\approx 435{,}2>9)$, kann man die „Globale Näherungsformel von De Moivre-Laplace" mit $\mu_Y=456$ und $\sigma_Y=\sqrt{10\,000\cdot 0{,}0456\cdot 0{,}9544}$ anwenden. Aus $P(Y\leqq k)\approx\Phi\left(\frac{k+0{,}5-456}{20{,}86}\right)\geqq 0{,}99$ folgt $\frac{k+0{,}5-456}{20{,}86}\geqq 2{,}3263$ und somit $k\geqq 504{,}03$.

Der Behälter muß also mindestens **505 Kugeln** fassen.

b) **Wahrscheinlichkeit für mindestens 85 einwandfreie Kugeln pro Packung**

Z beschreibe die Anzahl der Ausschußkugeln in einer Packung.
Z ist $B_{100;\,0,1}$-verteilt. Bei mindestens 85 einwandfreien Kugeln pro Packung dürfen höchstens 15 Kugeln Ausschuß sein.

Damit gilt:
$P(Z \leqq 15) = 0{,}9601$.

Berechnung des durchschnittlichen Erlöses pro Packung

U beschreibe den Erlös (in DM) pro Packung. U kann also die Werte 10 und -5 annehmen. Die zugehörigen Wahrscheinlichkeiten ergeben sich aus der $B_{100;0,1}$-Verteilung.

Erlös (in DM)	10	-5
Wahrscheinlichkeit	$P(Z \leqq 13)$ $= 0{,}8761$	$P(Z > 13)$ $= 0{,}1239$

$E(U) = 10 \cdot 0{,}8761 - 5 \cdot 0{,}1239 = 8{,}1415$

Der Hersteller kann also mit einem durchschnittlichen Erlös pro Packung von **rund 8,14 DM** rechnen.

Berechnung von k

Bei unbekanntem k ergibt sich folgende Wahrscheinlichkeitsverteilung für den Erlös.

Erlös (in DM)	10	-5
Wahrscheinlichkeit	$P(Z \leqq k)$	$P(Z > k)$

Hieraus folgt für den Erwartungswert von U:
$E(U) = 10 \cdot P(Z \leqq k) - 5 \cdot P(Z > k)$.
Aus $10 \cdot P(Z \leqq k) - 5 \cdot P(Z > k) \geqq 9$ folgt
$10 \cdot P(Z \leqq k) - 5 \cdot [1 - P(Z \leqq k)] \geqq 9$ bzw. $P(Z \leqq k) \geqq \frac{14}{15}$
und hieraus mit Hilfe einer Tabelle $\mathbf{k \geqq 15}$.

c) **Wahrscheinlichkeitsverteilung und Erwartungswert von Y**

Da auch der Erwartungswert für allgemeines n berechnet werden soll, ist es sinnvoll, sich die Wahrscheinlichkeitsverteilung von Y für allgemeines n zu überlegen. Y kann die Werte $0; 1; 2; 3; \ldots; n-1; n$ annehmen.
Die zugehörigen Wahrscheinlichkeiten ergeben sich mit Hilfe des speziellen Multiplikationssatzes. Mit $q = 1 - p$ gilt:

y_i	0	1	2	3	…	$n-1$	n
$P(Y = y_i)$	p	qp	q^2p	q^3p	…	$q^{n-1}p$	q^n

Für $n=5$ und $p=0{,}1$ folgt hieraus:

y_i	0	1	2	3	4	5
$P(Y=y_i)$	$0{,}1$	$0{,}9\cdot 0{,}1$	$0{,}9^2\cdot 0{,}1$	$0{,}9^3\cdot 0{,}1$	$0{,}9^4\cdot 0{,}1$	$0{,}9^5$

$$E(Y)=1\cdot 0{,}9\cdot 0{,}1+2\cdot 0{,}9^2\cdot 0{,}1+3\cdot 0{,}9^3\cdot 0{,}1+4\cdot 0{,}9^4\cdot 0{,}1+5\cdot 0{,}9^5$$
$$\approx \mathbf{3{,}686}\,.$$

Für allgemeines n ergibt sich der Erwartungswert

$$\begin{aligned}E(Y)&=1\cdot qp+2\cdot q^2p+3\cdot q^3p+\ldots+(n-1)\cdot q^{n-1}p+n\cdot q^n\\&=q(1-q)+2\cdot q^2(1-q)+3\cdot q^3(1-q)+\ldots+(n-1)\cdot q^{n-1}(1-q)+n\cdot q^n\\&=q-q^2+2q^2-2q^3+3q^3-3q^4+\ldots+(n-1)\cdot q^{n-1}-(n-1)\cdot q^n+n\cdot q^n\\&=\mathbf{q+q^2+q^3+\ldots+q^n}\,.\end{aligned}$$

W

Aufgabe 93/3

In einer Konservenfabrik werden Pfirsiche maschinell in Dosen abgefüllt. Auf dem Etikett ist als Füllmenge (Früchte und Saft) 850 g und als Abtropfgewicht (Gewicht der Früchte) 480 g angegeben.
Zwei Automaten A_1 und A_2 füllen unabhängig voneinander diese Dosen; A_1 füllt die Früchte ein und A_2 den Saft. Das Abtropfgewicht X und die Saftmenge Y (jeweils in g) sind näherungsweise normalverteilt mit den Erwartungswerten $\mu_X = 505$ bzw. $\mu_Y = 365$ und den Standardabweichungen $\sigma_X = 12$ bzw. $\sigma_Y = 6$.
Eine Dose gilt als Ausschuß, wenn die angegebene Füllmenge oder das angegebene Abtropfgewicht unterschritten wird.

a) Berechnen Sie die Wahrscheinlichkeiten der Ereignisse
   A: Der Inhalt einer Dose hat ein Abtropfgewicht von weniger als 480 g
   B: In einer Dose ist eine Saftmenge von mehr als 375 g
   C: Unter 20 Dosen ist mindestens eine mit einer Saftmenge von mehr als 375 g.

   Wie groß ist die Wahrscheinlichkeit, daß unter 20 nacheinander zufällig ausgewählten Dosen genau 2 mit einem Abtropfgewicht von weniger als 480 g sind, wenn unter den ersten 10 ausgewählten Dosen bereits eine mit einem Abtropfgewicht unter 480 g gewesen ist?

b) Mit welcher Wahrscheinlichkeit ist die Füllmenge einer Dose kleiner als 850 g?
   Bestimmen Sie den Anteil der Dosen, bei denen sowohl das angegebene Abtropfgewicht als auch die angegebene Füllmenge unterschritten werden, wenn der Ausschußanteil 7,1 % beträgt.

c) Der Anteil der Dosen mit einer Füllmenge von weniger als 850 g soll auf maximal 4 % reduziert werden. Deshalb soll der Automat A_1 genauer eingestellt werden.
   Wie groß darf dann die Standardabweichung der Füllmenge bei unverändertem Erwartungswert höchstens sein?

   Nach erfolgter Einstellung von A_1 wird vermutet, daß sich das durchschnittliche Abtropfgewicht verringert hat. Eine Stichprobe von 50 Dosen ergibt einen Mittelwert von 504 g. Die Standardabweichung für das Abtropfgewicht ist jetzt 9 g.
   Wie muß auf dem 5 %-Signifikanzniveau die Vermutung über das durchschnittliche Abtropfgewicht beurteilt werden?

d) Der Ausschußanteil bei den Pfirsichdosen ist jetzt nur noch 4,5 %.
Wie viele Dosen müßte der Händler mindestens kaufen, damit mit einer Wahrscheinlichkeit von mindestens 90 % höchstens 5 % der Dosen Ausschuß sind? (Approximieren Sie mit einer Normalverteilung.)
Mit welcher Wahrscheinlichkeit ist bei einer von zwei Ausschußdosen das Abtropfgewicht kleiner als 480 g, wenn für eine Dose unverändert $\mu_X = 505$ und $\sigma_X = 12$ gilt?

Lösungshinweise:

a) Das Abtropfgewicht und die Saftmenge sind näherungsweise normalverteilt. Die Erwartungswerte und die Standardabweichungen sind gegeben. Damit sind die Wahrscheinlichkeiten der Ereignisse A und B sofort berechenbar. Für die Anzahl der Dosen unter 20 Dosen mit einer Saftmenge über 375 g führe eine Zufallsvariable ein. Wie ist diese verteilt? Da die Verteilung nicht tabelliert vorliegt, verwende die Formel von Bernoulli.
Zur Berechnung der bedingten Wahrscheinlichkeit führe Ereignisse ein und drücke die gesuchte Wahrscheinlichkeit mit Hilfe dieser Ereignisse aus.

b) Wie hängt die Zufallsvariable F für die Füllmenge mit X und Y zusammen? Wie ist F verteilt? Wie erhält man μ_F und σ_F? Drücke die Wahrscheinlichkeit für das Ereignis „Die Füllmenge einer Dose ist kleiner als 850 g" mit der Zufallsvariablen F aus. Der gesuchte Anteil der Dosen ergibt sich mit Hilfe des allgemeinen Additionssatzes.

c) Nach Teilaufgabe b) ist μ_F bekannt; abgeschätzt werden soll σ_F. Da auch der maximale Anteil der Dosen mit einer Füllmenge von weniger als 850 g gegeben ist, ergibt sich eine Bedingung für σ_F.
Der Test kann auf zwei Arten durchgeführt werden: Entweder mit dem Stichprobenmittel oder mit einer standardisierten Zufallsvariablen als Testvariable. Wie ermittelt man in beiden Fällen den Ablehnungsbereich?
Liegt der angegebene Mittelwert im Ablehnungsbereich oder nicht?
Was folgt hieraus?

d) Führe für die Anzahl der Ausschußdosen unter n Dosen eine Zufallsvariable ein. Wie ist diese verteilt? Drücke den Erwartungswert und die Standardabweichung mit Hilfe von n aus. Welche Ungleichung ergibt sich aus der angegebenen Bedingung? Aus ihr folgt eine Ungleichung für $\sqrt{n}$. Die Rechnung kann mit oder ohne 0,5-Korrekturglied durchgeführt werden. Die Beantwortung der letzten Frage ergibt sich mit Hilfe der Formel von Bernoulli. Dabei ist die „Trefferwahrscheinlichkeit" eine bedingte Wahrscheinlichkeit.

Lösung:

a) **Wahrscheinlichkeiten bei Normalverteilungen**

Die Zufallsvariable X ist näherungsweise N(505; 12)-verteilt.

$$P(A)=P(X<480)=\Phi\left(\frac{480-505}{12}\right)\approx\Phi(-2{,}083)\approx 1-0{,}9814=0{,}0186$$

Rund 18,6 % der Dosen haben ein Abtropfgewicht von weniger als 480 g.

Die Zufallsvariable Y ist näherungsweise N(365; 6)-verteilt.

$$\begin{aligned}P(B)=P(Y>375)&=1-P(Y\leqq 375)\\&=1-\Phi\left(\frac{375-365}{6}\right)\\&\approx 1-\Phi(1{,}667)\\&\approx 1-0{,}9522\\&=0{,}0478\end{aligned}$$

In **rund 4,8 %** der Dosen ist eine Saftmenge von mehr als 375 g.

Wahrscheinlichkeiten bei Binomialverteilungen

Die Zufallsvariable U beschreibt die Anzahl der Dosen unter 20 Dosen mit einer Saftmenge über 375 g. U ist näherungsweise $B_{20;\,0{,}0478}$-verteilt.

$$\begin{aligned}P(C)=P(U\geqq 1)&=1-P(U=0)\\&=1-0{,}9522^{20}\\&\approx \mathbf{0{,}6245}\end{aligned}$$

Folgende Ereignisse werden eingeführt:

D: Unter 20 Dosen sind genau 2 Dosen mit einem Abtropfgewicht von weniger als 480 g;

E: Unter 10 Dosen ist genau 1 Dose mit einem Abtropfgewicht von weniger als 480 g.

Mit diesen Ereignissen ist $P_E(D)$ gesucht.

$$P_E(D)=P(E)=\binom{10}{1}\cdot 0{,}0186\cdot 0{,}9814^{9}\approx \mathbf{0{,}1571}$$

b) **Wahrscheinlichkeit für eine Füllmenge von weniger als 850 g**

Die Zufallsvariable F beschreibt die Füllmenge (in g) einer Dose. Wegen $F=X+Y$ ist F normalverteilt mit $\mu_F=\mu_X+\mu_Y=505+365=870$ und $\sigma_F^2=V(X)+V(Y)=12^2+6^2=180$ bzw. $\sigma_F=\sqrt{180}$.

Mit dem Ereignis G: „Die Füllmenge einer Dose ist kleiner als 850 g" gilt:

$$P(G) = P(F < 850) = \Phi\left(\frac{850-870}{\sqrt{180}}\right)$$
$$\approx \Phi(-1{,}491)$$
$$\approx 0{,}0680\,.$$

Anteil der Dosen, bei denen sowohl das Abtropfgewicht als auch die Füllmenge unterschritten werden

Eine Dose gilt als Ausschuß, wenn das Ereignis $A \cup G$ eingetreten ist. Gegeben ist $P(A \cup G) = 0{,}071$. Gesucht ist $P(A \cap G)$. Mit Hilfe des allgemeinen Additionssatzes ergibt sich:

$$P(A \cap G) = P(A) + P(G) - P(A \cup G)$$
$$\approx 0{,}0186 + 0{,}0680 - 0{,}071$$
$$= 0{,}0156\,.$$

Der Anteil der Dosen, bei denen sowohl das Abtropfgewicht als auch die Füllmenge unterschritten werden, beträgt **ungefähr 1,6 %**.

c) **Abschätzung der Standardabweichung**

Nach Teilaufgabe b) ist $\mu_F = 870$. Es soll $P(F < 850) \leqq 0{,}04$ werden. Aus $P(F < 850) = \Phi\left(\frac{850-870}{\sigma_F}\right) = \Phi\left(\frac{-20}{\sigma_F}\right) \leqq 0{,}04$ folgt zunächst $\Phi\left(\frac{20}{\sigma_F}\right) \geqq 0{,}96$ und hieraus $\frac{20}{\sigma_F} \geqq 1{,}751$ bzw. $\sigma_F \leqq \frac{20}{1{,}751} \approx 11{,}42$.

Bei unverändertem Erwartungswert darf die Standardabweichung der Füllmenge **höchstens 11,42 g** sein.

Signifikanztest für den Erwartungswert bei bekannter Standardabweichung

Über den Erwartungswert von X werden folgende Hypothesen aufgestellt:

Nullhypothese: H_0: $\mu_X \geqq 505$;
Gegenhypothese: H_1: $\mu_X < 505$.

Es handelt sich um einen linksseitigen Test über den Erwartungswert einer Normalverteilung bei bekannter Standardabweichung $\sigma_X = 9$.

1. Möglichkeit: Durchführung mit Hilfe der Testvariablen $\overline{X}$

$\overline{X}$: Mittleres Abtropfgewicht (in g) bei 50 Dosen.

$\overline{X}$ ist bei wahrer Nullhypothese im Grenzfall $N\left(505; \frac{9}{\sqrt{50}}\right)$-verteilt.

Ermittlung des Ablehnungsbereiches K:
Aus $\Phi(c)=1-\alpha=1-0{,}05=0{,}95$ folgt $c=1{,}6449$. Damit ergibt sich die Signifikanzgrenze $g=505-1{,}6449\cdot\frac{9}{\sqrt{50}}\approx 502{,}9$.
Also ist $K=\{\bar{x}\,|\,\bar{x}<502{,}9\}$ der Ablehnungsbereich.
Entscheidung: Da $504\notin K$ ist, kann die Nullhypothese nicht abgelehnt werden. Die Befürchtung hat sich also nicht bestätigt.

2. Möglichkeit: Durchführung mit Hilfe der standardisierten Testvariablen Z

$\bar{X}$: Mittleres Abtropfgewicht (in g) bei 50 Dosen. Die Zufallsvariable $Z=\frac{\bar{X}-505}{9}\cdot\sqrt{50}$ ist bei wahrer Nullhypothese N(0;1)-verteilt.

Aus $\Phi(c)=1-\alpha=1-0{,}05=0{,}95$ folgt $c=1{,}6449$.
Also ist $K=\{z\,|\,z<-1{,}6449\}$ der Ablehnungsbereich.
Entscheidung: Da $\frac{504-505}{9}\cdot\sqrt{50}\approx-0{,}79$ nicht in den Ablehnungsbereich K fällt, kann H_0 nicht abgelehnt werden.

d) **Berechnung der Mindestanzahl an Dosen**

Die Zufallsvariable V beschreibt die Anzahl der Ausschußdosen unter n Dosen. V ist $B_{n;\,0{,}045}$-verteilt mit $\mu_V=0{,}045n$ und $\sigma_V=\sqrt{n\cdot 0{,}045\cdot 0{,}955}$.
Der gesuchte Wert für n ergibt sich aus der Bedingung $P(V\leqq 0{,}05n)\geqq 0{,}9$.

Da $P(V\leqq 0{,}05n)\approx\Phi\left(\frac{0{,}05n-0{,}045n}{\sqrt{n\cdot 0{,}045\cdot 0{,}955}}\right)$ ist, folgt aus

$\Phi\left(\frac{0{,}005n}{\sqrt{n\cdot 0{,}042975}}\right)\geqq 0{,}9$ dann $\frac{0{,}005n}{\sqrt{n\cdot 0{,}042975}}\geqq 1{,}2816$ und hieraus

$\sqrt{n}\geqq\frac{1{,}2816\cdot\sqrt{0{,}042975}}{0{,}005}\approx 53{,}14$ bzw. $n\geqq 2824$.

Der Händler müßte also **mindestens 2824** Dosen kaufen.
Bemerkung: Rechnet man mit dem 0,5-Korrekturglied, ergibt sich die Ungleichung $0{,}005\cdot n-1{,}2816\cdot\sqrt{0{,}042975}\cdot\sqrt{n}+0{,}5\geqq 0$, und hieraus folgt ungefähr $n\geqq 2620$.

W

Wahrscheinlichkeit, daß bei einer von zwei Ausschußdosen das Abtropfgewicht kleiner als 480 g ist

Nach Teilaufgabe a) ist $P(A) \approx 0{,}0186$. Weiterhin sei H das Ereignis „Dose gehört zum Ausschuß". Dann ist $P(H) = 0{,}045$ gegeben. Für die bedingte Wahrscheinlichkeit $P_H(A)$ ergibt sich

$$P_H(A) = \frac{P(A \cap H)}{P(H)} = \frac{P(A)}{P(H)} \approx \frac{0{,}0186}{0{,}045} \approx 0{,}4133\,.$$

Mit K: „Bei einer von zwei Ausschußdosen ist das Abtropfgewicht kleiner als 480 g" folgt schließlich mit der Formel von Bernoulli:

$$P(K) \approx \binom{2}{1} \cdot 0{,}4133 \cdot (1 - 0{,}4133)$$
$$\approx 0{,}4850\,.$$

Register

W

W